HTML5+CSS3精致范例辞典

Deluxe Web Designers Handbook

杨东昱 编著

清华大学出版社
北 京

本书版权登记号：图字01-2012-3324
本书为旗标出版股份有限公司授权出版发行的中文简体字版本。

内 容 简 介

本书是专为希望成为网页设计师的学习者打造的工具书，书中详细说明了设计网页所需的 HTML 标记语言，对 HTML5 的网页标签规范作了完整说明，如元素标签的功能、属性以及如何使用等。

有了基本网页制作能力，如何让网页更出色，版面更富变化、更易维护管理，那就得靠 CSS 帮忙了。本书还详细解说了最新 CSS3 的样式元素，除了说明元素的特性与用法外，更以实际范例来示范，使读者能够举一反三，为自己的网页创造出独特的风格。

本书将为您奠定扎实的网页程序基本功，成为您充实自己实力或踏入网页设计领域的最好帮手。

图书在版编目（CIP）数据

HTML 5+CSS 3精致范例辞典 /杨东昱编著. －北京：清华大学出版社，2013.1
ISBN 978-7-302-30503-3

I. ①H… II. ①杨… III. ①超文本标记语言－程序设计②网页制作工具
IV. ①TP312②TP393.092

中国版本图书馆CIP数据核字（2012）第256977号

责任编辑：王金柱
封面设计：王 翔
责任校对：闫秀华
责任印制：沈 露
出版发行：清华大学出版社
网 址：http://www.tup.com.cn，http://www.wqbook.com
地 址：北京清华大学学研大厦A座 邮 编：100084
社 总 机：010-62770175 邮 购：010-62786544
投稿与读者服务：010-62776969，c-service@tup.tsinghua.edu.cn
质 量 反 馈：010-62772015，zhiliang@tup.tsinghua.edu.cn
印 装 者：北京天颖印刷有限公司
经 销：全国新华书店
开 本：145mm×210mm 印 张：14.25 字 数：365千字
（附光盘1张）
版 次：2013年1月第1版 印 次：2013年1月第1次印刷
印 数：1~5 000
定 价：48.00元

产品编号：047757-01

序

Preface

本书是专为有学习需求的网页设计师打造的工具书，为您奠定扎实的网页程序基本功，帮助您在职场上发挥最佳的实力！

本书中会详细说明设计网页时所需的 HTML 标记语言，帮助您了解新时代 HTML5 的网页标签规范，让您设计出各种平台（浏览器及移动设备）都能浏览的网页，走在网页设计潮流的前端。

本书会对网页标签规范详加解说，设计网页最重要的元素标签都可以在本书中找到。对元素标签的功能、属性以及如何使用，本书都做了完整说明，绝对不会让您一头雾水。

有了基本网页制作能力，如何让网页更出色，版面更富变化、更易维护管理，那就得靠 CSS 的帮忙了。本书中详细解说了最新 CSS3 的样式元素，除了说明元素的特性与用法外，更以实际范例来示范，相信聪明的您必能举一反三，为自己的网页创造出独特的风格。

如果您想充实自己的实力，或是想试着踏入网页设计领域，本书将是您最好的帮手。

杨东昱

光盘使用说明

About CD

本书所附光盘中，提供了本书所有范例的原始网页，分别按照本书单元或元素分类放置在不同文件夹，读者可以直接参考使用。

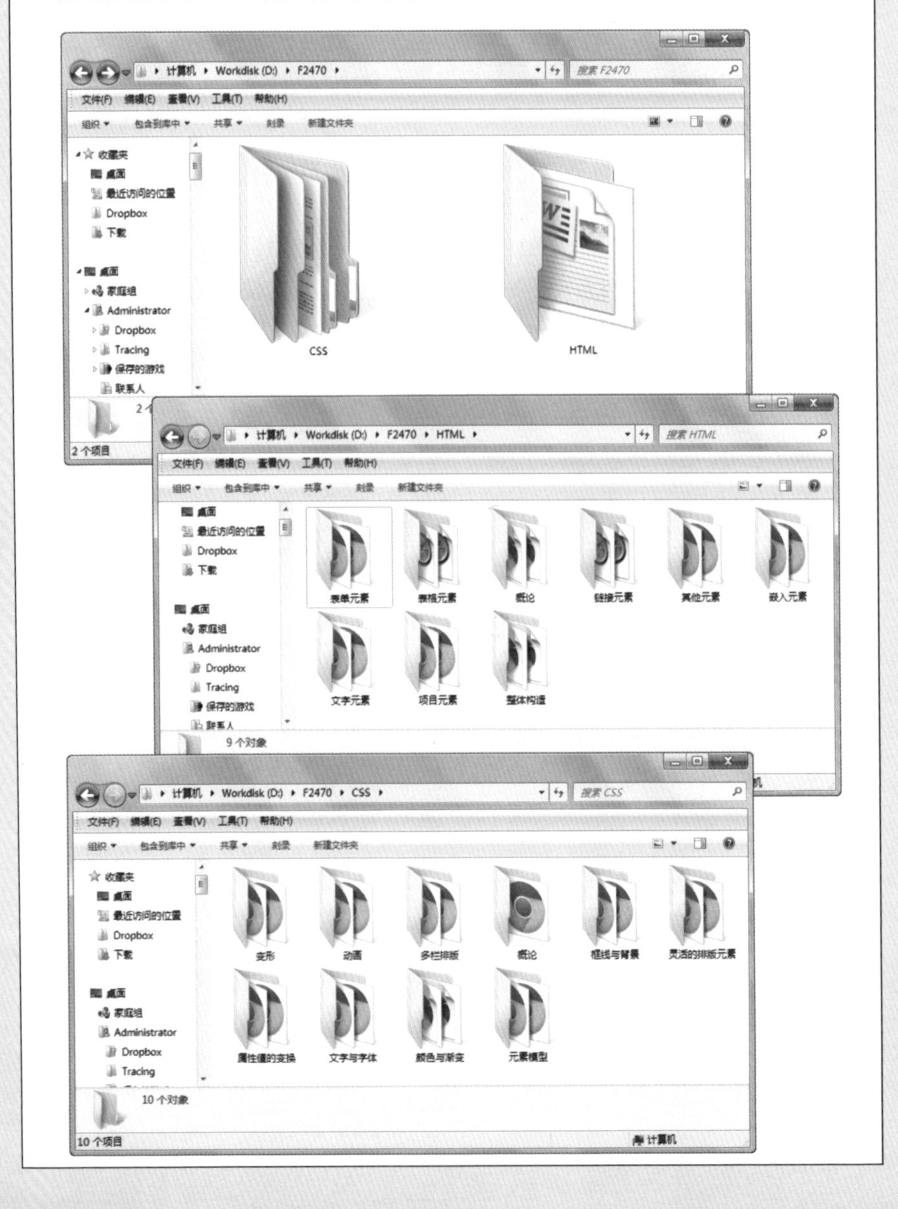

光盘使用说明

About CD

当您需要浏览文件夹内的范例网页时，可直接双击网页文件，以系统默认的关联浏览器来浏览范例结果，或是在网页文件上单击鼠标右键，在快捷菜单中选择“打开方式”命令，再指定特定的浏览器来浏览范例。

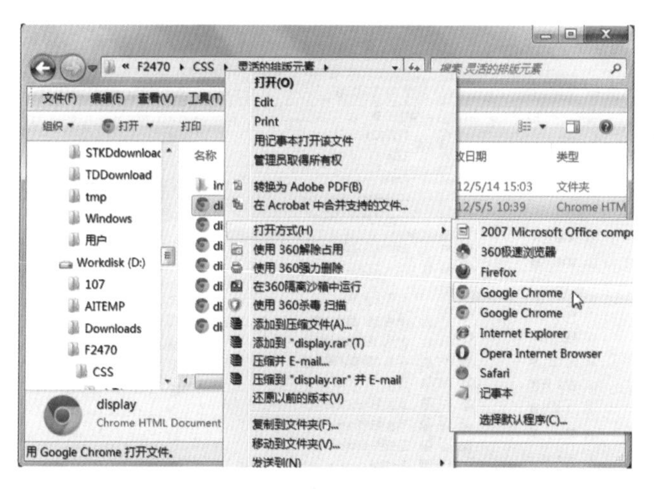

由于网页安全性设定的关系，有些浏览器可能会限制范例网页中 JavaScript 程序或 Plunging 程序的执行，以 IE 为例，会出现如下图的警告信息，您必须单击该信息中的“允许阻止的内容”，再单击“刷新”按钮，即可观看正确的范例结果。

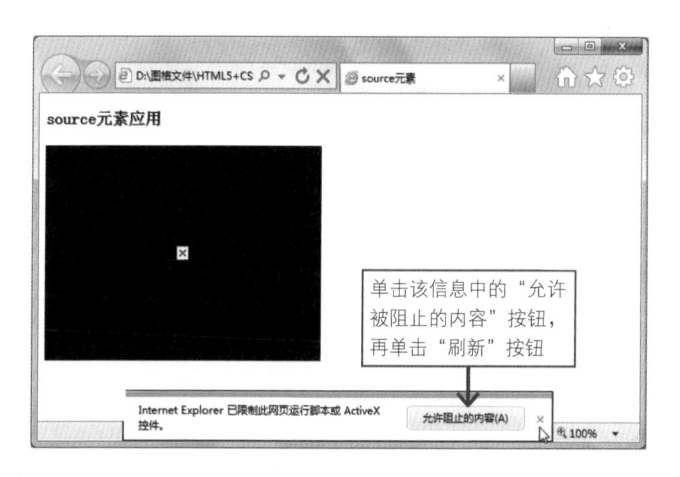

光盘使用说明

About CD

若您需要查看范例网页的源代码，则可使用记事本或其他文本、网页编辑器（如 Dreamweaver 或 FrontPage）来打开该网页文件。例如，在网页文件上单击鼠标右键，在快捷菜单中执行“打开方式 / 记事本”命令来打开网页文件。

光盘使用说明

About CD

当您用浏览器来浏览范例网页时，也可以执行“查看 / 源文件”命令，以查看范例网页文件的源代码，下图以 IE 浏览器为例：

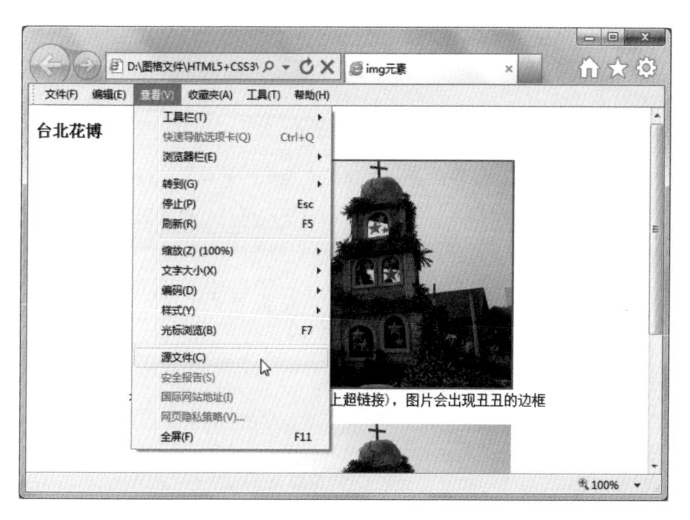

若使用 Safari 浏览器来浏览范例网页，请在网页空白处单击鼠标右键，在快捷菜单中执行“显示源代码”命令来查看范例的源代码。

本书使用方法

架构说明

本书是工具书而非学习书，因此内容并无阅读顺序之分，您可依工作或学习需要，跳跃式地查阅。本书分为三大部分：元素、属性与目录索引。元素辞典介绍 HTML5 的网页标签元素，属性辞典则介绍 CSS3 层叠样式表单的元素样式属性设定，分述如下：

目录索引

为方便查阅，本书提供下列 3 种索引方式：

1. 分类索引：将元素、属性分类，列出同类型中相关元素、样式及功能说明。
2. 范例索引：您可以依照各种不同的范例及使用目的，找到您要应用在网页上的功能来使用。
3. 字母索引：列于本书最后，依字母顺序 A ~ Z 列出所有元素、样式，可以用来检索特定元素、样式的详细说明与应用方式。

HTML5 元素辞典

本部分根据分类索引，列出每个 HTML 元素标签的功能说明、语法、使用方法，以及属性设定、范例等，您可通过元素名称查出其功能、使用方法及实际应用的范例。

以下为本书分类元素索引单元简介：

- 整体构造：介绍构成网页文件的主体元素标签，例如“title元素”，title 元素可用来设定网页文件的标题，该文件标题将出现在浏览器的标题栏中。
- 文字元素：介绍网页文件中的“文字”相关元素标签，例如“abbr 元素”，abbr 元素用来显示段落中被省略部分的网页文件内容，又如“acronym 元素”，acronym 元素用来显示首字母缩略的完整单词。
- 项目元素：介绍条列文件内容的元素标签，例如“ul 元素”，ul 元素用来将“标签内容”中的数据以列表的方式显示，列表项目无先后顺序之分，也就是说没有编号。
- 链接元素：介绍与超链接相关的元素标签，例如“link 元素”，link 元素用来指定该份文件与其他文件或资源之间的关联关系。
- 嵌入元素：介绍可在网页文件中嵌入图片或对象的元素标签，例如“img 元素”，img 元素用来在文件中的指定位置放置图片；又如“applet 元素”，applet 元素用来将 Java Applet 程序配置到文件中的元素。
- 表格元素：介绍在网页中建立表格的相关元素标签，例如“thead 元素”，thead 元素用来显示表格的表头，为 table 元素的子元素，在 table 元素的标签内容中一定要依序配置 thead、tfoot、tbody 元素。
- 表单元素：介绍在网页文件中建立表单（form）的相关元素标签，例如“form 元素”，form 元素用来在文件中配置表单范围，其只是建立表单的基础元素；又如“textarea 元素”，textarea 元素用来配置表单中的多行文字输入字段。

- 其他元素：介绍 HTML5 新增的 details 元素，用来详细说明网页文件或文件中片段内容的细节。
- 通用属性：介绍 HTML5 的通用属性，如 id 属性、class 属性、title 属性、style 属性、dir 属性、lang 属性、accesskey 属性、tabindex 属性、draggable 属性、contenteditable 属性、hidden 属性、spellcheck 属性、contextmenu 属性、datayourvalue 属性、subject 属性、itemprop 属性和 item 属性等。
- 通用事件：介绍各种 HTML5 标准事件，如 Form Events 表单事件、Keyboard Events 键盘事件、Mouse Events 鼠标事件、Window Events 窗口事件、Media Events 媒体事件等。

CSS3 属性辞典

本部分依据分类索引，列出每个 CSS 样式属性的功能说明、语法、使用方法，以及属性值、范例等。您可通过样式属性的名称查出其功能、使用方法及实际应用的范例。

以下为本书 CSS3 属性辞典单元简介：

- 框线背景：介绍与网页框线、背景图相关的样式属性，若要将 DIV 块、背景图的四角设定为圆角，也在此设定。例如“border-radius 属性”，可一次设定左上、右上、左下、右下四个角落的圆角。
- 元素模型：介绍与元素阴影、溢位（超出 DIV 块时的设定）、是否要有滚动条、与外框的距离等属性。例如“box-shadow 属性”，就是用来设定元素 DIV 块的阴影。
- 颜色与渐变：介绍与元素颜色、渐变色透明度相关的属性。例如“opacity 属性”，就是用来设定元素的透明度；“radial-gradient() 方法”可以做出圆形放射状的渐变色。
- 文字与字体：介绍与文字相关的样式属性，包括文字的阴影、溢位（超出 DIV 块时的设定）、调整字号等。例如“text-overflow 属性”，可设定当 DIV 块内的文字超出 DIV 块范围时的显示方式。
- 多栏排版：介绍与分栏效果相关的属性，包括分栏的数量、各栏的宽度、间距、分隔线样式等。例如“column-count 属性”，就是用来设定分栏效果。
- 灵活的元素排版：介绍关于排版的属性，包括元素的显示方式、排列方式，对齐方式、留白比例等。例如“display 属性”，就是用来指定元素的显示方式。当属性值为 none 时，元素不仅会隐藏起来，也等同于不存在。
- 属性值的变换：介绍有关变换的属性，包括指定要变换的属性、变换属性的时间、速度等。例如“transition-delay 属性”，就是用来延迟变换效果的时间。
- 变形：介绍有关将元素变形的属性，包括指定变形效果、变形基准点。例如“transform 属性”，就是用来指定元素的位移、缩放、旋转、倾斜等变形效果。
- 动画：“动画（animation）”是 CSS3 新增的属性模块，这里会介绍有关制作动画效果的属性，包括设定关键帧、指定动画名称及播出时间、播放速度、延迟时间、播放次数、播放顺序等。例如“animation-duration 属性”，可指定动画（animation）的持续时间。

本书“CSS分类样式索引”编排体例

CSS样式属性的分类
样式属性名称
样式属性使用的目的及用途
如何使用此样式属性
列举说明该样式属性可对应的相关属性值
简述样式属性的功能，以及相关应用注意事项等
此样式与各浏览器的兼容性
以实际范例，告诉您此样式属性的应用方式并列出范例的原始代码，供您参考与应用
元素模型
属性 outline-offset
设定外框的距离
语 法
选择器 { outline-offset : 属性值 ;}
初 初始预设值
属性值
可能的属性值 1 长度（单位数值）
可能值 说明
1 长度（单位数值） 数值加上 em、px、pt 等单位，不可为负数值
说 明
● background-offset 属性用来设定轮廓线（外框线）与框线（border）的距离。
浏览器与属性名称的对应
浏览器 属性名称
IE9 -
IE8 -
FireFox4 outline-offset
FireFox3.x outline-offset
Chrome11 outline-offset
Safari5 outline-offset
Opera11 -
范例学习 设定外框的偏移距离 outline_offset.html
<!DOCTYPE HTML>
<html>
<head>
<meta http-equiv="Content-Type" content="text/html; charset=utf-8">
<title>设定外框的距离</title>
<style type="text/css">
div {
margin-top: 30px;
margin-left: 50px;
padding: 20px;
width: 200px;
height: 200px;
border: 1px solid #930;
}
img{
Opera
设定外框的距离
localhost/C:/book/CSS/元素模型/
第二部分 CSS3
285

本书“HTML分类元素索引”编排体例

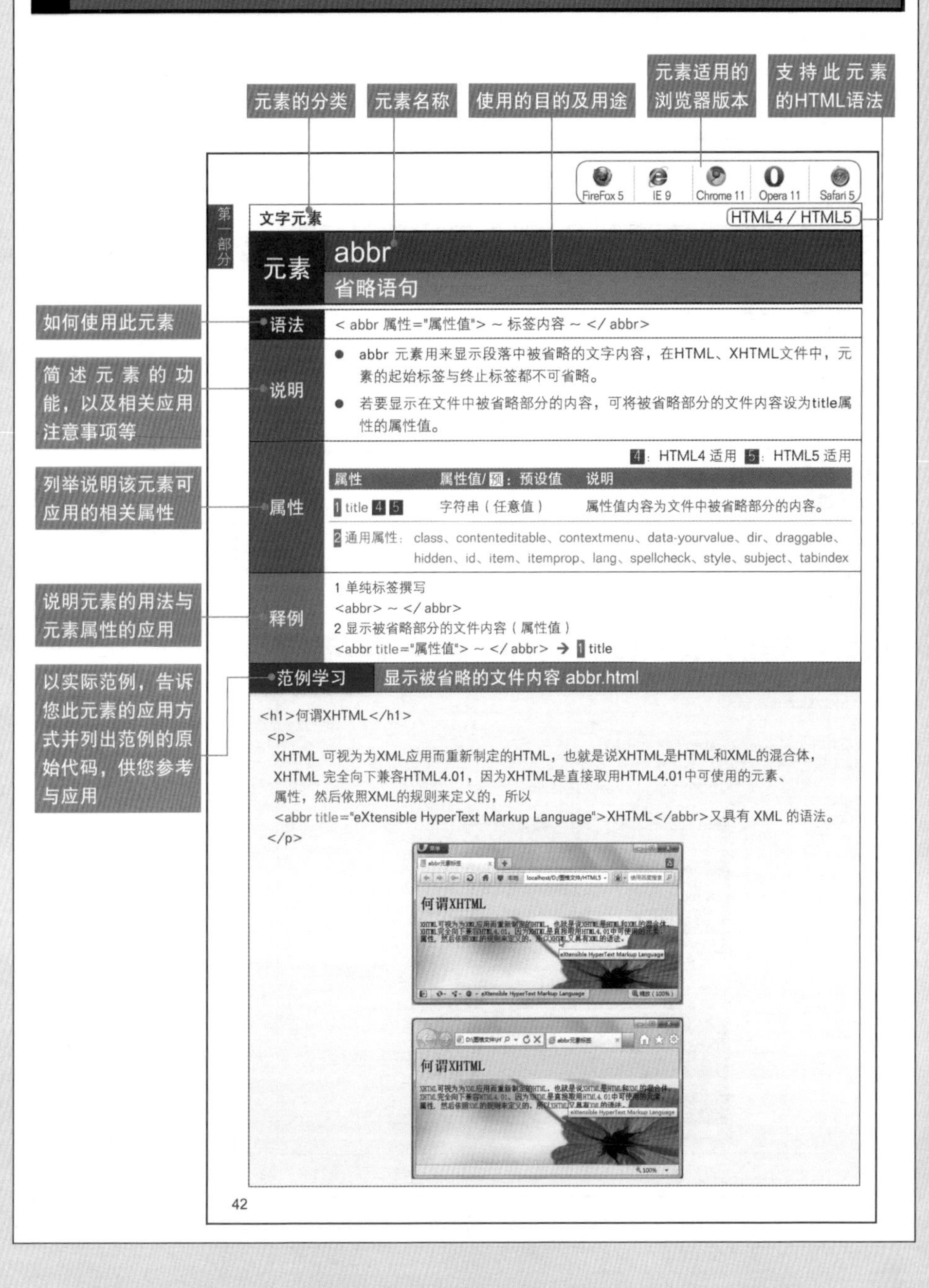

FireFox 5　IE 9　Chrome 11　Opera 11　Safari 5

第一部分

文字元素　　HTML4 / HTML5

元素 abbr
省略语句

语法　< abbr 属性="属性值"> ~ 标签内容 ~ </ abbr>

说明
- abbr 元素用来显示段落中被省略的文字内容，在HTML、XHTML文件中，元素的起始标签与终止标签都不可省略。
- 若要显示在文件中被省略部分的内容，可将被省略部分的文件内容设为title属性的属性值。

属性　4：HTML4 适用　5：HTML5 适用

属性	属性值/预：预设值	说明
1 title 4 5	字符串（任意值）	属性值内容为文件中被省略部分的内容。

2 通用属性：class、contenteditable、contextmenu、data-yourvalue、dir、draggable、hidden、id、item、itemprop、lang、spellcheck、style、subject、tabindex

释例
1 单纯标签撰写
<abbr> ~ </ abbr>
2 显示被省略部分的文件内容（属性值）
<abbr title="属性值"> ~ </ abbr> → 1 title

范例学习　显示被省略的文件内容 abbr.html

```
<h1>何谓XHTML</h1>
  <p>
   XHTML 可视为为XML应用而重新制定的HTML，也就是说XHTML是HTML和XML的混合体，
   XHTML 完全向下兼容HTML4.01，因为XHTML是直接取用HTML4.01中可使用的元素、
   属性，然后依照XML的规则来定义的，所以
   <abbr title="eXtensible HyperText Markup Language">XHTML</abbr>又具有 XML 的语法。
  </p>
```

42

FireFox 5　IE 9　Chrome 11　Opera 11　Safari 5

文字元素　HTML4 / HTML5

第一部分　HTML5

元素　em
强调内容

语法：< em 属性="属性值"> ~ 标签内容 ~ </ em>

说明：
- em 元素用来设定文件中特别需要强调语气的内容。在HTML、XHTML文件中，起始标签与终止标签都不可省略。
- 在一般浏览器中，em元素标签的效果是将标签内容以斜体来表示。

属性：4：HTML4 适用　5：HTML5 适用

属性	属性值/预：预设值	说明
通用属性：class、contenteditable、contextmenu、dir、draggable、id、irrelevant、lang、ref、registrationmark、tabindex、template、title		

释例：
1 单纯标签撰写，未加入任何属性设定
<em> ~ </ em> → 未使用属性的 em 标签
2 加入 style 属性设定标签内容的样式
<em style="属性值"> ~ </ em> → style
3 加入 title 属性设定标签内容的补充说明
<em title="属性值"> ~ </ em> → title

范例的文件名称

范例学习　文章部分内容的强调 em.html

范例的名称与用途

```
<body>
 <h1>XML声明</h1>
<p>
由于XHTML是以XML文件规则为基础的HTML,
所以必须在文件内容的顶部（最上方）
<em>必须加入XML声明</em>
</p>
 </body>
```

XML声明

XML声明

43

第一部分 HTML5

关于 HTML 2
HTML文件的编写 2
HTML 文件的组成 3
标签、元素、属性与属性值 5
元素的分类 7

整体构造

html
最顶层元素 18
head
文件标头的包含元素 19
title
文件标题名称元素 20
meta
附加文件的额外信息 21
body
文件主体元素 22
section
章节区段元素 24
article
定义外部内容元素 25
aside / nav
信息补充 DIV 块元素 / 目录导览 DIV 块元素 26
header / footer
页眉元素 / 页尾元素 27
hgroup
标题群组元素 28
figure / figcaption
媒体群组元素 / 媒体群组标题元素 30
h1–h6
标题层级元素 31
address
作者的联系信息 32

div
通用 DIV 块元素 33

span
通用内联元素 34

script
脚本语言 35

noscript
无法执行脚本程序的替代内容 38

style
样式信息 39

文字元素

abbr
省略语句 42

em
强调内容 43

strong
标示重要内容 44

dfn
定义名称 45

kbd
键盘文字输入 46

samp
范例输出 47

code
原始代码输出 48

var
标示变量与自变量 49

cite
表单字段的标签 50

blockquote
引用 DIV 块 51

q
简短的引用 52

time
定义日期时间 53
sup
上标字 54
sub
下标字 55
p
通用 DIV 块元素 56
br
强迫换行 57
ins
插入编辑文字 58
del
删除编辑文字 59
pre
保存原始格式 60
mark
高亮标注 61
b
粗体字 62
i
斜体字 63
small
缩小字体 64
hr
分隔线 65
bdo
改变文字显示方向 67
ruby
注音标注 69
rt
标注文字 71
rp
标注无法对应时所显示的括号 72

项目元素

ul
无序列表 74
ol
有序编号列表 76
li
列表项目 78
dl
定义列表 80
dt
定义项目 81
dd
定义说明 82

链接元素

a
超链接 84
link
文件资源关联 90
base
文件链接基准 92

嵌入元素

img
图片 94
map
影像地图 97
area
影像地图 98
object
对象 100
embed
嵌入对象 103
param
参数传递 105

iframe
内联框架 107

video
视频播放 110

audio
声音播放 113

source
复数媒体元素 116

canvas
画布元素 118

表格元素

table
表格..123

thead
表格表头 126

tfoot
表格页脚 127

tbody
表格主体 128

tr
表格行 130

td
表格数据单元格..132

th
表格标题单元格..135

caption
表格标题 138

colgroup
组合列 140

col
设定列属性..142

表单元素

form
表单 144
input
表单输入字段 147
submit
表单提交按钮 151
reset
表单重置按钮 152
button
通用按钮 153
image
图片式表单数据发送按钮 154
hidden
隐藏字段 155
text
单行文字输入字段 156
search
搜索关键词输入字段 157
tel
电话输入字段 158
url
网址输入字段 159
email
电子邮箱输入字段 160
password
密码输入字段 161
datetime / datetime-local
UTC 日期时间输入字段 / 本地日期时间输入字段 163
date
日期输入字段 165
month
月份输入字段 167
week
星期输入字段 169

time
时间输入字段 171

number
数值输入字段 173

range
范围输入字段 175

color
颜色选择字段 176

checkbox
复选框字段 178

radio
单选按钮字段 179

file
文件选择字段 180

button
按钮 182

textarea
多行文字输入框 185

select
单选或多选菜单 187

option
下拉列表选项 188

optgroup
组合选项 191

label
表单字段关联标签 193

fieldset
群组化表单字段 195

legend
表单字段的标签 196

datalist
选项列表 198

keygen
密钥生成器 200

output
数据输出 202
progress
进度条 203
meter
度量条 205

其他元素

details
细节描述 207
summary
细节描述的标题 208
command
命令按钮 210
menu
菜单列表 212

HTML5 通用属性

id
元素识别名称 214
class
元素类别名称 214
title
元素的补充数据 214
style
元素样式设定 215
dir
设定元素标签内容的文字走向 215
lang
语言代码设定 215
accesskey
元素快捷键 215
tabindex
元素移动顺序 216

draggable
元素拖动 216

contenteditable
元素编辑 216

hidden
元素隐藏 216

spellcheck
元素检查 217

contextmenu
元素快捷菜单 217

data-yourvalue
元素自定义属性 217

subject
元素对应 218

itemprop
元素组合项目 218

item
元素项目 218

HTML5 标准事件

Form Events
表单事件 219

Keyboard Events
键盘事件 219

Mouse Events
鼠标事件 220

Window Events
窗口事件 221

Media Events
媒体事件 222

第二部分 CSS3

关于 CSS 224
CSS 的声明方式 225
引用外部 CSS 样式文件的方式 227
CSS 属性的前缀词 229
CSS 的属性值 229
CSS 的元素模型 234
CSS 的选择器 236

框线与背景

border-top-left-radius border-top-right-radius
border-bottom-left-radius border-bottom-right-radius
圆角设定（左上、右上、左下、右下）......248

border- radius
圆角设定......251

border-image
四边框图形设定（上、右、下、左）......255

background-image background-position
background-repeat background-attachment
背景图片设定 / 背景图片显示位置
背景图片排列方式 / 固定背景图片的位置......260

background-clip
背景的显示范围设定......263

background-origin
设定背景的显示基准点......265

background-size
设定背景图片的大小......267

background
复合指定背景的相关属性......270

元素模型

box-shadow
元素阴影......272

overflow-x
元素内容宽度超越的水平显示设定（X 轴显示）......275

overflow-y
元素内容高度超越的垂直显示设定（Y 轴显示）......278

overflow
元素内容超越的显示设定（X、Y 轴显示）......281

box-sizing
设定元素模型的宽、高计算方式......282

outline-offset
设定外框的距离......285

resize
变更元素 DIV 块的大小......287

颜色与渐变

opacity
透明度设定......290

linear-gradient()
线性色彩渐变......294

radial-gradient()
圆形（放射状）色彩渐变......298

文字与字体

text-shadow
文字阴影......302

word-wrap
连续字词的断行......304

text-overflow
文件内容超出范围的显示设定......307

font-size-adjust
调整字体比例......310

@font-face
嵌入字体......313

多栏排版

column-count
指定分栏数量......316

column-width
指定分栏宽度......319

columns
设定分栏宽度与栏数......322
column-gap
设定栏间距......325
column-rule-style
设定栏分隔线样式......328
column-rule-width
设定栏分隔线的宽度......331
column-rule-color
设定栏分隔线的颜色......334
column-rule
设定栏分隔线......337

灵活的元素排版

display
指定元素显示的形式......340
box-orient
指定子元素的排列方向......343
box-direction
指定子元素的排列方式......346
box-ordinal-group
指定子元素的组合......349
box-align
指定子元素的垂直对齐方式......352
box-pack
指定子元素的水平对齐方式......355
box-flex
指定父元素的余白分配......358

属性值的变换

transition-property
指定进行变换的属性......361
transition-duration
指定属性值变换的时间......366

transition-timing-function
指定属性值变换的速度......369
transition-delay
设定变换效果的延迟时间......372
transition
复合指定变换的相关属性......376

变形

transform
指定元素的变形效果......380
transform-origin
指定元素变形的基准点......384

动画

@keyframes
设定关键帧......387
animation-name
指定动画名称......390
animation-duration
指定动画播出的时间......393
animation-timing-function
指定动画播放的速度......396
animation-delay
设定动画播放的延迟时间......400
animation-iteration-count
指定动画播放次数......403
animation-direction
指定动画帧播放顺序......406
animation
复合指定动画的相关属性......409

附录 A　网页安全色　414
附录 B　颜色名称　415
INDEX　字母索引　417

范例索引

基础的 HTML5 网页文件架构 basic.html 18

包含 meta 子元素的 head 元素标签 head_meta.html 19

包含 title 子元素的 head 元素标签 head_title.html 19

指定 title 元素标签的 lang 属性 title_lang.html 20

为文件加入关键词、作者、字符编码等附加信息 meta_name.html 21

指定网页文件的全部文字、超链接文字颜色 body_text.html 23

定义网页文件中的章节 section.html 24

引用外部文章评论成为网页文件内容 article.html 25

HTML5 新增结构元素应用 hgroup.html 28

为 img 元素标签建立组合与标题 figure.html 30

指定文件内容的标题层级（大小）hn. html 31

在网页文件内容中放置作者联系信息 address.html 32

设定 div 元素标签内容的样式 div.html 33

利用 span 元素标签设定段落内部分文字的底纹 span.html 34

加载外部脚本文件在文件中执行 script_src.html 36

执行文件中的 JavaScript 脚本程序 script.html 37

无法执行脚本程序时以 noscript 元素的标签内容替代 noscript.html 38

在网页文件中加入元素的样式设定 style.html 40

指定样式信息作用的输出媒体 style_media.html 41

显示被省略的文件内容 abbr.html 42

文章部分内容的强调 em.html 43

设定文件中重要的内容 strong.html 44

定义特殊术语或短语 dfn.html 45

范例索引

指定用户利用键盘输入内容 kbd.html 46

输出一段错误信息的内容 samp.html 47

输出一段程序代码 code.html 48

标示程序代码中的变量 var.html 49

标示文件内容的引证来源 cite.html 50

设定 DIV 块引文的 URI 与样式 blockquote.html 51

设定简短引文的样式 q.html 52

日期时间的定义 time.html 53

撰写数学方程式 sup.html 54

撰写化学方程式 sub.html 55

建立文件内容的段落 p.html 56

段落中强迫文字换行 br.html 57

指定新增内容或新增原因的 URI 与时间 ins.html 58

标示删除的文件编辑内容 del.html 59

原始格式文字内的特殊符号与标签 pre.html 60

以高亮显示文字内容 mark.html 61

将文字设定为粗体 b.html 62

将文字设定为斜体 i.html 63

将文字缩小显示 small.html 64

建立分隔线 hr.html 66

改变文字显示方向 bdo.html 67

为文件内容标注注音 ruby.html 69

标注文字样式设定 ruby_style.html 70

显示无法对应标注时所使用的符号 ruby_rp.html 73

范例索引

建立无序列表 ul.html 75

建立有序编号列表 ol.html 77

设定有序列表的编号起始值 ol_start.html 77

设定列表项目 li.html 79

个别指定列表项目的起始值 li_value.html 79

定义列表、项目、说明 dd.html 82

定义项目、说明的样式设定 dd_style.html 83

以 CSS 样式表定义列表的样式 dd_css.html 83

建立文件的文字超链接 a.html 85

为文字超链接加入补充说明 a_title.html 86

快速跳跃到文件中的其他位置 a_id.html 86

建立电子邮箱 (email) 的超链接 a_mail.html 87

跳转到不同文件中的阅读位置 a_href.html 88

下载文件的超链接设定 a_file.html 89

建立目前文件与前后文件的资源关联 link.html 91

关联外部 CSS 层叠样式表单文件 link_css.html 91

设定文件中所有相对 URI 的基准 URI base_href.html 92

指定链接打开的窗口对象基准 base_target.html 93

指定图片的替代文字 img_alt.html 95

指定图片的大小 img_size.html 95

去除图片超链接的边框 img_css.html 96

建立影像地图操作区 map.html 99

播放 MOV 影片 object.html 101

播放 MPEG 影片 object_mpeg.html 102

范例索引

使用 embed 元素播放 Flash 动画 embed.html 103

使用 embed 元素播放 AVI 影片 embed_avi.html 104

传递参数给 Flash 程序 param.html 105

布置文件中的内联框架 iframe.html 108

设定超链接目标为内联框架 iframe_target.html 108

使用 video 元素播放 MP4 影片文件 video.html 111

设定 video 元素播放影片文件前的影片预览图 video_poster.html 112

使用 audio 元素播放 MP3 声音文件 audio.html 114

使用 audio 元素播放 Ogg 声音文件 audio_ogg.html 115

对应多种浏览器播放的声音文件 source_audio.html 117

对应多种浏览器播放的影片文件 source_video.html 117

绘制颜色渐变的圆点 canvas.html 120

绘制文字与阴影 canvas_text.html 121

绘制图像 canvas_img.html 122

指定表格的背景图案、宽度、框线 table.html 124

指定表格表头、页脚与主体的背景颜色 tbody.html 128

指定表格水平方向一整行单元格数据的对齐方式 tr.html 131

单元格列合并 td_colspan.html 133

单元格行合并 td.html 134

合并标题单元格 th.html 137

设置表格标题 caption.html 138

指定表格标题的样式 caption_style.html 139

组合表格列并指定组合列的单元格宽度 colgroup.html 141

指定个别组合列的样式 col.html 143

范例索引

指定表单的数据发送对象与发送方式 form.html 145

表单寄信 form_mail.html 146

将表单数据提交出去 input_submit.html 151

重置表单数据 input_reset.html 152

配置通用按钮 input_button.html 153

配置图片式按钮 input_image.html 154

配置隐藏字段 input_hidden.html 155

配置单行文本输入字段 input_text.html 156

配置关键词搜索字段 input_search.html 157

配置电话输入字段 input_tel.html 158

配置网址输入字段 input_uri.html 159

配置电子邮箱输入字段 input_email.html 160

配置密码输入字段 input_password.html 161

配置 UTC 时间和本地时间输入字段 input_datetime.html 163

配置日期输入字段 input_date.html 165

配置月份输入字段 input_month.html 167

配置星期输入字段 input_week.html 169

配置时间输入字段 input_time.html 171

配置数值输入字段 input_number.html 173

配置范围输入字段 input_range.html 175

配置颜色选择字段 input_color.html 176

配置复选框字段 input_checkbox.html 178

配置单选按钮字段 input_radio.html 179

配置文件选择字段 input_file.html 180

范例索引

配置发送与重置按钮 button.html 183

配置图片标签式按钮 button_image.html 183

应用按钮事件执行 button_script.htm 184

在多行文本输入字段中加入提示信息 textarea.html 186

建立下拉列表选项 option.html 188

下拉列表框 option_size.html 189

可复选的下拉列表框 option_multiple.html 190

建立组合选项列表 optgroup.html 192

让说明文字成为字段的一部分 label.html 193

将 label 元素的标签内容指定为字段文本 label_for.html 194

建立表单字段群组 legend.html 197

建立选项列表与列表项目 datalist.html 199

建立表单数据发送的密码 keygen.html 201

动态数据输出 output.html 202

在网页中显示一个进度条 progress.html 204

建立考试成绩度量条 meter.html 206

建立一个细节描述的标题 summary.html 208

建立命令按钮 command.html 211

建立菜单列表 menu.html 213

框线圆角设定 radius.html 249

背景图片圆角设定 radius_img.html 250

框线四角圆角设定 radius_all.html 253

背景图片圆角设定 radius_imgall.html 254

框线背景图设定 borderimg.html 257

框线背景图显示方式设定 borderimg_repeat.html 258

范例索引

网页背景图片设定 backgroundimg.html 262

DIV 块背景显示范围设定 background_clip.html 264

背景的显示基准点设定 background_origin.html 266

背景图片的大小设定 background_size.html 268

背景图片复合设定 background.html 271

元素阴影设定 boxshadow.html 273

元素水平滚动条设定 overflow_x.html 275

元素垂直滚动条设定 overflow_y.html 278

设定元素模型的宽、高计算方式 box_sizing.html 283

设定外框的偏移距离 outline_offset.html 285

变更元素 DIV 块的大小 resize.html 287

元素的透明度设定 opacity.html 290

Opacity 属性与 rgba() 颜色取值 opacity_rgba.html 293

设定 DIV 块的线性色彩渐变 linear_gradient.html 295

设定 DIV 块的放射状色彩渐变 radial_gradient.html 300

文字的阴影设定 text_shadow.html 303

设定 DIV 块的连续字词断行 word_wrap.html 305

裁切文件内容 text_overflow.html 308

设定字体的比例 font_adjust.html 311

嵌入字体 font_face.html 314

文本框分栏 column_td.html 317

设定分栏宽度 column_width.html 320

分栏数量与栏宽设定 columns.html 322

设定分栏的间距 column_gap.html 326

栏分隔线样式设定 column_rule_style.html 329

范例索引

栏分隔线宽度设定 column_rule_width.html.. 332

栏分隔线颜色设定 column_rule_color.html.. 334

栏分隔线设定 column_rule.html.. 338

DIV 块的并列显示排版 display.html.. 341

指定子元素的排列方向 display_orient.html...................................... 344

指定子元素的排列方式 display_direction.html 347

指定子元素的组合 display_group.html... 350

指定子元素的垂直对齐方式 display_align.html 353

指定子元素的水平对齐方式 display_pack.html................................. 356

分配父元素的水平余白 display_flex.html 359

变换 DIV 块元素的背景属性 transition_property.html 363

DIV 块背景与边框颜色的渐变属性 transition_duration.html............. 366

属性值变换的速度设定 transition_timing.html 370

设定变换的延迟时间 transition_delay.html....................................... 373

同时指定变换的效果属性 transition.html 377

DIV 块变形 transform.html 382

设定变形基准点 transform_origin.html... 385

动画脚本设定 animation.html.. 389

指定动画脚本 animation_name.html 390

逐渐放大的 DIV 块 animation_duration.html..................................... 393

动画的播放速度设定 animation_timing.html.................................... 397

设定动画播放的延迟时间 animation_delay.html 400

设定动画的播放次数 animation_count.html..................................... 403

设定动画的播放顺序 animation_direction.html................................. 406

动画的播放设定 animation_all.html.. 409

第一部分

HTML5

关于HTML

HTML（HyperText Markup Language）超文本标记语言是构成网页的基础，HTML提供了各式各样的标签（Tag），让你设置网页中各段落文字或图案的展现方式。若需编写HTML网页，只需用一般的文本编辑器（例如Windows系统内置的“记事本”）即可。

HTML是由W3C（World Wide Web Consortium：全球信息网组织，http://www.w3c.org）制定的标准语言，因此我们所编写的HTML网页必须符合W3C规格的浏览器（如Firefox、Internet Explorer等），才能顺利解释HTML文件，进而看到网页的执行结果（以原本标签设计的样式展现图文内容）。

HTML最早为HTML1.0版本，接下来有HTML2.0、HTML3.0、HTML3.2，乃至1999年12月公布的HTML4.01。严格来说，目前的HTML4.01仍是最新的标准版本，尽管HTML5在网页设计界炒得沸沸扬扬，但HTML5仍仅为预订的标准草案，尚待W3C审核并正式公布为标准。

虽然HTML5尚未被正式公告为新网页标准，但Firefox、Chrome、Opera、Safari、Internet Explorer 9等浏览器已开始扩展支持HTML5技术，日前Google也在官方网站发布消息，决定自2011年8月1日之后，将针对对应HTML5的新版浏览器提供特定网页服务，可见HTML5的时代已经来临。

HTML文件的编写

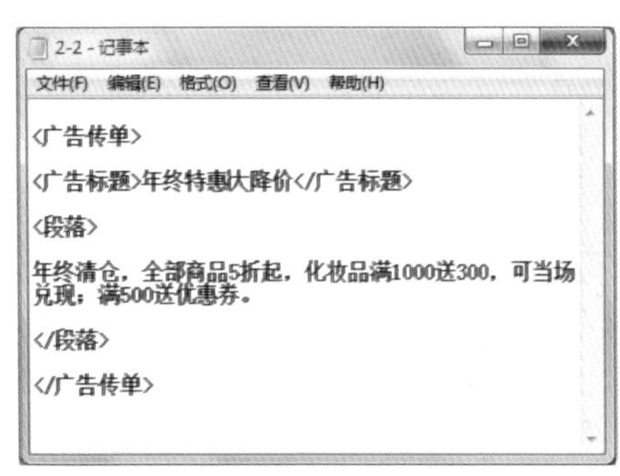

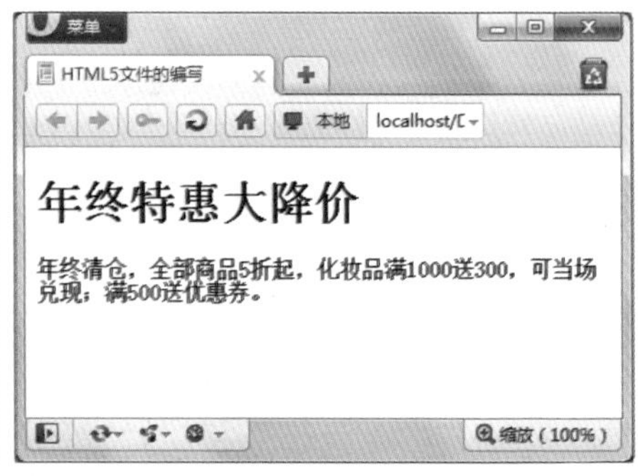

对于HTML网页的编写，你可以想象成是广告传单的输出排版：

上例中我们定出了“广告标题”、“段落”两种排版规则，你一看到“广告标题”就想到文字应该大一点，相对于“广告标题”的“段落”文字应该小一点。这是因为我们很聪明，即使不特别标注“广告标题”、“段落”，也可依内容来分辨哪些字体该大一点、哪些该小一点。但是计算机很笨，不特别标注就没办法分辨，这也是需要使用HTML标签的原因。

在"<"与">"之间的文字（包含"<"与">"）即为HTML标签，是给浏览器解释用的。这些标签不会显示在执行结果画面中，执行结果画面中只会出现被标签与标签包括的文字，标签只是用来配置这些文字的显示样式。

HTML文件的组成

HTML文件的组成可分为3个主要部分。

```
<!DOCTYPE HTML>
```

1.DOCTYPE声明

```
<html>
```

```
<head>
<title>HTML 文件的组成</title>
</head>
```

2.网页表头

```
<body>
<!--网页内容 -->
<h2>以下为网页内容</h2>
</body>
```

3.网页内容

```
</html>
```

1. DOCTYPE 声明

DOCTYPE（document type：文件类型），用来说明编写网页的HTML（XHTML）标签用的是什么版本。要建立符合W3C标准的HTML网页，DOCTYPE声明是不可或缺的部分。

在上例中的DOCTYPE声明，代表我们要编写的网页应用的是HTML5语法规则。

若我们编写的网页要应用HTML4.01语法规则，则有下列3种声明方式：

Transitional DTD

要求宽松的过渡型DTD，允许继续使用非推荐的HTML标签，但不可以使用框架。

```
<!DOCTYPE HTML PUBLIC "-//W3C//DTD HTML 4.01 Transitional//EN"
"http://www.w3.org/TR/HTML 4/loose.dtd">
```

Frameset DTD

针对框架页面设计使用的DTD，如果网页中包含有框架，则可采用这种DTD，且允许继续使用非推荐的HTML标签。

```
<!DOCTYPE HTML PUBLIC "-//W3C//DTD HTML 4.01 Frameset//EN"
"http: / /www.w3.org/TR/HTML 4/frameset.dtd">
```

Strict DTD

要求严格的DTD，不能使用任何非推荐的HTML标签、标签属性与框架。

```
<!DOCTYPE HTML PUBLIC "-//W3C//DTD HTML 4.01 //EN"
"http://www.w3.org/TR/HTML 4/strict.dtd">
```

其中的DTD称为“文件类型定义”，里面包含了HTML（XHTML）标签的规则，可让浏览器根据这个DTD文件类型定义来解释HTML标签，并展现出网页结果画面。

2. 网页表头

网页表头的范围以“<head>”标签为起始，“</head>”标签为终止。在这两个标签之间可以加入网页相关信息，例如搜索字符串或页标题（<title>~</title>）等，在<title> ~ </title>之间的内容即浏览器窗口标题栏出现的标题内容。

HTML标签的元素必须被包括在“<”与“>”之间。HTML标签通常以成对的方式出现，起始标签内的元素只需以“<”与“>”包括起来（例如<element>），而终止标签内的元素除了需以“<”与“>”包括起来外，还必须加上一个左斜线“/”作为区分（例如</element>）。

在起始标签中，除了元素外，还可加入元素的属性与属性值设定，但终止标签内不可加入元素的属性与属性值设定。

3. 网页内容

网页内容的范围以“<body>”标签为起始，“</body>”标签为终止。在“<body>”和“</body>”之间的范围用来放置网页的主体内容，例如放置图片（<img>）、文字、表格（<table>）等。

提示：标准应用时“网页表头”与“网页内容”应被包括在“< HTML>”和“</ HTML>”标签之间，但“<HTML>”、“</HTML>”标签也可省略。在HTML5规范里明确了一些可视情况省略标签的元素，如下表：

元素名称	起始标签	终止标签
html	v	v
head	v	v
body	v	v
thead		v
tbody		v
tfoot		v
tr		v
td		v
th		v
li		v
dt		v
dd		v
p		v
rt		v
rp		v
optgroup		v
option	v	v
colgroup	v	v

标签、元素、属性与属性值

一个正确的HTML标签至少必须包含“<”、“>”与标签元素，如“<element>”；标签内可加入元素的属性并指定属性值。有了起始标签、终止标签，再加上标签内容，就构成一个完整的HTML语句，如下例所示：

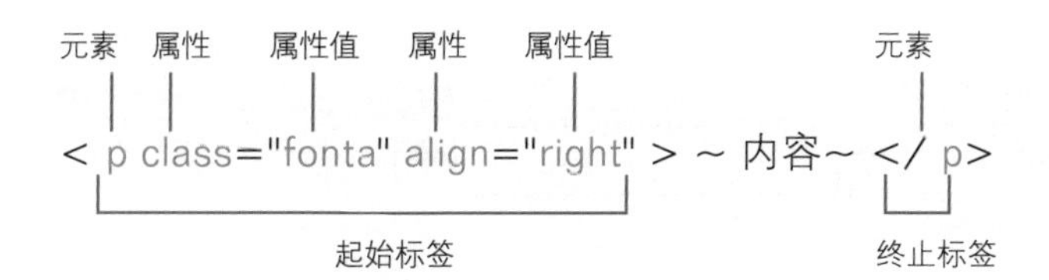

元素（element）

元素简单地说，就是指作用于对象的效果，如上例使用了“p”的元素标签，代表起始标签与终止标签之间的内容将成为一个独立的段落。有些元素不可设置终止标签，例如非段落分行的“br”元素标签、显示影像图片的“img”元素标签。

提示：“br”、“img”等元素标签因为不可设置终止标签，所以不会有被包括的内容，因此“br”、“img”等元素也被称为“空元素”。其他不可设置终止标签的元素还有：area、base、col、command、embed、hr、input、keygen、link、meta、param、source等。

属性（attribute）

元素的属性只可添加于起始标签中，对应元素作用于对象的额外效果，如上例在“p”元素标签中加入align属性来指定段落内容的“水平对齐方式”。

属性值（attribute value）

在元素标签中加入属性，则必须对该属性的值加以设定，这个设定的值就称为“属性值”。以上例来说，在“p”元素标签中加入align属性来指定段落内容的“水平对齐方式”，并指定align属性的值为“right”，即表示整个段落内容的水平对齐方式将是“靠右对齐”。

属性值的指定格式为“属性=属性值”，属性值若不是数字，则必须以一对双引号“"”或单引号“'”包括起来，若属性值为数字则可省略引号。

提示：虽然在HTML中属性值为数字形式者，可省略双引号“"”或单引号“'”，但在XHTML中不管是何种形式的属性值都必须以一对双引号“"”或单引号“'”包括起来，为了避免发生错误，建议属性值都以双引号“"”或单引号“'”包括起来。

特殊符号的使用

“<”、“>”是用来包括元素成为标签的，可是用来表示大于和小于的符号也是使用“<”、“>”，所以要在网页中显示“<”或“>”符号时，就必须通过“文字参照”，特殊符号的文字参照有“名称实体参照”和“数值实体参照”两种：

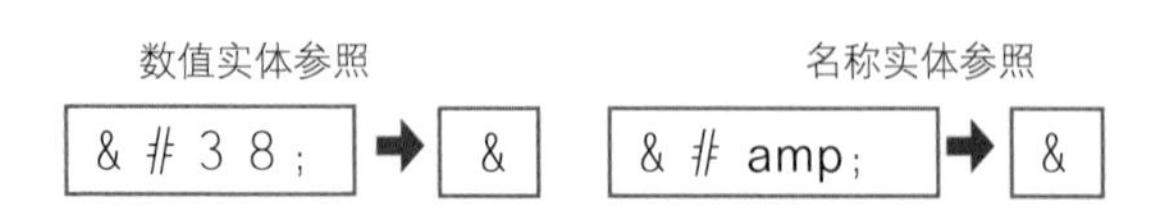

“名称实体参照”就是用特殊符号的名称来表示，并在名称前后各加上“&”和“;”来识别；“数值实体参照”则是利用特殊符号的编码来表示，编码数值的前后同样各加上“&#”和“;”来识别。

符号	名称实体参照	数值实体参照	说明
<	<	<	小于
>	>	>	大于
&	&	&	连接符号
"	"	"	双引号
±	±	±	正负值（误差）
©	©	©	著作权
®	®	®	注册商标
¶	¶	¶	段落符号
§	§	§	分节符号
Ø	Ø	Ø	直径符号
°	°	°	度
²	²	²	平方
½	½	½	二分之一
¥	¥	¥	圆(人民币单位符号)
‘	“	&8220;	单引号（左）
’	”	&8221;	单引号（右）
"	‘	&8216;	双引号（左）
"	’	&8217;	双引号（右）

提示：文字参照的内容有大小写的区分，不可混淆。

元素的分类

元素依其作用范围可分为“DIV块”与“内联”元素，概列如下表：

分类	元素
DIV块	address、blockquote、center、dir、div、dl、form 、h1~h6、hr、menu、noframes 、ol 、p 、pre、table、ul、xmp
内联	a、abbr、acronym 、b、basefont、big 、br 、button 、cite、code、em 、font、i、iframe、img、input、kbd、map、object、q、s、samp、script、select、small、span、strike、strong、sub、sup、textarea、tt、u、var

- "DIV块"元素如同一个包含容器，在DIV块元素标签中可以再加入其他元素标签，例如"form"表单元素标签，在该标签内还可加入其他DIV块元素标签或如"input"、"textarea"等内联元素标签。如下例：

```
<body>
    <form>
    DIV块元素内容
    DIV块元素
    <b>内联元素内容</b>    内联元素

                                        DIV块元素内容
    </form>

</body>
```

大致上DIV块元素的前后都会额外产生一个段落换行效果，这是DIV块元素的主要特征。

- "内联"元素是一个独立作用的元素，"内联"元素标签内不可再加入其他元素标签，下例即为错误的示范：

```
<body>
    <b>
    内联元素内容
    内联元素
    <form>DIV块元素内容</form>    DIV块元素

    </b>                                内联元素内容
</body>
```

"内联"元素标签不会额外产生段落换行效果，"内联"元素标签作用对象的内容会与其他元素作用对象的内容接续在一起。

元素的属性值分类（依类型）

1. 字符串：中英文字、数字与文字参照都可混合使用，但混合成属性值的字符串有下列特征：

- 字符串前后的空白将被忽略而移除。
- 换行符号将会以半角的空白取代。
- 标签符号将会被忽略，直接显示内容。

```
<body>
<p>
<a href="http://forum.twbts.com" title=" <b>最好的网络学习讨论区</b>">
◆麻辣家族讨论区</a>
</p>
</body>
```

若在属性值字符串中加入空白与标签，空白将被移除，标签符号直接显示内容。

2. name与id属性：属性值必须符合下列要求：

- 属性值的开头必须是大写或小写的英文字母（A~Z，a~z）。
- 属性值的其余部分可包含字母（A~Z，a~z）、数字（0~9）、划线（_）、冒号（:）、小数点、（.）等符号。
- 属性值内容有大小写之分。

```
<table id="myTable_1">
<tr><td>
<a href="http://www.twbts.com">
◆麻辣学园</a>
</td></tr>
</table>
```

提示：meta元素的“name”、“http-equip”属性值内容也须符合上述要求。

3. 数值：数值型的属性值，必须输入正整数，不可为0，也就是数值必须大于等于1。数值型的属性值最常见于单元格的合并（colspan）与表格行（rowspan）的合并，例如：

```
<table border="1">
<tr>
<td colspan="3">上方标题</td>
</tr>
<tr>
<td>左一</td>
<td rowspan="2">中间合并</td>
<td>右一</td>
</tr>
<tr>
<td>左二</td><td>右二</td>
</tr>
</table>
```

执行结果：

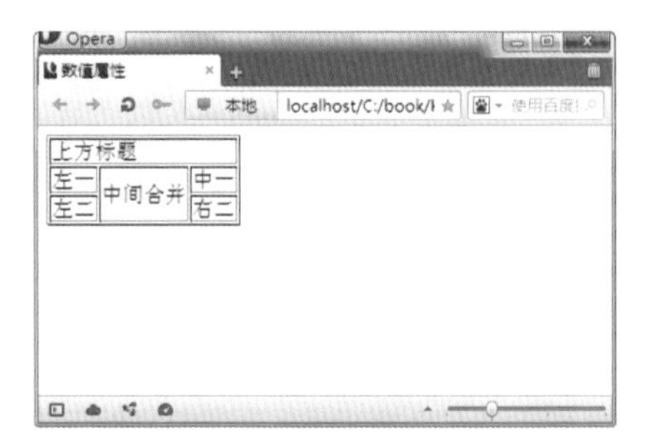

元素的属性值分类（依值的内容）

1. 颜色值：颜色值的指定分为RGB 16进制值与颜色名称值。

■ 颜色名称值：依W3C规范共有16种，都以英文名称为属性值，列表如下：

色彩样本参照	英文名称属性值	RGB 值
	Black	#000000
	Silver	#C0C0C0
	Gray	#808080
	White	#FFFFFF
	Maroon	#800000
	Red	#FF0000

（续表）

色彩样本参照	英文名称属性值	RGB 值
	Purple	#800080
	Fuchsia	#FF00FF
	Green	#008000
	Lime	#00FF00
	Olive	#808000
	Yellow	#FFFF00
	Navy	#000080
	Blue	#0000FF
	Teal	#008080
	Aqua	#00FFFF

实例：

```
<body bgcolor="Olive" link="White">
<p align="center">
<img border="0" src="img/DSC_0483.JPG" width="400" height="268">
</p>
<p align="center">
<a href="test.html ">户外教学摄影集</a>
</p>
</body>
```

执行结果：网页背景颜色为“Olive”，超链接文字颜色为“White”。

■ RGB 16 进制值:

R(红)、G(绿)、B(蓝)三原色，通常都使用十进制的值，但在作为颜色属性值时，必须转换为16进制:

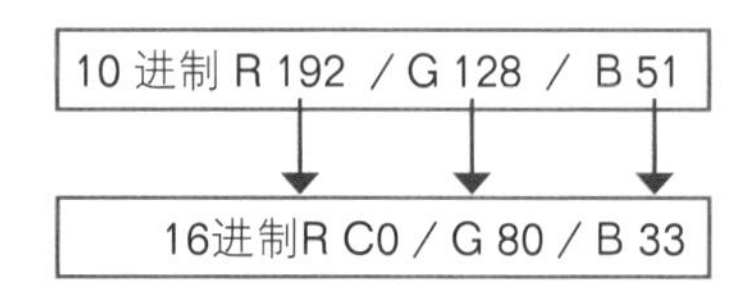

RGB三原色转换为16进制后(每个原色都是二位数共6位数)，指定给相关颜色属性为值时，16进制代码前必须加上“#”符号作为识别:

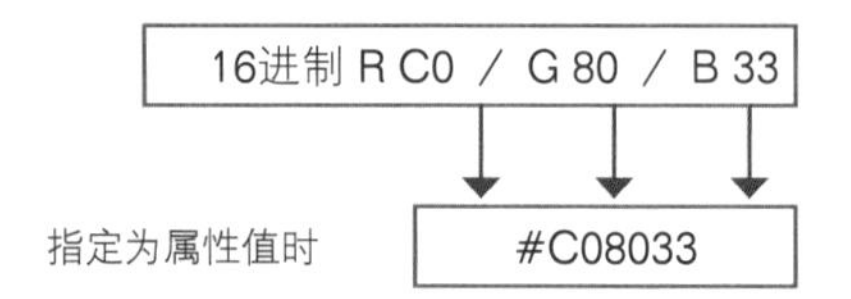

实例:

```
<body text="#3366CC">
<h3>兄妹情深的合影</h3>
<p align="center">
<img border="1" src="img/DSC_0570.JPG" width="400" height="268">
</p>
<p align="center">
<font color="#CC6600">我与小妹!!</font>
</p>
</body>
```

执行结果: 网页预设文字颜色为“#3366CC”，特定文字颜色为“#CC6600”。

提示: 颜色属性值常见于: body元素的text、link、alink、vlink、bgcolor属性; table元素的bgcolor属性; basefont元素的color属性。

2. 长度（正整数与百分比）：指定HTML标签作用对象大小、长宽的属性值有两种：

- 正整数，单位为像素（pixel），只需指定正整数为属性值，不必加上单位。此类属性值设定会让HTML标签作用对象的相关大小、长宽固定，不会随着显示画面的大小而改变。
- 百分比，指定正整数并在数值后方加上“%”符号成为属性值，此类属性值设定会让HTML标签作用对象的相关大小、长宽随着显示画面的大小自动依所设定的百分比进行缩放。

实例：

```
<body>
<p align="center">
<img border="1" src="img/DSC_0038.JPG" width="100%" height="250">
</p>
</body>
```

执行结果：图片宽度随画面大小缩放，高度固定为250pixel。

提示：长度属性值常见于img及object元素的width、height属性；table元素的cellpadding、cellspacing属性；hr元素的width属性。

3. 相对比例（* 星号）：属性值内容至少含有一个带星号的整数值，属性值内容为HTML标签作用对象长度（或宽度）的比例分配，若只指定“*”则视为“1*”。例如属性值内容为“2*,3*”代表长度（或宽度）的分配比率为“2:3”；又如属性值内容为“50,*,3*”，则会先保留50pixel的长度（或宽度），接下来以“1:3”比例分配长度（或宽度）。

实例：

```
<frameset rows="*,3*" frameborder="yes">
<frame name="top" src="top. HTML ">
<frame name="buttom" src="buttom. HTML ">
</frameset>
```

执行结果：上方框架页面高度为整体高度1/4，下方框架页面高度为整体高度3/4。

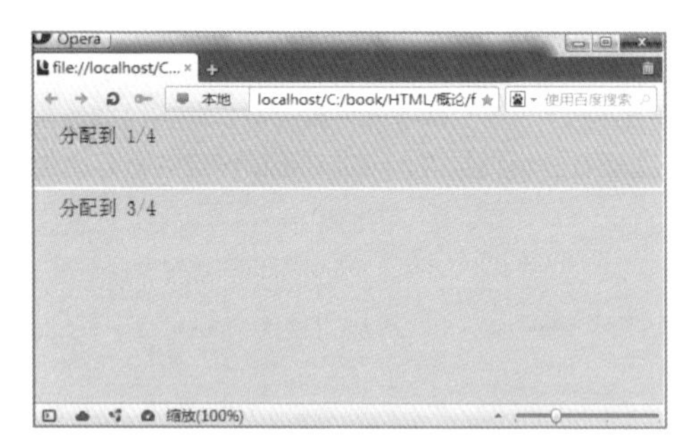

提示：相对比例属性值常见于：frameset元素的rows、cols属性；colgroup元素的width属性；col元素的width属性。在HTML 5标准规范中已废除frameset元素的使用，但仍适用HTML4.01标准。

4. 日期与时间：属性值为日期时间者，须符合下列格式：

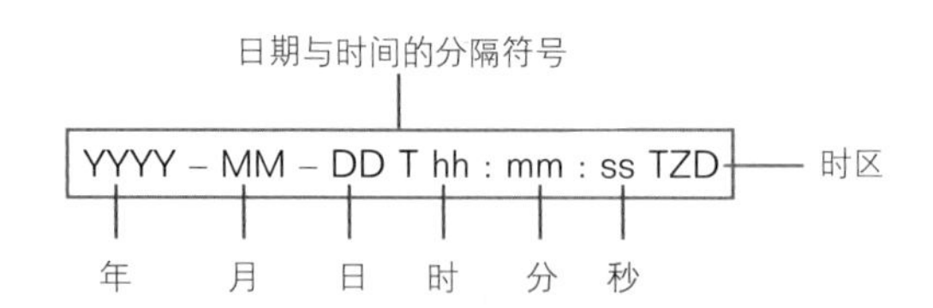

- YYYY为公元4位数年份。
- MM为两位数月份（01~12）。
- DD为两位数日（01~31）。
- hh为两位数小时（00~23）。
- mm为两位数分钟（00~59）。
- ss为两位数秒钟（00~59）。
- TZD为时区，即本地时间与UTC标准时间的差值，格式为“+hh:mm”、“-hhmm”，要显示北京时间就要将时区设定为“+08:00”。
- T（大写）为日期与时间的分隔符号，此为固定格式。

实例：

```
<body>
<del datetime="2012-12-31T12:00:01+08:00"
cite="../test. HTML ">
最新状态<del>
</body>
```

提示：日期时间属性值常见于：del元素的datetime属性；ins元素的datetime属性。

5. URI：URI（Uniform Resource Identifier）资源标识符串，是用在网络中定位某一资源的方法，包括可下载的文件、各式服务及电子邮箱等各式资源。URI又分为URL（Uniform Resource Locator：统一资源定位器）与URN（Uniform Resource Name：统一资源名称）两个子集合。

- URL 用来界定资源对象的位置以及该对象的存取方式，URL利用现有的通信协议来存取资源对象；因为URN指定的资源对象可能随时间的变化而变换位置，所以URL也可以用来界定URN指定对象的地址及访问方法。
- URN 用来界定资源对象的名称，对象经命名后即具有永续性，且独一无二，各授权注册单位依此对各资源给予命名。

提示：由于URI与URL的差别太过理论与学术性，各位读者不妨暂且将两者都认定为“网址”，也就是将两者视为同等意义即可（URI=URL=网址）。

属性值为URI者，意味着要链接网页本身以外的资源，例如文件、图片、网页等，要将这个链接资源的位置用URI来指定，可分为两类：

- 绝对URI（绝对链接）

“链接目标”必须指名链接资源的绝对位置，包括通信协议（http://）、服务器名称、路径、资源名称等，这种方式通常用于链接资源的位置与目前浏览的网页位于不同的服务器，例如：

```
<body>
<p>
<a href="http://www.twbts.com/index.php">麻辣学园</a>
</p>
</body>
```

- 相对URI（相对链接）

若链接的目标资源（网页、文件或图片等）与目前浏览的网页位于相同的服务器上，则“链接目标”并不需要指定链接资源的服务器名称。但是，链接网页与被链接的对象若位于不同的目录，则仍然必须明确地指出链接目标所在的目录位置。

链接资源的相对位置	URI的属性值
同一路径下	资源名称 例如→ aboutus.html
下一层路径	路径名称/资源名称 例如→ img/ad.gif
上一层路径	../资源名称 例如→ . . /sample.html
上层路径下的其他路径	../路径名称/资源名称 例如→ . . /img/ad.gif

提示：一般来说，对外链接都是使用“绝对URI”链接表示法（也只能用这种方法啦！），而对内链接就使用“相对URI”表示法。当然，对内链接也可以使用绝对路径链接表示法，不过这样会不好维护，并不建议采用。

实例：

```
<body>
<p>
<a href="uri.html">
<img src="img/DSC_0717.jpg" alt="花博自由行"></a>
<a href="http://www.twbts.com/index.php">麻辣学园</a>
</p>
</body>
```

执行结果：

提示：URI属性值常见于：a元素的href属性，img元素的src属性，blockquote元素的cite属性。

6. MIME形态：属性值内容若为MIME形态，代表指定HTML标签作用对象的资源类型，其属性值内容无大小写之分（MIME形态名称无大小写之分），常见的MIME形态如下表：

MIME类型	作用对象的资源类型	扩展名
text/plain	纯文本文件	.txt
text/ HTML	HTML 网页	.html 、.htm
text/css	层叠样式表单	.css
text/javascript	JavaScript 程序	.js
image/gif	GIF 图片	.gif
image/jpeg	JPEG 图片	. jpeg、.jpg
image/png	PNG 图片	.png
video/mpeg	MPEG 影片	.mpeg 、.mpg
video/quicktime	QuickTime 影片	.qt、.mov
application/pdf Adobe	PDF 文件	.pdf
application/zip	Zip压缩文件	.zip
application/msword	微软 Word 文件	.doc
application/x-shockwave-flash	Flash 动画文件	.swf

实例：

```
<body>
<p>
<object data="img/P1050373.JPG" type="image/jpeg" width="400" height="300">
花的图片
</object>
</p>
</body>
```

提示：MIME形态属性值常见于：a元素的type属性；form元素的enctype属性；object元素的type属性。

7. 语言码：属性值为语言码者，代表指定HTML标签作用对象所使用的自然语言。使用英文为自然语言的设定："en"；使用法文为自然语言的设定："fr"；使用日文为自然语言的设定："ja"；使用中文为自然语言的设定："zh"。

同一种自然语言可能还有地域或用法的区分，例如中文还可区分为繁体与简体，所以使用简体中文为自然语言的设定为"zh-CN"，又如美式英文的设定则为"en-US"。

实例：

```
<body>
<p align="center">
<img src="img/P1050025.JPG" border="0" alt="金龟子"><br>
<a href="http://www.twbts.com/index.php" hreflang="zh-CN">麻辣学园</a>
</p>
</body>
```

提示：语言码属性值常见于：a元素的hreflang属性，全部元素的lang 属性。

8. 字符集：字符集（Character Set）指的是某一组符号（或文字）的集合，在HTML中用来定义网页使用哪种编码。下表是常用的编码字符集：

字符集	语言编码	字符集	语言编码
UTF-8	万国码	Gb2312	繁体中文
Gb2312-HKSCS	香港中文	EUC-TW	繁体中文
GB2312	简体中文	GB18030	简体中文
GBK	简体中文	Shift_JIS	日文
EUC-JP	日文	ISO-2022-JP	日文
ISO-8859	英文 / 西欧语系		

整体构造 HTML4 / HTML5

元素 html 最顶层元素

语法

< html 属性="属性值"> ~ 标签内容 ~ </ html>

说明

- html 元素为最顶层元素，在HTML文件中起始标签与终止标签都可省略，但在XHTML文件中都不可省略。
- 在 html 元素“标签内容”中，可包含 head、 body 等子元素。

属性

4：HTML4 适用 5：HTML5 适用

属性	属性值/ 预：预设值	说明
1 manifest 5	字符串 (URI)	指定网页脱机浏览时的快取列表地址
2 xmlns 4 5	http://www.w3.org/1999/xhtml	指定名称空间，属性值为固定的URI

3 通用属性： class、contenteditable、contextmenu、data-yourvalue、dir、draggable、hidden、id、item、itemprop、lang、spellcheck、style、subject、tabindex、title

释例

1 单纯标签撰写，基础的文件架构

<html> ~ </html>

2 指定网页脱机浏览时的快取列表地址

<html manifest="test.manifest"> ~ </html> → 1 manifest

3 指定名称空间（name space），撰写XHTML务必指定此属性

<html xmlns= "http://www.w3c.org/1999/xhtml"> ~ </html> → 2 xmlns

4 指定文件显示的语言

<html lang="属性值"> ~ </html> → 3 通用属性

范例学习 基础的HTML5网页文件架构 basic.html

```
<!DOCTYPE HTML>
<html>

<head>
<meta http-equiv="Content-Type" content="text/html; charset=utf-8">
<title>基础的HTML5网页文件架构</title>
</head>

<body>
此区段为网页内容的主要编写区……
</body>

</html>
```

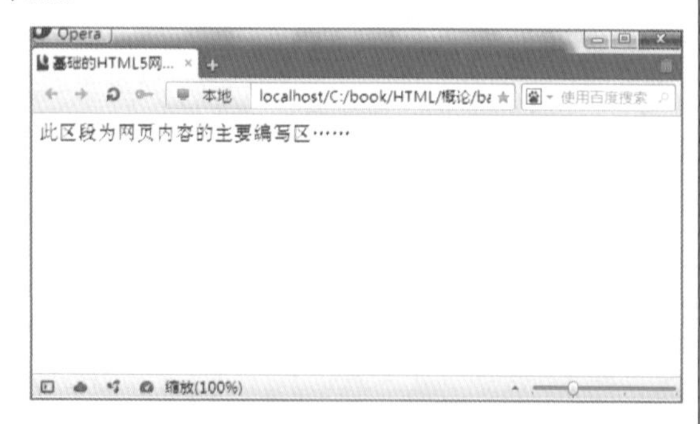

整体构造 HTML4 / HTML5

元素 head
文件标头的包含元素

语法

< head 属性="属性值"> ~ 标签内容 ~ </ head>

说明

- head元素为文件标头信息的包含元素，在HTML文件中起始标签与终止标签都可省略，但在XHTML文件中都不可省略。
- head元素为HTML元素的子元素。
- 在 head 元素“标签内容”中，可包含 base、link、meta、script、style、title 等子元素，除title子元素的标签内容会显示在画面上外，其余的子元素标签内容都为隐藏信息。

属性

4：HTML4 适用 5：HTML5 适用

属性	属性值/ 预：预设值	说明
1 profile 4	字符串（URI）	使用meta等元素指定信息内容的URI

2 通用属性：class、contenteditable、contextmenu、data-yourvalue、dir、draggable、hidden、id、item、itemprop、lang、spellcheck、style、subject、tabindex、title

释例

1 单纯标签撰写，未加入任何属性设定

<head> ~ </head>

2 加入 profile 属性

<head profile="属性值"> ~ </head > → 1 profile

3 指定标签内容所使用的语言

<head lang="属性值"> ~ </head > → 2 通用属性

范例学习 包含 meta 子元素的 head 元素标签 head_meta.html

```
<!DOCTYPE HTML>
<html>
<head>
<meta name="author" content="杨东昱" />
<meta name="keywords" content="网页设计, html , css , xhtml" />
</head>
<body>
<p>含 meta 子元素的 head 元素标签</p>
</body>
</html>
```

范例学习 包含 title 子元素的 head 元素标签 head_title.html

```
<!DOCTYPE HTML>
<html>
<head >
<title>我是网页抬头标题</title>
</head >
<body>
<p>含 title 子元素的 head 元素标签</p>
</body>
</html>
```

FireFox 5

IE 9

Chrome 11

Opera 11

Safari 5

整体构造 HTML4 / HTML5

元素 title 文件标题名称元素

语法

< title 属性="属性值"> ~ 标签内容 ~ </ title>

说明

- title元素用来设定文件标题，该文件标题将出现在浏览器的标题栏中。在HTML、XHTML文件中，起始标签与终止标签都不可省略。
- title 元素为head元素的子元素。
- head 元素“标签内容”为非隐藏信息时，标签内容会显示在画面上。

属性

4：HTML4 适用 5：HTML5 适用

属性	属性值/ 预：预设值	说明
1 通用属性：class、contenteditable、contextmenu、dir、draggable、id、irrelevant、lang、ref、registrationmark、tabindex、template、title		

释例

1 单纯标签撰写，未加入任何属性设定

<title> ~ </ title>

2 加入指定标签内容所使用语言的lang属性

<title lang="属性值"> ~ </ title> → 1 通用属性

范例学习 指定title元素标签的lang属性 title_lang.html

```
<!DOCTYPE HTML>
<html>
<head >
<meta http-equiv="Content-Type" content="text/html; charset=utf-8">
<title lang="en">document title</title>
</head>
<body>
<p>title 元素标签的使用</p>
<p>title 元素标签的内容除了显示在标题栏外，也会成为加入“收藏夹”时的识别名称</p>
</html>
```

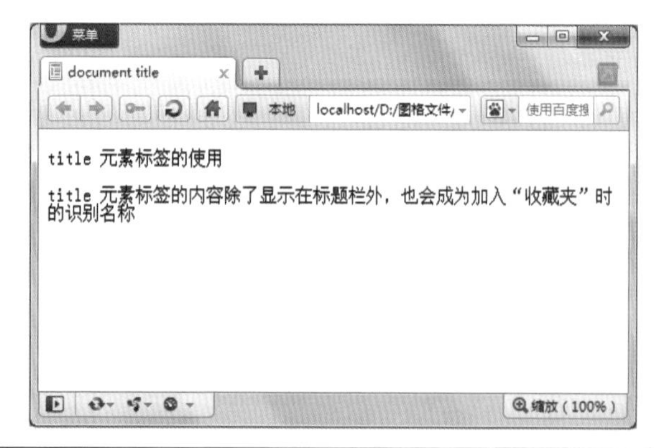

元素 meta
附加文件的额外信息

语法

< meta 属性="属性值" />

说明

- meta 元素为空元素，在HTML文件中没有终止标签，但在XHTML文件中必须在起始标签右括号前加上一个右斜线“/”作结束，或是将meta元素也加上终止标签。
- meta 元素为head元素的子元素，且只能放置于head标签内容中。
- meta 元素主要用来附加文件的额外信息，额外信息的内容由name与content属性来决定。

属性

4：HTML4 适用 5：HTML5 适用

属性	属性值	说明
1 name 4 5	字符串	主要为有意义的单词，例如“keyword”关键词、“author”作者等附加信息名称
2 content 4 5	字符串	name与http-equiv属性对应的附加信息值
3 http-equiv 4 5	字符串	将所指定的附加信息以HTTP表头信息的方式送到客户端
4 scheme 4	字符串	该属性的作用为定义content属性值内容的正确格式
5 charset 5	字符串	定义文件的字符编码

6 通用属性：class、contenteditable、contextmenu、dir、draggable、id、irrelevant、lang、ref、registrationmark、tabindex、template、title

释例

1 指定文件额外附加的信息名称与信息值

<meta name=" 属性值" content=" 属性值" /> → 1 name 2 content

2 以HTTP表头信息的方式发送额外附加的信息名称与信息值

<meta http-equiv="属性值" content="属性值" /> → 3 http-equiv

范例学习 为文件加入关键词、作者、字符编码等附加信息 meta_name.html

```
<!DOCTYPE HTML>
<html>
<head >
 <meta name="keywords" content="HTML,XHTML,meta" />
 <meta name="description" content="meta元素的应用" />
<meta name="author" content="杨东昱" />
<meta charset="utf-8" />
 <title>meta元素的应用</title>
</head>

<body>
<p>meta元素标签的使用</p>
</body>
</html>
```

元素 body
文件主体元素

语法

< body 属性="属性值"> ~ 标签内容 ~ </ body>

说明

- body 元素为文件主体内容最上层元素，在HTML文件中起始标签与终止标签都可省略，但在XHTML文件中都不可省略。
- body 元素为HTML元素的子元素，body元素标签内也可放置script元素标签内容。
- 在HTML4 Strict DTD的情况下，body元素“标签内容”中，只可包含DIV块元素，内联元素必须放置于DIV块元素标签内容中，但在Transitional、Frameset DTD的情况下，内联元素也可直接放置于body元素“标签内容”中。

属性

■ 在HTML5中删除了HTML4中body元素的全部属性，而这些属性也全部被W3C列为非推荐属性。

4：HTML4 适用 5：HTML5 适用 !：W3C 非推荐属性

属性	属性值/ 预：预设值	说明
1 text 4 !	颜色值：预 #000000	指定文件内全部文字的颜色，仅可在Transitional、Frameset DTD的情况下使用
2 link 4 !	颜色值：预 #0000FF	指定文件超链接的颜色（尚未链接浏览过），仅可在Transitional、Frameset DTD的情况下使用
3 alink 4 !	颜色值：预 #FF0000	指定文件超链接的颜色（作用中），仅可在Transitional、Frameset DTD的情况下使用
4 vlink 4 !	颜色值：预 #800080	指定文件超链接的颜色（已经链接浏览过），仅可在Transitional、Frameset DTD的情况下使用
5 background 4 !	URI	指定文件的背景图案, 仅可在 Transitional 、Frameset DTD 的情况下使用
6 bgcolor 4 !	颜色值	指定文件的背景图案, 仅可在 Transitional 、Frameset DTD 的情况下使用
7 pgproperties 4 !	fixed (字符串)	指定文件的背景图案位置固定（浮水印）
8 topmargin 4 !	长度(pixel)：预 15	指定文件内容显示的上边界
9 bottommargin 4 !	长度(pixel)：预 15	指定文件内容显示的下边界
10 leftmargin 4 !	长度(pixel)：预 10	指定文件内容显示的左边界
11 rightmargin 4 !	长度(pixel)：预 10	指定文件内容显示的右边界
12 marginheight 4 !	长度(pixel)：预 8	指定文件内容显示的上下边界
13 marginwidth 4 !	长度(pixel)：预 8	指定文件内容显示的左右边界

14 通用属性：class、contenteditable、contextmenu、data-yourvalue、dir、draggable、hidden、id、item、itemprop、lang、spellcheck、style、subject、tabindex、title

释例

1 指定文件内全部文字的颜色

<body text="属性值"> ~ </ body> → **1** text

2 指定文件的背景图案

<body background="属性值"> ~ </ body> → **5** background **14** style

<body style="background-image: 值"> ~ </ body>

3 指定文件的背景颜色

<body bgcolor="属性值"> ~ </ body> → **6** bgcolor **14** style

<body style="background-color: 值"> ~ </ body>

4 指定文件的内容显示边界

<body topmargin="属性值" leftmargin="属性值"> ~ </ body>

<body style="margin: 值"> ~ </ body> → **8** topmargin **10** leftmargin **14** style

范例学习 指定网页文件的全部文字、超链接文字颜色 body_text.html

```
<?xml version="1.0" encoding="Gb2312"?>
<!DOCTYPE html PUBLIC "-//W3C//DTD XHTML 1.0 Strict//EN" "http://www.w3.org/TR/
xhtml1/DTD/xhtml1-strict.dtd">
<html xmlns="http://www.w3.org/1999/xhtml" xml:lang="宋体" lang="宋体">
<head>
 <title>document body</title>
</head>
 <body text="#333399" alink="#FF3300" link="#006600" vlink="#800000">
  <p><b>网站一览表表</b></p>
  <p> 1 <a href="http://www.twbts.com">麻辣学园</a> </p>
  <p> 2 <a href="http://gb.twbts.com">麻辣家族讨论区</a> </p>
  <p> 3 <a href="http://valor.twbts.com">昱得信息工作室</a> </p>
  <p> 4 <a href="http://www.flag.com.tw">旗标出版社</a> </p>
 </body>
</html>
```

FireFox 5

IE 9

Chrome 11

Opera 11

Safari 5

整体构造 HTML5

元素 section
章节区段元素

语法

< section 属性="属性值"> ~ 标签内容 ~ </ section>

说明

- section 元素用于定义文件中的特定内容区段，例如章节、表头、表尾或其他文件的内容区段。
- section 元素的“标签内容”通常是一篇文章或文章的一节，因此，section元素可视为一个区域分组元素。
- 在文件纲要中，当有特定的内容要明显地标示出来时，就可利用section元素标签来包括此需要明显标示出来的特定文件内容。

属性

4：HTML4 适用 5：HTML5 适用

属性	属性值/ 预：预设值	说明
1 cite 5	字符串（ URI ）	指定section元素的“标签内容”来源URI（当section元素的“标签内容”源自于因特网时）

2 通用属性：class、contenteditable、contextmenu、data-yourvalue、dir、draggable、hidden、id、item、itemprop、lang、spellcheck、style、subject、tabindex、title

释例

1 定义文件中的特定内容区段

<section> ~ </ section>

2 指定section元素的“标签内容”来源URI

<section cite="http://www.twbts.com"> ~ </ section> → 1 cite

范例学习 定义网页文件中的章节 section.html

```
<!DOCTYPE HTML>
<html>
<head>
<meta http-equiv="Content-Type" content="text/html; charset=utf-8" />
<title>section章节标题</title>
</head>
<body>
<section>
  <h1>第一章</h1>
   <p>第一章内容...</p>
</section>
<section>
  <h1>第二章</h1>
   <p>第二章内容...</p>
</section>
</body>
</html>
```

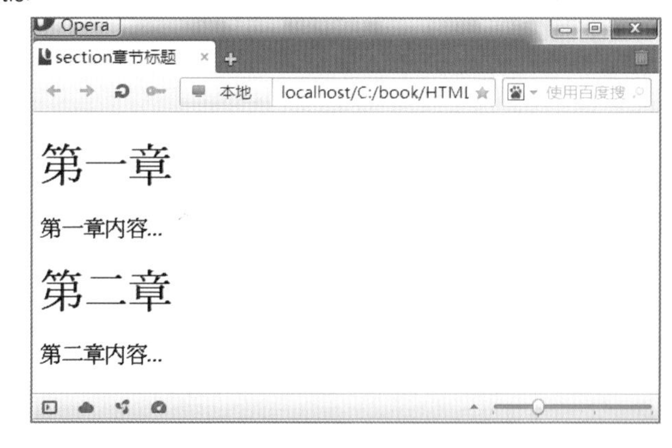

整体构造 HTML5

元素 article 定义外部内容元素

语法

< article 属性="属性值"> ~ 标签内容 ~ </ article>

说明

- article 元素用于定义文件、网页内容、网站或其他应用的一个独立外部内容区块。这个外部的独立内容可以是来自某个Blog的文章、论坛的讨论内容，或是某个新闻网站发布的消息等。
- article 标签内可以再放置section标签来表现该内容DIV块的章节内容，或是在section标签再放置article标签。

属性

4：HTML4 适用 5：HTML5 适用

属性	属性值/ 预：预设值	说明
1 通用属性：class、contenteditable、contextmenu、data-yourvalue、dir、draggable、hidden、id、item、itemprop、lang、spellcheck、style、subject、tabindex、title		

释例

1 定义文件中的特定外部内容区段

<article> ~ </ article>

范例学习 引用外部文章评论成为网页文件内容 article.html

```
<!DOCTYPE HTML>
<html>
<head>
<meta charset="Gb2312" />
<title> article元素标签</title>
</head>
<body>

<section>
<h1>减赤法案  奥巴马签署成法律</h1>
<p>美国参议院赶在大限来临前不到12小时，今天表决通过大规模削减赤字与提高举债上限的法案
....</p>

  <article>网友A评论...</article>
  <article>网友B评论...</article>

</section>

</body>
</html>
```

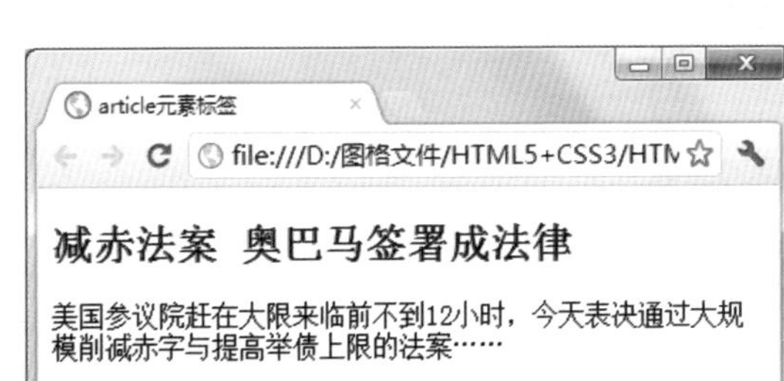

元素 aside / nav

信息补充DIV块元素 / 目录导览DIV块元素

语法

<aside 属性="属性值"> ～ 标签内容 ～ </ aside>
<nav 属性="属性值"> ～ 标签内容 ～ </ nav>

说明

- aside 元素用于定义article元素标签以外的内容，该内容应与article元素标签的内容相关。
- aside 元素为DIV块元素的一种，元素“标签内容”中，可包含说明、提示、边栏、引用、附加注释等内容，因此aside元素可视为补充信息的边栏DIV块元素。
- nav 元素用于定义指向其他页面的超链接，或是网站内的导览目录链接栏，例如网页页面中含有“上一页”、“下一页”的导览按钮或超链接，就可以利用nav元素将其包括起来成为独立DIV块。
- 一个网页页面内其实不需要使用太多的nav元素标签，也就是说并非全部分组超链接都要放在nav元素标签内，通常仅需将页面内的主导览部分用nav元素标签包括起来即可。
- 在文章页面中，除了网站的主导览项目外，也可以使用nav元素标签为文章的章节做一个目录超链接导览。

属性

4：HTML4 适用 5：HTML5 适用

属性	属性值/ 预：预设值	说明

1 通用属性：class、contenteditable、contextmenu、data-yourvalue、dir、draggable、hidden、id、item、itemprop、lang、spellcheck、style、subject、tabindex、title

释例

1 利用aside元素标签为article元素标签的内容加上补充说明

```
<article>
昭慧法师应邀于“世界新兴宗教研究中心 2011 国际年会”开幕典礼中致词。
</article>
<aside>国际年会于新加坡举行</ aside>
```

2 利用nav元素标签定义网站的导览项目DIV块

```
<nav>
<a href="prv.html">上一页</a>
<a href="next.html">下一页</a>
</nav>
```

提示：aside、nav元素的范例学习请参考hgroup元素。

FireFox 5 | IE 9 | Chrome 11 | Opera 11 | Safari 5

整体构造 HTML5

元素 header / footer 页眉元素 / 页尾元素

语法

< header 属性="属性值"> ～ 标签内容 ～ </ header>
< footer 属性="属性值"> ～ 标签内容 ～ </ footer>

说明

- header 元素用于定义网页文件的标题或文件内容的简介。header元素标签多放置于网页文件的顶端或章节内容（Section）的上方。
- header 元素“标签内容”中通常会包含区段的标题（h1-h6元素或一个hgroup元素），但并非是强制性的。
- footer 元素用于定义网页文件或文件内容区段的页脚，但也可以被放置在其他地方。
- 通常footer元素“标签内容”中会包含创作者的姓名、文件的建立日期或创作者的联系资料等。
- 如果在footer元素“标签内容”中加入了相关的联系方式，则应在footer元素“标签内容”中使用address元素标签来包括这些相关的联系方式。

属性

4：HTML4 适用 5：HTML5 适用

属性	属性值/ 预：预设值	说明

1 通用属性：class、contenteditable、contextmenu、data-yourvalue、dir、draggable、hidden、id、item、itemprop、lang、spellcheck、style、subject、tabindex、title

释例

1 对网页文章作简易的内容介绍

```
<header>
<h1>什么是 PageRank? </h1>
<p>PageRank 就是Google给网页的计分机制，通过这个机制Google就能决定哪个网页可能比较重要，是人们想要找的。
</p>
</header>
```

2 为网页文件建立页脚（网页的建立时间）

```
<footer>
<p>本文建立于 2012/5/8</p>
</ footer>
```

提示：header、footer元素的范例学习请参考hgroup元素。

FireFox 5

IE 9

Chrome 11

Opera 11

Safari 5

元素 hgroup 标题群组元素

语法

< hgroup 属性="属性值"> ～ 标签内容 ～ </ hgroup>

说明

- hgroup 元素是用来将不同层级的标题（h1-h6）封装成单一群组，例如要定义一个网页文件的内容大纲（outlines）。
- hgroup 元素标签通常会被header元素标签所包括，但此并非强制性规则。

属性

4：HTML4 适用 5：HTML5 适用

属性	属性值/ 预：预设值	说明
1 通用属性：class、contenteditable、contextmenu、data-yourvalue、dir、draggable、hidden、id、item、itemprop、lang、spellcheck、style、subject、tabindex、title		

释例

1 建立标题群组

```
<hgroup>
<h1><a href="http://forum.twbts.com" target="_blank">麻辣家族讨论区</a></h1>
<h2>台湾最专业的OFFICE软件讨论区</h2>
</hgroup>
<p>麻辣家族讨论区由昱得信息工作室所提供</p>
```

范例学习 HTML5新增结构元素应用 hgroup.html

```
<!DOCTYPE HTML>
<html>
<head>
<meta  charset="Gb2312" />
<title> hgroup元素标签</title>
</head>
<body>
<header>
<h1><a href="http://www.twbts.com/">麻辣学园</a></h1>
</header>

<hgroup>
<h1>TWBTS —— 最佳的网络学习网站</h1>
<h2>TW：当然就是 Taiwan</h2>
<h2>B：最好的 Best</h2>
<h2>T：教学 Teach</h2>
<h2>S：Station (websit)</h2>
</hgroup>

<section>
<article>
<h3><a href="http://blog.twbts.com/rewrite.php/read-5.html">由来</a></h3>
<p>自网络兴起后，小志便在网络上开始设置教学网站，首个个人网站“小志的家”"</p>
<p>至今已超过15个年头……</p>
```

```
</article>
<article>
<h3><a href="http://blog.twbts.com/rewrite.php/read-5.html">展望</a></h3>
<p>网络是烧钱的好地方，这些年来小志确实烧了不少，但有了家庭拖累之后，</p>
<p>对于网站的经营有了改变，不再希望它变“大”……</p>
</article>

<nav>
<a href="http://forum.twbts.com/">麻辣家族讨论区</a>
</nav>

</section>

<footer>
<p>作者: 小志  日期: 2012-01-01 </p>
</footer>

</body>

</html>
```

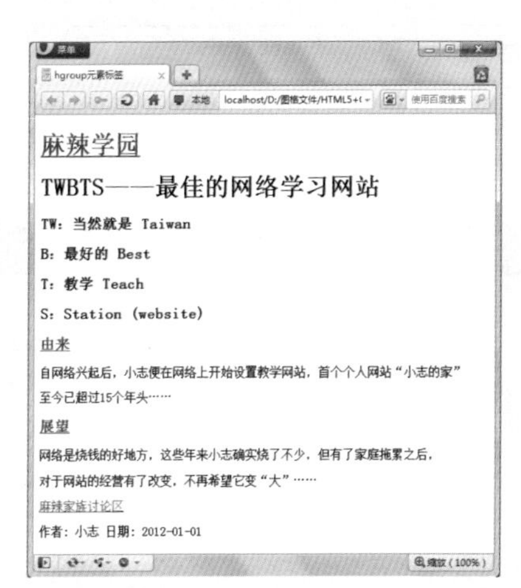

 FireFox 5  IE 9  Chrome 11  Opera 11 

整体构造 HTML5

元素 figure / figcaption

媒体群组元素 / 媒体群组标题元素

语法

< figure 属性="属性值"> ~ 标签内容 ~ </ figure>

< figcaption 属性="属性值"> ~ 标签内容 ~ </ figcaption>

说明

- figure 元素是一个媒体组合元素，也就是对其他元素标签加以组合。通常被用作插图、图标、照片和代码列表的组合。
- 如果要为figure元素标签建立的标签组合定标题，则可使用figcaption元素。

属性

4：HTML4 适用 5：HTML5 适用

属性	属性值/ 预：预设值	说明
1 通用属性：class、contenteditable、contextmenu、data-yourvalue、dir、draggable、hidden、id、item、itemprop、lang、spellcheck、style、subject、tabindex、title		

释例

1 将数个img元素标签加以组合，并为该组合加上标题

```
<figure>
<figcaption>我们这一家</figcaption>
<img src="001.gif" alt="父母" /><img src="003.gif" alt="孩子们" />
</figure>
```

范例学习 为img元素标签建立组合与标题 figure.html

```
<!DOCTYPE HTML>
<html>
<head><meta  charset="Gb2312" />
<title>figure元素标签</title>
</head>
<body>
<figure>
<img src="img/DSC_0948.JPG" alt="花博1" /><img src="img/DSC_0954.JPG" alt="花博2" />
<figcaption>这是来自花博期间的摄影集</figcaption>
</figure>

<figure>
<img src="img/DSC_0243.JPG" alt="绿博1" /><img src="img/DSC_0319.JPG" alt="绿博2" />
<figcaption>来自宜兰绿色博览会的摄影集</figcaption>
</figure>
</body>
</html>
```

整体构造 HTML4 / HTML5

元素 h1 – h6 标题层级元素

语法 < hn 属性="属性值"> ~ 标签内容 ~ </ hn>

说明

- h1 - h6 元素为标题设定，h后方数字越小者层级越高，标题的文字越大，在HTML、XHTML文件中起始标签与终止标签都不可省略。
- 在hn元素“标签内容”中，可包含单纯字符串，也可包含img元素。

属性

4：HTML4 适用 5：HTML5 适用 !：W3C 非推荐属性

属性	属性值/预：预设值	说明
1 align 4 !	left 预 / right / center / justify	指定对齐方向，left靠左对齐，right靠右对齐，center居中对齐，justify两端对齐，此属性仅可在Transitional、Frameset DTD的情况下使用。

2 通用属性：class、contenteditable、contextmenu、data-yourvalue、dir、draggable、id、hidden、item、itemprop、lang、spellcheck、style、subject、tabindex、title

释例

1 第 1 级（最大）标题 <h1> ~ </ h1>
2 第 2 级标题 <h2> ~ </ h2>
3 第 3 级标题 <h3> ~ </ h3>
4 第 4 级标题 <h4> ~ </ h4>
5 第 5 级标题 <h5> ~ </ h5>
6 第 6 级（最小）标题 <h6> ~ </ h6>
7 指定对齐方式
<hn align="属性值"> ~ </hn> → 1 align
<hn style="text-align:值"> ~ </hn> → 2 通用属性

范例学习 指定文件内容的标题层级（大小）hn.html

```
<!DOCTYPE HTML>
<html>
<head>
<meta charset="Gb2312" />
<title>hn元素标签</title>
</head>
<body>

<h1>如何建立HTML网页文件</h1>

<h3>标签、元素、属性与属性值</h3>
<p>一个正确的HTML标签至少必须～略～标签内容就构成一个完整的HTML语句</p>
<h3>特殊符号的使用</h3>
<p>“<”、“>”是用来包括元素成为标签的～略～体参照与数值实体参照两种</p>

</body>
</html>
```

FireFox 5

IE 9

Chrome 11

Opera 11

Safari 5

整体构造 HTML4 / HTML5

元素 address 作者的联系信息

语法 < address 属性="属性值"> ～ 标签内容 ～ </ address>

说明

- address 元素用来说明文件作者的联系信息，例如：作者名字、E-mail、电话、住址等。
- address 元素的“标签内容”会以斜体字表现，且大多数浏览器都会在address元素的前后自动进行换行。
- 在HTML、XHTML文件中起始标签与终止标签都不可省略。

属性

4：HTML4 适用 5：HTML5 适用

属性	属性值/ 预：预设值	说明
1 通用属性：class、contenteditable、contextmenu、data-yourvalue、dir、draggable、hidden、id、item、itemprop、lang、spellcheck、style、subject、tabindex、title		

释例

1.单纯标签应用，放置作者联系信息

<address> ～ </ address>

2 .设定作者联系信息的显示样式

<address style ="属性值"> ～ </address> → 1 通用属性

范例学习 在网页文件内容中放置作者联系信息 address.html

```
<body>
<h1>如何建立HTML网页文件</h1>
<h3>标签、元素、属性与属性值</h3>
<p>一个正确的HTML标签至少必须 ～略～ 标签内容就构成一个完整的HTML语句</p>
<h3>特殊符号的使用</h3>
<p> “<” 、 “>” 是用来包括元素成为标签的 ～略～ 体参照与数值实体参照两种</p>

<address>
昱得资讯工作室<br />
email：<a href="mailto:XXXXX@twbts.com">XXXXX@twbts.com</a><br />
Copyrightc twbts | 隐私权政策
</address>

</body>
```

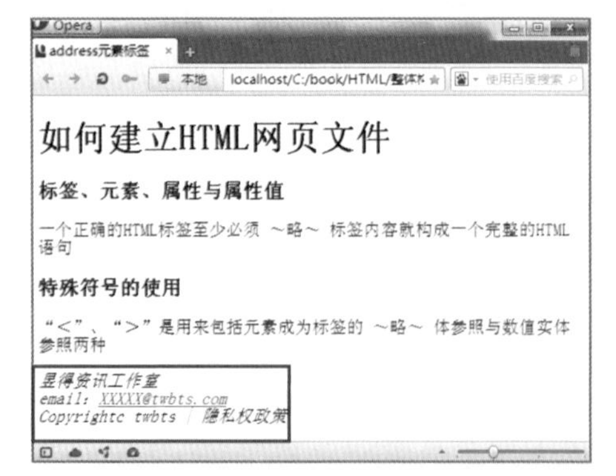

FireFox 5 | IE 9 | Chrome 11 | Opera 11 | Safari 5

整体构造 HTML4 / HTML5

元素 div

通用DIV块元素

语法 <div 属性="属性值"> ~ 标签内容 ~ </ div>

说明

- div 元素为包含型的DIV块元素，可以设定放置在其“标签内容”中的元素（例如对齐方式），若是加上id、class等属性，则可设定任意范围的样式。
- 在HTML、XHTML文件中起始标签与终止标签都不可省略。

属性

■ 在HTML5标准中已废除div元素的align属性。

4：HTML4 适用 5：HTML5 适用 !：W3C 非推荐属性

属性	属性值/ 预：预设值	说明
1 align 4 !	left 预 / right / center / justify	指定对齐方向，left靠左对齐，right靠右对齐，center居中对齐，justify两端对齐，此属性仅可在Transitional、Frameset DTD的情况下使用。

2 通用属性：class、contenteditable、contextmenu、dir、draggable、id、irrelevant, lang、ref、registrationmark、tabindex、template、title

释例

1 设定id属性，为元素加上标识符

<div id="属性值"> ~ </ div> → 2 通用属性

2 设定 style属性，为元素加上样式设定

<div style="属性值"> ~ </ div> → 2 通用属性

3 指定元素标签内容的对齐方式

<div style="text-align:值"> ~ </div> → 2 通用属性

范例学习 设定div元素标签内容的样式 div.html

```
<h1>传统习俗——抓周</h1>

<div style ="padding: 5px; border: 3px solid #ff0000">
<h3>给婴儿抓周代表什么意思? </h3>
<p>婴儿代表家族的希望，家族准备许多物品，让婴儿自己去抓那些物品，抓到的物品能预测他未来的发展。</p>
<p><img src="img/P1050750.JPG" alt="抓周" /></p>
</div>
```

元素 span

通用内联元素

语法

< span 属性="属性值"> ~ 标签内容 ~ </ span>

说明

- span 元素为多功能的内联元素，可以把放置在其“标签内容”中的元素一并进行设定，若加上id、class等属性，则可设定任意范围的样式。
- 在 HTML、 XHTML 文件中起始标签与终止标签都不可省略。

属性

4：HTML4 适用　5：HTML5 适用

属性	属性值/ 预：预设值	说明
1 通用属性：class、contenteditable、contextmenu、dir、draggable、id、irrelevant、lang、ref、registrationmark、tabindex、template、title		

释例

1 设定id属性，为元素加上标识符

<span id="属性值"> ~ </ span> → 1 通用属性

2 设定style属性，为元素加上样式设定

<span style="属性值"> ~ </ span> → 1 通用属性

3 设定元素标签的补充说明

<span title="属性值"> ~ </span> → 1 通用属性

范例学习　利用span元素标签设定段落内部分文字的底纹 span.html

```
<body>
<h1>关于意大利</h1>

  <span style="color: #FF6600; font-size: 22pt; font-weight: bold;">
  意大利位于南欧，是个突出于地中海的狭长半岛。意大利本岛(意大利半岛)和它最大的离岛“西西里岛”在外貌上刚好构成一个踢足球的画面。
  </span>

<h3>意大利-米兰</h3>

   <span style="background-color: #FF66FF;">
   米兰是一个全球的流行中心，是服装、设计、音乐等文艺活动的最佳去处。
    </span>

    来到米兰可体会流行体系与多才多艺、复杂性之演化。
</body>
```

整体构造 HTML4 / HTML5

元素 script 脚本语言

语法

<script 属性="属性值"> ~ 标签内容 ~ </ script>

说明

- script 元素是用来配置文件中脚本语言的区域范围，script元素可以配置在head、body元素的标签内容中。
- 在 HTML 文件中要将元素标签的内容用“<!—”与“//-->”包括起来，避免旧版本的浏览器将脚本内容当成文字显示出来。
- 在 HTML 文件中起始标签与终止标签都不可省略。

属性

- 在 HTML5 标准中已废除script元素的language、charset属性，新增了async属性。
- 如果设定了async属性，则脚本（外部脚本，即src属性指定的URI来源文件）会和网页文件的其余内容同步执行，即在执行脚本内容的同时，也解析网页文件其余的内容。
- 如果未设定async属性，但设定了defer属性，则脚本（外部脚本，即src属性指定的URI来源文件）将会在整个网页文件解析完成后才开始执行。
- 如果async属性与defer属性都未设定，则脚本（外部脚本，即src属性指定的URI来源文件）会立即执行，在脚本执行完毕后才会继续解析网页文件的其余内容。

4：HTML4 适用 5：HTML5 适用 !：W3C 非推荐属性

属性	属性值/ 预：预设值	说明
1 type 4 5	MIME 形态	指定脚本的MIME类型，例如：脚本为JavaScript 则属性值为“text/ javascript”；若脚本为VBScript，则属性值为“text/vbscript”
2 language 4	字符串（任意值）	指明脚本的语言
3 src 4 5	URI	指定具有脚本内容的外部文件 URI，指定此属性后，标签内容中的脚本将被忽略
4 charset 4	字符串	设定src属性所指向的外部文件的字符编码
5 defer 4 5	空值 / defer	延迟脚本的执行（等文件整个下载完才执行脚本程序），在 HTML 文件中属性值为空值（只需加入属性名称），在 XHTML 文件中属性值须指定为“defer”（defer ="defer"）
6 async 5	空值 / async	用来指示浏览器异步加载脚本（script 元素标签内容），在HTML文件中属性值为空值（只需加入属性名称），在 XHTML 文件中属性值须指定为“async”（async ="async"）

7 通用属性：contenteditable、contextmenu、dir、draggable、id、irrelevant, lang、ref、registrationmark、tabindex、template、title

释例

1 指定脚本类型

< script type="属性值"> ~ </ script> → 1 type

2 指定外部脚本文件来源

< script src="属性值"> ~ </ script> → 3 style

范例学习　加载外部脚本文件在文件中执行 script_src.html

```
<head>
<meta charset="Gb2312" />
<title>script元素标签</title>
<style>
body {text-align:center;}
table {margin-left:auto; margin-right:auto;}
img {border:0px;}
</style>
<script type="text/javascript" src="script/case_a. js" async defer ></script>
</head>
<body>
<table style="width:400px"><tr>
<td>
<a href="http://www.twbts.com/" onMouseOver="mouse_in('picA', '最佳教学网站')"
onMouseOut="mouse_out('picA')">
<img src="img/ari.gif" id="picA" alt="" />麻辣学园</a>
</td><td>
<a href="http://forum.twbts.com/" onMouseOver="mouse_in('picB', '最佳互助学习')"
onMouseOut="mouse_out('picB')">
<img src="img/ari.gif" id="picB" alt="" />问题讨论</a>
</td><td>
<a href="http://www.twbts.com/js/" onMouseOver="mouse_in('picC', '众多案例研究范例')"
onMouseOut="mouse_out('picC')">
<img src="img/ari.gif" id="picC" alt="" />JavaScript范例</a>
</td></tr></table>
<img src="img/DSC_0180.JPG" alt="" />
</body>
```

范例学习　执行文件中的JavaScript脚本程序 script.html

```
<head>
<meta charset="Gb2312" />
<title>script元素标签</title>
<style>
body {text-align:center;}
table {margin-left:auto; margin-right:auto;}
img {border:0px;}
</style>
<script type="text/javascript">
// <![CDATA[
inImage=new Image()
inImage.src="img/bee.gif"  //光标移进时所要显现的图片
outImage=new Image()
outImage.src="img/ari.gif" //光标移出，也就是正常显现的图片

//光标移入时的处理
function mouse_in(pic,helpText){
document.images[pic].src=inImage.src
 ~略~
ini()
// ]]>
</script>
</head>
<body>
<table style="width:400px"><tr>
<td>
<a href="http://www.twbts.com/" onMouseOver="mouse_in('picA', '最佳教学网站')"
onMouseOut="mouse_out('picA')">
<img src="img/ari.gif" id="picA" alt="" />麻辣学园</a>
</td><td>
<a href="http://forum.twbts.com/" onMouseOver="mouse_in('picB', '最佳互助学习')"
onMouseOut="mouse_out('picB')">
<img src="img/ari.gif" id="picB" alt="" />问题讨论</a>
</td><td>
<a href="http://www.twbts.com/js/" onMouseOver="mouse_in('picC', '众多案例研究范例')"
onMouseOut="mouse_out('picC')">
<img src="img/ari.gif" id="picC" alt="" />JavaScript范例</a>
</td></tr></table>
<img src="img/DSC_0180.JPG" alt="" />
</body>
```

元素 noscript

无法执行脚本程序的替代内容

语法

<noscript 属性="属性值"> ~ 标签内容 ~ </ nocript>

说明

- noscript 元素可以在无法执行脚本程序时显示替代内容，例如浏览器不支持脚本语言或关闭了浏览器脚本语言的执行功能时，就以noscript元素的标签内容替代显示。
- noscript 元素是放置于body元素标签中，而非放置在head元素标签中。
- 在 HTML、 XHTML 文件中起始标签与终止标签都不可省略。

属性

4：HTML4 适用 5：HTML5 适用 !：W3C 非推荐属性

属性	属性值/ 预：预设值	说明

1 通用属性：contenteditable、contextmenu、dir、 draggable、id、 irrelevant, lang、ref、registrationmark、tabindex、template、title

释例

1 单纯标签撰写

< noscript > ~ </ noscript>

2 加入元素标签的补充说明

< noscript title= "属性值"> ~ </ noscript> → 1 title

范例学习 无法执行脚本程序时以noscript元素的标签内容替代 noscript.html

```
<script type="text/javascript" >
// <![CDATA[
inImage=new Image()
inImage.src="img/bee.gif"
~略~
ini()
// ]]>
</script>
</head>
<body>
<noscript>
很抱歉！ 您的浏览器不支持Javascript，请使
用支持 Javascript 的浏览器进行浏览~
</noscript>
<table style="width:400px"><tr>
~略~
</table>
<img src="img/DSC_0180.JPG" alt="" />
</body>
```

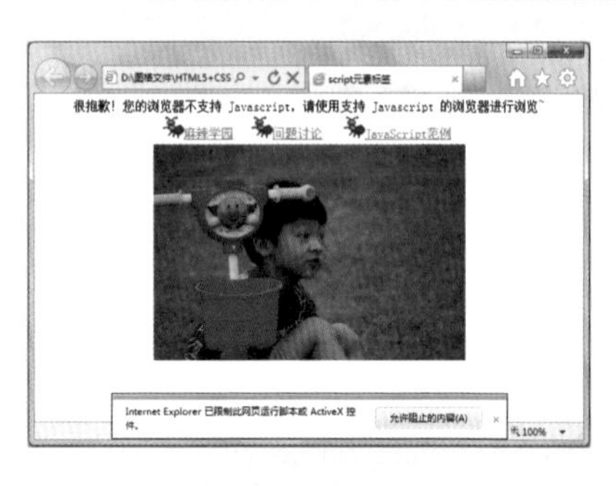

整体构造 HTML4 / HTML5

元素 style 样式信息

语法

<style 属性="属性值"> ~ 标签内容 ~ </ style>

说明

- style 元素是用来定义文件的样式信息，style元素是head元素的子元素，所以style元素必须放置于head元素的标签内容中。
- 在 HTML 文件中要将元素标签的内容用“<!—”与“//-->”包括起来，避免旧版本的浏览器将样式信息内容当成文字显示出来。
- 在 XHTML 文件中，stylet元素被声明为#PCDATA内容形式，“<”和“&”被视为标签的开始，而“<”和“&”又会被认为是“<”和“&”，所以必须将style元素的内容包括在CDATA记号中，也就是使用XML的“CDATA section”形式。而需要以text/HTML发送的文件中，为了能在不能处理CDATA部分的浏览器中隐藏，CDATA部分的起始和结束标签也需要注释掉。
- 在 HTML、XHTML 文件中起始标签与终止标签都不可省略。

属性

■ style 元素没有链接外部样式文件的直接属性，若要链接外部样式文件，必须通过link元素。

4：HTML4 适用 5：HTML5 适用 !：W3C 非推荐属性

属性	属性值/ 预：预设值	说明
1 type 4 5	MIME 形态	指定样式信息的MIME类型，层叠样式表单（Cascading Style Sheet，CSS）的MIME类型为“text/css”
2 media 4 5	媒体形态	指定输出的媒体，可能的属性值有：all所有类型设备，aural声音输出，braille点字机，handheld掌上电脑，print打印机，projection投影仪，screen屏幕，tty电传打字机，tv电视机，可复数指定，以逗号“，”隔开
3 scoped 5	空值/ scoped	设定样式是否只应用到style元素的父元素与子元素

4 通用属性：contenteditable、contextmenu、dir、draggable、id、irrelevant, lang、ref、registrationmark、tabindex、template、title

释例

1 指定样式信息的MIME类型

< stype type="属性值"> ~ </ style> → 1 type

2 指定输出的媒体对象

< style type="属性值" media="属性值"> ~ </ style> → 2 media

3 加入元素标签的补充说明

< style type="属性值" title= "属性值"> ~ </ style> → 4 title

范例学习　在网页文件中加入元素的样式设定 style.html

```
<head>
<meta charset="Gb2312" />
<title>style元素标签</title>

 <style type="text/css">
 /* <![CDATA[ */
 body {background-image: url("img/bg_cr_sl.gif")}
 h1   {font-size: 14pt; color: #993300;}
 pre  {font-size: 12pt; color: #000099;}
 cite {font-size: 11pt; font-weight: bold;}
 img  {width: 400px; height: 200px;}
 /* ]]> */
 </style>

 </head>
<body>
<h1>URI与URL</h1>
<pre>
 由于URI与URL的差别太过理论与学术性，各位读者不妨暂且将两者
 都认定为“网址”，也就是将两者视为同等意义即可（URI=URL=网址），
 有兴趣研究URI、URL、URN三者关系者请参考
 <cite>W3C Note“http://www.w3.org/”。</cite>
</pre>
<img src="img/DSC_0164.JPG" alt="画笔"/>
 </body>
```

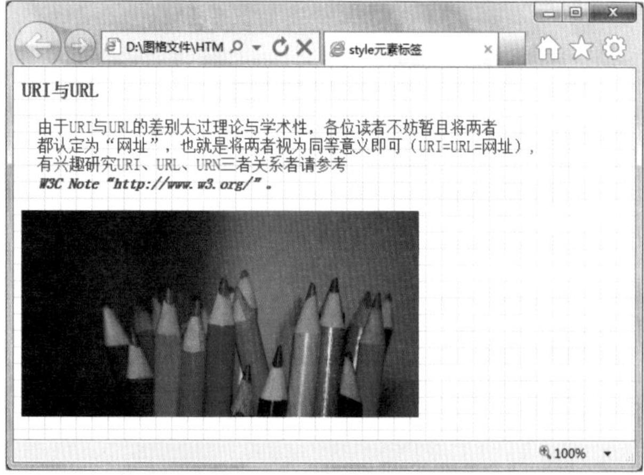

范例学习 指定样式信息作用的输出媒体 style_media.html

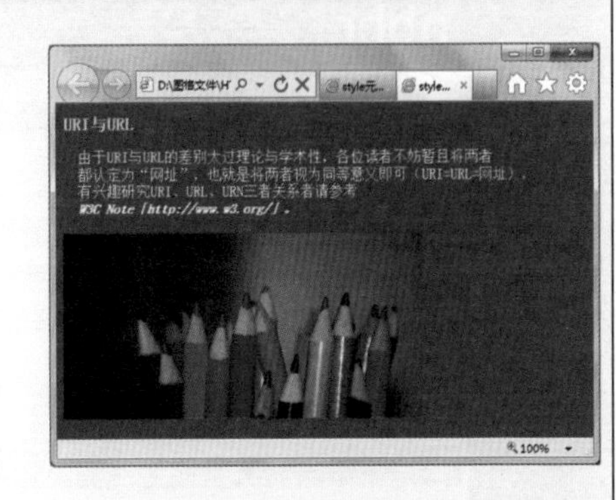

```
<head>
<meta charset="Gb2312" />
<title>style元素标签</title>

<style type="text/css" media="screen">
/* <![CDATA[ */
body {background-color: #336600;}
h1  {font-size: 14pt; color: #CCFFCC;}
pre  {font-size: 12pt; color: #FFFFFF;}
cite  {font-size: 11pt; font-weight: bold;}
img  {width: 400px; height: 200px;}
/* ]]> */
</style>

<style type="text/css" media="print">
/* <![CDATA[ */
body {background-color: #FFFFFF;}
h1  {font-size: 14pt; color: #CC3300;}
pre  {font-size: 12pt; color: #666666;}
cite  {font-size: 11pt; font-weight: bold;}
img  {width: 450px; height: 150px;}
/* ]]> */
</style>

</head>
<body>
<h1>URI与URL</h1>
<pre>
 由于URI与URL的差别太过理论与学术性，各位读者不妨暂且将两者
 都认定为“网址”，也就是将两者视为同等意义即可（URI=URL=网址），
 有兴趣研究URI、URL、URN三者关系者请参考
 <cite>W3C Note「http://www.w3.org/」。</cite>
</pre>
<img src="img/DSC_0164.JPG" alt="画笔"/>
 </body>
```

FireFox 5

IE 9

Chrome 11

Opera 11

Safari 5

元素 abbr 省略语句

语法

< abbr 属性="属性值"> ~ 标签内容 ~ </ abbr>

说明

- abbr 元素用来显示段落中被省略的文字内容，在HTML、XHTML文件中，元素的起始标签与终止标签都不可省略。
- 若要显示在文件中被省略部分的内容，可将被省略部分的文件内容设为title属性的属性值。

属性

4：HTML4 适用 5：HTML5 适用

属性	属性值/预：预设值	说明
1 title 4 5	字符串（任意值）	属性值内容为文件中被省略部分的内容。

2 通用属性： class、contenteditable、contextmenu、data-yourvalue、dir、draggable、hidden、id、item、itemprop、lang、spellcheck、style、subject、tabindex

释例

1 单纯标签撰写

<abbr> ~ </ abbr>

2 显示被省略部分的文件内容（属性值）

<abbr title="属性值"> ~ </ abbr> → 1 title

范例学习 显示被省略的文件内容 abbr.html

```
<h1>何谓XHTML</h1>
 <p>
  XHTML 可视为为XML应用而重新制定的HTML，也就是说XHTML是HTML和XML的混合体，
  XHTML 完全向下兼容HTML4.01，因为XHTML是直接取用HTML4.01中可使用的元素、
  属性，然后依照XML的规则来定义的，所以
  <abbr title="eXtensible HyperText Markup Language">XHTML</abbr>又具有 XML 的语法。
 </p>
```

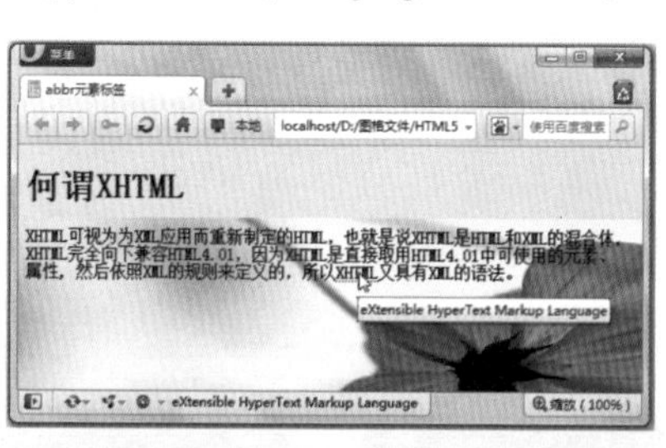

元素 em

强调内容

语法

< em 属性="属性值"> ～ 标签内容 ～ </ em>

说明

- em 元素用来设定文件中特别需要强调语气的内容。在HTML、XHTML文件中，起始标签与终止标签都不可省略。
- 在一般浏览器中，em元素标签的效果是将标签内容以斜体来表示。

属性

4：HTML4 适用　5：HTML5 适用

属性	属性值/预：预设值	说明
1 通用属性：class、contenteditable、contextmenu、dir、draggable、id、irrelevant、lang、ref、registrationmark、tabindex、template、title		

释例

1 单纯标签撰写，未加入任何属性设定

<em> ～ </ em> → 未使用属性的 em 标签

2 加入 style 属性设定标签内容的样式

<em style="属性值"> ～ </ em> → style

3 加入 title 属性设定标签内容的补充说明

<em title="属性值"> ～ </ em> → 1 title

范例学习　文章部分内容的强调 em.html

```
<body>
 <h1>XML声明</h1>
<p>
由于XHTML是以XML文件规则为基础的HTML,
所以必须在文件内容的顶部（最上方）
<em>必须加入XML声明</em>
</p>
 </body>
```

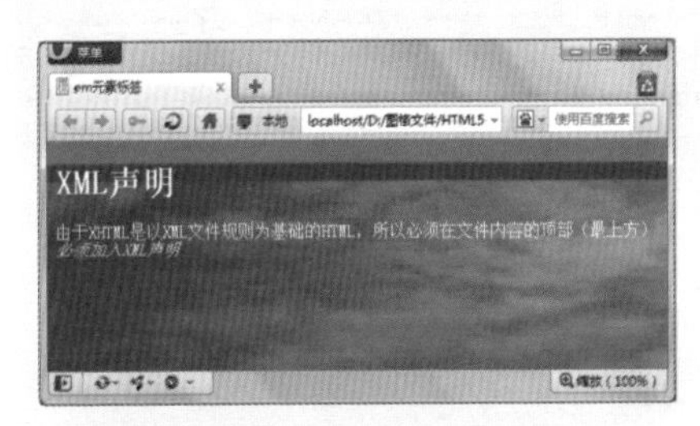

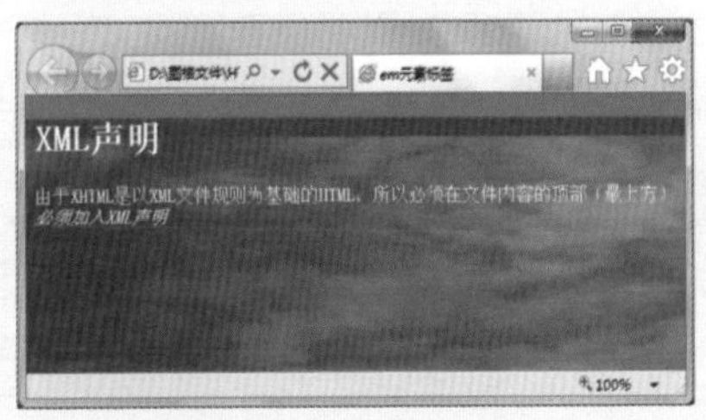

FireFox 5 | IE 9 | Chrome 11 | Opera 11 | Safari 5

文字元素　HTML4 / HTML5

元素 strong 标示重要内容

语法

< strong 属性="属性值"> ～ 标签内容 ～ </ strong>

说明

- strong 元素用来设定文件中的重要内容，在HTML5标准中将其用途定义为标示文件中的重要内容，而不再是定义为比em元素更加重强调的元素。
- 在一般浏览器中，strong元素标签的效果是将标签内容以粗体来表示。

属性

4：HTML4 适用　5：HTML5 适用

属性	属性值/预：预设值	说明
1 通用属性： class、contenteditable、contextmenu、dir、draggable、id、irrelevant、lang、ref、registrationmark、tabindex、template、title		

释例

1 单纯标签撰写，未加入任何属性设定

<strong> ～ </ strong> → 未使用属性的em标签

2 加入 style 属性设定标签内容的样式

<strong style="属性值"> ～ </ strong> → style

3 加入 title 属性设定标签内容的补充说明

<strong title="属性值"> ～ </ strong> → 1 title

范例学习　设定文件中重要的内容 strong.html

```
<h1>strong 元素</h1>
<p>
strong 元素<strong>用来设定文件中重要的内容</strong>, strong 元素在HTML5标准中将其用途定义为标示文件中的重要内容，而不再定义为<strong>比 em 元素更加重强调</strong>的元素。
</p>
```

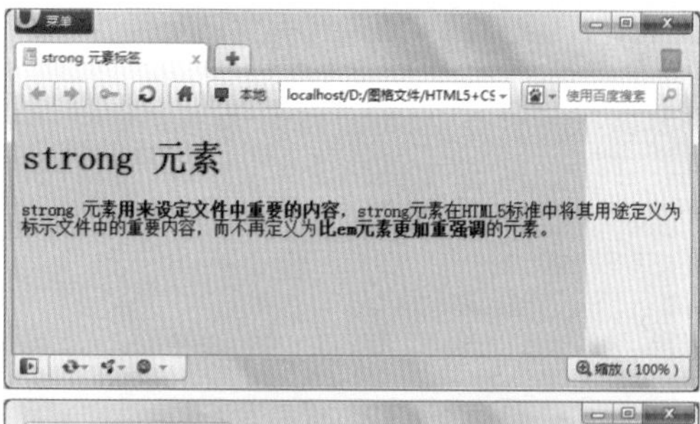

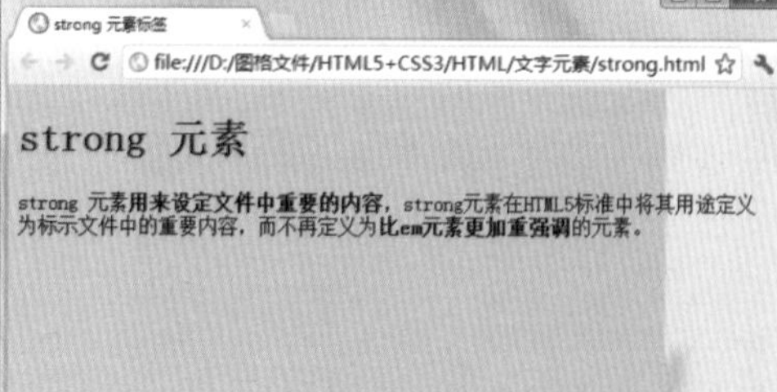

文字元素 HTML4 / HTML5

元素 dfn 定义名称

语法

< dfn 属性="属性值"> ~ 标签内容 ~ </ dfn>

说明

- dfn 元素用在文件中名词第一次出现的时候，也就用来“定义”名称。在HTML、XHTML文件中，起始标签与终止标签都不可省略。
- 在一般浏览器中，dfn元素标签的效果是将标签内容以斜体来表示。

属性

4：HTML4 适用 5：HTML5 适用

属性	属性值/预：预设值	说明
1 通用属性：class、contenteditable、contextmenu、dir、draggable、id、irrelevant、lang、ref、registrationmark、tabindex、template、title		

释例

1 单纯标签撰写，未加入任何属性设定

<dfn> ~ </ dfn > → 未使用属性的dfn标签

2 加入title属性设定标签内容的补充说明

< dfn title="属性值"> ~ </ dfn > → 1 title

3 加入style属性设定标签内容的样式

< dfn style="属性值"> ~ </ dfn > → style

范例学习 定义特殊术语或短语 dfn.html

```
<h1>关于网站计分</h1>
<p>
什么是 <dfn>PageRank</dfn>? 就是Google 给网页的计分机制，通过这个机制 Google 就能决定哪个网页可能比较重要，是人们想要找的。
</p>
```

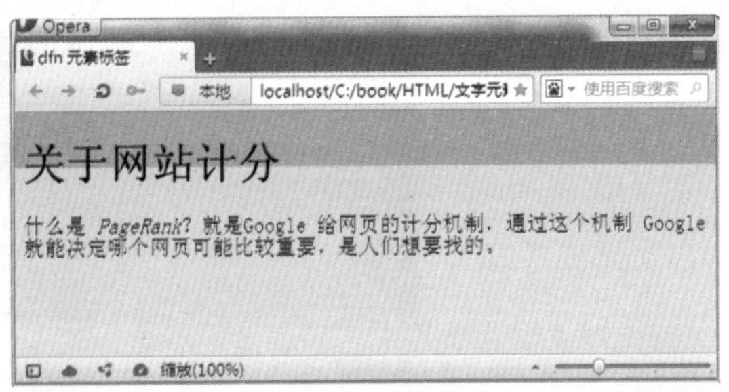

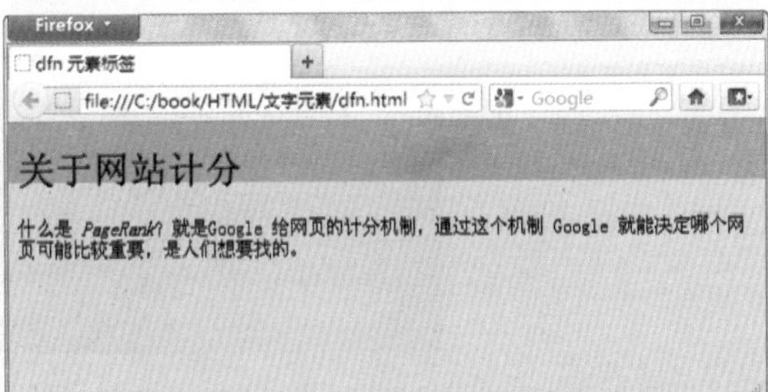

FireFox 5 | IE 9 | Chrome 11 | Opera 11 | Safari 5

文字元素 HTML4 / HTML5

元素 kbd 键盘文字输入

语法 < kbd 属性="属性值"> ~ 标签内容 ~ </ kbd>

说明

- kbd 元素用在文件中说明某部分内容是由用户利用键盘输入的内容。在HTML、XHTML文件中，起始标签与终止标签都不可省略。
- 在一般浏览器中，kbd元素标签的效果是将标签内容以等宽文字来表示。

属性

4：HTML4 适用 5：HTML5 适用

属性	属性值/预：预设值	说明
1 通用属性：	class、contenteditable、contextmenu、dir、draggable、id、irrelevant、lang、ref、registrationmark、tabindex、template、title	

释例

1 单纯标签撰写，未加入任何属性设定

<kbd> ~ </ kbd > → 未使用属性的kbd标签

2 加入title 属性设定标签内容的补充说明

< kbd title="属性值"> ~ </ kbd > → 1 title

3 加入style 属性设定标签内容的样式

< kbd style="属性值"> ~ </ kbd > → style

范例学习 指定用户利用键盘输入内容 kbd.html

```
<h1>请选择</h1>
<p>
 A) 继续，请按 <kbd> Enter </kbd> 键
</p>
<p>
 B) 退出，请按 <kbd> Esc </kbd> 键
</p>
```

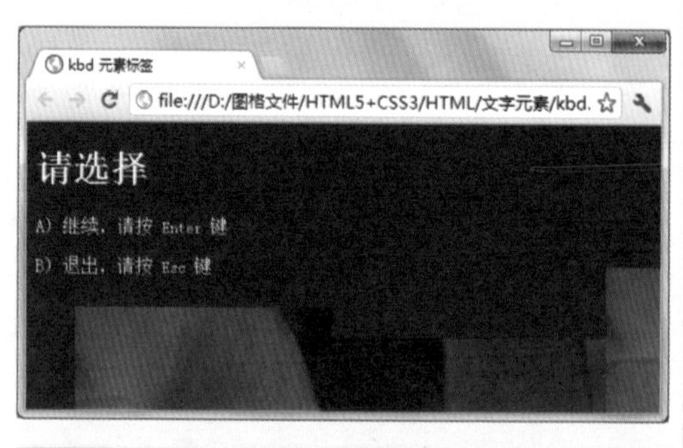

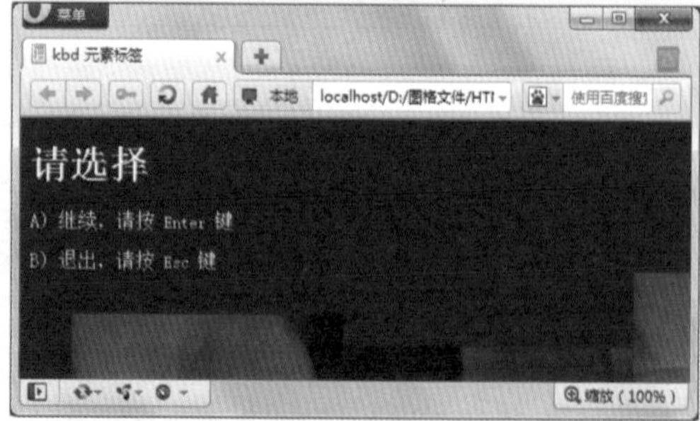

元素 samp 范例输出

语法

< samp 属性="属性值"> ~ 标签内容 ~ </ samp>

说明

- samp 元素用来表示计算机状态的数据（程序输出模板）。在HTML、XHTML文件中起始标签与终止标签都不可省略。
- 在一般浏览器中，samp元素标签的效果是将标签内容以等宽文字来表示。

属性

4：HTML4 适用 5：HTML5 适用

属性	属性值/预：预设值	说明
1 通用属性：	class、contenteditable、contextmenu、dir、draggable、id、irrelevant、lang、ref、registrationmark、tabindex、template、title	

释例

1 单纯标签撰写，未加入任何属性设定

<samp> ~ </ samp > → 未使用属性的 samp 标签

2 加入 title 属性设定标签内容的补充说明

< samp title="属性值"> ~ </ samp > → 1 title

3 加入 style 属性设定标签内容的样式

< samp style="属性值"> ~ </ samp > → style

范例学习 输出一段错误信息的内容 samp.html

```
<h3>当网站拒绝显示网页时会出现：</h3>
<p>
 <samp>HTTP 403 禁止</samp>
 <br />表示 Internet Explorer 可以连接到该网站，但没有权限浏览该网页。
</p>
```

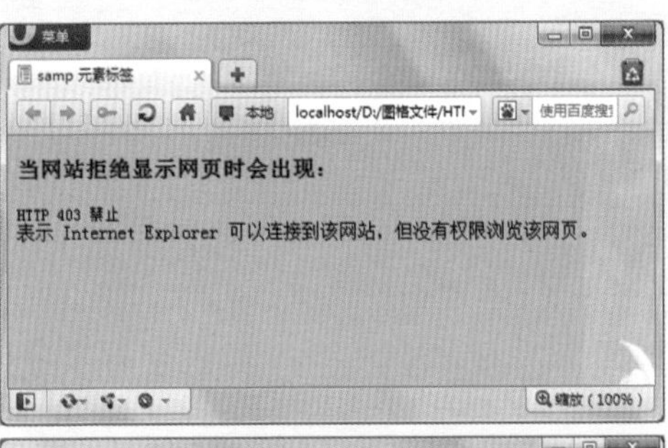

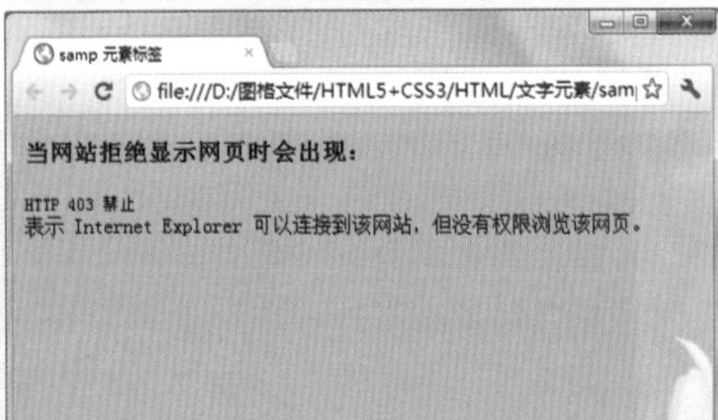

FireFox 5

IE 9

Chrome 11

Opera 11

Safari 5

元素 code
原始代码输出

语法

<code 属性="属性值"> ~ 标签内容 ~ </ code>

说明

- code 元素用来输出程序设计中的原始码。在HTML、XHTML文件中，起始标签与终止标签都不可省略。
- 在一般浏览器中，code元素标签的效果是将标签内容以等宽文字来表示。

属性

4：HTML4 适用 5：HTML5 适用

属性	属性值/ 预：预设值	说明
1 通用属性：class、contenteditable、contextmenu、dir、draggable、id、irrelevant、lang、ref、registrationmark、tabindex、template、title		

释例

1 单纯标签撰写，未加入任何属性设定

<code> ~ </ code > → 未使用属性的 code 标签

2 加入 title 属性设定标签内容的补充说明

<code title="属性值"> ~ </ code > → 1 title

3 加入 style 属性设定标签内容的样式

< code style="属性值"> ~ </ code > → style

范例学习 输出一段程序代码 code.html

```
<h4>下面这段程序代码将会出现在信息窗口</h4>
<pre>
<code>
function message(txt){
window.alert(txt);
}
</code>
</pre>
```

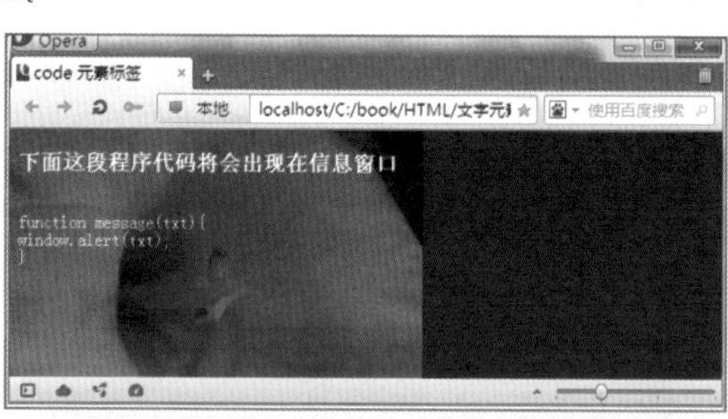

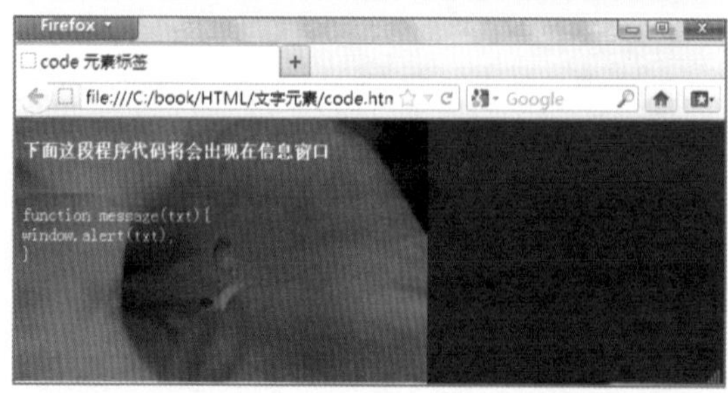

元素 var

标示变量与自变量

语法

< var 属性="属性值"> ~ 标签内容 ~ </ var>

说明

- var 元素用来标示文件中变量或自变量的名称。在HTML、XHTML文件中起始标签与终止标签都不可省略。
- 在一般浏览器中，var元素标签的效果是将标签内容以斜体文字来表示。

属性

4：HTML4 适用 5：HTML5 适用

属性	属性值/预：预设值	说明

1 通用属性： class、contenteditable、contextmenu、dir、draggable、id、irrelevant、lang、ref、registrationmark、tabindex、template、title

释例

1 单纯标签撰写，未加入任何属性设定

<var> ~ </ var > → 未使用属性的 var 标签

2 加入 title 属性设定标签内容的补充说明

<var title="属性值"> ~ </ var > → 1 title

3 加入 style 属性设定标签内容的样式

< var style="属性值"> ~ </ var > → style

范例学习 标示程序代码中的变量 var.html

```
<h4>程序代码范例</h4>
<pre>
 <code>
 function Renew() {
  <var>posX</var> = document.body.clientWidth - <var>Xpos</var>
  <var>posY</var> = document.body.clientHeight - <var>Ypos</var>
 document.myMap.style.left = document.body.scrollLeft + <var>posX</var>
 document.myMap.style. top = document.body.scrollTop + <var>posY</var>
 }
 </code>
</pre>
```

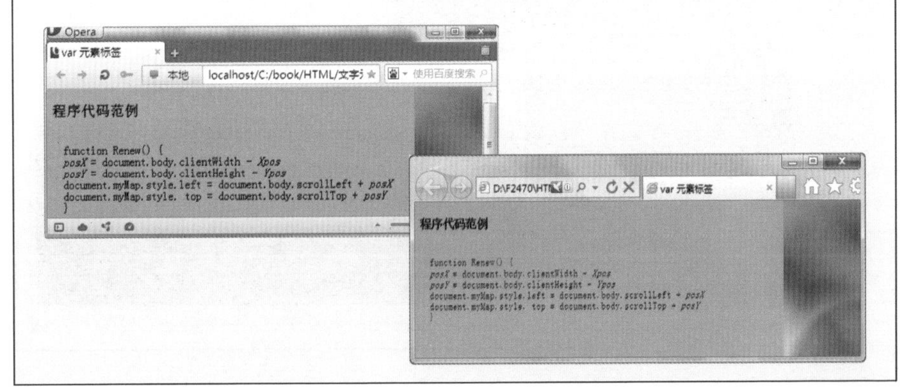

文字元素 HTML4 / HTML5

元素 cite

表单字段的标签

语法

< cite 属性="属性值"> ～ 标签内容 ～ </ cite>

说明

- cite 元素用来标示文件中的专有名词，例如引经据典的话、伟人的名字、书报杂志的名称等。在HTML、XHTML文件中，起始标签与终止标签都不可省略。
- 在一般浏览器中，cite元素标签的效果是将标签内容以斜体文字来表示。

属性

4：HTML4 适用 5：HTML5 适用

属性	属性值/预：预设值	说明
1 通用属性：class、contenteditable、contextmenu、dir、draggable、id、irrelevant、lang、ref、registrationmark、tabindex、template、title		

释例

1 单纯标签撰写，未加入任何属性设定

<cite> ～ </ cite > → 未使用属性的 cite 标签

2 加入 title 属性设定标签内容的补充说明

<cite title="属性值"> ～ </ cite > → 1 title

3 加入 style 属性设定标签内容的样式

<cite style="属性值"> ～ </cite > → style

范例学习 标示文件内容的引证来源 cite.html

```
<h1>URI 与 URL</h1>
<pre>
  由于URI与URL的差别太过理论与学术性，各位读者不妨暂且将两者
  都认定为“网址”，也就是将两者视为同等意义即可（URI=URL=网址），
  有兴趣研究URI、URL、URN三者关系者请参考
  <cite>W3C Note“http://www.w3.org/TR/uri-clarification/”。</cite>
</pre>
```

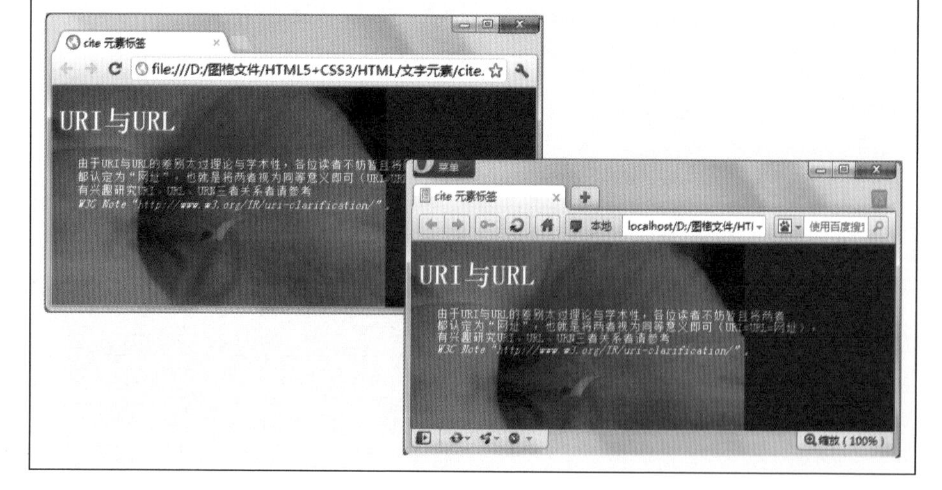

元素 blockquote 引用DIV块

语法 < blockquote 属性="属性值"> ~ 标签内容 ~ </ blockquote>

说明

- blockquote 元素用来标示此文件中的内容是引用自某个人或某份文件的资料。在HTML、XHTML文件中，起始标签与终止标签都不可省略。
- 在 blockquote 元素“标签内容”中，可包含单纯字符串，也可包含img元素。
- blockquote 元素“标签内容”会自动进行左右缩排。

属性

4: HTML4 适用 5: HTML5 适用

属性	属性值/预：预设值	说明
1 cite 4 5	URI	引用资料的来源。

2 通用属性：class、contenteditable、contextmenu、dir、draggable、id、irrelevant、lang、ref、registrationmark、tabindex、template、title

释例

1 单纯标签撰写，未加入任何属性设定

<blockquote> ~ </ blockquote> → 未使用属性的 blockquote 标签

2 加入 cite 属性设定，指定引用资料的来源

<blockquote cite="属性值"> ~ </ blockquote> → title

3 加入 style 属性设定标签内容的样式

<blockquote style="属性值"> ~ </ blockquote> → style

范例学习 设定DIV块引文的URI与样式 blockquote.html

```
<h1>关于昱得</h1>
<p>昱得信息成立于1993年</p>
<blockquote cite=http://valor.twbts.com
style="color: #0000FF; border: 3px solid #33cc00; padding: 10px;">
多年来承蒙各界好友的提携，将网站构架及程序制作的工作交给我们完成。受到大家的信赖与照顾，使我们得以从托付的任务中不断茁壮成长。
</blockquote>
```

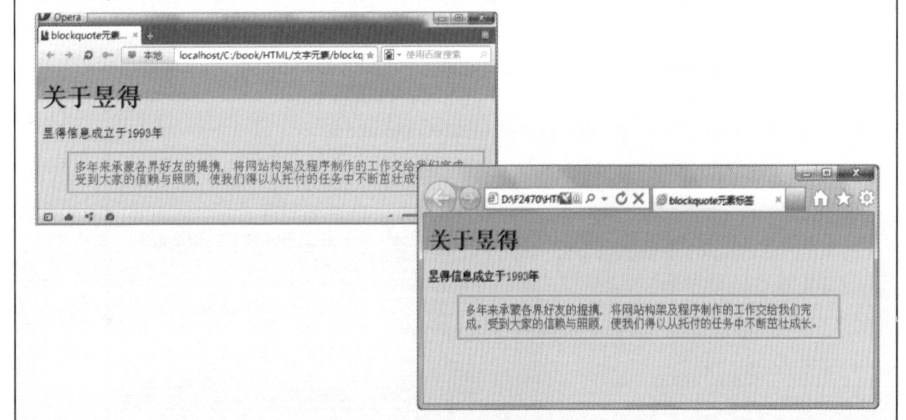

FireFox 5 | IE 9 | Chrome 11 | Opera 11 | Safari 5

元素 q 简短的引用

语法

< q 属性="属性值"> ～ 标签内容 ～ </ q>

说明

- q 元素用来标示此文件中的内容是引自某个人或是某份文件的资料，但引用内容少时采用内联型标示，当引用内容多时，请改用blockquote元素。
- 使用 q 元素来标示引文时，浏览器通常会自动在引文前后都加入引号（ “ ” 或 “ “ ）。
- 在 HTML、XHTML 文件中，起始标签与终止标签都不可省略。

属性

4：HTML4 适用 5：HTML5 适用

属性	属性值/预：预设值	说明
1 cite 4 5	URI	引用资料的来源。

2 通用属性：class、contenteditable、contextmenu、dir、draggable、id、irrelevant、lang、ref、registrationmark、tabindex、template、title

释例

1 单纯标签撰写，未加入任何属性设定

<q> ～ </ q> → 未使用属性的 q 标签

2 加入cite属性设定，指定引用资料的来源

<q cite="属性值"> ～ </ q> → title

3 加入 style 属性设定标签内容的样式

<q style="属性值"> ～ </ q> → style

范例学习 设定简短引文的样式 q.html

```
<h1>服务项目</h1>
<p>计算机书籍编写
<q cite="http://valor.twbts.com"
style="color: #0000FF; font-weight: bold; background-color: #66FFFF">
本信息室已出版过 ASP、PHP、C++ Builder、C# Builder、Java Script、Delphi、Jbuilder、Kylix
等书籍
</q>
</p>
```

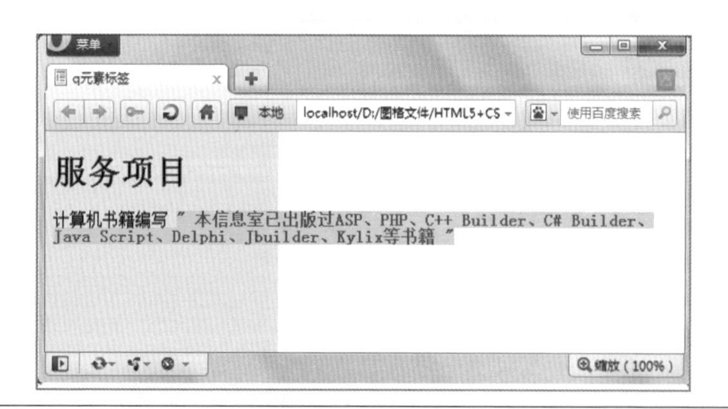

元素 time
定义日期时间

语法

< time 属性="属性值"> ～ 标签内容 ～ </ time>

说明

- time 元素是HTML5标准新增的元素，用来定义日期或时间，或同时定义二者。
- time 元素代表 24 小时制中某个时间或日期，日期时间的值可包含时差设定。

属性

- datetime 属性中的日期与时间之间要用“T”字符作分隔，这个“T”字符就代表时间的意思。
- 当datetime属性中的时间数据尾端加上“Z”字符，代表此时间是使用UTC标准时间。
- datetime 属性中的时间数据尾端可加上“时差”，用来表示本地时间之外的另一时区时间。

4：HTML4 适用 5：HTML5 适用

属性	属性值/预：预设值	说明
1 datetime 5	字符串（日期时间）	定义日期与时间，如果未定义此属性，则须在time元素的“标签内容”中设定日期时间

2 通用属性：class、contenteditable、contextmenu、dir、draggable、id、irrelevant、lang、ref、registrationmark、tabindex、template、title、style

释例

1 以 time 元素定义时间

<time>16:48 </ time>

2 以 time 元素定义日期时间与时差

<time>2012-10-25T16:48:05+08:00 </ time> → 台湾 (08:00) 时间的 2012 年 10 月 25 日 16 时48 分 5 秒

3 以 datetime 属性定义 time 元素“标签内容”的日期

<time datetime="2012-10-25">明年的 10 月 25 日</time> → 1 datetime

范例学习 日期时间的定义 time.html

```
<h1>time 元素的应用</h1>
<p>
<time>2012-10-25T16:48:05+08:00</time>
</p>
<p>
<time datetime="2012-10-25">
明年的 10 月 25 日</time>
</p>
```

提示：只有 time 元素的“标签内容”才会显示在网页上。

FireFox 5

IE 9

Chrome 11

Opera 11

Safari 5

元素 sup 上标字

语法 < sup 属性="属性值"> ~ 标签内容 ~ </ sup>

说明

- sup 元素可将“标签内容”中的文字变为上标字，也就是将文字缩小并放置于右上角的位置，例如平方的数字。
- 在 HTML、XHTML 文件中，起始标签与终止标签都不可省略。

属性

4：HTML4 适用 5：HTML5 适用

属性	属性值/预：预设值	说明
1 通用属性：	class、contenteditable、contextmenu、dir、draggable、id、irrelevant、lang、ref、registrationmark、tabindex、template、title	

释例

1 单纯标签撰写，未加入任何属性设定

<sup> ~ </ sup> → 未使用属性的 sup 标签

2 加入 class 属性设定标签样式类别

<sup class="属性值"> ~ </ sup> → 1 class

范例学习 撰写数学方程式 sup.html

```
<h1>撰写数学方程式</h1>
<p>
e<sup> ix</sup> = cos(x) + i sin(x)
</p>
<p>
(A+B)<sup> 2</sup> = A<sup> 2</sup> + 2AB + B<sup> 2</sup>
</p>
```

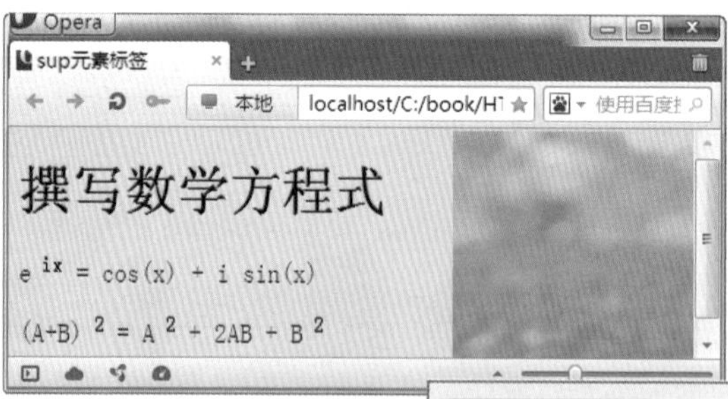

文字元素 HTML4 / HTML5

元素 sub 下标字

语法 < sub 属性="属性值"> ~ 标签内容 ~ </ sub>

说明

- sub 元素可将“标签内容”中的文字变为下标字，也就是将文字缩小并放置在右下角的位置，例如化学元素的标示。
- 在 HTML、XHTML 文件中起始标签与终止标签都不可省略。

属性

4: HTML4 适用 5: HTML5 适用

属性	属性值/预：预设值	说明

1 通用属性：class、contenteditable、contextmenu、dir、draggable、id、irrelevant、lang、ref、registrationmark、tabindex、template、title

释例

1 单纯标签撰写，未加入任何属性设定

<sub> ~ </ sub> → 未使用属性的 sub 标签

2 加入 class 属性设定标签样式类别

<sub class="属性值"> ~ </ sub> → 1 class

范例学习 撰写化学方程式 sub.html

```
<h1>撰写化学方程式</h1>
<p>
咖啡因: C<sub>8</sub>H<sub>10</sub>N<sub>4</sub>O<sub>2</sub>
</p><p>
氢氧化铝: Al(OH) <sub>3</sub>
</p><p>
硫酸: H<sub>2</sub>SO<sub>4</sub>
</p><p>
硫酸铝: Al<sub>2</sub> (SO<sub>4</sub>)<sub>3</sub>.16H<sub>2</sub>O
</p>
```

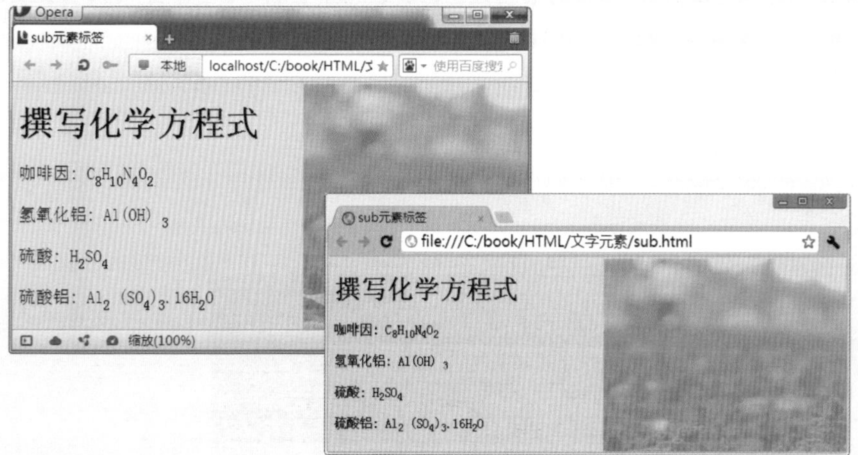

FireFox 5 | IE 9 | Chrome 11 | Opera 11 | Safari 5

文字元素 HTML4 / HTML5

元素 p
通用DIV块元素

语法

< p 属性="属性值"> ~ 标签内容 ~ </ p>

说明

- p 元素为具有DIV块特性的“段落”元素，可以把放置在其“标签内容”中的元素一并进行设定（例如对齐方式）。
- p 元素标签会在标签内容的前后加入一个空白行作为段落区隔。
- 在 HTML 中, 可省略终止标签；但在XHTML文件中，起始标签与终止标签都不可省略。

属性

■ 在 HTML5 中删除了HTML4中p元素的align属性，而此属性也被W3C列为非推荐属性。

4：HTML4 适用 5：HTML5 适用 !：W3C 非推荐属性

属性	属性值/ 预：预设值	说明
1 align 4 !	left 预 / right / center / justify	指定对齐方向，left靠左对齐，right靠右对齐，center居中对齐，justify两端对齐，此属性仅可在Transitional、Frameset DTD的情况下使用。

2 通用属性：class、contenteditable、contextmenu、dir、draggable、id、irrelevant、lang、ref、registrationmark、tabindex、template、title

释例

1 设定id属性，为元素加上标识符

<p id="属性值"> ~ </ p> → 2 id

2 设定class属性，为元素加上类别设定

<p class="属性值"> ~ </ p> → 2 class

3 为元素标签内容加上补充说明

<p title="属性值"> ~ </ p> → 2 title

范例学习 建立文件内容的段落 p.htmL

```
<h1>JavaScript 精致范例辞典</h1>
<p>
不管你是设计动态网页，或是要用最新的 ~略~ 随时可以查阅的范例辞典就非常需要
</p>
<p>
本书超过200个JavaScript的精致语法 ~略~ ，让你很快查阅到想找的语法。
</p>
~略~
```

元素 br 强迫换行

语法 < br 属性="属性值" />

说明

- br 元素为空元素，在HTML文件中没有终止标签，但在XHTML文件中，必须在起始标签右括号前加上一个右斜线"/"作结束，或是将br元素也加上终止标签。
- br 元素可产生分段的效果，但是在两段文字间并不会加入空白行。

属性

■ 在 HTML5 中删除了HTML4中br元素的clear属性，而此属性也被W3C列为非推荐属性。

4：HTML4 适用 5：HTML5 适用 !：W3C 非推荐属性

属性	属性值/预：预设值	说明
1 clear 4 !	none 预 / right /left/all	解除图旁串文的格式，right解除右边文字对图的围绕，left解除左边文字对图的围绕，all解除左右两边文字对图的围绕，none文字左右两边围绕图片（文字出现在图的两侧）。此属性仅可在Transitional、Frameset DTD的情况下使用。

2 通用属性：class、contenteditable、contextmenu、dir、draggable、id、irrelevant、lang、ref、registrationmark、tabindex、template、title、style

释例

1 强迫换行

~
 ~

2 解除图旁串文的格式

<br clear="属性值" /> ~ → 1 clear

~ <br style="clear:值" /> ~ → 2 style

范例学习 段落中强迫文字换行 br.html

```
<h1>JavaScript 精致范例辞典</h1>
<p>
为方便查阅，本书提供下列 3 种索引方式：<br />
分类指令索引：将语法及指令
分类<br />
范例索引：依照各种不同范例
进行示范并说明使用目的<br />
字母索引：依字母顺序 A~Z
列出所有语法及指令 <br />
</p>
```

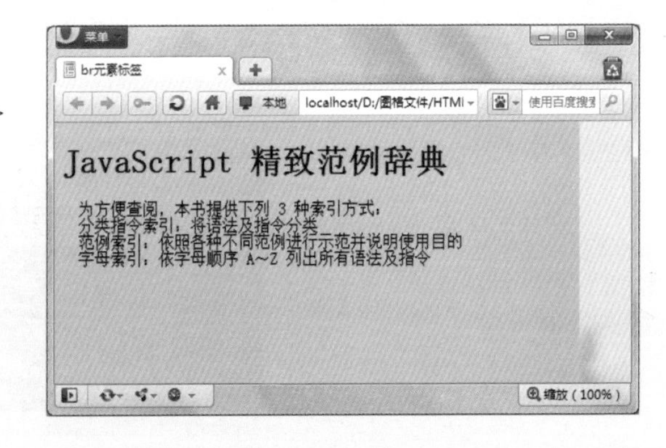

FireFox 5 | IE 9 | Chrome 11 | Opera 11 | Safari 5

元素 ins 插入编辑文字

语法

< ins 属性="属性值"> ~ 标签内容 ~ </ ins>

说明

- ins 元素用来标示新增的文件编辑内容，在HTML、XHTML文件中，起始标签与终止标签都不可省略。
- 若要在新增的文件编辑内容中指定新增的原因提示URI，可利用cite属性。
- 在一般浏览器中，被ins元素标签包括起来的文字下方会出现底线。

属性

4：HTML4 适用 5：HTML5 适用

属性	属性值/预：预设值	说明
1 cite 4 5	URI（或任意字符串值）	属性值内容为新增内容或新增原因的URI，也可直接书写新增的原因
2 datetime 4 5	日期时间	属性值内容为新增内容的日期时间（更新时间）

3 通用属性：class、contenteditable、contextmenu、dir、draggable、id、irrelevant、lang、ref、registrationmark、tabindex、template、title

释例

1 单纯标签撰写

<ins> ~ </ ins>

2 指定新增内容或新增原因的URI

<ins cite="属性值"> ~ </ ins> → 1 cite

3 指定新增内容的更新时间

<ins datetime="属性值"> ~ </ ins> → 2 datetime

4 指定新增内容的补充说明

<ins title="属性值"> ~ </ ins> → 3 title

范例学习 指定新增内容或新增原因的URI与时间 ins.html

```
<h1>JavaScript 精致范例辞典</h1>
<p>
不管你是设计动态网页，还是要用最新的 Ajax 技术，Javascript 都是相当重要的角色，但是就算学过Javascript，也不一定都记得各式各样的语法，因此一本随时可以查阅的范例辞典就非常重要。
</p><p>
本书超过 200 个 JavaScript 的精致
语法范例，利用 3 种索引方式，让
你很快查阅到想找的语法。
<ins cite="http://www.flag.com.tw"
 datetime="2015/2/1">
本书单次购买10本85折
</ins></p>
```

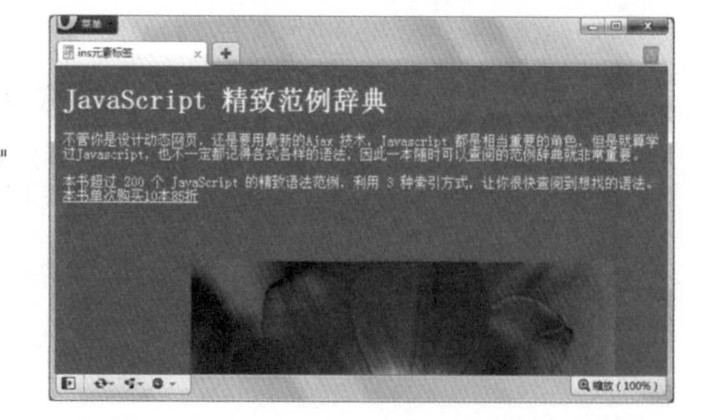

元素 del 删除编辑文字

语法

<del 属性="属性值"> ~ 标签内容 ~ </ del>

说明

- del 元素用来标示删除的文件编辑内容，在HTML、XHTML文件中，起始标签与终止标签都不可省略。
- 若要在删除的文件编辑内容中显示删除的原因提示URI，可利用cite属性。
- 在一般浏览器中，被del元素标签包括起来的文字会加上删除线（取消线）。

属性

4：HTML4 适用 5：HTML5 适用

属性	属性值/预：预设值	说明
1 cite 4 5	URI（或任意字符串值）	属性值内容为删除内容或删除原因的URI，也可直接书写删除的原因
2 datetime 4 5	日期时间	属性值内容为删除内容的日期时间（删除时间）

3 通用属性：class、contenteditable、contextmenu、dir、draggable、id、irrelevant、lang、ref、registrationmark、tabindex、template、title

释例

1 单纯标签撰写

<del> ~ </ del>

2 指定删除内容或新增原因的URI

<del cite="属性值"> ~ </ del> → 1 cite

3 指定删除内容的更新时间

<del datetime="属性值"> ~ </ del> → 2 datetime

4 指定删除内容的补充说明

<del title="属性值"> ~ </ del> → 3 title

范例学习 标示删除的文件编辑内容 del.html

```
<h1>JavaScript 精致范例辞典</h1>
<p>
不管你是设计动态网页，或是要用最新的 Ajax 技术，Javascript 都是相当重要的角色。但是就算学过Javascript，也不一定记得各式各样的语法，因此一本随时可以查阅的范例辞典就非常需要。
</p><p>
本书超过 200 个 JavaScript 的精致语法范例，利用 3 种索引方式，让你很快查阅到想找的语法。
</p><p>
<del>定价：450 元</del>
<ins>优惠价：9 折 405 元</ins>
</p>
```

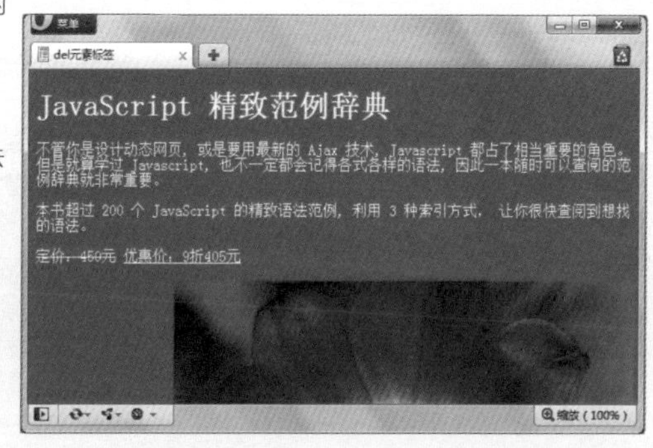

 FireFox 5  IE 9 Chrome 11  Opera 11  Safari 5

元素 pre 保存原始格式

语法 < pre 属性="属性值"> ~ 标签内容 ~ </ pre>

说明

- pre 元素可保持文字与文字间的相对位置，将要显示的文字格式完全对应地显示在浏览器中（显示文件时，固定大小的字体、空格及空白行不会被省略），主要用来列举程序原始代码或需要对齐位置的数据。
- 在 HTML、XHTML 文件中，起始标签与终止标签都不可省略。
- pre 元素标签中若含有特殊符号，就必须通过“文字参照”的方式来书写，例如“<”、“>”、“&”，就应写成“<”、“>”、“&”。
- pre 元素虽可将“标签内容”以原貌呈现出来，但“标签内容”中若另有其他元素标签，则浏览器仍会对这些元素标签进行处理。

属性

■ 在 HTML5 中，删除了HTML4中pre元素的width属性，而此属性也被W3C列为非推荐属性。

4：HTML4 适用 5：HTML5 适用 !：W3C 非推荐属性

属性	属性值/ 预：预设值	说明
1 width 4 !	1 以上的正整数	设定单行的显示宽度（文字数），此属性仅可在Transitional、Frameset DTD的情况下使用。

2 通用属性：class、contenteditable、contextmenu、dir、draggable、id、irrelevant、lang、ref、registrationmark、tabindex、template、title

释例

1 单纯标签撰写

<pre> ~ </ pre> → 未使用属性的 pre 标签

2 设定单行文字的显示数量

<pre width="属性值"> ~ </ pre> → 1 width

范例学习 原始格式文字内的特殊符号与标签 pre.html

```
<h2>onKeyDown 事件</h2>
<pre>
========================================
function validLength(item,len){
return (item.length &gt;= len)
}
// 资料来源: <a href="www.twbts.com">
JavaScript 精致范例辞典</a>
==========================
</pre>
```

元素 mark 高亮标注

语法

< mark 属性="属性值"> ～ 标签内容 ～ </ mark>

说明

- mark 元素是 HTML5 新增元素。
- mark 元素会将“标签内容”以高亮显示的方式（黄色底纹）突出那些需要在视觉上向用户说明其重要性的文字内容。
- mark 元素当前比较常见的用法，就是在搜索结果的内容中以高亮的视觉效果标示用户所指定的关键词。

属性

4：HTML4 适用 5：HTML5 适用

属性	属性值/预：预设值	说明
1 通用属性：	class、contenteditable、contextmenu、data-yourvalue、dir、draggable、hidden、id、item、itemprop、lang、spellcheck、style、subject、tabindex	

释例

1 单纯标签撰写

<mark> ～ </ mark> → 未使用属性的 mark 标签

2 指定标签内容的补充说明

<mark title="属性值"> ～ </ mark> → 1 title

范例学习 以高亮显示文字内容 mark.html

```
<h1>mark 元素是 HTML5 新增元素</h1>
<p>
mark 元素会将“标签内容”以<mark>高亮显示</mark>的方式突出那些要在视觉上向用户说明其
重要性的文字内容。
</p>
<p>
mark 元素当前比较常见的用法，就是<mark>在搜索结果中以高亮的视觉效果标示</mark>用户所
指定的关键词。
</p>
```

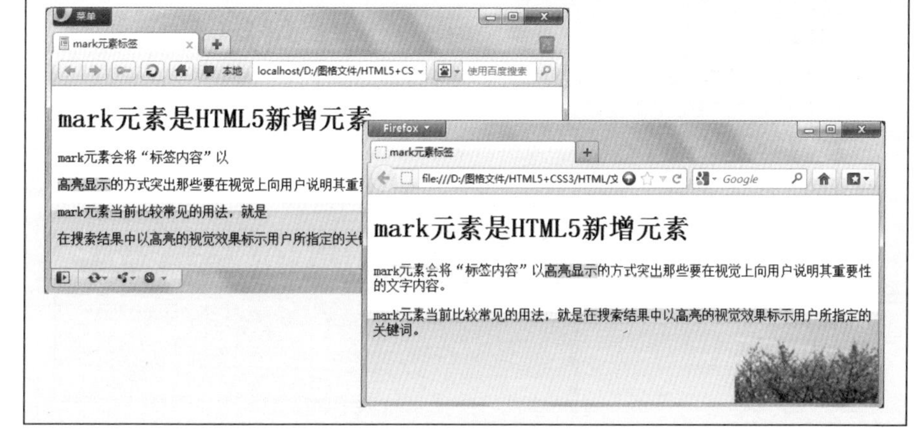

FireFox 5 | IE 9 | Chrome 11 | Opera 11 | Safari 5

元素 b 粗体字

语法

< b 属性="属性值"> ~ 标签内容 ~ </ b>

说明

- b 元素用来将“标签内容”中的文字以粗体表示。
- 虽然 b 元素是W3C认定的标准元素，但若要将文件内容设定为粗体字，应尽量改用CSS进行样式设定。
- 在 HTML 、 XHTML 文件中, 起始标签与终止标签都不可省略。

属性

4: HTML4 适用 5: HTML5 适用

属性	属性值/预：预设值	说明
1 通用属性：	class、contenteditable、contextmenu、dir、draggable、id、irrelevant、lang、ref、registrationmark、tabindex、template、title、style	

释例

1 单纯标签撰写

<b> ~ </ b>

2 指定标签内容的补充说明

<b title="属性值"> ~ </ b> → 1 title

3 指定标签内容的其他样式设定

<b style="属性值"> ~ </ b> → 1 style

范例学习 将文字设定为粗体 b.html

```
<h2>展望未来</h2>
<p>
尽管写了几本<b>计算机教程</b>, 还算是个写手吧！但是，深藏在内心的那个梦依然存在，这个梦就是出版一本<b>散文集</b>，梦会不会成真还没个定论，不过网络是个筑梦的好地方，一点也不必在乎会不会开花结果，所以从现在开始，只要~略~
</p>
```

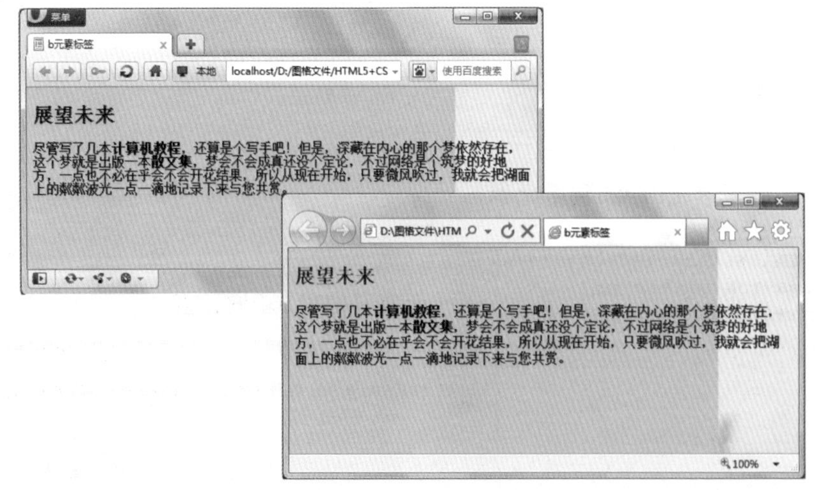

文字元素 HTML4 / HTML5

元素 i 斜体字

语法 < i 属性="属性值"> ~ 标签内容 ~ </ i>

说明

- i 元素用来将“标签内容”中的文字以斜体表示。
- 虽然 i 元素是W3C认定的标准元素，但若要将文件内容设定为斜体字，应尽量改用CSS进行样式设定。
- 在 HTML 、 XHTML 文件中起始标签与终止标签都不可省略。

属性

4: HTML4 适用 5: HTML5 适用

属性	属性值/预：预设值	说明
1 通用属性：	class、contenteditable、contextmenu、dir、draggable、id、irrelevant、lang、ref、registrationmark、tabindex、template、title、style	

释例

1 单纯标签撰写

<i> ~ </ i>

2 指定标签内容的补充说明

<i title="属性值"> ~ </ i> → 1 title

3 指定标签内容的其他样式设定

<i style="属性值"> ~ </ i> → 1 style

范例学习 将文字设定为斜体 i.html

```
<h2>展望未来</h2>
<p>
尽管写了几本<i>计算机教程</i>， 还算是个写手吧！但是，深藏在内心的那个梦依然存在，这个梦就是出版一本<i style="color:#F0F"> “散文集” </i>，梦会不会成真还没个定论，不过网络是个筑梦的好地方，一点也不必在乎会不会开花结果，所以从现在开始，只要~略~
</p>
```

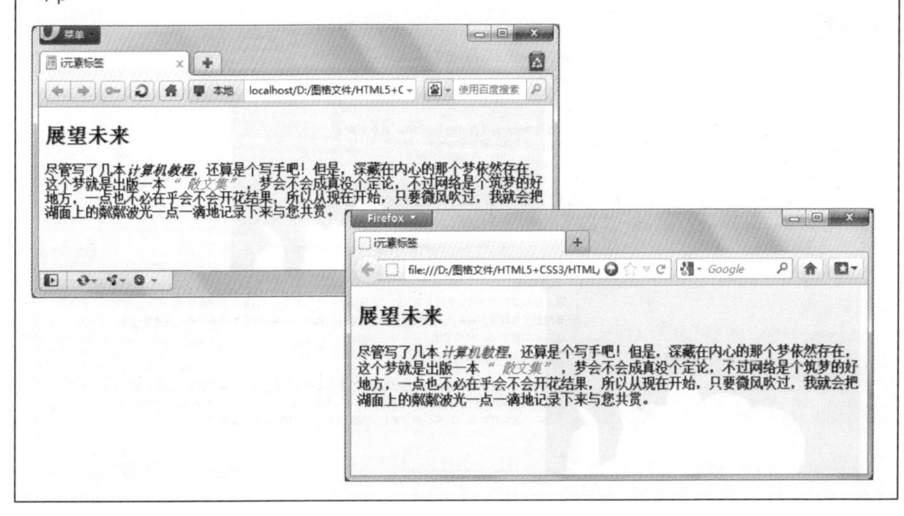

FireFox 5

IE 9

Chrome 11

Opera 11

Safari 5

元素 small 缩小字体

语法	< small 属性="属性值"> ~ 标签内容 ~ </ small>
说明	● small 元素用来缩小“标签内容”中的文字。 ● 在 HTML 、 XHTML 文件中起始标签与终止标签都不可省略。
属性	4：HTML4 适用 5：HTML5 适用 属性 属性值/ 预：预设值 说明 1 通用属性：class、contenteditable、contextmenu、dir、draggable、id、irrelevant、lang、ref、registrationmark、tabindex、template、title、style
释例	1 单纯标签撰写 <small> ~ </ small> 2 指定标签内容的补充说明 <small title="属性值"> ~ </ small> → 1 title 3 指定标签内容的其他样式设定 <small style="属性值"> ~ </ small> → 1 style

范例学习 将文字缩小显示 small.html

```
<p>
话说从头<br />
<small>从小就希望自己的双手是用来拿笔的~略~（年代久远，记忆被Flash，所以忘喽）。
</small></p>
<p>
展望未来<br />
<small>尽管写了几本计算机教程，还算是个写手~略~ 的粼粼波光一点一滴地记录下来与您共赏。</small></p>
```

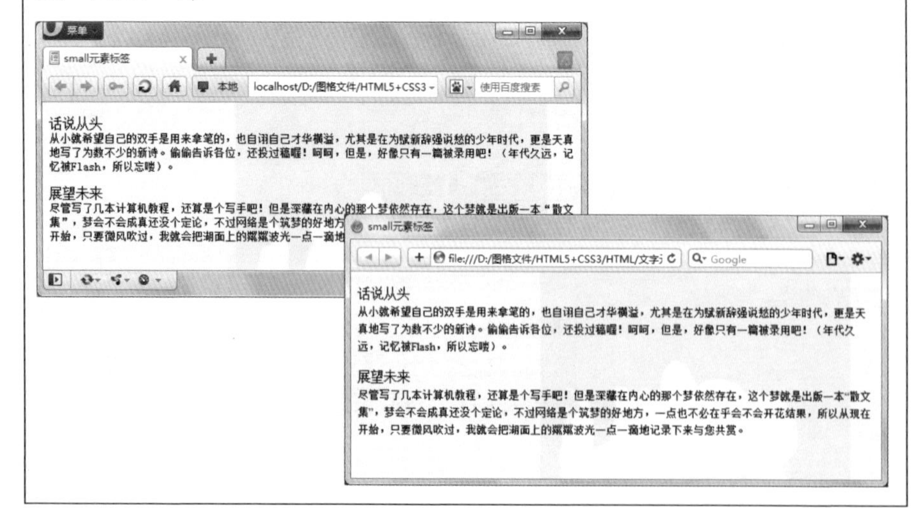

文字元素 HTML4 / HTML5

元素 hr 分隔线

语法

< hr 属性="属性值" />

说明

- hr 元素为空元素，在HTML文件中没有终止标签，但在XHTML文件中必须在起始标签右括号前加上一个右斜线“/”作结束，或是将hr元素也加上终止标签。
- 在一般浏览器中，hr元素标签的效果是在页面中画出一条水平的分隔线，并在水平分隔线的前后自动加入一空白行。

属性

■ 在 HTML5 中删除了HTML4中hr元素的align、size、color、noshade、width属性，而这些属性在HTML4标准中也被W3C列为非推荐属性。

4：HTML4 适用 5：HTML5 适用 !：W3C 非推荐属性

属性	属性值/预：预设值	说明
1 align 4 !	left / right / center 预	分隔线的配置，left靠左对齐，right靠右对齐，center居中对齐，此属性仅可在Transitional、Frameset DTD的情况下使用
2 size 4 !	正整数 / 预 2	设定分隔线的粗细，数值越大线条越粗，此属性仅可在Transitional、Frameset DTD的情况下使用，属性值单位为pixel（属性值无需指定单位）
3 color 4 !	颜色值	设定分隔线的颜色
4 noshade 4 !	空值 / noshade	指定分隔线不以三维样式显示，在HTML文件中属性值为空值（只需加入属性名称），在XHTML文件中属性值须指定为“noshade”（noshade =” noshade”），此属性仅可在Transitional、Frameset DTD的情况下使用
5 width 4 !	正整数 / 百分比 %	指定分隔线的长度，属性值可为正整数的像素值或是百分比值（需加入“%”符号），此属性仅可在Transitional、Frameset DTD的情况下使用

6 通用属性：class、contenteditable、contextmenu、dir、draggable、id、irrelevant、lang、ref、registrationmark、tabindex、template、title、style

释例

1 单纯标签撰写，未加入任何属性设定

<hr /> 未使用属性的 hr 标签

2 指定长度与排列方式

< hr align="属性值" width="属性值" /> → 1 align → 5 width → 6 style

<hr style="text-align: 值; width: 值;" />

3 指定分隔线的颜色与非三维样式

< hr noshade="noshade" color="属性值" /> → 3 color → 4 noshade

范例学习　建立分隔线 hr.html

```
<p>
快乐的渔人码头亲子旅游</p>
<hr />
<p><img src="img/8134224001.JPG" alt="亲子旅游" /></p>
<hr />
```

FireFox 5 | IE 9 | Chrome 11 | Opera 11 | Safari 5

文字元素 HTML4 / HTML5

元素 bdo
改变文字显示方向

语法

< bdo 属性="属性值" > ~ 标签内容 ~ </ bdo>

说明

- bdo 元素是用来改变文字显示方向的元素。
- bdo 元素是根据字符序列的方向利用 Unicode 双向算法，将文字的显示反转。例如英文的书写方向是由左至右，如果用户的阅读顺序为由右至左，那就可以应用。
- 在 HTML 、 XHTML 文件中, bdo 元素的起始标签与终止标签都不可省略。

属性

4: HTML4 适用 5: HTML5 适用 !: W3C 非推荐属性

属性	属性值/预: 预设值	说明
1 dir 4 5	ltr 预/ rtl	设定文字的显示方向, ltr 由左至右, rtl 由右至左

2 通用属性: class、 contenteditable、 contextmenu、 dir、draggable、 id、 irrelevant、 lang、 ref、 registrationmark、 tabindex、 template、title、style

释例

1 指定文件中文字的显示方向

< bdo dir="属性值"> ~ </bdo> → 1 dir

2 指定文件中文字的显示方向与样式

< bdo dir="属性值" style="属性值"> ~ </bdo> → 1 dir → 2 style

范例学习 改变文字显示方向 bdo.html

```
<h1>URI 与 URL</h1>
<p>
<bdo dir="ltr" style="font-size: 11pt;color: #FF3300;">
 由于URI与URL的差别太过理论与学术性，各位读者不妨暂且将两者都认定为 “网址”
<br />
 也就是将两者视为同等的意义即可（ URI=URL=网址 ）
<br />
 A-C-D-E-F-G-H-I-J-K-L-M-N-O-P-O-R-S-T-U-V-W-X-Y-Z
</bdo>
</p>
<hr />
<p>
<bdo dir="rtl" style="font-size: 11pt;color: #0066CC;">
 由于URI与URL的差别太过理论与学术性，各位读者不妨暂且将两者都认定为 “网址”
<br />
 也就是将两者视为同等的意义即可（ URI=URL=网址 ）
<br />
 A-C-D-E-F-G-H-I-J-K-L-M-N-O-P-O-R-S-T-U-V-W-X-Y-Z
</bdo></p>
```

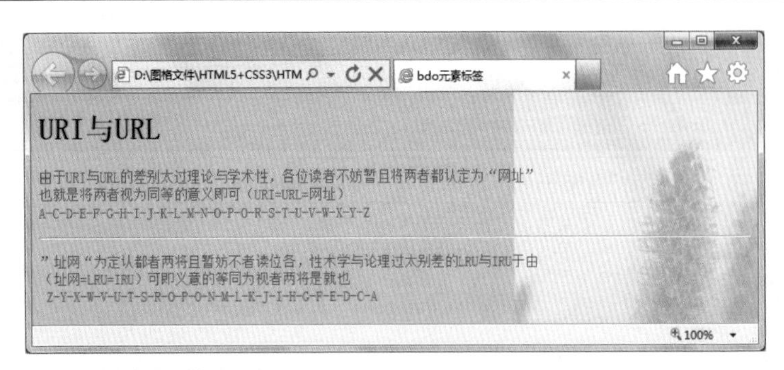
D:\图格文件\HTML5+CSS3\HTM
bdo元素标签
URI与URL
由于URI与URL的差别太过理论与学术性，各位读者不妨暂且将两者都认定为“网址”
也就是将两者视为同等的意义即可（URI=URL=网址）
A-C-D-E-F-G-H-I-J-K-L-M-N-O-P-O-R-S-T-U-V-W-X-Y-Z
”址网“为定认都者两将且暂妨不者读位各，性术学与论理过太别差的LRU与IRU于由
（址网=LRU=IRU）可即义意的等同为视者两将是就也
Z-Y-X-W-V-U-T-S-R-O-P-O-N-M-L-K-J-I-H-G-F-E-D-C-A
100%

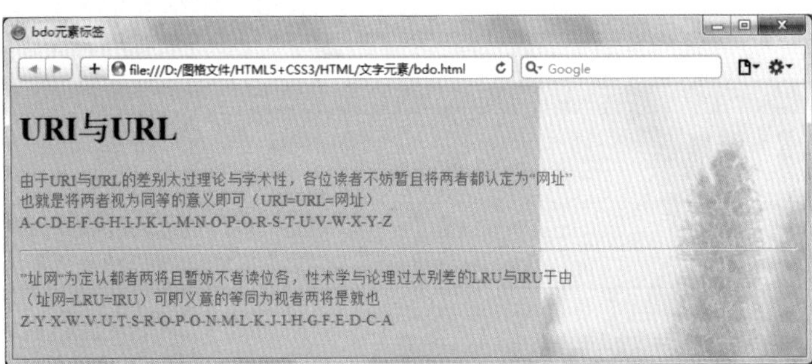
bdo元素标签
file:///D:/图格文件/HTML5+CSS3/HTML/文字元素/bdo.html
Google
URI与URL
由于URI与URL的差别太过理论与学术性，各位读者不妨暂且将两者都认定为“网址”
也就是将两者视为同等的意义即可（URI=URL=网址）
A-C-D-E-F-G-H-I-J-K-L-M-N-O-P-O-R-S-T-U-V-W-X-Y-Z
”址网“为定认都者两将且暂妨不者读位各，性术学与论理过太别差的LRU与IRU于由
（址网=LRU=IRU）可即义意的等同为视者两将是就也
Z-Y-X-W-V-U-T-S-R-O-P-O-N-M-L-K-J-I-H-G-F-E-D-C-A

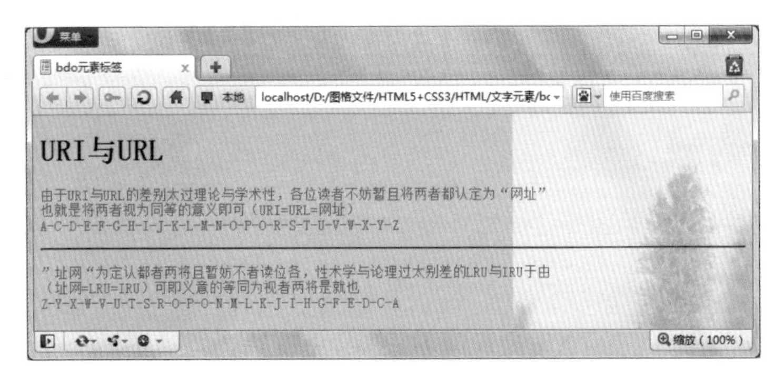
菜单
bdo元素标签
本地
localhost/D:/图格文件/HTML5+CSS3/HTML/文字元素/bc
使用百度搜索
URI与URL
由于URI与URL的差别太过理论与学术性，各位读者不妨暂且将两者都认定为“网址”
也就是将两者视为同等的意义即可（URI=URL=网址）
A-C-D-E-F-G-H-I-J-K-L-M-N-O-P-O-R-S-T-U-V-W-X-Y-Z
”址网“为定认都者两将且暂妨不者读位各，性术学与论理过太别差的LRU与IRU于由
（址网=LRU=IRU）可即义意的等同为视者两将是就也
Z-Y-X-W-V-U-T-S-R-O-P-O-N-M-L-K-J-I-H-G-F-E-D-C-A
缩放（100%）

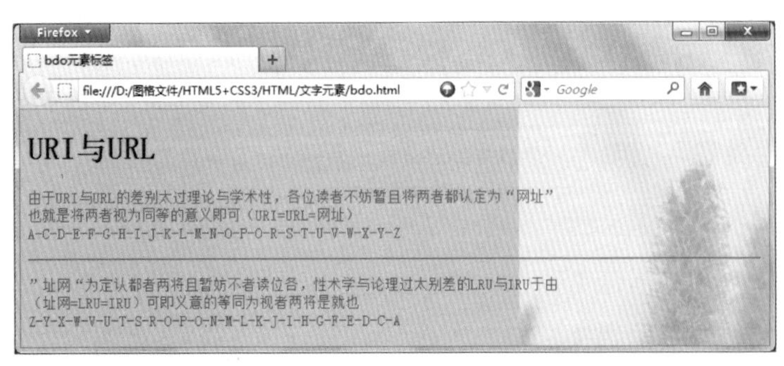
Firefox
bdo元素标签
file:///D:/图格文件/HTML5+CSS3/HTML/文字元素/bdo.html
Google
URI与URL
由于URI与URL的差别太过理论与学术性，各位读者不妨暂且将两者都认定为“网址”
也就是将两者视为同等的意义即可（URI=URL=网址）
A-C-D-E-F-G-H-I-J-K-L-M-N-O-P-O-R-S-T-U-V-W-X-Y-Z
”址网“为定认都者两将且暂妨不者读位各，性术学与论理过太别差的LRU与IRU于由
（址网=LRU=IRU）可即义意的等同为视者两将是就也
Z-Y-X-W-V-U-T-S-R-O-P-O-N-M-L-K-J-I-H-G-F-E-D-C-A

元素 ruby 注音标注

语法

<ruby 属性="属性值" > ~ 标签内容 ~ </ ruby>

说明

- ruby 元素用来显示包含文字的注音，是HTML5标准新增的元素。
- “ruby”原本是印刷用语，指放于表意文字上方或右边的拼音或批注，广泛应用于日文和中文，因为中文标注多为注音符号，所以称为“注音标注”或“注音标示”。
- 注音标注是XHTML1.1 规格的一部分，而不是HTML4.01或XHTML1.0规格（Strict、Transitional、Frameset DTD）中的任何一部分。早先XHTML1.1尚未被所有浏览器支持，当前HTML5标准已将ruby元素纳入，如今已有多家主流浏览器都支持注音标注的ruby元素。
- ruby 元素只负责在文件中配置要进行注音标注的文字范围，完整的注音标注还必须配合rt、rp等元素。
- 在 HTML、XHTML 文件中, ruby 元素的起始标签与终止标签都不可省略。

属性

4：HTML4 适用　5：HTML5 适用　!：W3C 非推荐属性

属性	属性值/预：预设值	说明
1 通用属性：class、contenteditable、contextmenu、dir、draggable、id、irrelevant、lang、ref、registrationmark、tabindex、template、title、style		

释例

1 为特定文字进行标注

<ruby> ~ <rt> ~ </rt> </ ruby>

2 加入元素标签的补充说明

< ruby title="属性值"> ~ </ ruby> → 1 title

3 加入元素标签的样式设定

< ruby style="属性值"> ~ </ ruby> → 1 style

范例学习　为文件内容标注注音 ruby.html

```
<p>JavaScript
 <ruby>
 精 致 范 例 辞 典
 <rt>jing zhi fan li ci dian </rt>
 </ruby>
</p>
<p>杨东昱 著</p>
```

范例学习 标注文字样式设定 ruby_style.html

```
<p>JavaScript
 <ruby  style="font-size:12pt;color:#FF0000;">
 精 致 范 例 辞 典
 <rt >jing zhi fan li ci dian </rt>
 </ruby>
</p><p>杨东昱 著</p>
```

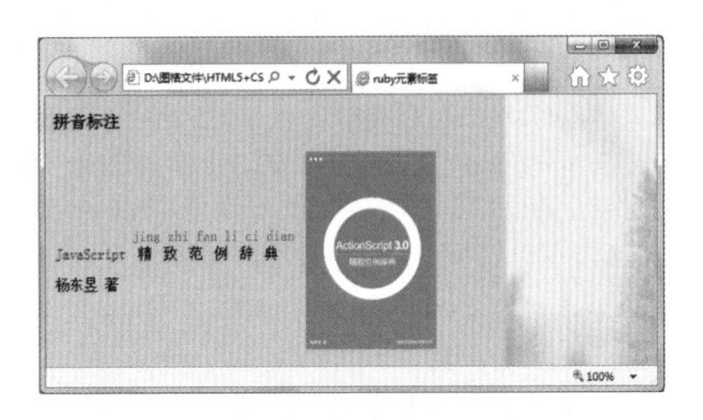

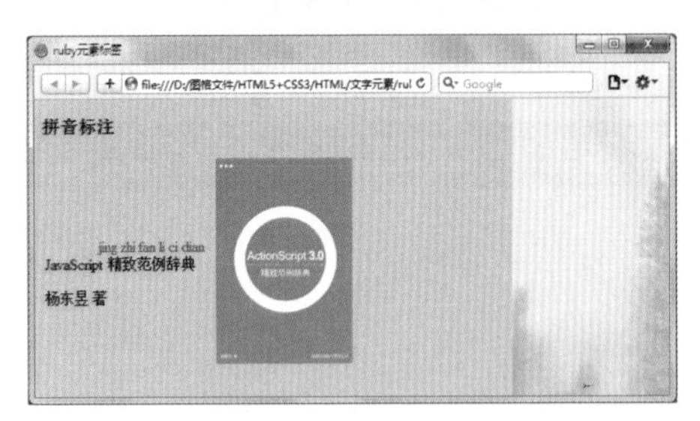

文字元素 HTML5

元素 rt 标注文字

语法

<rt 属性="属性值" > ~ 标签内容 ~ </ rt>

说明

- rt 元素用来显示要加上注音标注的文字，也就是用来显示标注的注音符号。
- rt 元素为ruby元素的子元素，只能布置于ruby元素的标签内容中，而rt元素的标签内则可布置ruby元素之外的任何内联元素。
- rt 元素的"标签内容"将显示在ruby元素的"标签内容（不含ruby元素标签内容中的rt子元素标签内容）"上方。
- 在 HTML 、 XHTML 文件中, rt 元素的起始标签与终止标签都不可省略。

属性

4: HTML4 适用 5: HTML5 适用 !: W3C 非推荐属性

属性	属性值/预：预设值	说明
1 通用属性：	class、contenteditable、contextmenu、dir、draggable、id、irrelevant、lang、ref、registrationmark、tabindex、template、title、style	

释例

1 指定要进行标注的文字

<ruby> ~ <rt> ~ </rt> </ ruby>

2 加入元素标签的补充说明

< rt title="属性值"> ~ </ rt> → 1 title

3 加入元素标签的样式设定

< rt style="属性值"> ~ </ rt> → 1 style

文字元素 HTML5

元素 rp
标注无法对应时所显示的括号

语法

< rp 属性="属性值" > ~ 标签内容 ~ </ rp>

说明

- rp 元素是用来显示无法对应标注时所使用的符号（通常是括号）。
- 在不支持标注的浏览器中，标注文字（注音符号）会被当成一般文字显示，rp 元素就是用来显示标注文字部分开头与结尾的括号。
- 若浏览器支持标注，则不会显示rp元素所包括的括号（不会显示rp元素的标签内容）。
- rp 元素为ruby元素的子元素，只能放置于ruby元素的标签内容中，而在应用时一定要在rt元素的前、后放上成对的括号。
- 在 HTML 、 XHTML 文件中，rp 元素的起始标签与终止标签都不可省略。

属性

4：HTML4 适用 5：HTML5 适用 !：W3C 非推荐属性

属性	属性值/ 预：预设值	说明
1 通用属性：	class、contenteditable、contextmenu、dir、draggable、id、irrelevant、lang、ref、registrationmark、tabindex、template、title、style	

释例

1 显示无法对应标注时的符号

```
<ruby>
<rp>(</rp><rt> ~ </rt><rp>)</rp>
</ ruby>
```

2 加入元素标签的补充说明

< rp title="属性值"> ~ </ rp> → 1 title

3 加入元素标签的样式设定

< rp style="属性值"> ~ </ rp> → 1 style

范例学习　显示无法对应标注时所使用的符号 ruby_rp.html

```
<p>JavaScript
 <ruby style="font-size:12pt;color:#FF0000;">
 精 致 范 例 辞 典
 <rp>(</rp><rt >jing zhi fan li ci dian</rt> <rp>)</rp>
 </ruby>
</p>
<p>杨东昱 著</p>
```

FireFox 5

IE 9

Chrome 11

Opera 11

Safari 5

项目元素 HTML4 / HTML5

元素 ul

无序列表

语法

< ul 属性="属性值"> ~ 标签内容 ~ </ ul>

说明

- ul 元素用来将“标签内容”以列表的方式显示，列表项目无先后顺序之分，也就是没有编号。
- 列表内的数据项以 li 元素来列举，ul 元素标签中的 li 元素项目数据默认会加上一个圆点符号。项目符号由 ul 元素的 type 属性决定，但在HTML5标准中，type属性已被删除，请改用CSS来设定项目符号的种类。
- ul 元素的标签内容，一般浏览器都会使用缩排的方式来呈现。
- ul 元素在HTML、XHTML文件中起始标签与终止标签都不可省略。

属性

■ 在 HTML5 中删除了HTML4中ul元素的type、compact属性，而这些属性在HTML4标准中也被W3C列为非推荐属性。

4：HTML4 适用 5：HTML5 适用 !：W3C 非推荐属性

属性	属性值/预：预设值	说明
1 type 4 !	circle / 预 disc / square	设定项目符号的种类, circle 空心圆点, square 实心方块，disc实心圆点，此属性仅可在 Transitional、Frameset DTD 的情况下使用
2 compact 4 !	空值 / compact	将列表显示在更小的范围中，在 HTML 文件中属性值为空值（只需加入属性名称），在 XHTML 文件中属性值须指定为“compact”（compact="compact"），此属性仅可在 Transitional、Frameset DTD 的情况下使用

3 通用属性：class、contenteditable、contextmenu、dir、draggable、id、irrelevant、lang、ref、registrationmark、tabindex、template、title、style

释例

1 单纯标签撰写

<ul> <li>~</li> ~ </ ul> → 未使用属性的 ul 标签

2 指定项目符号的种类

<ul type="属性值"><li>~</li> ~ </ ul>

<ul style="list-style-type: 值; "> <li>~</li> ~ </ ul> → 1 type → 3 style

3 指定项目符号的图片

<ul style="list-style-image: 值; "> <li>~</li> ~ </ ul> → 3 style

4 指定标签内容的补充说明

<ul title="属性值"> <li>~</li> ~ </ ul> → 3 title

范例学习　建立无序列表 ul.html

<h2>JavaScript 精致范例辞典</h2>
为方便查阅，本书提供下列3种索引方式：
<ul>
<li>【分类指令索引】</li>
<li>【范例索引】</li>
<li>【字母索引】</li>
</ul>

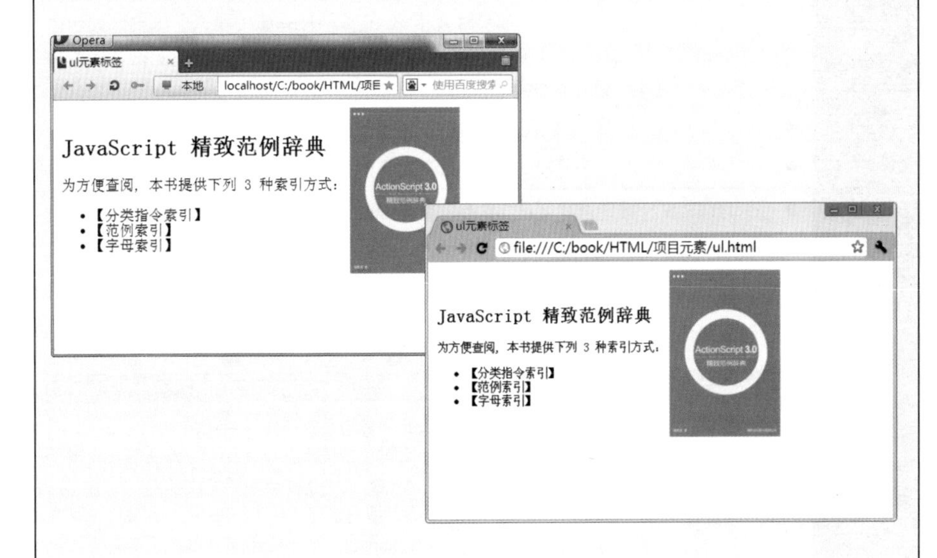

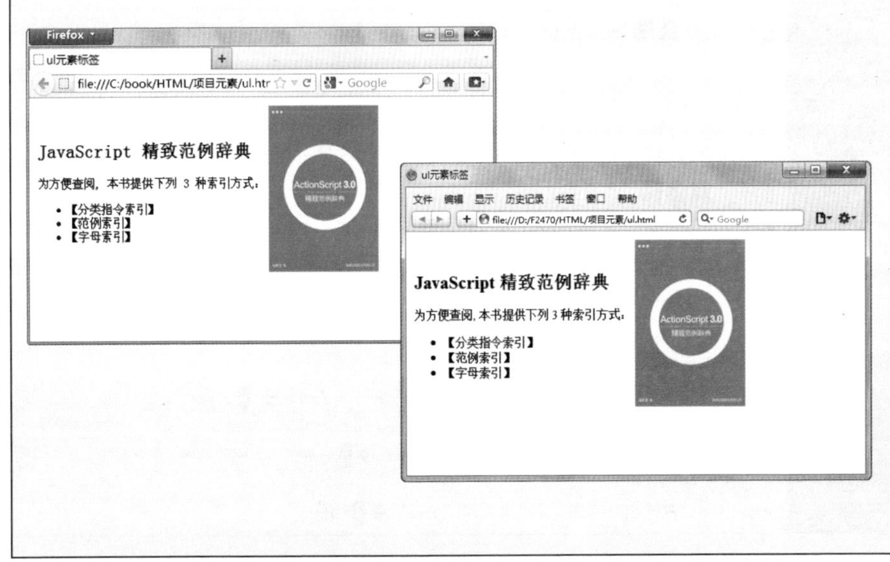

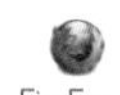

项目元素 HTML4 / HTML5

元素 ol
有序编号列表

语法

< ol 属性="属性值"> ~ 标签内容 ~ </ol>

说明

- ol 元素用来将“标签内容”以列表的方式显示，列表项目有先后顺序之分，也就是有顺序编号。
- 列表内项目内容是以 li 元素来列举，ol 元素标签中的 li 元素项目内容默认会顺序加上1，2，3…的编号，编号样式由 ol 元素的type属性决定，编号的起始值则由 ol 元素的start属性决定，在HTML5标准中，type属性已被删除，请改用CSS来设定项目编号的种类。
- ol 元素的标签内容, 一般浏览器都会使用缩排的方式来呈现。
- ol 元素在 HTML、XHTML 文件中起始标签与终止标签都不可省略。

属性

■ 在 HTML5 标准中删除了HTML4中 ol 元素的type、compact属性，而这些属性在 HTML4 标准中也被 W3C 列为非推荐属性。

■ 在 HTML4 标准中将 start 属性被列为非推荐属性, 但在 HTML5 标准中却是被允许的。

4: HTML4 适用 5: HTML5 适用 !: W3C 非推荐属性

属性	属性值/预：预设值	说明
1 type 4 !	a / A / 预 1 / i / I	设定项目编号的样式, 1 整数（1、2、3…）, a 小写英文字母（a、b、c…）, A 大写英文字母（A、B、C…）, i 小写罗马数字（i、ii、iii…）, I 大写罗马数字（I、II、III…）, 此属性仅可在Transitional、Frameset DTD 的情况下使用
2 compact 4 !	空值 / compact	将列表显示在更小的范围中, 在 HTML 文件中属性值为空值（只需加入属性名称）, 在XHTML 文件中属性值须指定为“compact”（compact="compact"）, 此属性仅可在Transitional、Frameset DTD 的情况下使用
3 start 4 ! 5	正整数 / 预 1	项目编号的起始值

4 通用属性: class、contenteditable、contextmenu、dir、draggable、id、irrelevant、lang、ref、registrationmark、tabindex、template、title、style

释例

1 单纯标签撰写

<ol> <li>~</li> ~ </ ol> → 未使用属性的 ol 标签

2 指定项目符号的种类

<ol style="list-style-type: 值; "> <li>~</li> ~ </ ol> → 4 style

3 指定项目起始编号

<ol start="属性值;"> <li>~</li> ~ </ ol> → 3 start

4 指定标签内容的补充说明

<ol title="属性值"> <li>~</li> ~ </ ol> → 4 title

范例学习 建立有序编号列表 ol.html

```
<h2>JavaScript 精致范例辞典</h2>
<ol>以下是本书的内容简介:
<li>简明的 Javascript 语法入门及基础概念。</li>
<li>搭配图文解说及精美范例示范。</li>
<li>最后加入 10 个精选的综合范例。</li>
<li>清楚标识适用的浏览器种类与版本。</li>
<li>光盘中收录了完整的范例网页文件。</li>

</ol>
```

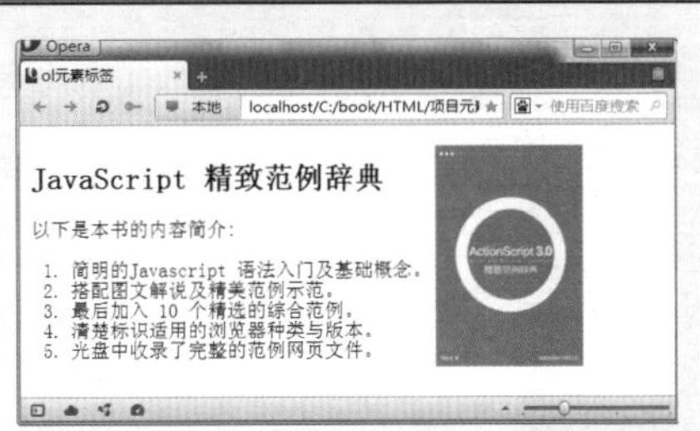

范例学习 设定有序列表的编号起始值 ol_start.html

```
<h2>JavaScript 精致范例辞典</h2>
以下是本书的内容简介:
<ol>
<li>简明的 Javascript 语法入门及基础概念。</li>
<li>搭配图文解说及精美范例示范。</li>
</ol>
<ol start="5">
<li>最后加入 10 个精选的综合范例。</li>
<li>清楚标识适用的浏览器种类与版本。</li>
<li>光盘中收录了完整的范例网页文件。</li>

</ol>
```

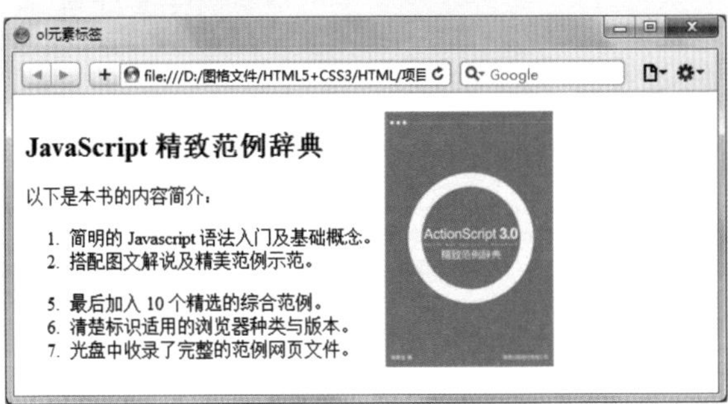

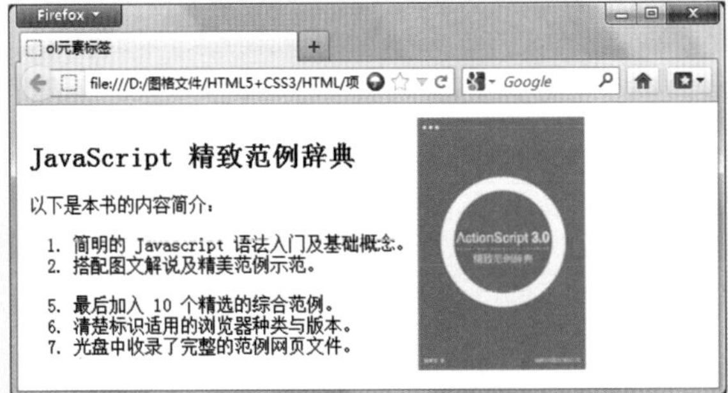

项目元素 HTML4 / HTML5

元素 li

列表项目

语法

< li 属性="属性值"> ~ 标签内容 ~ </ li>

说明

- li 元素是 ul、ol 元素的子元素，用来列举ul、ol元素的“标签内容”，li元素的标签内容也可包含DIV块型元素。
- 在 HTML 文件中终止标签可省略，在XHTML文件中起始标签与终止标签都不可省略。

属性

- 在 HTML5 标准中删除了HTML4中ol元素的type，而此属性在HTML4标准中也被W3C列为非推荐属性。
- 在 HTML4 标准中将 value 属性列为非推荐属性，但在 HTML5 标准中却是被允许的。

4：HTML4 适用 5：HTML5 适用 !：W3C 非推荐属性

属性	属性值/预：预设值	说明
1 type 4 !	项目符号/编号样式	当为 ul 元素的子元素时为设定项目符号的种类，circle 空心圆点，square 实心方块，disc 实心圆点；当为 ol 元素的子元素时为设定项目编号的样式，1 整数（1、2、3…），a 小写英文字母（a、b、c…），A 大写英文字母（A、B、C…），i 小写罗马数字（i、ii、iii…），I 大写罗马数字（I、II、III…）。此属性仅可在 Transitional、FramesetDTD 的情况下使用
2 value 4 ! 5	正整数	项目编号的起始值（当成为 ol 元素的子元素时）。此属性仅可在 Transitional、Frameset DTD 的情况下使用

3 通用属性：class、contenteditable、contextmenu、dir、draggable、id、irrelevant、lang、ref、registrationmark、tabindex、template、title、style

释例

1 单纯标签撰写

<ol> <li> ~ </ li> ~ </ol>

<ul> <li> ~ </ li> ~ </ul> → 未使用属性的 li 标签

2 指定项目符号的种类

< li type="属性值"> ~ </ li> → 1 type（HTML5 中不可使用）

<li style="list-style-type: 值;"> ~ </ li> → 3 style

3 指定项目编号的起始值

< li value="属性值"> ~ </ li> → 2 value

范例学习　设定列表项目 li.html

```
<h2>JavaScript 精致范例辞典</h2>
 以下是本书的内容简介：
   <ul>
  <li>简明的 Javascript 语法入门及基础概念。</li>
  <li>搭配图文解说及精美范例示范。</li>
  <li>最后加入 10 个精选的综合范例。</li>
  <li>清楚标识适用的浏览器种类与版本。</li>
  <li>光盘中收录了完整的范例网页文件。</li>

 </ul>
以下是本书的内容简介：
 <ol>
  <li>【分类指令索引】</li>
  <li>【范例索引】</li>
  <li>【字母索引】</li>
 </ol>
```

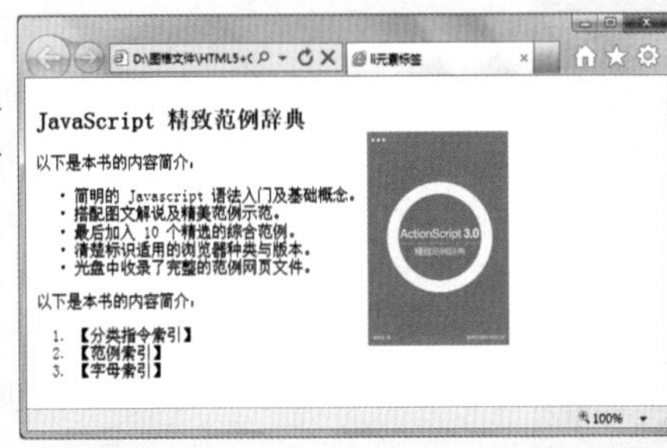

范例学习　个别指定列表项目的起始值 li_value.html

```
<h2>JavaScript 精致范例辞典</h2>
以下是本书的内容简介：
 <ol start="10">
  <li>简明的 Javascript 语法入门及基础概念。</li>
  <li value="5">搭配图文解说及精美范例示范。</li>
  <li>最后加入 10 个精选的综合范例。</li>
  <li value="8">清楚标识适用的浏览器种类与版本。</li>
  <li>光盘中收录了完整的范例网页文件。</li>
</ol>
```

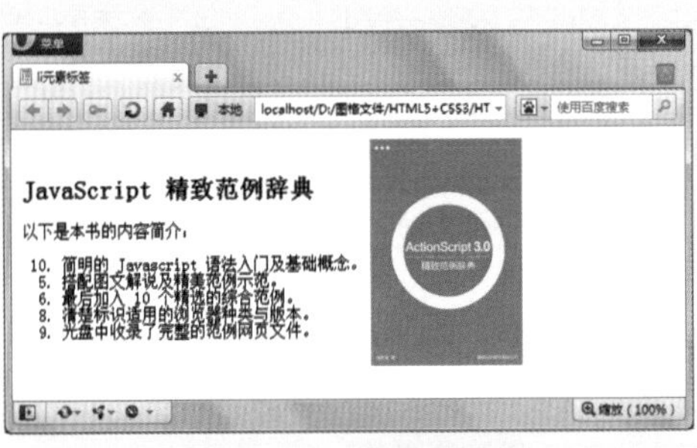

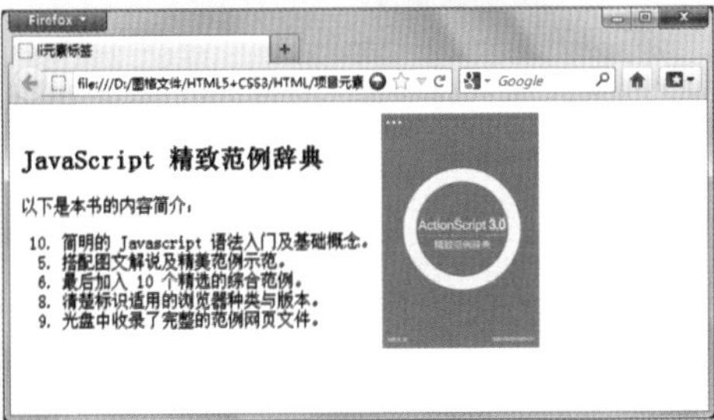

FireFox 5

IE 9

Chrome 11

Opera 11

Safari 5

项目元素 HTML4 / HTML5

元素 dl 定义列表

语法

< dl 属性="属性值"> ~ 标签内容 ~ </ dl>

说明

- dl 元素用来将“标签内容”中的定义项目内容以缩排的方式显示，定义项目无先后顺序之分，没有编号也没有项目符号。
- 列表内的定义项目是以 dt 元素来列举，dl 元素标签中的 dt 元素项目不会加上任何编号与符号。
- dl 元素在 HTML 文件中终止标签可省略，在XHTML文件中起始标签与终止标签都不可省略。

属性

■ 在 HTML5 中删除了HTML4中dl元素的compact属性，而此属性在HTML4标准中也被W3C列为非推荐属性。

4：HTML4 适用 5：HTML5 适用 !：W3C 非推荐属性

属性	属性值/预：预设值	说明
1 compact 4 !	空值 / compact	将列表显示在更小的范围内，在 HTML 文件中属性值为空值（只需加入属性名称），在 XHTML 文件中属性值须指定为“compact”（compact ="compact"），此属性仅可在 Transitional、FramesetDTD 的情况下使用

2 通用属性：class、contenteditable、contextmenu、dir、draggable、id、irrelevant、lang、ref、registrationmark、tabindex、template、title、style

释例

1 单纯标签撰写
<dl> <dt>~</dt> ~ <dd>~</dd> ~ </ dl> → 未使用属性的 dl 标签
2 指定列表显示在更小的范围内
< dl compact="属性值"><dt>~</dt> ~ <dd>~</dd> ~ </ dl> → 1 compact（HTML5 中不可使用）
3 指定定义列表的样式
<dl style="属性值"><dt>~</dt> ~ <dd>~</dd> ~ </ dl> → 2 style
4 指定标签内容的补充说明
<dl title= "属性值"><dt>~</dt> ~ <dd>~</dd> ~ </ dl> → 2 title

提示：范例学习请参照 dd 元素。

项目元素 HTML4 / HTML5

元素 dt
定义项目

语法	< dt 属性="属性值"> ~ 标签内容 ~ </ dt>
说明	● dt 元素为dl元素的子元素，用来显示定义列表中的定义项目，定义项目无先后顺序之分，没有编号也没有项目符号。 ● dt 元素的标签内容中可包含其他内联元素。 ● dt 元素在 HTML 文件中终止标签可省略，但在XHTML文件中，起始标签与终止标签都不可省略。
属性	4：HTML4 适用 5：HTML5 适用 **属性　属性值/ 预：预设值　说明** 1 通用属性：class、contenteditable、contextmenu、dir、draggable、id、irrelevant、lang、ref、registrationmark、tabindex、template、title、style
释例	1 单纯标签撰写 <dt> ~ </ dt> → 未使用属性的 dt 标签 2 指定定义列表的样式 <dt style="属性值"> ~ </ dt> → 1 style 3 指定标签内容的补充说明 <dt title= "属性值"> ~ </ dt> → 1 title 提示：范例学习请参照 dd 元素。

FireFox 5 | IE 9 | Chrome 11 | Opera 11 | Safari 5

项目元素 HTML4 / HTML5

元素 dd

定义说明

语法

< dd 属性="属性值"> ~ 标签内容 ~ </ dd>

说明

- dd 元素为dl元素的子元素，用来显示定义列表中定义项目（dt元素）的说明。
- dd 元素的标签内容中可包含其他DIV块元素。
- dd 元素在 HTML 文件中可省略终止标签，在 XHTML 文件中起始标签与终止标签都不可省略。

属性

4：HTML4 适用 5：HTML5 适用

属性	属性值/预：预设值	说明
1 通用属性：class、contenteditable、contextmenu、dir、draggable、id、irrelevant、lang、ref、registrationmark、tabindex、template、title、style		

释例

1 单纯标签撰写

<dd> ~ </ dd> → 未使用属性的 dd 标签

2 指定定义列表的样式

<dd style="属性值"> ~ </ dd> → 1 style

3 指定标签内容的补充说明

<dd title="属性值"> ~ </ dd> → 1 title

范例学习 定义列表、项目、说明 dd.html

```
<h2>台湾黑熊小档案</h2>
<dl>
 <dt>学名</dt>
  <dd>Selenarctos thibetanus formosanus</dd>
 <dt>俗名</dt>
  <dd>狗熊、白喉熊</dd>
 <dt>分类</dt>
  <dd>食肉目、熊科</dd>
 <dt>特征</dt>
  <dd>体长约130~160厘米，体毛色黑，胸前并有白色 V 型斑纹</dd>
 <dt>分布</dt>
  <dd>全岛海拔1000~3500米森林地带均有分布</dd>
</dl>
```

范例学习 定义项目、说明的样式设定 dd_style.html

```
<h2>台湾黑熊小档案</h2>
<dl>
<dt style="font-size: 14pt; color: #800000;">列入保护的本土珍稀动物</dt>
<dd style="font-size: 11pt; color:#0033000;">
目前，只有在台湾中央山脉隐密的环境及生物生态良好的山区，才有机会见 ~略~
</dd>
<dt style="font-size: 14pt; color :#800000;">
了解黑熊习性，减少冲突
</dt>
<dd style="font-size: 11pt; color:#0033000;">
我们在新闻报道中，经常看见外国人在与熊、狗等动物竞技时 ~略~
</dd>
</dl>
```

范例学习 以 css 样式表定义列表的样式 dd_css.html

在 head 元素中所设定的 CSS样式

```
<style>
table {border:0px;}
dt {font-size: 14pt; font-family: 楷体; color: #800000;}
dd {font-size: 11pt; font-weight: bold; color: #0033000;}
</style>
=================================
<h2>台湾黑熊小档案</h2>
<dl>
<dt>列入保护的本土珍稀动物</dt>
<dd>
目前，只有在台湾中央山脉隐密的环境及生物生态良好的山区，才有机会见到台湾黑熊踪迹，数量不多 ~略~ 伺机逃离。
</dd>
<dt>了解黑熊习性，减少冲突</dt>
<dd>
我们在新闻报道中，经常看见外国人在与熊、狗等动物竞技时 ~略~ 人与熊之间的冲突自然很少。
</dd>
</dl>
```

FireFox 5 IE 9 Chrome 11 Opera 11 Safari 5

链接元素 HTML4 / HTML5

元素 a 超链接

语法

< a 属性="属性值"> ~ 标签内容 ~ </ a>

说明

- a 元素可将其标签内容做成链接的书签，让读者从当前位置快速跳跃到文件中的其他位置，或跳转到其他文件的特定位置进行阅读。
- 利用a元素作为文件跳转的起始点时，必须使用href属性设定终点的链接URI。
- 若要在同一份文件跳跃阅读位置，则必须利用id或name属性，为阅读跳跃终点的元素建立识别名称（在HTML5中作为阅读跳跃终点的元素，仅可使用id属性建立跳跃识别名称），同时，阅读跳跃起点a元素的href属性值设定则应为"URI# 识别名称"。
- 在XHTML中建立元素的识别名称应使用id属性，但少数浏览器并不支持，因此建议在建立元素识别名称时同时使用id与name属性，并给予其相同的属性值。
- 在 HTML 、 XHTML 文件中起始 a 元素的标签与终止标签都不可省略。

属性

- 在 HTML5 中删除了 HTML4 中 a 元素的 name、charset、rev、shape、cooders属性。
- HTML5 标准中也为 a 元素新增了 media、ping 属性。

4：HTML4 适用 5：HTML5 适用 !：W3C 非推荐属性

属性	属性值/ 预：预设值	说明
1 href 4 5	URI	指定链接位置的 URI（文件跳转或跳跃阅读的起点 URI）
2 hreflang 4 5	语言名称	指定链接位置所使用的语言
3 name 4	字符串（任意值）	阅读跳跃终点的 a 元素识别名称
4 type 4 5	MIME 形态	指定链接位置所使用的MIME类型
5 charset 4	字符串	指定链接位置所使用的编码方式
6 rel 4	alternate/stylesheet/start/next/prev/contents/index/glossary/copyright/chapter/section/appendix/help/bookmark 设定链接目标（href 属性的属性值）和目前文件之间的关系，可复数指定，属性值间以空格隔开	
7 rev 4	同 rel 属性	设定链接目标（href 属性的属性值）和目前文件之间的反向关系，可复数指定，属性值之间以空格隔开彼此的反向关系
8 shape 4	default（全体区域）/ rect（矩形）预 /circle（圆形）/poly（多边形）指定定义客户端影像地图时的操作区域形状	
9 cooders 4	shape="rect"：左上X坐标，左上Y坐标，右下X坐标，右下Y坐标 / shape="circle"：圆心X坐标，圆心Y坐标，半径/ shape="poly"：各顶点的X坐标，Y坐标影像地图操作区域的形状坐标	

10 target 4 5	框架识别名称	框架目标的名称或目标窗口名称，框架目标的名称可在分割框架时自行定义（即自定义子框架的识别名称），但框架目标有下列4个特殊定义的名称：预 _self （目前的文件位置），_blank（新窗口），_top（最顶层框架），_parent（父框架）。此属性仅可在Transitional、Frameset DTD的情况下使用
11 media 5	媒体类型：all 预 /aural/braille/handheld/projection/print/screen/tty/tv 设定值：width/height/device-width/device-height/orientation/aspect-ratio/device-aspect-ratio/color/color-index/monochrome/resolution/scan/grid 操作数："AND"、"NOT"、"，（逗号，代表OR）" 指定链接目标是哪一种媒体或设备	
12 ping 5	URI	当点击a元素标签进行链接时，将会把点击链接的动作信息通过post的方式发送给ping属性内指定的一或多个URI（用空格分隔）

13 通用属性：class、contenteditable、contextmenu、dir、draggable、id、irrelevant、lang、ref、registrationmark、tabindex、template、title、style

提示：如果没有使用href属性，则hreflang，media，ping，rel，target及type属性都不可使用。HTML4 Strict DTD和XHTMLStrict DTD不允许在a元素中加入target属性，必须把target属性换成rel属性。

释例

1 建立超链接起始点 URI

<a href="属性值"> ~ </ a> → 1 href

2 超链接终止点的识别名称

<a name="属性值"> ~ </ a> → 3 name（HTML5 不适用）

3 指定超链接对应的媒体设备（打印机）

<a href="omedia.php?op=print" media="print"> ~ </ a> → 11 media

4 指定超链接对应的媒体设备为屏幕并指定屏幕的高度

<a href="omedia.php?op=print" media="screen and (device-height:500px)"> ~ </ a> → 11 media

5 指定超链接目标打开的位置为新窗口

<a href="http://www.twbts.com" target="_blank">麻辣学园 </ a> → 10 target

6 指定超链接在同一份文件的跳跃阅读位置

<a href="#faq" >问与答 </ a> → 1 href

范例学习 建立文件的文字超链接 a.html

```
<table><tr>
<td><img src="img/0010348854.jpg" alt="封面"/></td>
<td>
<h2>精选范例</h2>
<ul>
<li><a href="a.html">互动式图片超级链接 </a></li>
<li><a href="b.html">滚动式新闻栏目 </a></li>
```

```
<li><a href="c.html">广告图片链接 </a></li>
<li><a href="d.html">随机广告的浮动图片</a></li>
<li><a href="e.html">气象与时间</a>
</ul>
</td></tr></table>
```

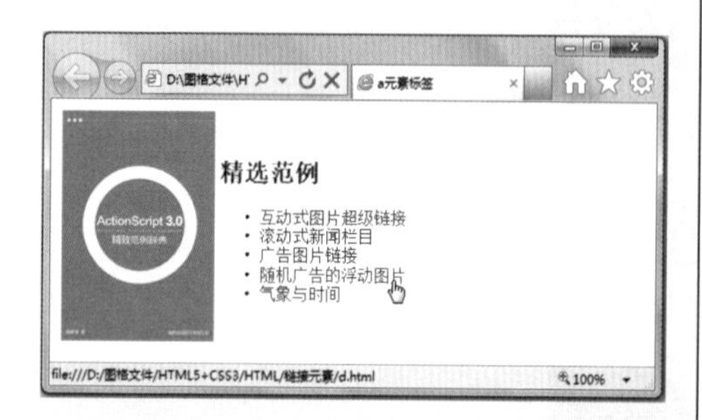

范例学习　为文字超链接加入补充说明 a_title.html

```
<table><tr>
<td><img src="img/0010348854.jpg" alt="封面"/></td>
<td>
<h2>精选范例</h2>
<ul>
<li><a href="a.html" title= "链接图片交换" >互动式图片超级链接</a></li>
<li><a href="b.html" title= "新闻项目列表" >滚动式新闻栏目</a></li>
<li><a href="c.html" title= "建立广告看板" >广告图片链接</a></li>
<li><a href="d.html" title= "随页面移动的广告图片" >随机广告的浮动图片</a></li>
<li><a href="e.html" title= "显示各地气象与现在时间" >气象与时间</a></li>
</ul>
</td></tr></table>
```

范例学习　快速跳跃到文件中的其他位置 a_id.html

```
<body>
<table><tr>
<td><img src="img/0010348854.jpg" alt="封面"/></td>
<td>
<h2>精选范例</h2>
<ul>
<li><a href="#examp_a" title= "链接图片交换" >互动式图片超级链接 </a></li>
<li><a href="#examp_b" title= "新闻项目列表" >滚动式新闻栏目 </a></li>
<li><a href="#examp_c" title= "建立点击图片广告" >广告图片链接 </a></li>
```

<li><a href="#examp_d" title="随页面移动的广告图片">随机广告的浮动图片</a></li>
~略~
<h4><a id="examp_c">广告图片链接</a></h4>
本案例为点击图片广告 ~略~ 图片加上50%透明度的Alpha滤镜效果。
<h4><a id="examp_d">随机广告的浮动图片</a></h4>
网页文件载入时 ~略~ 进行浮动广告的位置随着调整。
<h4><a id="examp_e">气象与时间</a></h4>
□ 本案例 ~略~ 亦可自行扩充，依设置的城市数量定时切换显示。
</body>

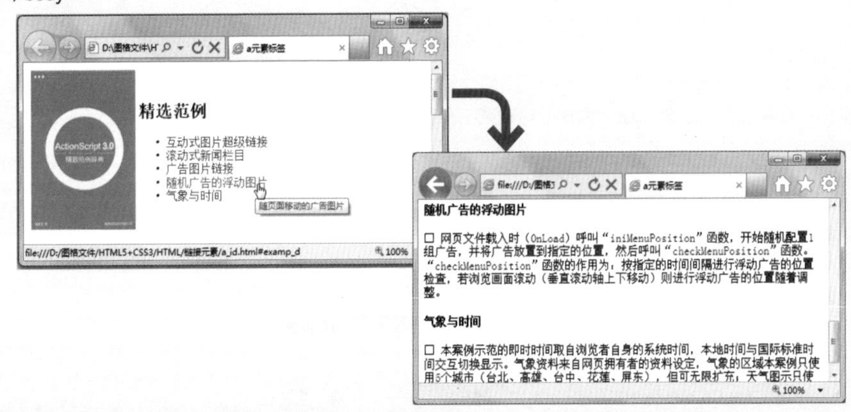

范例学习　建立电子邮箱（email）的超链接 a_mail.html

```
<div>
<a href="mailto:test@abc.com?subject=我有话要说" title="写信给我们">
<h4>有任何问题，欢迎与我们联系</h4>
<img src="img/twbts.gif" alt="logo" />
</a>
</div>
```

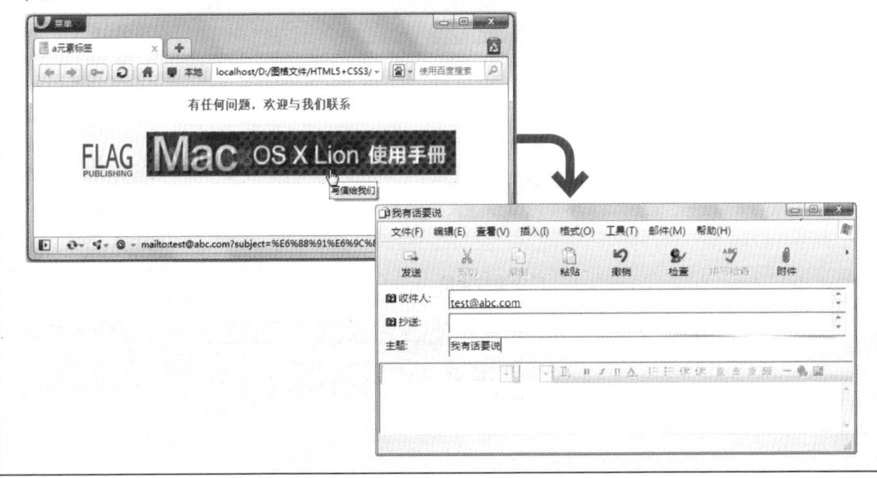

范例学习　跳转到不同文件中的阅读位置 a_href.html

```
<h2>精选范例</h2>
<ul>
 <li><a href="ex.html#examp_a" title= “链接图片交换” >互动式图片超级链接 </a></li>
 <li><a href="ex.html#examp_b" title= “新闻项目列表” >滚动式新闻栏目 </a></li>
 <li><a href="ex.html#examp_c" title= “建立广告看板” >广告图片链接 </a></li>
 <li><a href="ex.html#examp_d" title= “随页面移动的广告图片” >随机广告的浮动图片</a></
li>
~略~
==============================================
Ex.html
<h4><a id="examp_a">互动式图片超级链接</a></h4>
网页文件加载时 ~略~ 为要进行图片切换的图片对象名称； “helpText” 参数值则为链接的提示说明
内容。
<hr />
<h4><a id="examp_b">滚动式新闻栏目</a></h4>
本案例的效果即为 ~略~ 并非固定只可显示一条新闻。
<hr />
~略~
```

Firefox

ex.html范例

file:///C:/book/HTML/连

滚动式新闻栏目

本案例的效果即为各大入口网站或是新闻网站中普遍设置的"新闻速报"或"消息快报"机制，但本案例所示范的新闻栏目有不限制新闻出现数量的特点，并非固定只可显示1条新闻。

广告图片链接

本案例为图片式的广告轮拨，以阵列方式为广告图片与广告链接进行配对，可无限制增加轮拨的项目。广告图片切换方式为【载入广告图片，图片由小到大/图片由大到小/载入下一项广告图片，图片由小到大/】。链接特效则为：拨出/鼠标移出时，图片加上100%透明度的Alpha滤镜效果（原图显示）；鼠标移入时，图片加上50%透明度的Alpha滤镜效果。

范例学习　下载文件的超链接设定 a_file.html

```
<div>
<h4>下载范例程序请点击图片</h4>
<a href="tracknews.rar" title="滚动式新闻栏目">
<img src="img/P1050900.JPG" alt="图片" />
</a>
</div>
```

提示：当超链接的起始点URI（href属性值）为浏览器无法解析的文件类型时，就会变成链接下载文件。参照上图，由于超链接的起始点URI指向一个浏览器无法解析的RAR压缩文件，因此出现“文件下载”的窗口。

FireFox 5

IE 9

Chrome 11

Opera 11

Safari 5

链接元素 HTML4 / HTML5

元素 link

文件资源关联

语法

< link 属性="属性值" />

说明

- link 元素用来指定该份文件与其他文件或资源之间的关联关系。
- link 元素为head元素的子元素，因此，link元素必须放置于head元素的“标签内容”中。
- link 元素为空元素，在HTML文件中没有终止标签，但在XHTML文件中必须在起始标签右括号前加上一个右斜线“/”作结束，或是将link元素也加上终止标签。

属性

■ 在 HTML5 中删除了 HTML4 中 link 元素的 charset、rev、target 属性。

4：HTML4 适用 5：HTML5 适用 !：W3C 非推荐属性

属性	属性值/ 预：预设值	说明
1 href 4 5	URI	指定关联资源的 URI
2 hreflang 4 5	语言名称	指定关联资源所使用的语言
3 type 4 5	MIME形态	指定关联资源所使用的MIME类型
4 charset 4	字符串	指定关联资源所使用的编码方式
5 rel 4 5	alternate/stylesheet/start/next/prev/contents/index/glossary/copyright/chapter/section/appendix/help/bookmark 设定关联资源（href属性的属性值）和目前文件之间的关系，可复数指定，属性值间以空格隔开	
6 rev 4	同 rel 属性	设定关联资源（href属性的属性值）和目前文件之间的反向关系，可复数指定，属性值间以空格隔开之间的反向关系
7 target 4	框架识别名称	框架目标的名称或目标窗口名称，框架目标的名称可在框架分割时自行定义（即自定义子框架的识别名称），但框架目标有下列4个特殊定义的名称：预_self（目前的文件位置），_blank（新窗口），_top（最顶层框架，即跳脱框架），_parent（父框架）。此属性仅可在Transitional、Frameset DTD的情况下使用
8 media 5	媒体类型：all 预 /aural/braille/handheld/projection/print/screen/tty/tv 设定值：width/height/device-width/device-height/orientation/aspect-ratio/device-aspect-ratio/color/color-index/monochrome/resolution/scan/grid 操作数：“AND”、“NOT”、“，（逗号，代表OR）”指定链接目标是哪一种媒体或设备	
9 通用属性：class、contenteditable、contextmenu、dir、draggable、id、irrelevant、lang、ref、registrationmark、tabindex、template、title、style		

释例

1 指定关联资源的URI

<link href="属性值" /> → 1 href

2 指定关联资源所使用的MIME类型

<link type="属性值" /> → 3 type

3 指定关联资源的媒体类型

<link media="属性值" /> → 8 media

范例学习 建立目前文件与前后文件的资源关联 link.html

```
<link href="a.html" rel="prev" />
<link href="a_name.html" rel="next" />
</head>
<body>
<table><tr>
<td>
<h2>精选花卉</h2>
<ul>
<li><a href="prev">上一张</a></li>
<li><a href="next">下一张</a></li>
</ul>
</td><td>
<img src="img/P1060066.JPG" alt="花卉"/>
</td></tr></table>
```

范例学习 关联外部CSS层叠样式表单文件 link_css.html

```
<head>
<meta charset="Gb2312" />
 <title>link元素标签</title>
<link href="css/style.css" rel="stylesheet" type="text/css" />
</head>
<body>
<table>
<tr><td>
<img src="img/0010348854.jpg"
alt="封面" />
</td><td>
<h4>JavaScript 精致范例辞典</h4>
为方便查阅，本书提供下列 3 种索引方式：
<ul>
 <li>【分类指令索引】</li>
 <li>【范例索引】</li>
 <li>【字母索引】</li>
</ul>
<h4>精选范例</h4>
<ul>
<li><a href="a.html" title="链接图片交换">互动式图片超级链接</a></li>
<li><a href="b.html" title="新闻项目列表">滚动式新闻栏目</a></li>
<li><a href="c.html" title="建立广告看板">广告图片链接</a></li>
<li><a href="d.html" title="随页面移动的广告图片">随机广告的浮动图片</a></li>
~略~
```

链接元素 HTML4 / HTML5

元素 base

文件链接基准

语法

<base 属性="属性值" />

说明

- base 元素用来指定文件中所有链接相对URI的基准URI，若未在网页文件中设定base元素，则文件中所有链接相对URI的基准就是文件本身所在的URI。
- 若在网页文件中设定了base元素，并指定了其href属性，则文件中所有链接相对URI的基准就是href属性所指定的URI值，此设定将影响a、img、link、form等元素标签中的URI。
- base 元素为head元素的子元素，因此，base元素必须放置于head元素的“标签内容”中。
- 在一个网页文件中，最多只能使用一个base元素标签。
- base 元素为空元素，在HTML文件中没有终止标签，但在XHTML文件中，必须在起始标签右括号前加上一个右斜线“/”作结束，或是将base元素也加上终止标签。

属性

4：HTML4 适用 5：HTML5 适用 !：W3C 非推荐属性

属性	属性值/预：预设值	说明
1 href 4 5	URI	指定成为文件中所有相对URI的基准URI，基准URI不可包含文件名称
2 target 4 5	框架识别名称	基准的框架目标名称或窗口目标名称，框架目标的名称可在分割框架时自行定义（即自定义子框架的识别名称），但框架目标有下列4个特殊定义的名称：预 _self（目前的文件位置），_blank（新窗口），_top（最顶层框架，即跳脱框架），_parent（父框架）。此属性仅可在Transitional、Frameset DTD的情况下使用

3 通用属性：class、contenteditable、contextmenu、dir、draggable、id、irrelevant、lang、ref、registrationmark、tabindex、template、title、style

释例

1 指定文件中所有相对URI的基准URI

<base href="属性值" /> → 1 href

2 指定链接的预设框架或窗口

<base target="属性值" /> → 2 target

范例学习 设定文件中所有相对URI的基准 URI base_href.html

```
<head>
<meta charset="Gb2312" />
<title>document base URI</title>
<base href="http://www.twbts.com" />
</head>
<body>
```

```
<div style="text-align:center;">
<img src="logo.gif" alt="首页" />
<p>欢迎光临：
<a href="index.php" target="_blank">麻辣学园</a>
</p>
</div>
</body>
```

范例学习 指定链接打开的窗口对象基准 base_target.html

```
<head>
<meta charset="Gb2312" />
<title>document base URI</title>
<base target="newwindow" />
</head>
<body>
<table style="border:0;"><tr><td>
<h4>精选范例</h4>
<ul>
 <li><a href="ex.html#examp_a">互动式图片超级链接 </a></li>
 <li><a href="ex.html#examp_b">滚动式新闻栏目 </a></li>
 <li><a href="ex.html#examp_c">广告图片链接 </a></li>
 <li><a href="ex.html#examp_d">随机广告的浮动图片</a></li>
 <li><a href="ex.html#examp_e">气象与时间</a></li>
</ul></td>
<td><img src="img/P1060132.JPG" alt="封面" /></td>
</tr></table>
</body>
```

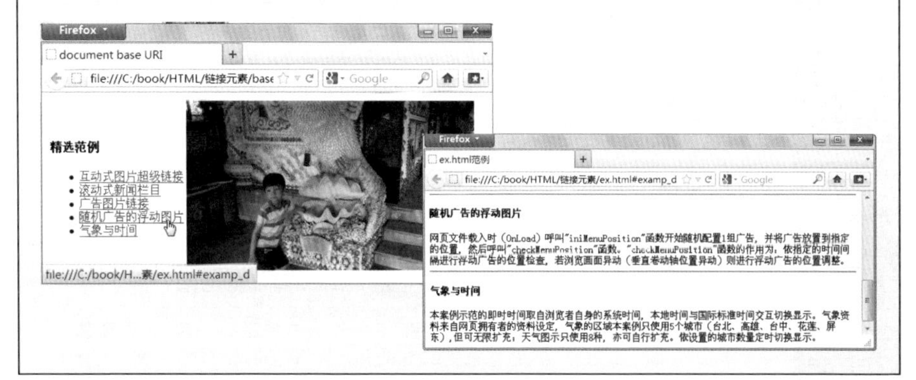

FireFox 5

IE 9

Chrome 11

Opera 11

Safari 5

嵌入元素 HTML4 / HTML5

元素 img 图片

语法

<img 属性="属性值" / >

说明

- img 元素用来在文件中的指定位置放置图片。
- img 元素为空元素，在HTML文件中没有终止标签，但在XHTML文件中必须在起始标签右括号前加上一个右斜线"/"作结束，或将img元素也加上终止标签。

属性

■ 在 HTML5 中删除了 HTML4 中 img 元素的 name、longdesc、align、boder、hspace、vspace 属性。

4：HTML4 适用 5：HTML5 适用 !：W3C 非推荐属性

属性	属性值/ 预：预设值	说明
1 src 4 5	URI	必要属性, 指定图片来源的URI
2 alt 4 5	字符串（任意值）	必要属性, 当图片无法显示时的替代文字
3 longdesc 4	URI	图片说明的URI，如果只是简短的说明请改用alt属性
4 name 4	字符串（任意值）	图片的识别名称，此属性为了向下兼容而存在，建议建立识别名称时同时使用id与name属性，并给予其相同的属性值
5 ismap 4 5	空值 / ismap	指定表示为服务器端的影像，只有搭配a元素中的href属性才有效，在HTML文件中属性值为空值（只需加入属性名称），在XHTML文件中属性值须指定为"ismap"（ismap ="ismap"）
6 usemap 4 5	URI	将图片设定为客户端的影像地图，URI格式为"#mapname"，其中mapname对应于map元素的id属性值
7 align 4 !	top (靠上) / middle (居中) / bottom (靠下) 预 / left (靠左) / right (靠右)	指定图片与文字的对应排列方式, top / middle/ bottom为图片与文字垂直方向的对应关系, left/ right为图片与文字水平方向的对应关系（文绕图）, 此属性仅可在 Transitional、FramesetDTD 的情况下使用
8 width 4 5	正整数 / 百分比 %	指定图片的宽度, 属性值可为正整数的像素值或是百分比值（需加入"%"符号）
9 height 4 5	正整数 / 百分比 %	指定图片的高度, 属性值可为正整数的像素值或是百分比值（需加入"%"符号）
10 border 4 !	正整数（pixel）: 预 2	指定图片外框线的宽度, 此属性值可在 Transitional、Frameset DTD 的情况下使用
11 hspace 4 !	正整数（pixel）: 预 3	指定图片左右的空白宽度, 此属性值可在 Transitional、Frameset DTD 的情况下使用

	12 vspace 4 ! 正整数（pixel）：预 3 指定图片上下的空白宽度，此属性值可在Transitional、Frameset DTD 的情况下使用
	13 通用属性：class、contenteditable、contextmenu、dir、draggable、id、irrelevant、lang、ref、registrationmark、tabindex、template、title、style
释例	1最基本的img元素标签撰写 < img src="属性值" alt="属性值" /> → 1 src → 2 alt 2 指定图片的大小（宽、高） < img width="属性值" height="属性值" /> → 8 width → 9 height

范例学习 指定图片的替代文字 img_alt.html

```
<h3>周休二日快乐游</h3>
<p>
<img src="img/DSC_0068.JPG" alt="淡水渔人码头" /><br />
正确显示图像
</p><p>
<img src="img/IMG.JPG" alt="淡水渔人码头" /><br />
图像错误，显示替代文字
</p>
```

范例学习 指定图片的大小 img_size.html

```
<h3>传说中的贝壳庙</h3>
<p>
<img src="img/DSC_0066.JPG" alt="贝壳庙" /><br />
原始尺寸显示图像
```

```
</p><p>
<img src="img/DSC_0066.JPG" alt="贝壳庙" width="250" /><br />
将图像显示宽度定为250px
</p>
```

提示：若单独指定img元素的width（宽）或height（高）属性，则另一个对应属性也会自动进行缩放。

范例学习　去除图片超链接的边框 img_css.html

```
<p><a href="http://www.twbts.com">
<img src="img/DSC_0292.JPG" width="400" height="250" alt=" " />
</a><br />被 a 元素标签所包括的img元素(加上超链接)，图片会出现丑丑的边框
</p><p><a href="http://www.twbts.com">
<img src="img/DSC_0292.JPG" width="400" height="250" alt=" " style="border:0px;" />
</a><br />利用 style 属性进行CSS样式设定即可消除边框
</p>
```

提示：经笔者测试，多数浏览器已改善图片加上超链接时会出现边框的问题，而少数浏览器，例如IE则依然存在此问题。

FireFox 5 | IE 9 | Chrome 11 | Opera 11 | Safari 5

嵌入元素 HTML4 / HTML5

元素 map 影像地图

语法

< map 属性="属性值"> ～ 标签内容 ～ </ map>

说明

- map 元素为定义客户端影像地图的元素，与a元素（仅限HTML4标准）或area元素配合设定图片上用户可操作的区域。
- 可与map元素对应使用的链接元素有img、object与input元素。
- 在 HTML、XHTML 文件中, 起始标签与终止标签都不可省略。

属性

■ 在 HTML5 中删除了 HTML4 中 map 元素的 name 属性。

4：HTML4 适用 5：HTML5 适用 !：W3C 非推荐属性

属性	属性值/ 预：预设值	说明
1 id 4 5	字符串（任意值）	元素的识别名称（影像地图的名称），提供给其他元素参照使用，建议建立识别名称时同时使用id与name属性，并给予其相同的属性值，此属性在XHTML、HTML5标准中是必要的属性
2 name 4	字符串（任意值）	元素的识别名称（影像地图的名称），提供给其他元素参照使用，此属性为了向下兼容而存在，建议建立识别名称时同时使用id与name属性，并给予其相同的属性值，此属性在HTML4标准中是必要的属性

3 通用属性：class、contenteditable、contextmenu、dir、draggable、irrelevant、lang、ref、registrationmark、tabindex、template、title、style

释例

1 与 area 元素配合建立影像地图

<map id="属性值"> <area /> ～ </map> → 1 id

2 与 a 元素配合建立影像地图（值限 HTML4 标准）

<map name="属性值" id="属性值">～<a>～</a>～</map> → 2 name → 1 id

提示：map 元素的范例学习请参阅 area 元素。

嵌入元素 HTML4 / HTML5

元素 area
影像地图

语法

< area 属性="属性值" / >

说明

- area 元素为空元素，在HTML文件中没有终止标签，但在XHTML文件中，必须在起始标签右括号前加上一个右斜线“/”作结束，或将area元素加上终止标签。
- area 元素是map元素的子元素，其作用是切割客户端影像地图，并建立用户操作区域的超链接。
- area 元素只能被 map 元素标签所包括。

属性

■ 在 HTML5 中删除了 HTML4 中 area 元素的 nohref 属性。

4：HTML4 适用 5：HTML5 适用 ！：W3C 非推荐属性

属性	属性值/ 预：预设值	说明
1 href 4 5	URI	指定链接位置的 URI
2 nohref 4	空值/nohref	指定 area 没有超链接显示，在HTML文件中属性值为空值（只需加入属性名称），在XHTML文件中属性值须指定为“nohref”（nohref ="nohref"）
3 shape 4 5	default（全体区域）/ 预 rect（矩形）/circle（圆形）/poly（多边形） 指定定义客户端影像地图时的操作区域形状	
4 coords 4 5	shape="rect"：左上 X 坐标，左上Y坐标，右下X坐标，右下Y坐标/ shape="circle"：圆心X坐标，圆心Y坐标，半径/ shape="poly"：各顶点的X坐标，Y坐标 影像地图操作区域的形状坐标	
5 target 4 5	框架识别名称	超链接目标打开的位置，分割框架时自行定义（即自定义子框架的识别名称），但框架目标有下列4个特殊定义的名称：预 _self（目前的文件位置），_blank（新窗口），_top（最顶层框架，即跳脱框架），_parent（父框架）。此属性仅可在Transitional、Frameset DTD的情况下使用
6 alt 4 5	字符串（任意值）	当图片无法显示时的替代文字
7 media 5	媒体类型：all 预 /aural/braille/handheld/projection/print/screen/tty/tv 设定值：width/height/device-width/device-height/orientation/aspect-ratio/device-aspect-ratio/color/color-index/monochrome/resolution/scan/grid 操作数：“AND”、“NOT”、“,（逗号，代表OR）”指定超链接目标是哪一种媒体或设备	

	8 ping 5	URI	当点击area元素标签进行链接时，会将此点击链接的动作信息通过post的方式发送给ping属性内指定的一或多个URI（用空格分隔）。使用本属性的先决条件为已完成href属性设定。
	9 type 5	MIME 形态	指定链接位置所使用的MIME类型
	10 通用属性：class、contenteditable、contextmenu、dir、draggable、irrelevant、lang、ref、registrationmark、tabindex、template、title、style		
释例	1 指定形状与坐标 < area shape="属性值" coords="属性值" /> → 3 shape 4 coords 2 指定操作区域的超链接 < area href="属性值" /> → 1 href 3 与 area 元素配合建立影像地图		

范例学习 建立影像地图操作区 map.html

```
<h3>影像地图操作</h3>
<map id="myMap">
<area href="http://forum.twts.com" shape="circle" coords="311, 111, 98" title="麻辣家族讨论区" alt="麻辣家族讨论区" tabindex="2" />

<area href="http://valor.twts.com" shape="polygon" coords="475, 212, 593, 297, 548, 428, 409, 427,361, 295" title="昱得资讯" alt="昱得资讯" tabindex="3" />

<area href="http://www.twbts.com/" shape="polygon" coords="138, 201, 170, 293, 262, 284, 184, 337,227, 433, 148, 372, 68, 440, 100, 340, 13, 291, 120, 291" title="麻辣学园" alt="麻辣学园" tabindex="1" />
</map>
<p>
<img src="img/webmap.jpg" width="600" height="450" alt="网站链接" usemap="#myMap"/>
</p>
```

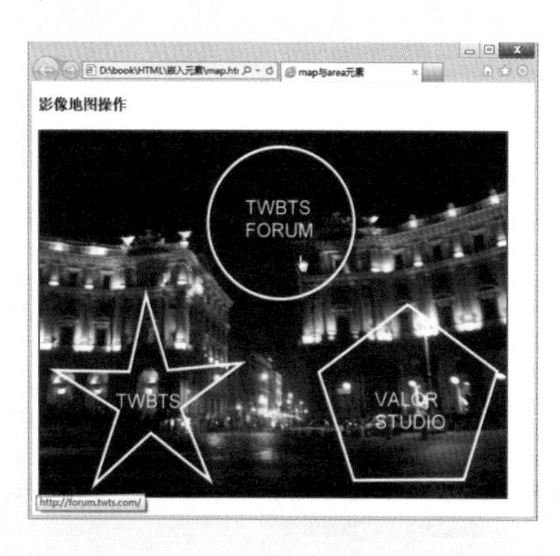

嵌入元素 HTML4 / HTML5

元素 object 对象

语法 <object 属性="属性值"> ~ 标签内容 ~ </object>

说明

- object 元素用来将各式各样的资料配置到文件中，例如影像、图片、动画，甚至Word文件等。
- object 元素只负责将各种格式的资料配置到文件中，至于这些内容是否能正确显示，还得看浏览器是否支持，例如Flash动画，浏览器必须安装外挂的播放程序，否则Flash无法显示在网页中。
- 在 HTML、XHTML 文件中，起始标签与终止标签都不可省略。

属性

■ 在 HTML5 中删除了 HTML4 中 object 元素的 classid、codebase、codetype、archiv、declare、standby、name、align、border、hspace、hspace 属性。

4：HTML4 适用 5：HTML5 适用 !：W3C 非推荐属性

属性	属性值/ 预：预设值	说明
1 data 4 5	URI	必要属性，指定对象数据源的URI；在HTML4标准中，若属性值为相对URI，将以codebase属性的属性值为基准URI
2 classid 4	URI	指定 ActiveX 或 JAVA 等程序执行文件的URI（浏览器需要安装的ActiveX插件代号），若属性值为相对URI，那么将以codebase属性的属性值为基准URI
3 codebase 4	URI	指定成为 classid、data、archive 等属性属性值为相对URI时的基准URI，基准URI不可包含文件名，若未指定此属性，则以目前文件的位置为基准URI
4 codetype 4	MIME 类型	classid 属性所指定的数据的MIME形态，若未设定此属性，预设取用type属性的设定
5 type 4 5	MIME 类型	data 属性所指定的数据的MIME形态
6 archiv 4	URI	指定对象相关数据的来源URI，若有多个数据来源URI，则可复数指定，每个URI间以逗号“,”隔开，若属性值为相对URI，那么将以codebase属性的属性值为基准URI
7 declare 4	空值/declare	指定对象只进行声明而不执行，在HTML文件中属性值为空值（只需加入属性名称），在XHTML文件中此属性可省略，即无需指定declare=" declare"
8 standby 4	字符串	指定对象加载完成时要显示的文字

属性	属性值	说明
9 usemap 4 5	URI	将对象设定为客户端的影像地图，URI格式为“#mapname”，其中mapname对应于map元素的id属性值
10 name 4	字符串（任意值）	对象的识别名称，提供给其他元素参照使用，此属性为了向下兼容而存在，建议建立识别名称时同时使用id与name属性，并给予相同的属性值
11 align 4 !	top（靠上）/middle（居中）/ bottom（靠下）预 /left（靠左）/right（靠右）	指定对象与文字的对应排列方式，top/middle/bottom 为对象与文字垂直方向的对应关系，left/right为对象与文字水平方向的对应关系，此属性值可在Transitional、FramesetDTD的情况下使用
12 width 4 5	正整数 / 百分比 %	指定对象的宽度，属性值可为正整数的像素值或是百分比值（需加入“%”符号）
13 height 4 5	正整数 / 百分比 %	指定对象的高度，属性值可为正整数的像素值或是百分比值（需加入“%”符号）
14 border 4 !	正整数（pixel）：预 0	指定对象外框线的宽度，此属性值可在Transitional、Frameset DTD 的情况下使用
15 hspace 4 !	正整数（pixel）：预 0	指定对象左右的空白宽度，此属性值可在Transitional、Frameset DTD 的情况下使用
16 vspace 4 !	正整数（pixel）：预 0	指定对象上下的空白宽度，此属性值可在Transitional、Frameset DTD 的情况下使用
17 通用属性：class、contenteditable、contextmenu、dir、draggable、id、irrelevant、lang、ref、registrationmark、tabindex、template、title、style		

释例

1 基础标签撰写

<object data="属性值" type="属性值"> ～ </ object> → 1 data → 5 type

2 加入title 属性设定标签内容的补充说明

< object title="属性值"> ～ </ object > → 17 title

3 指定对象的大小（宽、高）

< object width="属性值" height="属性值"> ～ </ object > → 12 width → 13 height

范例学习　播放 MOV 影片 object.html

```
<h3>利用 object 元素播放多媒体文件</h3>
<p>
<object data="img/P1040107.MOV" type="Video/quicktime" width="400" height="250">
</object>
<br />我好无聊喔!!
</p>
```

范例学习　播放 MPEG 影片 object_mpeg.html

```
<h3>利用 object 元素播放多媒体文件</h3>
<p>
<object data="img/P1020247-2.mpg" type="video/mpeg" width="400" height="300">
<param name="src" value="img/P1020247-2.mpg" />
<param name="autoplay" value="false" />
<param name="autoStart" value="0" />
</object>
</p>
```

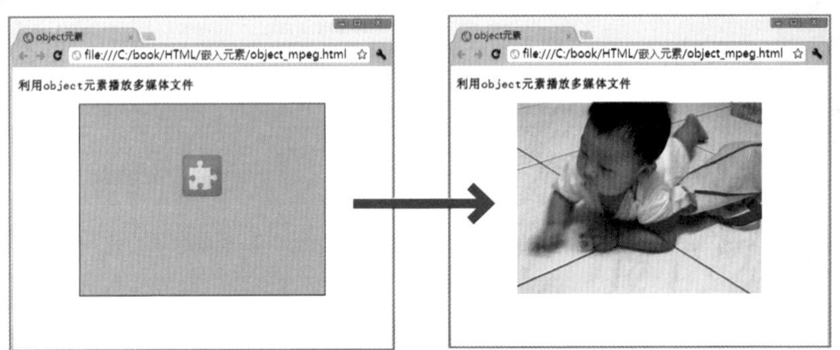

提示：利用object元素播放多媒体文件，有些浏览器会因为缺乏对应的影片外挂播放程序而无法正常显示，此时浏览器会显示要求安装播放多媒体文件播放程序的画面。

嵌入元素 HTML5

元素 embed
嵌入对象

语法

< embed 属性="属性值" / >

说明

- embed 元素是 HTML5 标准中所新增的元素。
- embed 元素用来嵌入对象，例如多媒体对象Flash。
- object 元素只负责将对象内嵌到网页文件中，至于内容是否能正确显示，还得看浏览器是否支持，例如Flash动画，浏览器必须安装外挂的播放程序，否则Flash无法在网页中显示。
- embed 元素为空元素，在 HTML 文件中没有终止标签，但在XHTML文件中必须在起始标签右括号前加上一个右斜线“/”作结束，或是将embed元素也加上终止标签。

属性

4：HTML4 适用 5：HTML5 适用 !：W3C 非推荐属性

属性	属性值/ 预：预设值	说明
1 src 5	URI	必要属性，指定嵌入对象的来源URI
2 type 5	MIME 类型	指定嵌入对象的MIME类型
3 width 5	正整数（pixel）	指定对象的宽度，属性值可为正整数的像素值
4 height 5	正整数（pixel）	指定对象的高度，属性值可为正整数的像素值

5 通用属性：class、contenteditable、contextmenu、dir、draggable、id、irrelevant、lang、ref、registrationmark、tabindex、template、title、style

释例

1 指定嵌入对象的来源

<embed src="属性值" /> → 1 src

2 设定嵌入对象的高、宽度

<embed height="属性值" width="属性值" / > → 3 width → 4 height

范例学习 使用embed元素播放Flash动画 embed.html

```
<h3>使用 embed 元素播放 Flash 动画</h3>
<p>
<embed src="img/paramflas.swf" type="application/x-shockwave-flash"
    width="400" height="250">
</embed>
</p>
```

范例学习　使用 embed 元素播放 AVI 影片 embed_avi.html

```
<h3>使用 embed 元素播放 AVI 影片</h3>
<p>
<embed src="img/P1050105-0.avi" type="video/mpeg"
    width="400" height="250">
</embed>
</p>
```

提示：浏览器必须已安装对应嵌入对象的执行程序（插件），嵌入对象才能正常显示，否则嵌入对象将无法在浏览器中正常显示。以本范例来说，由于笔者的Opera未安装AVI影片文件的插件，所以浏览器出现要求安装插件的提示。

嵌入元素 HTML4 / HTML5

元素 param 参数传递

语法

<param 属性="属性值" />

说明

- param 元素用来传递对象所需要的参数。
- param 元素是 object 元素的子元素，因此 param 元素可放置在 object 元素的标签内容中。
- param 元素为空元素，在 HTML 文件中没有终止标签，但在XHTML文件中，必须在起始标签右括号前加上一个右斜线“/”作结束，或是将param元素也加上终止标签。

属性

■ 在 HTML5 中删除了 HTML4 中 param 元素的 type、valuetype 属性。

4：HTML4 适用 5：HTML5 适用 !：W3C 非推荐属性

属性	属性值/预：预设值	说明
1 name 4 5	字符串（任意值）	参数的名称，属性值内容有大小写之分，大小写视为不同的文字
2 value 4 5	字符串（任意值）	name 属性所指定的参数的值
3 valuetype 4	data 预 /ref/object	value 属性值的数据形态，data：字符串，ref：URI，object：object 元素的识别名称（id、name 属性的属性值）
4 type 4	MIME 形态	指定 value 属性所设定的数据源URI的MIME形态，此属性设定只有在 valuetype 属性值为 ref 时才有效

5 通用属性：class、contenteditable、contextmenu、dir、draggable、id、irrelevant、lang、ref、registrationmark、tabindex、template、title、style

释例

1 传递对象所需要的参数

<param name="属性值" value="属性值" /> → 1 name → 2 value

范例学习 传递参数给Flash程序 param.html

```
<h3>param 元素应用</h3>
<p>
<object type="application/x-shockwave-flash" data="img/paramflas.swf" width="400"
height="300">
<param name="movie" value="img/paramflas.swf" />
<param name="quality" value="high" />
</object>
</p>
```

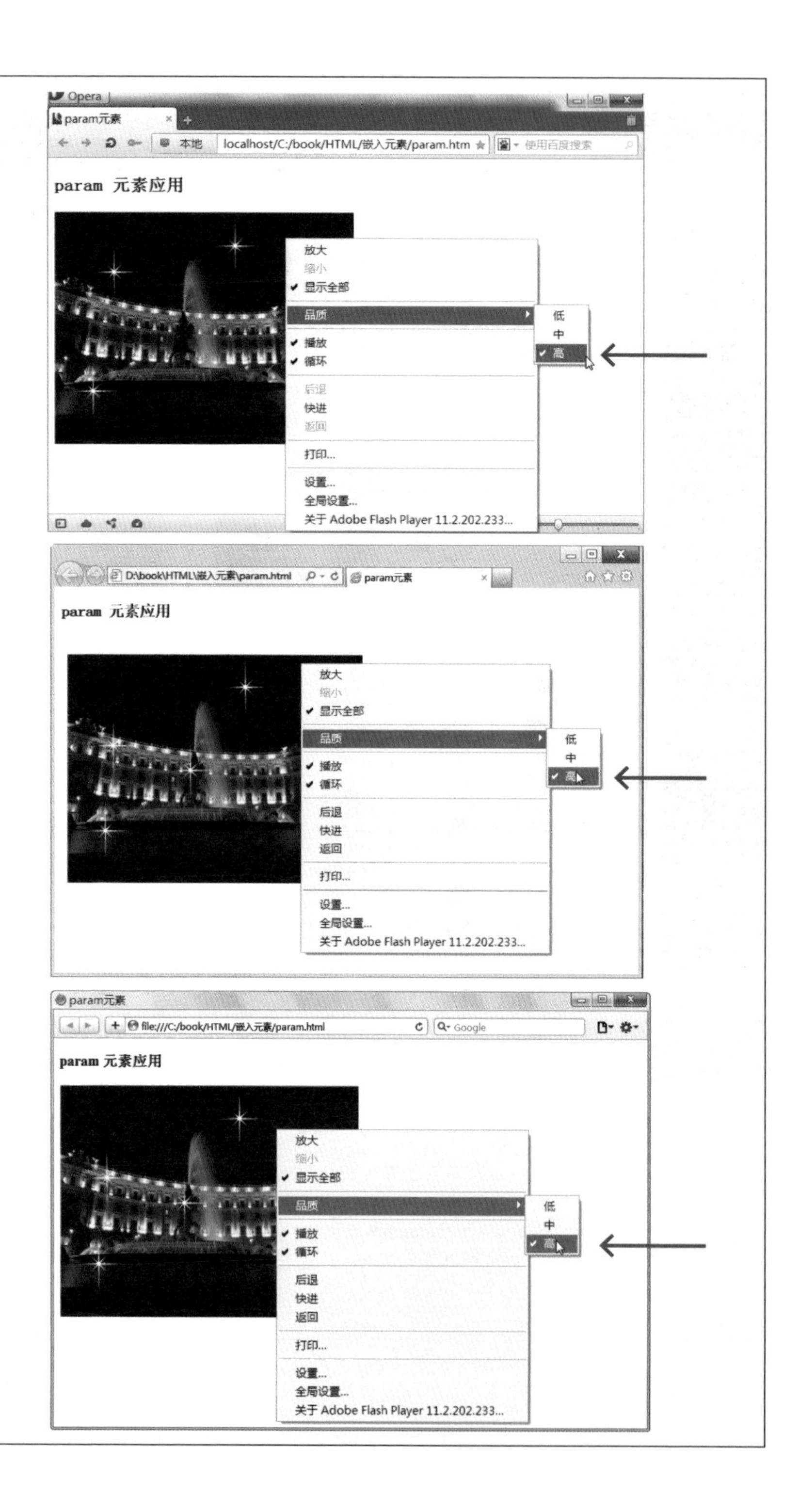
Opera
param元素
本地
localhost/C:/book/HTML/嵌入元素/param.htm
使用百度搜索
param 元素应用
放大
缩小
显示全部
品质
低
中
高
播放
循环
后退
快进
返回
打印...
设置...
全局设置...
关于 Adobe Flash Player 11.2.202.233...
D:\book\HTML\嵌入元素\param.html
param元素
param 元素应用
放大
缩小
显示全部
品质
低
中
高
播放
循环
后退
快进
返回
打印...
设置...
全局设置...
关于 Adobe Flash Player 11.2.202.233...
param元素
file:///C:/book/HTML/嵌入元素/param.html
Google
param 元素应用
放大
缩小
显示全部
品质
低
中
高
播放
循环
后退
快进
返回
打印...
设置...
全局设置...
关于 Adobe Flash Player 11.2.202.233...

FireFox 5

IE 9

Chrome 11

Opera 11

Safari 5

嵌入元素 HTML4 / HTML5

元素 iframe 内联框架

语法

< iframe 属性="属性值"> ~ 标签内容 ~ </ iframe>

说明

- iframe 元素用来在文件中布置一个内联框架（浮动框架）。
- iframe 元素为body元素的子元素，因此，iframe元素必须放置于body元素的“标签内容”中。
- 在 HTML、XHTML 文件中，iframe 元素的起始标签与终止标签都不可省略。

属性

■ 在 HTML5 中删除了 HTML4 中 iframe 元素的 longdesc、scrolling、frameborder、marginwidth、marginheight、align 属性。

4：HTML4 适用 5：HTML5 适用 !：W3C 非推荐属性

属性	属性值/预：预设值	说明
1 src 4 5	URI	指定作为框架内容的文件 URI
2 name 4 5	字符串（任意值）	框架名称，此属性为了向下兼容而存在，在XHTML文件中应使用id属性，建议建立框架名称时同时使用id与name属性，并给予其相同的属性值
3 longdesc 4	URI	指定框架详细说明的URI，如果只是简短说明，请改用title属性
4 scrolling 4	auto 预 / yes / no	指定框架是否出现滚动条，设定auto会依照框架内的网页自动判定是否出现滚动条，yes是一定要出现滚动条，no则是不要出现滚动条
5 frameborder 4	1（yes）预 / 0（no）	指定是否显示框架的框线，1显示，0不显示
6 marginwidth 4	正整数（pixel）	设定框架左、右的留白空间（框架内容的左、右边界），单位为像素
7 marginheight 4	正整数（pixel）	设定框架上、下的留白空间（框架内容的上、下边界），单位为像素
8 align 4	left 预 / right / top / middle / bottom	框架与图文的对应排列配置，left靠左对齐，right靠右对齐，top 靠上对齐，middle 水平居中，bottom 靠下对齐
9 width 4 5	正整数 / 百分比 %	指定框架的宽度，属性值可为正整数的像素值或是百分比值（需加入“%”符号）
10 height 4 5	正整数 / 百分比 %	指定框架的高度，属性值可为正整数的像素值或是百分比值（需加入“%”符号）

11 通用属性：class、contenteditable、contextmenu、dir、draggable、id、irrelevant、lang、ref、registrationmark、tabindex、template、title、style

释例

1 指定框架中显示的文件URI

<iframe src="属性值"></iframe> → 1 src

2 指定框架名称

<iframe name="属性值" id="属性值"></iframe> → 2 name → 11 id

3 设定框架的高、宽度

<iframe height="属性值" width="属性值"></iframe> → 9 width → 10 height

范例学习 布置文件中的内联框架 iframe.html

```
<h3>布置网页文件中的内联框架</h3>
<iframe src="http://www.twbts.com" width="600" height="200">
</iframe>
```

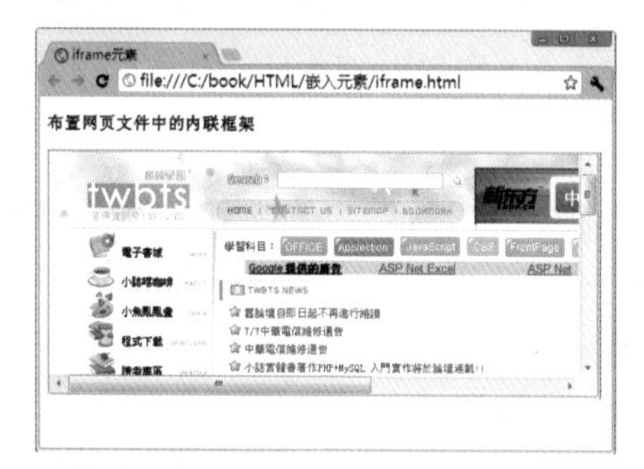

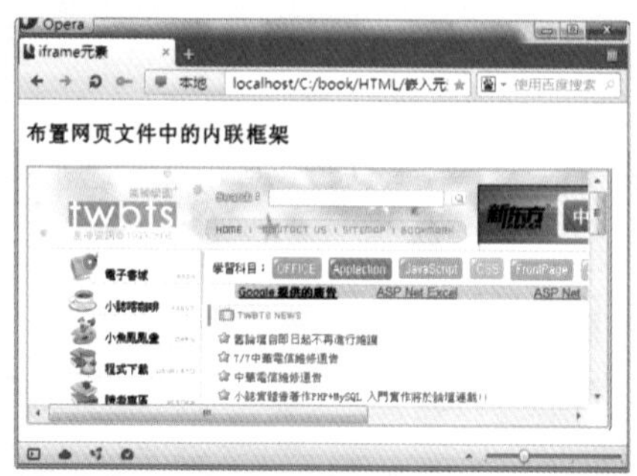

范例学习 设定超链接目标为内联框架 iframe_target.html

```
<body>
<h3>布置网页文件中的内联框架</h3>
<ul>
<li><a href="frame_a.html" target="myFrame">首页</a></li>
<li><a href="frame_b.html" target="myFrame">会员注册</a></li>
<li><a href="frame_c.html" target="myFrame">会员旅游</a></li>
<li><a href="frame_d.html" target="myFrame">论坛事件</a></li>
</ul>
<iframe id="myFrame" name="myFrame" src="frame_a.html" width="600" height="300">
</iframe>
</body>
```

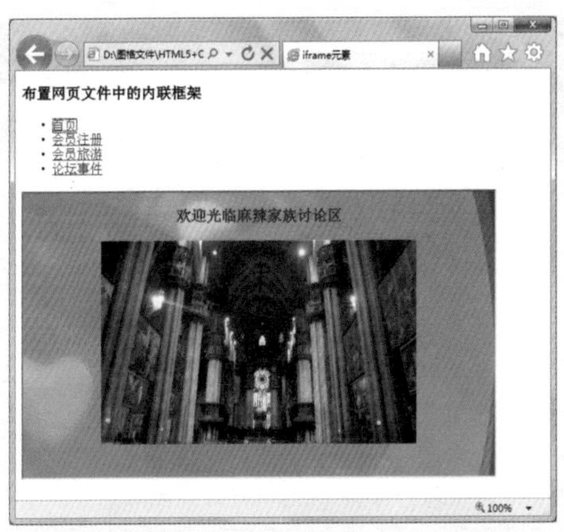

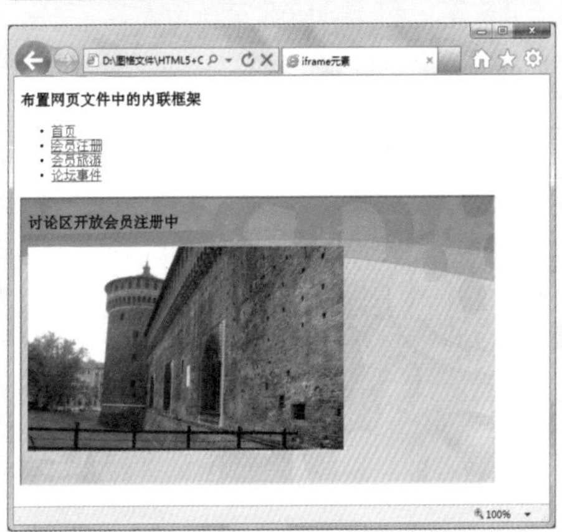

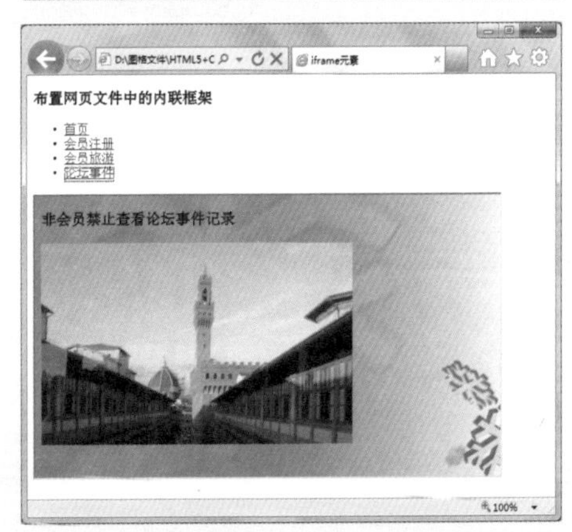

提示：将网页文件中的 a 元素的target属性属性值设为iframe元素的name属性值，即可将 a 元素的链接目标（href属性）直接显示在对应的网页框架中。

FireFox 5

IE 9

Chrome 11

Opera 11

Safari 5

嵌入元素 HTML5

元素 video 视频播放

语法

< video 属性="属性值"> ~ 标签内容 ~ </ video>

说明

- video 元素是HTML5标准中新增的元素。
- video 元素是用来播放视频（影片）的元素，但因各家浏览器在HTML5 video元素的可播放影片格式方面支持不一致，若要让我们的网页文件能够兼容各种主流浏览器，并通过video元素来播放影片，则至少需准备*.ogg、*.ogv、*.mp4、*.m4v这些类型的影片。
- 由于 video 元素的src属性只能有一个URI值，所以当我们希望网页文件能够兼容各种主流浏览器，并通过video元素来播放影片，则必须利用source元素来定义多个影片来源，而不是video元素的src属性。
- 在 video 元素的“标签内容”中可放入相关的文字说明，当旧的浏览器不支持video元素时，这些内容将会显示在网页文件中。

属性

4：HTML4 适用 5：HTML5 适用 !：W3C 非推荐属性

属性	属性值/预：预设值	说明
1 src 5	URI	指定影片播放来源的 URI，属性值仅能为单一来源的 URI，不可复数指定
2 poster 5	URI	用来指定影片开始播放前显示的预览图片来源URI
3 autoplay 5	空值	指定是否自动开始播放影片，如果未加上此属性设定，当影片成功加载时并不会自动开始播放。下列3种属性值设定意义相同：autoplay、autoplay=""、autoplay="autoplay"
4 loop 5	空值	指定是否自动循环播放影片，如果未加上此属性设定，当影片播放结束即停止播放；反之，则将影片从头开始重复播放。下列三种属性值设定意义相同：loop、loop=""、loop="loop"
5 preload 5	none/auto 预 /metadata	此属性用于设定影片是否要预先加载。none：当网页文件加载时，不要同时加载影片；auto：当网页文件加载时，同时加载影片；metadata：当网页文件加载时，仅加载影片的相关信息（例如文件大小、时间长度等信息）。若未设定此属性，则等同设定此属性为 preload="auto"，也就是当网页文件加载时，同时加载影片；若已设定autoplay属性，则此属性的设定无效

6 controls 5	空值	设定浏览器是否显示播放影片的控制面板，若未设定此属性，视同不显示播放的控制面板。下列三种属性值设定意义相同：controls、controls =""、controls =" controls"
7 width 5	正整数 / 百分比 %	指定影片播放区域的宽度
8 height 5	正整数 / 百分比 %	指定影片播放区域的高度

当前 video 元素可使用的影片格式与各家浏览器支持对照表：

影片格式	IE	Firefox	Opera	Chrome	Safari
Ogg	No	3.5+	10.5+	5.0+	No
MPEG 4	9.0+	No	No	5.0+	3.0+
WebM	No	4.0+	10.6+	6.0+	No

释例

1 指定影片播放来源的URI

<video src="属性值"> ~ </video> → 1 src

2 指定浏览器必须显示影片播放的控制面板

<video src="属性值" controls > ~ </video> → 1 src → 6 controls

3 指定影片播放前的预览图片

<video src="属性值" poster="属性值" > ~ </video> → 2 poster

范例学习　使用 video 元素播放 MP4 影片文件 video.html

```
<h3>video元素应用</h3>
<video width="320" height="240" src="img/P1000160.mp4" controls="controls">
<p>
Your browser does not support the video tag.
您的浏览器尚未支持HTML5的video元素标签
</p>
</video>
```

范例学习 设定video元素播放影片文件前的影片预览图video_poster.html

```
<h3>video元素应用</h3>
<video width="320" height="240" src="img/P1000160.ogg" controls="controls" poster="img/
IMG_0120.jpg">
<p>
Your browser does not support the video tag.
您的浏览器尚未支持HTML5的video元素标签
</p>
</video>
```

嵌入元素 HTML5

元素 audio 声音播放

语法

< audio 属性="属性值"> ~ 标签内容 ~ </ audio>

说明

- audio 元素是HTML5标准中所新增的元素。
- audio 是用来播放声音文件的元素，但因各家浏览器对HTML5 audio元素可播放的声音文件格式支持度不一致，若要让网页文件能够兼容各种主流浏览器，并通过video元素来播放，则至少需准备*.ogg、*.mp3这两种类型的声音文件。
- 由于audio元素的src属性只能有一个URI值，所以当我们希望网页文件能够兼容各种主流浏览器，并通过audio元素来播放声音文件，则必须利用source元素来定义多个声音文件来源，而不是audio元素的src属性。
- 在 audio 元素的“标签内容”中可放入相关的文字说明，当旧的浏览器不支持audio元素时，这些内容将会显示在网页文件中。

属性

4：HTML4 适用 5：HTML5 适用 !：W3C 非推荐属性

属性	属性值/预：预设值	说明
1 src 5	URI	指定声音播放来源的URI，属性值只能为单一来源的URI，不可复数指定
2 autoplay 5	空值	指定是否自动开始播放声音文件，如果未加上此属性设定，当声音文件成功加载时并不会自动开始播放。下列3种属性值设定意义相同：autoplay、autoplay=""、autoplay="autoplay"
3 loop 5	空值	指定是否自动循环播放声音，如果未加上此属性设定，当声音播放结束即停止播放；反之，则将声音文件从头开始重复播放。下列3种属性值设定意义相同：loop、loop=""、loop="loop"
4 preload 5	none/auto 预 /metadata	此属性用于设定声音文件是否预先载入。none：当网页文件加载时，不要同时加载声音文件；auto：当网页文件加载时，同时加载声音文件；metadata：当网页文件加载时，仅加载声音文件的相关信息（例如文件大小、时间长度等信息）。若未设定此属性，则等同设定此属性为 preload="auto"，也就是当网页文件加载时，同时加载声音文件；若已设定autoplay属性，则此属性的设定无效
5 controls 5	空值	设定浏览器是否显示播放声音的控制面板，若未设定此属性，视同不显示播放的控制面板。下列3种属性值设定意义相同：controls、controls =""、controls ="controls"

当前 audio 元素可使用的声音文件格式与各家浏览器支持对照表：

影片格式	IE	Firefox	Opera	Chrome	Safari
Ogg Vorbis	No	3.5+	10.5+	3.0+	No
MP3	9.0+	No	No	3.0+	3.0+
Wav	No	3.5+	10.5+	No	3.0+

释例

1 指定声音播放来源的URI

<audio src="属性值"> ~ </audio> → 1 src

2 指定浏览器必须显示播放声音的控制面板

<audio src="属性值" controls > ~ </audio> → 1 src → 5 control

3 指定自动循环播放声音文件

<audio src="属性值" loop="" > ~ </audio> → 3 loop

范例学习　使用 audio 元素播放MP3声音文件 audio.html

```
<body>
<h3>audio元素应用</h3>
<audio src="img/10.mp3" controls="controls">
<p>
Your browser does not support the audio tag. 您的浏览器尚未支持HTML5的audio元素标签
</p>
</audio>
</body>
```

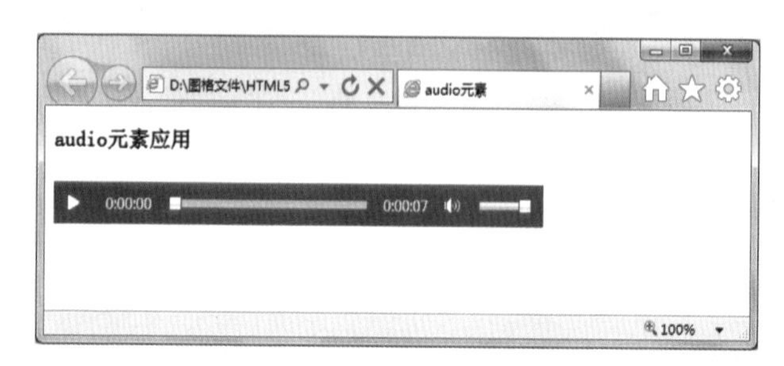

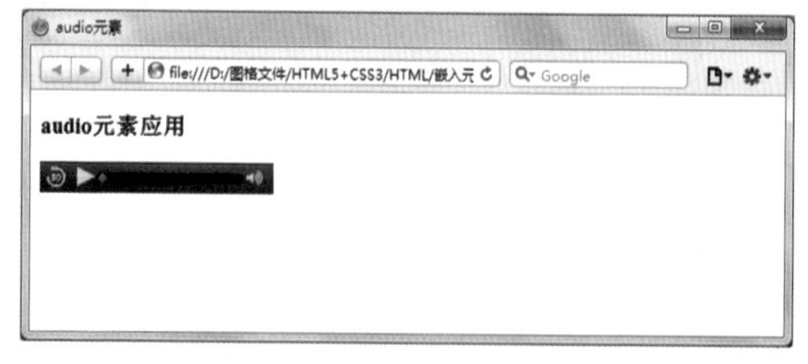

范例学习　使用 audio 元素播放 Ogg 声音文件 audio_ogg.html

```
<body>
<h3>audio元素应用</h3>
<audio src="img/10.ogg" controls="controls" autoplay >
<p>
Your browser does not support the audio tag.
您的浏览器尚未支持HTML5的audio元素标签
</p>
</audio>
</body>
```

提示：　在audio元素的“标签内容”中的文字说明将在浏览器不支持audio元素时显示在网页文件中。如下图（当IE9以IE8的设定功能仿真时）。

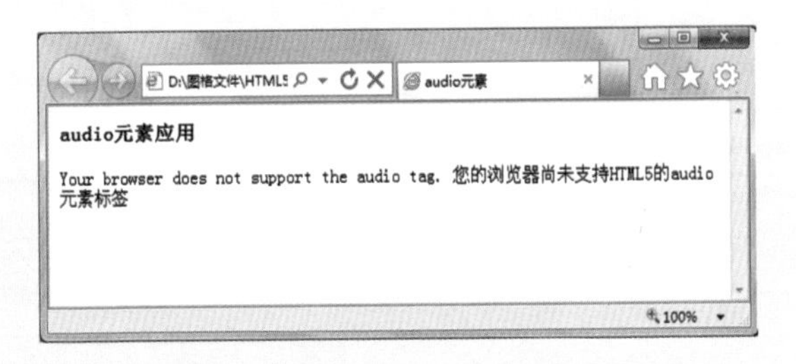

FireFox 5

IE 9

Chrome 11

Opera 11

Safari 5

元素 source

复数媒体元素

语法

< source 属性="属性值" / >

说明

- source 元素是 HTML5 标准中新增的元素。
- source 元素是 video 与 audio 元素的子元素，因各家浏览器对HTML5 video与audio元素可播放的影片、声音文件格式支持度不一致，若要让网页文件能够兼容各种主流浏览器，并通过video与audio元素来播放影片、声音文件，就要准备多个类型的文件来对应各种主流浏览器。另一方面，由于video与audio元素的src属性只能有一个URI值，所以我们必须利用source元素来定义多个声音文件来源，而不是video与audio元素的src属性。
- 在 video 与 audio 元素标签内，可同时使用多个source元素，也就是说在video与audio元素标签内可通过多个source元素链接不同的影片、声音文件，浏览器将会播放第一个可识别的影片、声音文件。
- 当video与audio元素标签内使用了source元素，则不可再为video与audio元素设定src属性，否则video与audio元素标签的source元素等同无效。

属性

4：HTML4 适用 5：HTML5 适用 !：W3C 非推荐属性

属性	属性值/预：预设值	说明
1 src 5	URI	必要属性，用来指定影片、声音播放来源的URI，属性值仅能为单一来源的URI，不可复数指定，若要复数指定播放来源，需增加对应播放来源的source 元素标签
2 type 5	MIME 类型	指定播放来源用的MIME类型
3 media 5	媒体类型：all 预 /aural/braille/handheld/projection/print/screen/tty/tv 设定值：width/height/device-width/device-height/orientation/aspect-ratio/device-aspect-ratio/color/color-index/monochrome/resolution/scan/grid 操作数："AND"、"NOT"、"，（逗号，代表OR）"指定播放来源是哪一种媒体或设备	

释例

1 指定多个声音文件为audio元素的播放来源

```
<audio controls >
<source src="test.mp3" / >
<source src="test.ogg" />
</audio>
```

范例学习 对应多种浏览器播放的声音文件 source_audio.html

```
<h3>audio元素应用</h3>
<audio controls="controls" autoplay >
<source src="img/10.ogg" />
<source src="img/10.mp3" />
<p>
Your browser does not support the audio tag. 您的浏览器尚未支持HTML5的audio元素标签
</p></audio>
```

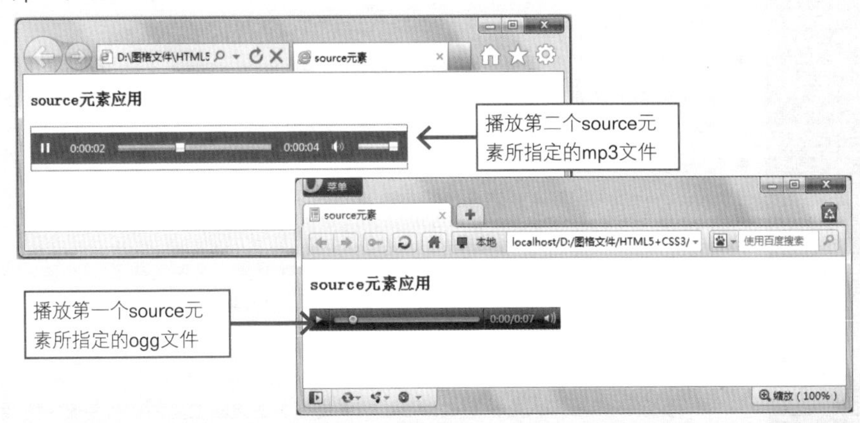

范例学习 对应多种浏览器播放的影片文件 source_video.html

```
<h3>source元素应用</h3>
<video width="320" height="240" controls="controls">
<source src="img/sample.mp4" type="video/mp4" />
<source src="img/P1000160.ogg" type="video/ogg" />
<p>
Your browser does not support the video tag. 您的浏览器尚未支持HTML5的video元素标签
</p></video>
```

元素 canvas 画布元素

语法

< canvas 属性="属性值" / >

说明

- canvas 元素是 HTML5 标准中新增的元素。
- canvas 元素是一个绘图的画布元素，也就是说canvas元素可以在网页文件中定义一个"图形区域"。
- canvas 元素只负责在网页文件中定义一个"图形区域"，并无实际的绘图功能，因此canvas元素只有width与height属性（canvas元素定义的图形区域为一个矩形），通过这2个属性的设定来定义出图形区域的"大小"。
- 正因为 canvas 元素本身不具有绘图能力，因此所有绘制图形的动作都必须通过JavaScript脚本程序来完成，通过JavaScript脚本程序，你可以完整控制canvas元素创建的图形区域（图形区域中的每一个像素）。
- canvas 元素拥有多种绘制路径、圆形、矩形以及复制文字与图片的方法，当然，这些canvas元素的方法仍必须通过JavaScript脚本程序来调用。
- 取得图形区域的方法：
  - getContext (contextID)
    参数contextID为指定要在图形区域（画布）上绘图的类型。目前唯一可用的参数值为"2d"（二维绘图）。
- 绘制矩形的相关方法：
  - fillRect(x,y,width,height)：实心（填色的矩形）
  - strokeRect(x,y,width,height)：空心（只有框线的矩形）
  - clearRect(x,y,width,height)：空白（清空内容的矩形）
- 绘制路径的相关方法：
  - beginPath()
  - closePath()
  - stroke()
  - fill()
    beginPath() 用于创建路径；stroke()用于绘制图形的边框，而fill()则会绘出一个实心的图形；closePath()会尝试用直线连接当前坐标点与起始坐标点来关闭路径。
- 移动画笔的方法：
  - moveTo(x, y)
    x, y 是指定绘图点的起始坐标（指定绘图坐标）。
- 绘制线段的方法：
  - lineTo(x, y)
    x, y 是线段的终止坐标，线段的起始坐标为前一线段的终点或moveTo()方法指定的坐标。

- 画弧线的方法：
  - arc(x, y, radius, startAngle, endAngle, anticlockwise)
    x, y 是圆心坐标；radius为半径；startAngle为起始弧度；endAngle为终止弧度（startAngle与endAngle都是以x轴为基准）；anticlockwise为画弧的方向，true为逆时针，false为顺时针。
- 文字绘制方法：
  - fillText(value, x, y)
    value 参数为绘制的文字内容；x,y是文字绘制的坐标位置。
- 图像（图片）绘制方法：
  - createPattern(image,type)
    image 参数为绘制图像的来源URI；type为位置的类型，可能值为 repeat、repeat-x、repeat-y、no-repeat。
- 指定颜色的属性：
  - fillStyle = color：填满（充填）颜色
  - strokeStyle = color：图形轮廓（外框线）颜色
    color 为颜色值，其颜色值必须符合CSS3颜色值的规定，例如通过rgb()或rgba()方法。
- 指定透明度的属性：
  - globalAlpha = transparency value
    globalAlpha 属性会影响图形区域内所有图形的透明度，其属性值为0.0（完全透明）到1.0（完全不透明），预设值为1.0。
- 指定线段样式的属性：
  - lineWidth = value：设定当前线段的宽度（粗细），预设值是1。
  - lineCap = type：设定线段端点的样式，属性可能值为butt、round、square，预设值是butt。
  - lineJoin = type：设定图形中两线段间的交汇处样式，属性可能值为round、bevel、miter，预设值是miter。
  - miterLimit = value：设定线段外端延伸点与连接点的最大距离。
- 指定阴影的属性：
  - shadowOffsetX = float
  - shadowOffsetY = float
  - shadowBlur = float
  - shadowColor = color
    shadowOffsetX 与 shadowOffsetY 为设定X、Y轴阴影的延伸距离；shadowBlur为设定阴影的模糊程度；shadowColor为设定阴影的颜色。
- 指定文字样式的属性：
  - font = value
    font 属性的属性值为文字的字体、大小等设定内容。

4：HTML4 适用 5：HTML5 适用 !：W3C 非推荐属性

属性

属性	属性值/预：预设值	说明
1 width 5	数值	用来指 canvas 元素定义的图形区域的宽度，若未设定此属性则预设宽度为300px
2 height 5	数值	用来指 canvas 元素定义的图形区域的高度，若未设定此属性则预设高度为300px
3 id 5	字符串	canvas 元素标签的识别名称

释例

1 建立一个canvas元素定义的图形区域

```
<canvas width="500" height="300" />
```

范例学习　绘制颜色渐变的圆点 canvas.html

```
<head>
<meta charset="Gb2312" />
<title>canvas元素</title>
<script type="text/javascript">
function draw() {
//取得绘图区域
 var ctx = document.getElementById('myPic').getContext('2d');
 for (var i=0;i<12;i++){
  for (var j=0;j<24;j++){
        //设定填满颜色
        ctx.fillStyle = 'rgb(0,' + Math.floor(255-11.5*i) + ',' + Math.floor(255-11.5*j) + ')';
        //开始路径绘制
        ctx.beginPath();
        //设定圆形绘制路径
        ctx.arc(12.5+j*25,12.5+i*25,10,0,Math.PI*2,true);
        //路径填充上色
        ctx.fill();
  }
 }
}
</script>
</head>
<body onload="draw()">
<canvas id="myPic" width="600" height="300"></canvas>
```

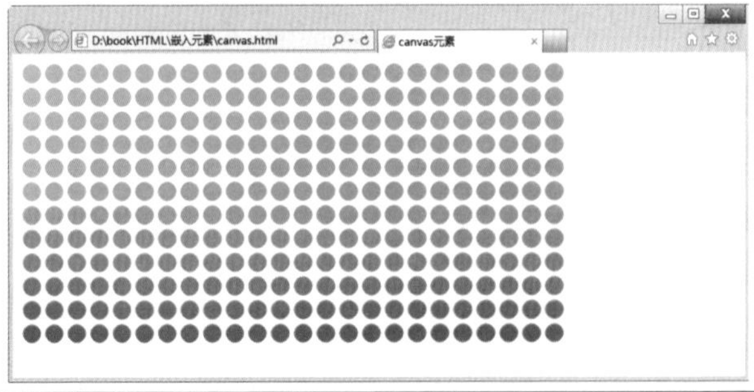

范例学习　绘制文字与阴影 canvas_text.html

```
<head>
<meta charset="Gb2312" />
<title>canvas元素</title>
<script type="text/javascript">
function draw() {
//取得绘图区域
 var ctx = document.getElementById('myPic').getContext('2d');
 //设定阴影
 ctx.shadowOffsetX = 10;
 ctx.shadowOffsetY = 10;
 ctx.shadowBlur = 2;
 ctx.shadowColor = "rgba(245, 90, 210, 0.5)";
 //设定文字样式
 ctx.font = "24px 楷体";
 ctx.fillStyle = "Blue";
 //绘制文字
 ctx.fillText("canvas 元素是 HTML5 标准中新增的元素。", 5, 30);

 ctx.shadowColor = "rgba(100, 0, 250, 0.5)";
 ctx.fillStyle = "rgb(110, 210, 50)";
 ctx.fillText("canvas 元素是一个绘图的画布元素", 5, 60);
}
</script>
</head>
<body onload="draw()">
<canvas id="myPic" width="600" height="150"></canvas>
</body>
```

范例学习　绘制图像 canvas_img.html

```
<head>
<meta charset="Gb2312" />
<title>canvas元素</title>
<script type="text/javascript">
function draw() {
//取得绘图区域
 var ctx = document.getElementById('myPic').getContext('2d');

 //建立(读取)图像绘制的来源
 var myImg = new Image();
 myImg.src = 'img/DSC_0044s.jpg';

 //当图片文件载入完成后
 myImg.onload = function(){
  // 绘制图像
  var paintImg = ctx.createPattern(myImg,'repeat');
  ctx.fillStyle = paintImg;
  ctx.fillRect(0,0,800,300);
 }
}
</script>
</head>
<body onload="draw()">
<canvas id="myPic" width="800" height="300"></canvas>
</body>
```

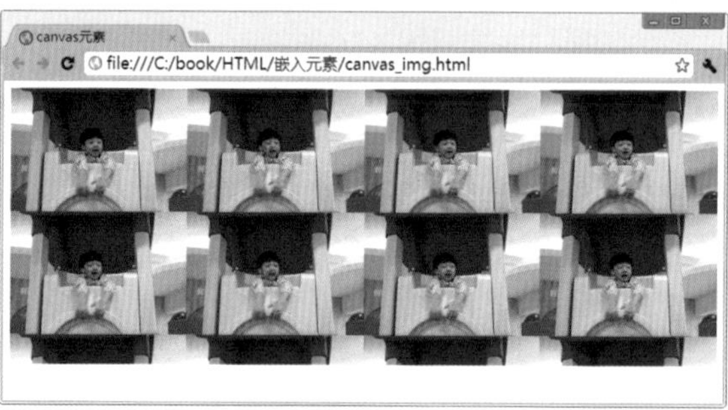

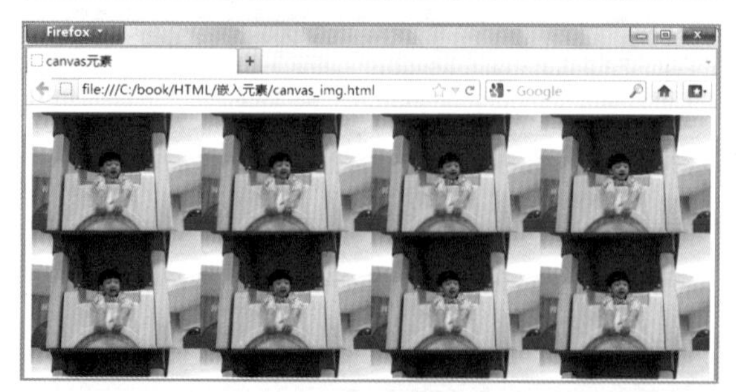

元素 table 表格

语法

< table 属性="属性值"> ~ 标签内容 ~ </table>

说明

- table 元素用来在文件中配置表格范围，table元素只是建立表格的基础元素，就如同在纸上绘制表格，table元素仅是最外围的方框而已，完整的表格还包括“行（tr元素）”与“列（th、td元素）”。
- table 元素是包含元素，除了建立表格必需的tr、td、th等子元素外，还可在标签范围内配置caption、col、colgroup、thead、tbody、tfoot等元素。
- 在 HTML、XHTML 文件中，table 元素的起始标签与终止标签都不可省略。

属性

■ 在 HTML5 中删除了 HTML4 中 table 元素的全部属性。

4：HTML4 适用 5：HTML5 适用 !：W3C 非推荐属性

属性	属性值/预：预设值	说明
1 summary 4	字符串（任意值）	用于说明建立表格的目的、意义、构造等简要介绍
2 align 4	left 预 / right / center	表格的排列配置，left靠左对齐，right靠右对齐，center居中对齐，此属性仅可在Transitional、Frameset DTD的情况下使用
3 width 4	正整数 / 百分比 %	指定表格整体的宽度，属性值可为正整数的像素值或是百分比值（需加入“%”符号）
4 bgcolor 4	颜色值	指定表格整体的背景图案，仅可在Transitional、Frameset DTD的情况下使用
5 frame 4	void /above/below/hsidess/lhs/rhs/vsides/box/border 预	指定在显示表格时所用的外部框线，此属性比border 属性控制得更精准 注
6 rules 4	none 预 /groups/rows/cols/all	指定在显示表格时所用的内部框线（单元格线）注
7 border 4	正整数（pixel）	指定表格整体外框线的宽度
8 cellpadding 4	正整数 / 百分比 %	指定单元格与单元格内容的间隔，属性值可为正整数的像素值或是百分比值（需加入“%”符号）
9 cellspacing 4	正整数 / 百分比 %	指定表格内单元格间的间隔，属性值可为正整数的像素值或是百分比值（需加入“%”符号）
10 backgroumd 4	URI	指定表格的背景图案，仅可在 Transitional、Frameset DTD 的情况下使用

11 通用属性：class、contenteditable、contextmenu、dir、draggable、id、irrelevant、lang、ref、registrationmark、tabindex、template、title、style

注：

- frame 属性值的意义：void没有外框线，above显示顶端框线，below显示底端框线，hsides显示顶端和底端框线，lhs显示左端框线，ths显示右端框线，vsides显示左右框线，box显示所有边框线，border显示所有边框线（当border属性的属性值至少为1时才能看到框线）。
- rules 属性值的意义：none没有内框线，groups所有表格组合间显示内框线，rows所有表格行显示水平框线，cols所有表格列显示垂直框线，all所有表格行和列都显示框线。

提示：HTML5 删除的table元素属性可通过CSS设定达到相同效果。

释例

1 基础表格构造，未加入任何属性设定

4 5 <table> <th><td>~</td>…</th>…</ table> → 未使用属性的table标签

2 设定整体表格的背景颜色

4 <table bgcolor="属性值"> ~ </ table> → 4 bgcolor

5 <table style="background-color:属性值"> ~ </ table> → 11 style

3 设定整体表格的宽度

4 <table width="属性值"> ~ </ table> → 3 width

5 <table style="width:属性值"> ~ </ table> → 11 style

4 设定整体表格的背景图案

4 <table background="属性值"> ~ </ table> → 10 background

5 <table style="background-img:属性值"> ~ </ table> → 11 style

范例学习　指定表格的背景图案、宽度、框线 table.html

```
<head>
<meta charset="Gb2312" /><title>table元素</title>
<style>
table {border:1px solid black;}
</style>
</head>
<body>
<h4>指定表格的背景图案</h4>
<div>
<table style="width:500px; background-image:url(img/s_r.gif);">
        <tr>
         <td>单元格</td><td>单元格</td><td>单元格</td><td>单元格</td><td>单元格</td>
        </tr>
        <tr>
         <td>单元格</td><td>单元格</td><td>单元格</td><td>单元格</td><td>单元格</td>
        </tr>
        <tr>
         <td>单元格</td><td>单元格</td><td>单元格</td><td>单元格</td><td>单元格</td>
        </tr>
</table>
</div>
</body>
```

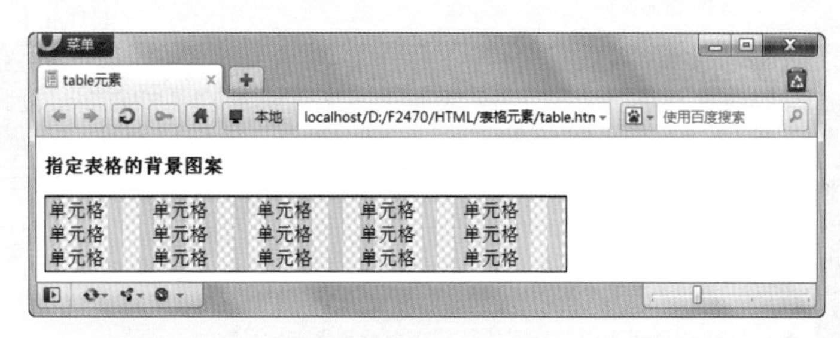
菜单
table元素
本地
localhost/D:/F2470/HTML/表格元素/table.htm
使用百度搜索
指定表格的背景图案
单元格 单元格 单元格 单元格 单元格
单元格 单元格 单元格 单元格 单元格
单元格 单元格 单元格 单元格 单元格

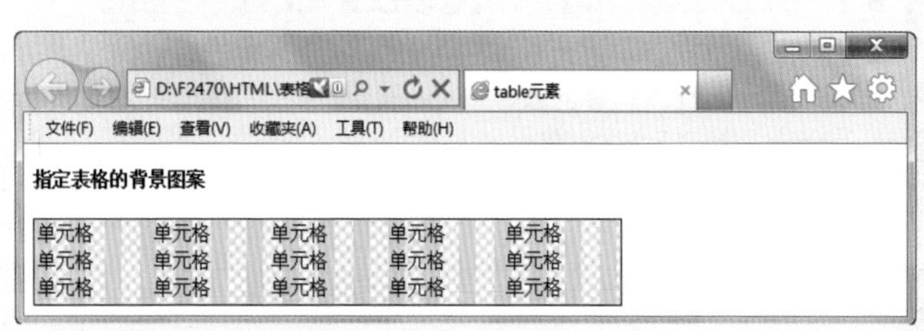
D:\F2470\HTML\表格
table元素
文件(F) 编辑(E) 查看(V) 收藏夹(A) 工具(T) 帮助(H)
指定表格的背景图案
单元格 单元格 单元格 单元格 单元格
单元格 单元格 单元格 单元格 单元格
单元格 单元格 单元格 单元格 单元格

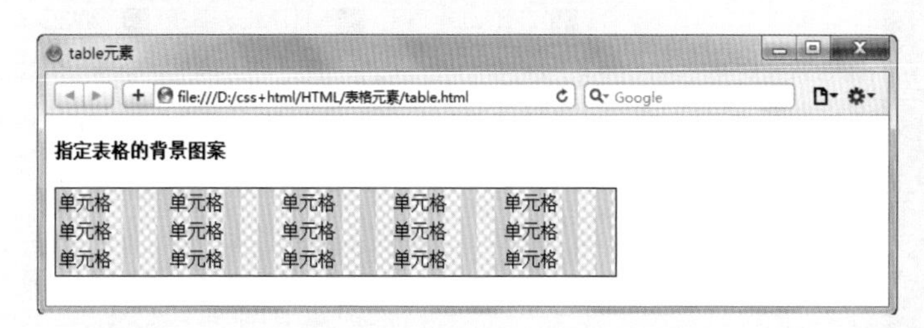
table元素
file:///D:/css+html/HTML/表格元素/table.html
Google
指定表格的背景图案
单元格 单元格 单元格 单元格 单元格
单元格 单元格 单元格 单元格 单元格
单元格 单元格 单元格 单元格 单元格

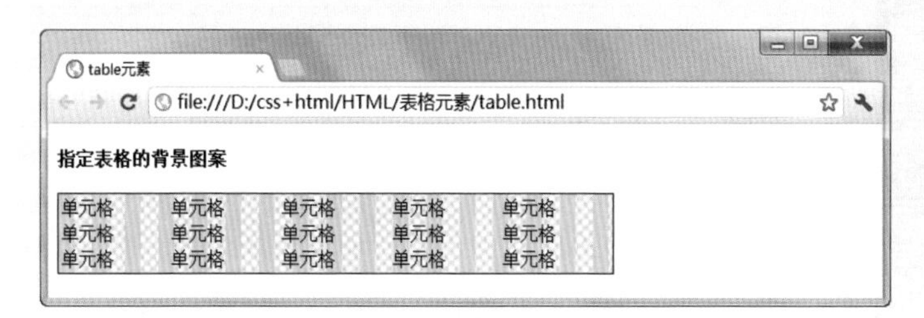
table元素
file:///D:/css+html/HTML/表格元素/table.html
指定表格的背景图案
单元格 单元格 单元格 单元格 单元格
单元格 单元格 单元格 单元格 单元格
单元格 单元格 单元格 单元格 单元格

Firefox
table元素
file:///D:/css+html/HTML/表
百度
指定表格的背景图案
单元格 单元格 单元格 单元格 单元格
单元格 单元格 单元格 单元格 单元格
单元格 单元格 单元格 单元格 单元格

表格元素 HTML4 / HTML5

元素 thead
表格表头

语法

< thead 属性="属性值"> ~ 标签内容 ~ </ thead>

说明

- thead 元素用来显示表格的表头，为table元素的子元素，在table元素的标签内容中一定要依序配置thead、tfoot、tbody元素。
- 在 thead 元素中的标签内容可包含tr元素与tr元素的子元素。
- 在 table 元素的标签内容中，配置thead、tfoot元素的目的，是在未知表格内容（tbody元素标签的内容）有多长而进行打印时，可在每页的头尾都印出thead、tfoot元素的标签内容（此功能需浏览器支持才行）。
- 在 HTML 文件中终止标签可省略，而在XHTML文件中，起始标签与终止标签都不可省略。

属性

■ 在 HTML5 中删除了 HTML4 中 thand 元素的全部属性。

4：HTML4 适用 5：HTML5 适用 !：W3C 非推荐属性

属性	属性值/预：预设值	说明
1 align 4	left 预 / right / center / justify / char	设定单元格内数据的水平对齐方式，left 靠左对齐，right靠右对齐，center居中对齐，justify两端对齐，char 依 char 属性决定
2 valign 4	middle 预 / top / bottom / baseline	设定单元格内数据的垂直对齐方式，middle 居中对齐，top 向上对齐，bottom 靠下对齐，baseline 对齐第一行的基线
3 char 4	任意的 一个文字	指定搭配 align 属性值为 char 时使用的对齐字符
4 charoff 4	正整数 / 百分比 %	从单元格一端到第一次出现对齐字符的位置距离（不包括对齐字符），属性值可为正整数的像素值或是百分比值（需加入“%”符号）

5 通用属性：class、contenteditable、contextmenu、dir、draggable、id、irrelevant、lang、ref、registrationmark、tabindex、template、title、style

释例

1 单纯标签撰写

< thead > ~ </ thead>

2 加入元素标签的补充说明

< thead title= "属性值"> ~ </ thead> → 5 title

提示：thead 元素的范例学习请参考 tbody 元素。

表格元素 HTML4 / HTML5

元素 tfoot

表格页脚

语法

< tfoot 属性="属性值"> ~ 标签内容 ~ </ tfoot>

说明

- tfoot 元素用来显示表格的页脚，为table元素的子元素，在table元素的标签内容中一定要依序配置thead、tfoot、tbody元素。
- 在 tfoot 元素中的标签内容可包含tr元素与tr元素的子元素。
- 在 table 元素的标签内容中，配置thead、tfoot元素的目的，是在未知表格内容（tbody元素标签的内容）有多长而进行打印时，可在每页的头尾都印出thead、tfoot元素的标签内容（此功能需浏览器支持才行）。
- 在 HTML 文件中终止标签可省略，而在XHTML文件中，起始标签与终止标签都不可省略。

属性

■ 在 HTML5 中删除了 HTML4 中 tfoot 元素的全部属性。

4: HTML4 适用 5: HTML5 适用 !: W3C 非推荐属性

属性	属性值/预：预设值	说明
1 align 4	left 预 / right / center / justify / char	设定单元格内数据的水平对齐方式, left 靠左对齐, right 靠右对齐, center 居中对齐, justify 分散对齐, char 依 char 属性决定
2 valign 4	middle 预 / top / bottom / baseline	设定单元格内数据的垂直对齐方式, middle居中对齐, top向上对齐, bottom靠下对齐, baseline 对齐第一行的基线
3 char 4	任意的一个文字	指定搭配 align 属性值为 char 时使用的对齐字符
4 charoff 4	正整数 / 百分比 %	从单元格一端到第一次出现对齐字符的位置距离（不包括对齐字符），属性值可为正整数的像素值或百分比值（需加入“%”符号）

5 通用属性: class、contenteditable、contextmenu、dir、draggable、id、irrelevant、lang、ref、registrationmark、tabindex、template、title、style

释例

1 单纯标签撰写

< tfoot > ~ </ tfoot>

2 加入元素标签的补充说明

< tfoot title= "属性值"> ~ </ tfoot> → 5 title

提示：tfoot 元素的范例学习请参考 tbody 元素。

表格元素 HTML4 / HTML5

元素 tbody

表格主体

语法

< tbody 属性="属性值"> ~ 标签内容 ~ </ tbody>

说明

- tbody 元素用来指定表格主体（表格的数据），为table元素的子元素，在table元素的标签内容中一定要依序配置thead、tfoot、tbody元素。
- 在 table 元素的标签内容中一定要有tbody元素，除非在table元素的标签内容中没有thead、tfoot元素的情况下，才可以省略tbody元素。
- 在 tbody 元素的标签内容可包含tr元素与tr元素的子元素。
- 在 HTML 文件中终止标签可省略，而在XHTML文件中，起始标签与终止标签都不可省略。

属性

■ 在 HTML5 中删除了 HTML4 中 tbody 元素的全部属性。

4：HTML4 适用 5：HTML5 适用 !：W3C 非推荐属性

属性	属性值/预：预设值	说明
1 align 4	left 预 / right / center / justify / char	设定单元格内数据的水平对齐方式，left 靠左对齐，right 靠右对齐，center居中对齐，justify分散对齐，char 依 char 属性决定
2 valign 4	middle 预 / top / bottom / baseline	设定单元格内数据的垂直对齐方式，middle 居中对齐，top 向上对齐，bottom靠下对齐，baseline 对齐第一行的基线
3 char 4	任意的 一个文字	指定搭配 align 属性值为char时使用的对齐字符
4 charoff 4	正整数 / 百分比 %	从单元格一端到第一次出现对齐字符的位置距离（不包括对齐字符），属性值可为正整数的像素值或是百分比值（需加入"%"符号）

5 通用属性：class、contenteditable、contextmenu、dir、draggable、id、irrelevant、lang、ref、registrationmark、tabindex、template、title、style

释例

1 单纯标签撰写

< tbody > ~ </ tbody>

2 加入元素标签的补充说明

< tbody title= "属性值"> ~ </ tbody> → 5 title

3 加入元素标签的样式设定

< tbody style= "属性值"> ~ </ tbody> → 5 style

范例学习 指定表格表头、页脚与主体的背景颜色 tbody.html

```
<head>
<meta charset="Gb2312" />
<title>thead、tfoot、tbody元素</title>
<style>
table {border:1px solid black;border-collapse: collapse;width:500px;}
</style>
```

```
</style>
</head>
<body>
<h4>指定表格表头、底纹与主体的背景颜色</h4>
<div>
<table>
<thead style="background:#003399;
color:#FFFFFF;">
        <tr>
                <td>    </td>
                <td>销售数量</td>
                <td>市场占有率</td>
                <td>销售数量</td>
                <td>市场占有率</td>
        </tr>
</thead>
<tfoot style="background:#336600;
color:#FFFFFF;">
        <tr>
                <th>合计</th>
                <th>153,004.0</th>
                <th>100.0</th>
                <th>114,027.1</th>
                <th>100.0</th>
        </tr>
</tfoot>
<tbody style="background:#FFFFCC;">
        <tr>
                <td>Nokia</td>
                <td>44,237.5</td>
                <td>28.9</td>
                <td>39,479.2</td>
                <td>34.6</td>
        </tr>

        ~略~
        <tr>
                <td>LG</td>
                <td>8,109.9</td>
                <td>5.3</td>
                <td>5,571.1</td>
                <td>4.9</td>
        </tr>
        <tr>
                <td>其他</td>
                <td>35,708.5</td>
                <td>23.3</td>
                <td>25,900.3</td>
                <td>22.7</td>
        </tr>
</tbody>
</table>
</div>
</body>
```

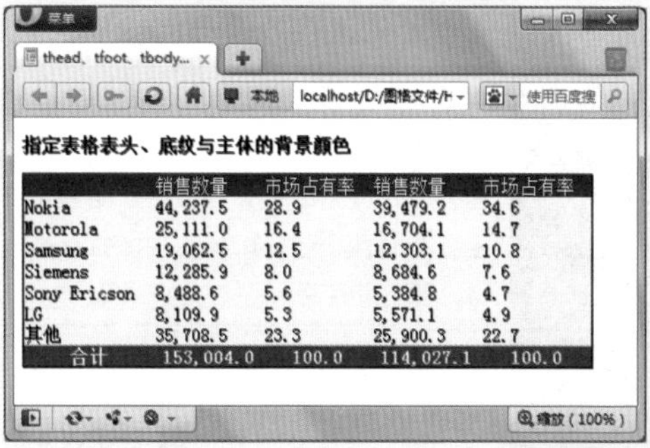

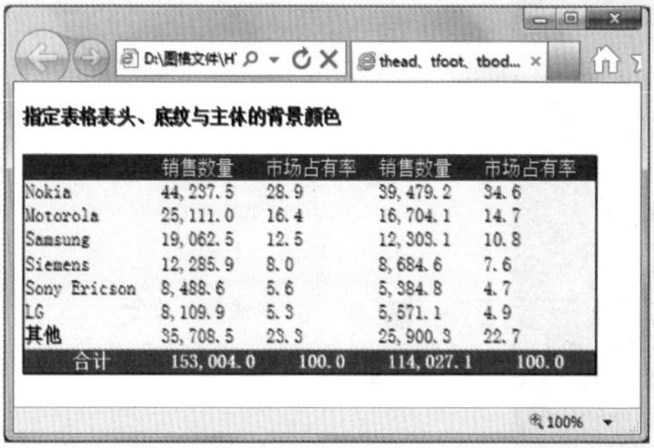

表格元素 HTML4 / HTML5

元素 tr
表格行

语法

< tr 属性="属性值"> ~ 标签内容 ~ </ tr>

说明

- tr 元素可指定表格主体内部的行，为table、thead、tfoot、tbody 元素的子元素。
- 在 tr 元素的标签内容中只能再配置th或td子元素。
- 在 HTML文件中终止标签可省略，而在XHTML文件中，起始标签与终止标签都不可省略。

属性

■ 在 HTML5 中删除了 HTML4 中 tr 元素的全部属性。

4：HTML4 适用 5：HTML5 适用 !：W3C 非推荐属性

属性	属性值/预：预设值	说明
1 align 4	left 预 / right / center / justify / char	设定单元格内数据的水平对齐方式，left 靠左对齐，right 靠右对齐，center 居中对齐，justify 分散对齐，char 依 char 属性决定
2 valign 4	middle 预 / top / bottom / baseline	设定单元格内数据的垂直对齐方式，middle 居中对齐，top 向上对齐，bottom 靠下对齐，baseline 对齐第一行的基线
3 char 4	任意的一个文字	指定当 align 属性值为char时使用的对齐字符
4 charoff 4	正整数 / 百分比 %	从单元格一端到第一次出现对齐字符的位置距离（不包括对齐字符），属性值可为正整数的像素值或是百分比值（需加入"%"符号）
5 bgcolor 4 !	颜色值	指定表格水平方向一整行背景颜色，仅可在Transitional、Frameset DTD 的情况下使用

6 通用属性：class、contenteditable、contextmenu、dir、draggable、id、irrelevant、lang、ref、registrationmark、tabindex、template、title、style

提示：HTML 5 删除的tr元素属性可通过CSS设定达到相同效果。

释例

1 单纯标签撰写

< tr > ~ </ tr>

2 加入元素标签的补充说明

< tr title= "属性值"> ~ </ tr> → 6 title

3 加入元素标签的样式设定

< tr style= "属性值"> ~ </ tr> → 6 style

范例学习　指定表格水平方向一整行单元格数据的对齐方式 tr.html

```
<head>
<meta charset="Gb2312" />
<title>tr元素</title>
<style>
body {background-image:url(img/bg_cr_sy.gif);}
table {border:1px solid black;width:500px;height:200px;}
td {border:1px solid black;}
</style>
</head>
<body>
<h4>水平方向一整行的单元格数据对齐方式</h4>
<div>
<table>
        <tr style="valign:top;text-align:left;">
                <td>水平靠左，垂直靠上</td>
                <td>水平靠左，垂直靠上</td>
        </tr>
        <tr style="valign:middle;text-align:center;">
                <td>水平，垂直居中</td>
                <td>水平，垂直居中</td>
        </tr>
        <tr style="valign:bottom;text-align:right;">
                <td>水平靠右，垂直靠下</td>
                <td>水平靠右，垂直靠下</td>
        </tr>
</table>
</div>
</body>
```

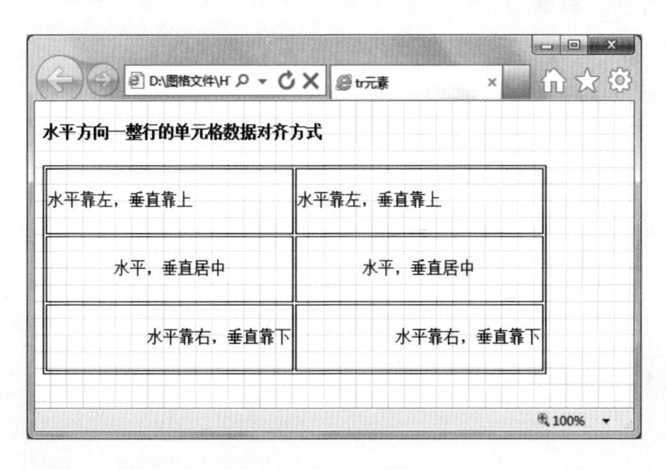

FireFox 5

IE 9

Chrome 11

Opera 11

Safari 5

表格元素 HTML4 / HTML5

元素 td 表格数据单元格

语法

< td 属性="属性值"> ~ 标签内容 ~ </ td>

说明

- td 元素用来指定表格主体内的数据字段，也就是定义表格的数据单元格，td元素为tr元素的子元素。
- 在 HTML4 标准中，为了说明各个数据单元格间的关联，可在td元素的id、scope属性中加以设定。
- 在 HTML 文件中终止标签可省略，而在XHTML文件中，起始标签与终止标签都不可省略。

属性

■ 在 HTML5 中几乎删除了 HTML4 中 td 元素的全部属性，仅保留了 rowspan、colspan 属性。

[4]：HTML4 适用 [5]：HTML5 适用 [!]：W3C 非推荐属性

属性	属性值/[预]：预设值	说明
1 headers [4]	单元格名称列表	属性值为相关单元格的id识别名称，可复数指定，名称间以空格隔开
2 scope [4]	row / col / rowgroup / colgroup	设定单元格的范围。row 目前单元格右方同行的全部单元格, col 目前单元格下方同列的全部单元格, rowgroup 目前单元格右方同组合的全部单元格, colgroup目前单元格下方同组合的全部单元格
3 abbr [4]	字符串（任意值）	将单元格中数据简化后的内容, 没有足够的表格显示空间时，可利用此属性值作为单元格的显示数据
4 height [4] [!]	正整数 / 百分比 %	指定单元格的高度, 属性值可为正整数的像素值或是百分比值（需加入“%”符号），仅可在Transitional、Frameset DTD的情况下使用
5 axis [4]	字符串（任意值）	设定单元格的分类名称, 常用于层级式表格，分类名称可复数指定，名称间以逗号“,”隔开
6 rowspan [4] [5]	正整数	设定单元格的纵向跨行合并数
7 colspan [4] [5]	正整数	设定单元格的横向跨列合并数
8 width [4] [!]	正整数 / 百分比 %	指定单元格的宽度, 属性值可为正整数的像素值或百分比值（需加入“%”符号），仅可在Transitional、Frameset DTD的情况下使用
9 nowrap [4] [!]	空值 / nowrap	设定单元格内的数据不会自动换行，在HTML文件中属性值为空值（只需加入属性名称），在XHTML文件中属性值须指定为nowrap（nowrap="nowrap"），仅可在Transitional、Frameset DTD的情况下使用

10 align	left / right / center / justify / char	设定单元格内数据的水平对齐方式，left 靠左对齐，right靠右对齐，center居中对齐，justify分散对齐，char 依 char 属性决定
11 valign	middle / top / bottom / baseline	设定单元格内数据的垂直对齐方式，middle 居中对齐，top向上对齐，bottom靠下对齐，baseline对齐第一行的基线
12 char	任意的一个文字	指定搭配 align 属性值为 char 时所使用的对齐字符，预设值为英文句号
13 charoff	正整数 / 百分比 %	从单元格一端到第一次出现对齐字符的位置距离（不包括对齐字符），属性值可为正整数的像素值或是百分比值（需加入“%”符号）
14 bgcolor	颜色值	指定单元格背景颜色，仅可在 Transitional、Frameset DTD 的情况下使用。
15 background	URI	URI 指定表格的背景图案，仅可在 Transitional、Frameset DTD 的情况下使用

16 通用属性：class、contenteditable、contextmenu、dir、draggable、id、irrelevant、lang、ref、registrationmark、tabindex、template、title、style

提示：HTML5 删除的td元素部分属性可通过CSS设定达到相同效果。

释例

1 单纯标签撰写

< td > ~ </ td>

2 加入元素标签的补充说明

< td title= "属性值"> ~ </ td> → 16 title

3 加入元素标签的样式设定

< td style= "属性值"> ~ </ td> → 16 style

4 设定单元格的跨行合并数

< td rowspan= "属性值"> ~ </ td> → 6 rowspan

5 设定单元格的跨列合并数

< td colspan= "属性值"> ~ </ td> → 7 colspan

范例学习 单元格列合并 td_colspan.html

```
<head>
<meta charset="Gb2312" />
<title>td元素</title>
<style>
body {background-image:url(img/bg_cr_sg.gif);}
table {border:1px solid black;width:500px;}
td {border:1px solid black;}
</style>
</head>
<body>
<h4>合并列</h4>
<div>
<table>
```

```
<tr>
<td>第1行，第1列</td>
<td>第1行，第2列</td>
<td>第1行，第3列</td>
</tr>
<tr>
<td>第2行，第1列</td>
<td colspan=" 2" >
第2行，第2列 + 第2行，第3列</td>
</tr>
<tr>
<td colspan=" 2" >
第3行，第1列 + 第3行，第2列</td>
<td>第3行，第3列</td>
</tr>
~略~
```

合并列

第1行, 第1列	第1行, 第2列	第1行, 第3列
第2行, 第1列	第2行, 第2列 + 第2行, 第3列	
第3行, 第1列 + 第3行, 第2列		第3行, 第3列
第4行, 第1列	第4行, 第2列	第4行, 第3列
第5行, 第1列	第5行, 第2列	第5行, 第3列

范例学习　单元格行合并 td.html

```
<head>
<meta charset="Gb2312" />
<title>td元素</title>
<style>
body {background-image:url(img/bg_cr_sb.gif);}
table {border:1px solid black;width:500px;}
td {border:1px solid black;}
</style>
</head>
<body>
<h4>合并行</h4>
<div>
<table>
<tr>
<td>第1行，第1列</td>
<td>第1行，第2列</td>
<td>第1行，第3列</td>
</tr>
<tr>
<td>第2行，第1列</td>
<td rowspan=" 4" >
第2行 合并4行</td>
<td>第2行，第3列</td>
</tr>
~略~
```

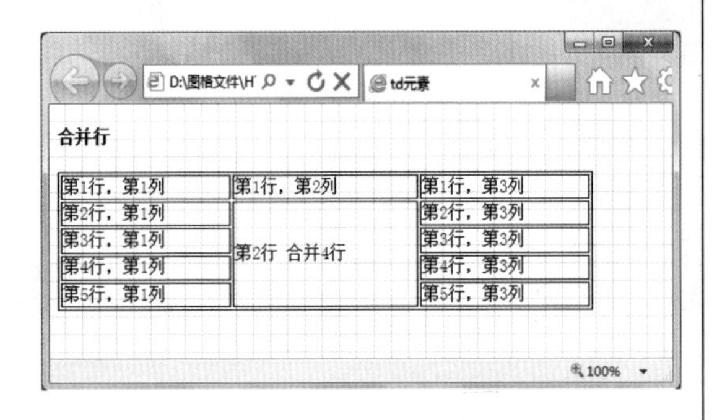

元素 th
表格标题单元格

语法

< th 属性="属性值"> ～ 标签内容 ～ </ th>

说明

- th 元素用来指定表格主体内的标题行，也就是定义表格的标题单元格，th元素为tr元素的子元素。
- th 元素的标签内容（单元格内容）会自动设置为粗体文字且居中对齐。
- 为了说明各个标题行的关联，可在th元素的id、scope属性中加以设定（HTML4与HTML5都可使用）。
- 在 HTML 文件中终止标签可省略，而在XHTML文件中，起始标签与终止标签都不可省略。

属性

■ 在 HTML5 中删除了 HTML4 中 td 元素的全部属性，仅保留了 scope、rowspan、colspan 属性。

4：HTML4 适用 5：HTML5 适用 !：W3C 非推荐属性

属性	属性值/预：预设值	说明
1 headers 4	单元格名称列表	属性值为相关单元格的id识别名称，可复数指定，名称间以空格隔开
2 scope 4 5	row / col / rowgroup / colgroup	设定单元格的范围。row目前单元格右方同行的全部单元格, col 目前单元格下方同列的全部单元格, rowgroup 目前单元格右方同组合的全部单元格, colgroup 目前单元格下方同组合的全部单元格
3 abbr 4	字符串（任意值）	将单元格中数据简化后的内容，没有足够的表格显示空间时，可利用此属性值作为单元格的显示数据
4 height 4 !	正整数 / 百分比 %	指定单元格的高度，属性值可为正整数的像素值或百分比值（需加入“%”符号），仅可在Transitional、Frameset DTD的情况下使用
5 axis 4	字符串（任意值）	设定单元格的分类名称，常用于层级式表格，分类名称可复数指定，名称间以逗号“,”隔开
6 rowspan 4 5	正整数	设定单元格的纵向跨行合并数（合并行）
7 colspan 4 5	正整数	设定单元格的横向跨列合并数（合并列）
8 width 4 !	正整数 / 百分比 %	指定单元格的宽度，属性值可为正整数的像素值或百分比值（需加入“%”符号），仅可在Transitional、Frameset DTD的情况下使用

属性	属性值	说明
9 nowrap 4 !	空值 / nowrap	设定单元格内数据不会自动换行，在HTML文件中属性值为空值（只需加入属性名称），在XHTML文件中属性值须指定为nowrap（nowrap=" nowrap"），仅可在Transitional、Frameset DTD的情况下使用
10 align 4	left / right / center / justify / char	设定单元格内数据的水平对齐方式，left 靠左对齐，right靠右对齐，center居中对齐，justify 分散对齐，char 依 char 属性决定
11 valign 4	middle / top / bottom / baseline	设定单元格内数据的垂直对齐方式，middle 居中对齐，top向上对齐，bottom靠下对齐，baseline对齐第一行的基线
12 char 4	任意的一个文字	指定搭配 align 属性值为 char 时所使用的对齐字符，预设值为英文的句号
13 charoff 4	正整数 / 百分比 %	从单元格一端到第一次出现对齐字符的位置距离（不包括对齐字符），属性值可为正整数的像素值或是百分比值（需加入“%”符号）
14 bgcolor 4 !	颜色值	指定表格水平方向一整行的背景颜色，仅可在Transitional、Frameset DTD 的情况下使用。
15 background 4 !	URI	URI 指定表格的背景图案，仅可在Transitional、Frameset DTD 的情况下使用

16 通用属性：class、contenteditable、contextmenu、dir、draggable、id、irrelevant、lang、ref、registrationmark、tabindex、template、title、style

提示：HTML5 删除的th元素部分属性可通过CSS设定达到相同效果。

释例

1 单纯标签撰写

< th > ~ </ th>

2 加入元素标签的补充说明

< th title= "属性值"> ~ </ th> → 16 title

3 加入元素标签的样式设定

< th style= "属性值"> ~ </ th> → 16 style

4 设定单元格的跨行合并数（合并行）

< th rowspan= "属性值"> ~ </ th> → 6 rowspan

5 设定单元格的跨列合并数（合并列）

< th colspan= "属性值"> ~ </ th> → 7 colspan

范例学习　合并标题单元格 th.html

```
~略~
<style>
body {background-image:url(img/bg_cr_sb.gif);}
table {border:1px solid black;width:500px;}
td {border:1px solid black;}
</style>
</head>
<body>
<h4>合并标题单元格</h4>
<div>
<table>
        <tr>
                <th style="background-color:#6699FF;" colspan="2">标题行第1列<br/>标
题行第2列</th>
                <th style="background-color:yellow;">标题行第3列</th>
        </tr>
        <tr>
                <td>第2行</td><td>第2行</td>
                <td>第2行</td>
        </tr>
        <tr>
                <td>第3行</td><td>第3行</td>
                <td>第3行</td>
        </tr>
</table>
~略~
```

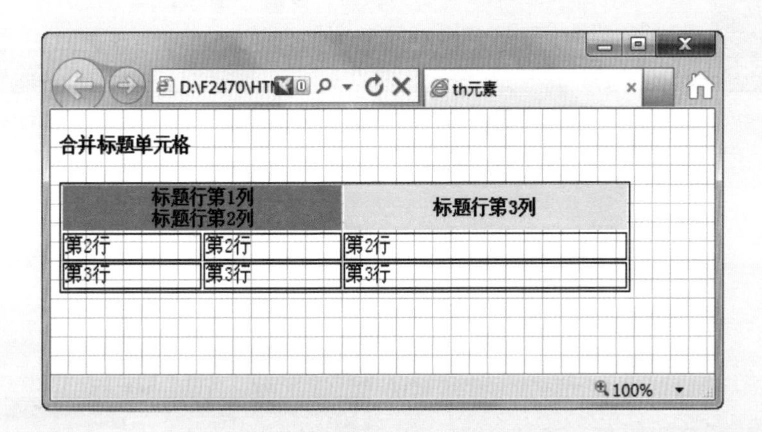

元素 caption 表格标题

语法

< caption 属性="属性值"> ～ 标签内容 ～ </ caption>

说明

- caption 元素用来指定表格的标题或说明。
- caption 元素为table元素的子元素，且只能使用于table元素的标签内容中。
- 在 HTML、XHTML 文件中, 起始标签与终止标签都不可省略。

属性

■ 在 HTML5 中删除了HTML4 中 caption 元素的 align 属性，同时，caption元素的align属性也被W3C列为非推荐属性。

4: HTML4 适用　5: HTML5 适用　!: W3C 非推荐属性

属性	属性值/ 预：预设值	说明
1 align 4 !	left / right / top 预 / bottom	设定表格标题的位置, left 在表格的左方, right 在表格的右方, top 在表格的上方, bottom 在表格的下方

2 通用属性：class、contenteditable、contextmenu、dir、draggable、id、irrelevant、lang、ref、registrationmark、tabindex、template、title、style

提示：HTML5 删除的caption元素align属性可通过CSS设定达到相同效果。

释例

1 单纯标签撰写，未加入任何属性设定

<caption> ～ </ caption> → 未使用属性的 caption 标签

2 加入title属性设定标签内容的补充说明

< caption title= "属性值"> ～ </ caption> → 2 title

3 设定表格标题的位置

< caption align="属性值"> ～ </ caption > → 1 align 2style

<caption style="caption-side: 值; "> ～ </ caption>

范例学习　设置表格标题 caption.html

```
<table>
<caption>利用table、tr、td、th元素建立表格</caption>
        <tr>
                <th style="background-color:#99FF66;">标题行第1列</th>
                <th style="background-color:#66FFFF;">标题行第2列</th>
                <th style="background-color:#FF66FF;">标题行第3列</th>
        </tr>
        <tr>
        <td>第2行</td><td>第2行</td>
        <td>第2行</td>
        </tr>
        <tr>
        <td>第3行</td><td>第3行</td>
        <td>第3行</td>
        </tr>
</table>
```

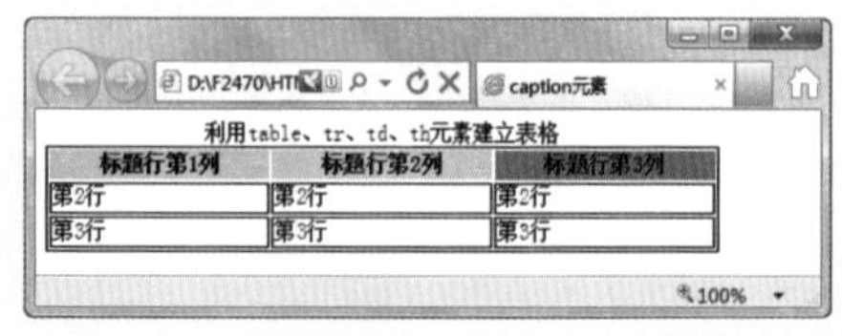

范例学习 指定表格标题的样式 caption_style.html

```
<style>
table {border:1px solid black;width:500px;}
td {border:1px solid black;}
</style>
</head>
<body>
<table>
<caption style="caption-side:bottom;font-size:14; text-align:right; color:#0000FF; font-weight:bold;">
利用table、tr、td、th元素建立表格</caption>
        <tr>
                <th style="background-color:#99FF66;">标题行第1列</th>
                <th style="background-color:#66FFFF;">标题行第2列</th>
                <th style="background-color:#FF66FF;">标题行第3列</th>
        </tr>
        <tr>
                <td>第2行</td><td>第2行</td>
                <td>第2行</td>
        </tr>
        <tr>
                <td>第3行</td><td>第3行</td>
                <td>第3行</td>
        </tr>
</table>
```

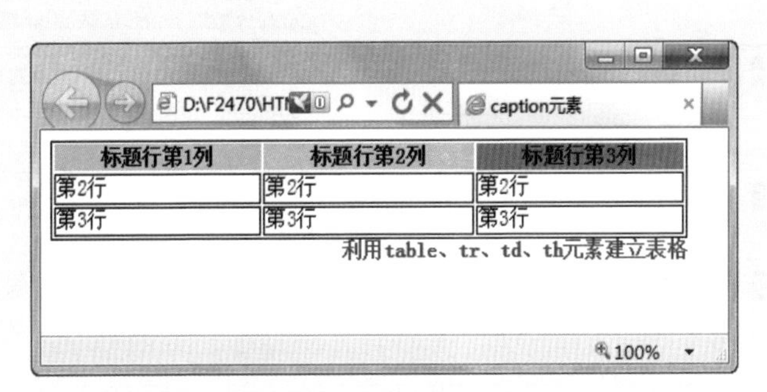

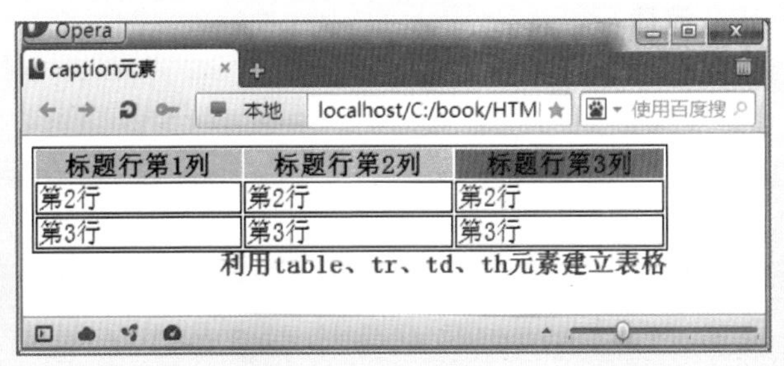

元素 colgroup 组合列

语法

< colgroup 属性="属性值"> ~ 标签内容 ~ </ colgroup>

说明

- colgroup 元素用来组合列单元格，要组合几个列单元格可由span属性指定，或通过个别的col元素来设定。
- colgroup 元素为table元素的子元素，只能使用于table元素的标签内容中，且须位于caption元素之后，thead元素之前。
- colgroup 元素只能包含 col 元素。
- colgroup 元素在HTML文件中终止标签可省略，但在XHTML文件中，必须在起始标签右括号前加上一个右斜线"/"作结束，或是将colgroup元素也加上终止标签。

属性

■ 在 HTML5 中删除了 HTML4 中 colgroup 元素的全部属性，仅保留了 span 属性。

4：HTML4 适用 5：HTML5 适用 !：W3C 非推荐属性

属性	属性值/预：预设值	说明
1 span 4 5	正整数（1 以上）	指定要组合列的数量
2 width 4 !	正整数 / 百分比 %	指定组合列（单元格）的宽度，属性值可为正整数的像素值或百分比值（需加入"%"符号）
3 align 4	left / right / center / justify / char	设定组合字段内单元格数据的水平对齐方式，left 靠左对齐，right 靠右对齐，center 居中对齐，justify分散对齐，char 依 char 属性决定
4 valign 4	middle / top / bottom / baseline	设定组合字段内单元格数据的垂直对齐方式，middle 居中对齐，top 向上对齐，bottom 靠下对齐，baseline 对齐第一行的基线
5 char 4	任意的一个文字	指定搭配 align 属性值为 char 时使用的对齐字符
6 charoff 4	正整数 / 百分比 %	从单元格一端到第一次出现对齐字符的位置距离（不包括对齐字符），属性值可为正整数的像素值或百分比值（需加入"%"符号）
7 bgcolor 4 !	颜色值	指定组合列的背景颜色

8 通用属性：class、contenteditable、contextmenu、dir、draggable、id、irrelevant、lang、ref、registrationmark、tabindex、template、title、style

提示：HTML5 删除的colgroup元素部分属性可通过CSS设定达到相同效果。

释例

1 指定组合字段的数量

< colgroup span="属性值"> ~ </ colgroup > → 1 span

2 加入style属性设定标签内容的样式

< colgroup style="属性值"> ~ </ colgroup > → 8 style

范例学习　组合表格列并指定组合列的单元格宽度 colgroup.html

```
<table>
<colgroup span="1" style="width:150px;"></colgroup>
<colgroup span="2" style="width:250px;"></colgroup>
<colgroup span="2" style="width:100px;"></colgroup>

<thead style="background:#003399;color:#FFFFFF;">
        <tr>
                <td>   </td>
                <td>销售数量</td>
                <td>市场占有率</td>
                <td>销售数量</td>
                <td>市场占有率</td>
        </tr>
</thead>

<tfoot
style="background:#336600;color:#FFFFFF;">
        <tr>
                <th>合计</th>
                <th>153,004.0</th>
                <th>100.0</th>
                <th>114,027.1</th>
                <th>100.0</th>
        </tr>
</tfoot>
<tbody
style="background:#FFFFCC;">
        <tr>
                <td>Nokia</td>
                <td>44,237.5</td>
                <td>28.9</td>
                <td>39,479.2</td>
                <td>34.6</td>
        </tr>

        ~略~
        <tr>
                <td>LG</td>
                <td>8,109.9</td>
                <td>5.3</td>
                <td>5,571.1</td>
                <td>4.9</td>
        </tr>
        <tr>
                <td>其他</td>
                <td>35,708.5</td>
                <td>23.3</td>
                <td>25,900.3</td>
                <td>22.7</td>
        </tr>
</tbody>
</table>
```

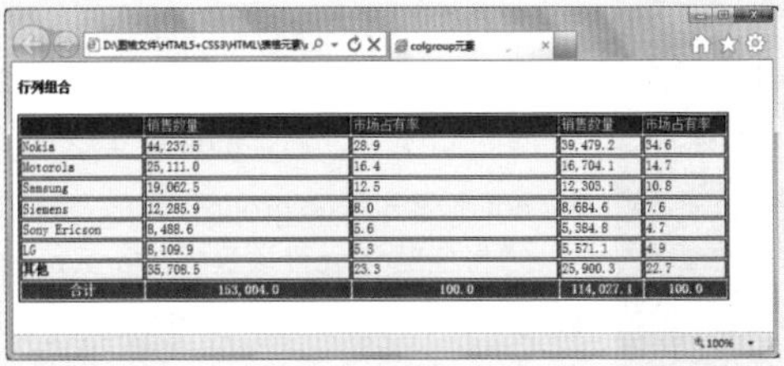

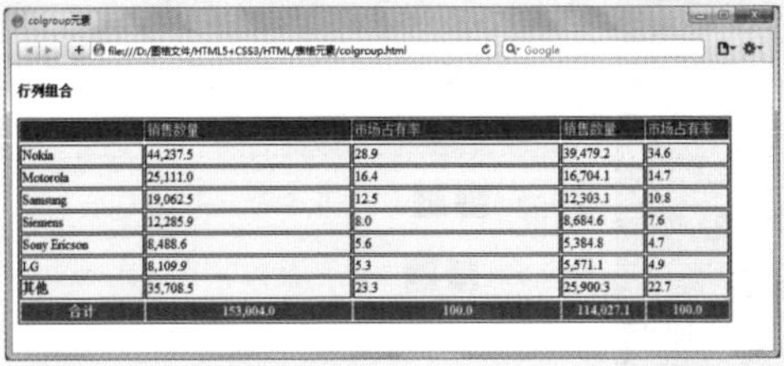

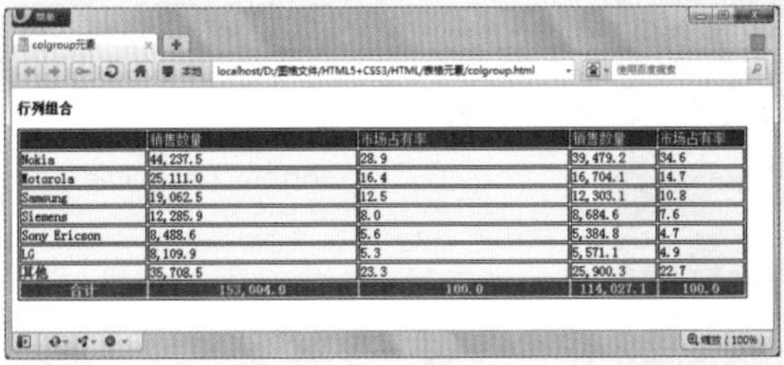

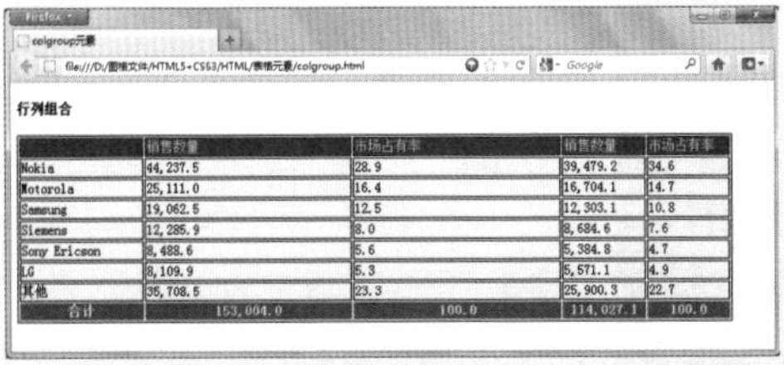

元素 col

设定列属性

语法

< col 属性="属性值"> ~ 标签内容 ~ </ col>

说明

- col 元素用来对组合列的单元格作共同属性设定，要进行几个组合列的共同属性设定，可由span属性指定。
- col 元素为table元素的子元素，只能用于table元素的标签内容中，且须位于caption元素之后，thead元素之前。
- col 元素也是colgroup元素的子元素，若用于colgroup元素的标签内容中，则必须将全部col元素放置于colgroup元素的标签内容中。
- col 元素为空元素，在HTML文件中没有终止标签，但在XHTML文件中，必须在起始标签右括号前加上一个右斜线“/”作结束，或将col元素也加上终止标签。

属性

■ 在 HTML5 中删除了 HTML4 中 colgroup 元素的全部属性，仅保留 span 属性。

4：HTML4 适用 5：HTML5 适用 !：W3C 非推荐属性

属性	属性值/预：预设值	说明
1 span 4 5	正整数（1 以上）	指定要组合的列数量
2 width 4 !	正整数 / 百分比 %	指定组合列（单元格）的宽度，属性值可为正整数的像素值或是百分比值（需加入“%”符号）
3 align 4	left / right / center / justify / char	设定组合列内单元格数据的水平对齐方式，left靠左对齐，right靠右对齐，center居中对齐，justify 分散对齐，char 依char 属性决定
4 valign 4	middle / top / bottom / baseline	设定组合列内单元格数据的垂直对齐方式，middle居中对齐，top向上对齐，bottom靠下对齐，baseline 对齐第一行的基线
5 char 4	任意的一个文字	指定搭配 align 属性值为char时使用的对齐字符
6 charoff 4	正整数 / 百分比 %	从单元格一端到第一次出现对齐字符的位置距离（不包括对齐字符），属性值可为正整数的像素值或百分比值（需加入“%”符号）
7 bgcolor 4 !	颜色值	指定组合列的背景颜色

8 通用属性：class、contenteditable、contextmenu、dir、draggable、id、irrelevant、lang、ref、registrationmark、tabindex、template、title、style

提示：HTML5 删除的 col 元素部分属性可通过 CSS 设定达到相同效果。

释例

1 指定组合列的数量

< col span="属性值"> ~ </ col > → 1 span

2 加入 style 属性设定标签内容的样式

< col style="属性值"> ~ </ col > → 8 style

范例学习　指定个别组合列的样式 col.html

```
<div>
<table>
<colgroup span="1" style="width:150px;"></colgroup>
<colgroup>
 <col span="1" style="width:100px;background:#CC99FF;">
</colgroup>
<colgroup>
<col span="1" style="width:200px;background:#009900;">
<col span="1" style="width:150px; background:#CCFF99;">
</colgroup>
<colgroup span="1" style="width:150px;"></colgroup>
<thead>
        <tr>
                <td>   </td>
                <td>销售数量</td>
                <td>市场占有率</td>
                <td>销售数量</td>
                <td>市场占有率</td>
        </tr>
</thead>
<tfoot>
        <tr>
                <th>合计</th>
                <th>153,004.0</th>
                <th>100.0</th>
                <th>114,027.1</th>
                <th>100.0</th>
        </tr>
</tfoot>
<tbody>

        <tr>
                <td>Nokia</td>
                <td>44,237.5</td>
                <td>28.9</td>
                <td>39,479.2</td>
                <td>34.6</td>
        </tr>

        ~略~

        <tr>
                <td>其他</td>
                <td>35,708.5</td>
                <td>23.3</td>
                <td>25,900.3</td>
                <td>22.7</td>
        </tr>
</tbody>
</table>
```

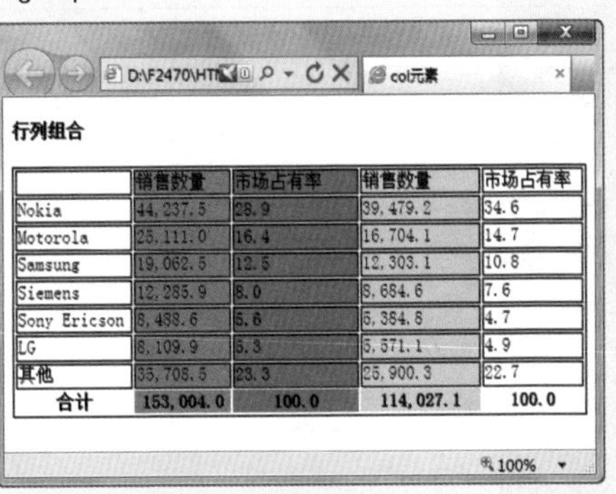

	销售数量	市场占有率	销售数量	市场占有率
Nokia	44,237.5	28.9	39,479.2	34.6
Motorola	25,111.0	16.4	16,704.1	14.7
Samsung	19,062.5	12.5	12,303.1	10.8
Siemens	12,285.9	8.0	8,684.6	7.6
Sony Ericson	8,488.6	5.6	5,384.8	4.7
LG	8,109.9	5.3	5,571.1	4.9
其他	35,708.5	23.3	25,900.3	22.7
合计	153,004.0	100.0	114,027.1	100.0

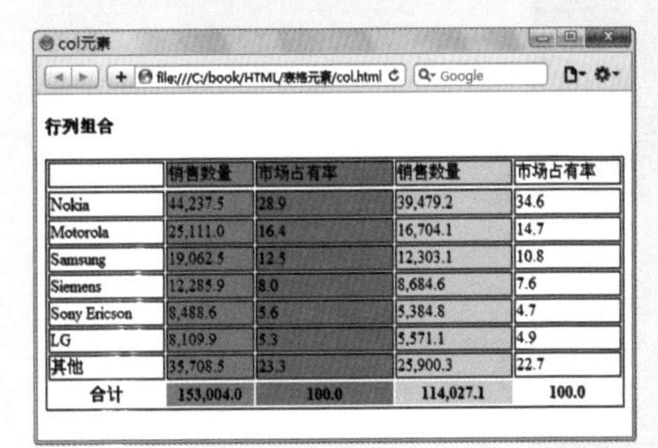

	销售数量	市场占有率	销售数量	市场占有率
Nokia	44,237.5	28.9	39,479.2	34.6
Motorola	25,111.0	16.4	16,704.1	14.7
Samsung	19,062.5	12.5	12,303.1	10.8
Siemens	12,285.9	8.0	8,684.6	7.6
Sony Ericson	8,488.6	5.6	5,384.8	4.7
LG	8,109.9	5.3	5,571.1	4.9
其他	35,708.5	23.3	25,900.3	22.7
合计	153,004.0	100.0	114,027.1	100.0

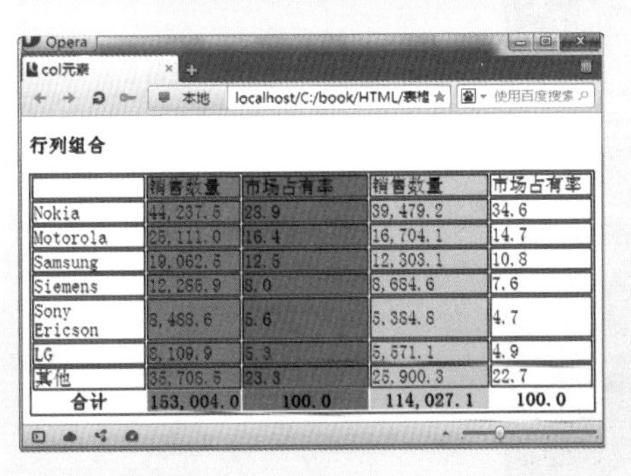

	销售数量	市场占有率	销售数量	市场占有率
Nokia	44,237.5	28.9	39,479.2	34.6
Motorola	25,111.0	16.4	16,704.1	14.7
Samsung	19,062.5	12.5	12,303.1	10.8
Siemens	12,285.9	8.0	8,684.6	7.6
Sony Ericson	8,488.6	5.6	5,384.8	4.7
LG	8,109.9	5.3	5,571.1	4.9
其他	35,708.5	23.3	25,900.3	22.7
合计	153,004.0	100.0	114,027.1	100.0

表单元素 HTML4 / HTML5

元素 form 表单

语法 <form 属性="属性值"> ~ 标签内容 ~ </form>

说明

- form 元素用来在文件中配置表单范围，是建立表单的基础元素。
- form 元素是包含元素，form元素标签内容中可包含除form、script之外的任何元素，其主要子元素有input、select、textarea、button等。
- 在 HTML、XHTML 文件中，form 元素的起始标签与终止标签都不可省略。

属性

■ 在 HTML5 中删除了 HTML4 中 form 元素的 accept 属性。

4：HTML4 适用 5：HTML5 适用 !：W3C 非推荐属性

属性	属性值/预：预设值	说明
1 action 4 5	URI	必要属性，指定表单数据的发送对象URI
2 method 4 5	get 预 / post/put/delete	将表单数据送至HTTP服务器的方法，get 以URI形式发送数据，post 将表单数据视为本文来发送数据
3 enctype 4 5	MIME 类型	指定表单数据发送的数据类型，此属性的设定只在method属性值为post时有效，预设值为"application/x-www-form-urlencoded"，如果表单中含有文件发送栏位（input type="file"）时，属性值必须设定为"multi part/form-data" 注
4 name 4 5 !	字符串（任意值）	表单的识别名称，此属性为了向下识别而存在，建议建立识别名称时同时使用id与name属性，并给予其相同的属性值。此属性仅可在Transitional、Frameset DTD的情况下使用
5 accept-charset 4 5	字符编码	指定服务器处理表单时所能接受的字符编码表列表，可复数指定，编码表列表项目使用逗号","或空格隔开，预设值为"unknow"
6 accept 4	MIME 类型	指定服务器处理表单时所能接受的MIME形态，可复数指定，MIME列表项目使用逗号","或空格隔开
7 target 4 5	框架识别名称（字符串，任意值）	设定在何处打开action属性所指定的URI目标，属性值可为框架目标的名称或目标窗口名称，框架目标的名称可在框架分割时自行定义（即自定义子框架的识别名称），但框架目标有下列4个特殊定义的名称：_self（目前的文件位置），_blank（新窗口），_top（最顶层框架，即跳脱框架），_parent（父框架）。此属性仅可在Transitional、Frameset DTD的情况下使用

8 autocomplete 5 on/off		设定是否自动完成表单内容。当autocomplete属性值为on时，则浏览器将记忆表单字段的输入值，当用户再度浏览相同页面时，表单字段将会自动输入之前用户所输入的数据；反之，autocomplete属性值为off时，浏览器将不会记忆表单字段的输入值
9 novalidate 5	空值 /novalidate	设定表单在数据提交时不进行表单数据验证，下列3种属性值设定意义相同：novalidate、novalidate = " " 、novalidate ="novalidate"

11 通用属性：class、contenteditable、contextmenu、dir、draggable、id、irrelevant、lang、ref、registrationmark、tabindex、template、title、style

注：

enctype 属性的可能值：

- application/x-www-form-urlencoded
- multipart/form-data
- text/plain

提示：method 属性值若为“get”，则代表我们按下“发送”按钮后，浏览器将会立即主动将数据传给服务器，而表单中的数据将会附在网址之后发送到服务器；method 属性值若为“post”，代表我们按下“发送”按钮后，浏览器将不会立即主动将数据传给服务器，而会等候服务器端来读取数据并加以处理，也就是当我们按下“发送”按钮后，表单中的数据不会附在网址之后。

释例

1 指定表单数据的发送方式与发送对象

< form action="属性值" method="属性值"> ~ </form > → 1 action → 2 method

2 指定表单发送数据时的MIME类型

< form method="post" enctype="属性值"> ~ </form > → 2 method → 3 enctype

3 指定表单的识别名称

< form name="属性值" id="属性值"> ~ </form > → 4 name → 11 id

范例学习 指定表单的数据发送对象与发送方式 form.html

```
<body>
<form method="post" action="program.php">
<p><input src="img/IMG_0652.JPG" name
="pic" type="image" alt="可爱的机车" /></p>
</form>
</body>
```

范例学习　表单寄信 form_mail.html

```
<body>
<form name="myForm" id="myForm" action="mailto:abc@test.com" method="post">
您的大名:<input type="text" name="user" />
<br />
您的意见:<textarea rows="3" name="message" cols="40"></textarea>
<br />
<input type="submit" value="发送邮件" />
</form>
<img src="img/P1020676.JPG" />
</body>
```

表单元素 HTML4 / HTML5

元素 input 表单输入字段

语法

< input 属性="属性值"> ~ 标签内容 ~ </ input>

说明

- input 元素用来配置表单中的输入字段，input元素可配置多种不同类型的输入字段，输入字段类型由type属性决定。
- input 元素不仅可布置在表单中，也可布置在DIV块型元素或内联元素中。
- input 元素为空元素，在HTML文件中没有终止标签，但在XHTML文件中，必须在起始标签右括号前加上一个右斜线“/”作结束，或是将input元素也加上终止标签。

属性

4：HTML4 适用 5：HTML5 适用 !：W3C 非推荐属性

属性	属性值/预：预设值	说明
1 type 4 5	输入字段的类型	预设为 text 单行输入方块 注
2 name 4 5	字符串（任意值）	输入字段的识别名称，传递数据时的参数名称
3 value 4 5	字符串（任意值）	表单字段预设数据值，checkbox、radio类型的表单字段不可省略此属性设定，其余类型都可省略。用于button、submit、reset等字段类型指的是按钮标签的显示文字，用于checkbox、radio类型的字段时，则为表单数据发送时被选定项目的数据值
4 size 4	正整数	指定输入字段的宽度，文本输入字段（text、password）为文字数宽度，其余字段类型为像素单位（pixel）的宽度
5 maxlength 4 5	正整数	指定输入字段可输入的文字数，用于文本输入字段（text、password），预设没有限制可输入字数
6 checked 4 5	空值 /checked	指定字段已是被选取状态，用于checkbox、radio等字段，在HTML文件中属性值为空值（只需加入属性名称），在XHTML文件中，此属性值不可省略，即须指定checked="checked"
7 disabled 4 5	空值 /disabled	设定输入字段为不可使用（字段变成灰色），表单数据发送时，将不会发送该字段数据，在HTML文件中属性值为空值（只需加入属性名称），在XHTML文件中属性值须指定为“disabled”（disabled ="disabled"）
8 readonly 4 5	空值 /readonly	指定字段数据不可变更，但表单数据发送时，将会发送该字段数据，在HTML文件中属性值为空值（只需加入属性名称），在XHTML文件中属性值须指定为“readonly”（readonly ="readonly"）

属性	9 src 4 5	URI	指定图片来源的URI，用于image字段
	10 alt 4 5	字符串（任意值）	当图片无法显示时的替代文字，用于image字段
	11 align 4 !	top（靠上）/ middle（居中）/ bottom（靠下）预 / left（靠左）/ right（靠右）	用于image字段，指定图片与文字的对应排列方式, top / middle / bottom 为图片与文字垂直方向的对应关系, left / right 为图片与文字水平方向的对应关系（图旁串文），此属性仅可在Transitional、Frameset DTD 的情况下使用
	12 tabindex 4 5	0 ~ 32767	指定按下 Tab 键时项目间移动的顺序，从属性值最小者开始移动
	13 accesskey 4 5	任意一个文字码中的文字	指定快捷键文字, 快捷键的使用在 windows 中为“Alt + 快捷键文字”,macintosh为“control + 快捷键文字”
	14 accept 4 5	MIME 类型	指定服务器处理表单数据时所能接受的MIME形态，可复数指定，MIME列表项目使用逗号“,”或空格隔开，用于file字段
	15 autocomplet 5	on / off	设定是否自动完成表单字段内容。当autocomplete属性值为on时，则浏览器将记忆表单字段的输入值，当用户再度浏览相同页面时，表单字段将会自动输入之前用户所输入的数据；反之，autocomplete属性值为off时，浏览器将不会记忆表单字段的输入值
	16 list 5	detalist 元素的 id	用于指定字段的候选数据值列表，此属性仅适用于text、search、url、telephone、email、date pickers、number、range与color等类型的表单字段
	17 required 5	空值 /required	用来指定输入字段在表单提交前一定要填写数据（输入值不可为空），下列3种属性值设定意义相同：required、required =""、required ="required"，此属性仅适用于text、search、url、telephone，email、password、date pickers、number，checkbox、radio与file等类型的表单字段
	18 pattern 5	字符串	用于设定输入型字段的正规表达式，此属性仅适用于text、search、url、telephone、email以及password等类型的表单字段
	19 step 5	数值（步进值）	设定表单字段的合法步进间隔，例如step="3"，则合法的字段输入值必须为-3、0、3、6等，此属性仅适用于date pickers、number 以及range等类型的表单字段

属性

20 max 5	数值	设定字段的可输入最大值，此属性仅适用于date pickers、number以及range等类型的表单字段
21 min 5	数值	设定字段的可输入最小值，此属性仅适用于date pickers、number以及range等类型的表单字段
22 placeholder 5	字符串	设定显示于字段中的预设值（提示信息），这个预设值（提示信息）将在字段获得操作焦点时被清空，此属性仅适用于text、search、url、telephone、email以及password等类型的表单字段
23 form 5	form 元素的 id	设定字段隶属于哪一个或多个表单，属性值必须为引用的表单id
24 autofocus 5	空值 /autofocus	设定网页文件加载时，字段自动获得操作焦点。下列3种属性值设定意义相同：autofocus、autofocus =""、autofocus = " autofocus"

25 通用属性：class、contenteditable、contextmenu、dir、draggable、id、irrelevant、lang、ref、registrationmark、template、title、style

注：

input 元素的 type 属性可能值列表如下：

属性值	说明	对照
submit	表单数据发送按钮	P151
reset	表单数据重设（清除）按钮	P152
button	表单通用按钮	P153
image	表单数据发送按钮（图片式）	P154
hidden	表单隐藏字段	P155
text	单行文字输入方块	P156
search	搜索关键词输入字段	P157
tel	电话输入字段	P158
url	网址输入字段	P159
email	电子邮箱输入字段（若输入数据格式不符将出现错误提示）	P160
password	密码输入字段	P161
datetime	UTC日期时间输入字段	P163
datetime-local	本地日期时间输入字段	P163

属性

属性值	说明	对照
date	日期输入字段	P165
month	月份输入字段	P167
week	星期输入字段	P169
time	时间输入字段	P171
number	数值输入字段（若数据形态不符将出现错误提示）	P173
range	范围输入字段（滑块字段，适用于数值选取）	P175
color	颜色选择字段	P176
checkbox	可复选的复选框	P178
radio	单选按钮	P179
file	文件选择字段	P180

释例

1 基础标签撰写

<input type="属性值" /> → 1 type

2 指定输入字段的识别名称与数据值

< input name="属性值" value="属性值" / > → 2 name → 3 value

3 指定字段项目已核取

< input type="radio" name="属性值" checked="checked" /> → 1 type → 2 name → 6 checked

Input 元素 / type 属性设定

类型 submit 表单提交按钮

语法

< input type="submit" />

说明

● 当 input 元素的type属性设定值指定为“submit”时，代表要建立一个“提交”按钮，当下次使用按钮时就会将表单数据发送出去，表单数据的接收对象由form元素的action属性值决定。

浏览器对应	IE9	IE8	FireFox4	Chrome11	Safari5	Opera11
	可	可	可	可	可	可

额外属性

■ 当 input 元素的type属性设定值指定为“submit”时，该input元素可使用的其他属性如下表所列。

属性	属性值/ 预：预设值	说明
1 value	字符串	按钮上的标题文字，如未设定此属性值，则按钮上的标题文字将由各浏览器的预设值而定

2 其他可用属性：autocomplete、disabled、form、name

■ 当 input 元素的 type 属性设定值指定为“submit”时，该input元素可重写表单属性（form override attributes）：

- formaction：重写表单的 action 属性
- formenctype：重写表单的 enctype 属性
- formmethod ：重写表单的 method 属性
- formnovalidate：重写表单的 novalidate 属性
- formtarget ：重写表单的 target 属性

范例学习 将表单数据提交出去 input_submit.html

```
<form method="post" id="myForm">
  <h3>未使用 value 属性</h3>
  <p> <input type="submit" /></p>
  <h3>利用 value 属性按钮上的标题文字</h3>
  <p> <input type="submit" value="确定" /></p>
  <p> <input type="submit"  value="已经填写完毕，
发送资料" /> </p>
</form>
```

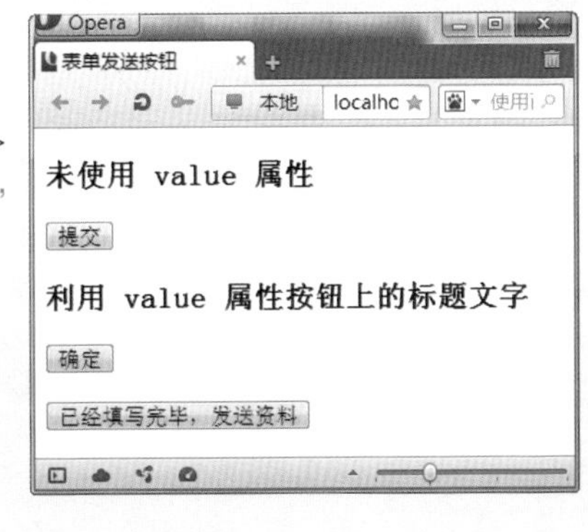

Input 元素 / type 属性设定

类型 reset 表单重置按钮

语法 < input type="reset" />

说明

- 当 input 元素的 reset 属性设定值指定为 “reset” 时，代表要建立一个 “重置” （清除）按钮，当用户按下此按钮时，已输入的表单数据将被清除恢复到表单载入的初始状态。

浏览器对应	IE9	IE8	FireFox4	Chrome11	Safari5	Opera11
	可	可	可	可	可	可

额外属性

■ 当input元素的type属性设定值指定为 “reset” 时，该input元素可使用的其他属性如下表所列。

属性	属性值/ 预 ：预设值	说明
1 value	字符串	按钮上的标题文字，如未设定此属性值，则按钮上的标题文字将由各浏览器的预设值而定

2 其他可用属性：autocomplete、disabled、form、name

范例学习 重置表单数据 input_reset.html

```
<body>
<h3>您的来信是我们的荣幸</h3>
<form name="myForm" action="mailto:test@abc.com">
您的大名:<input type="text" name="user" />
<br />
您的意见:<textarea rows="3" name="message" cols="40"></textarea>
<br /><br />
<input type="submit" value="发送意见" />
<input type="reset" value="重新填写" />
</form>
<img src="img/IMG_0682.JPG" alt=" " />
</body>
</html>
```

Input 元素 / type 属性设定

类型 button 通用按钮

语法 < input type="button" />

说明

- 当input元素的type属性设定值指定为“button”时，代表要建立一个“通用”按钮，通用按钮的用途主要是用来调用事件、执行脚本程序（例如JavaScript）。
- 若按钮的作用为发送表单数据、重置表单数据，则应该将input元素的type属性值设定为submit、reset，而非button。

浏览器对应	IE9	IE8	FireFox4	Chrome11	Safari5	Opera11
	可	可	可	可	可	可

额外属性

■ 当input元素的type属性设定值指定为“button”时，该input元素可使用的其他属性如下表所列。

属性	属性值/ 预：预设值	说明
1 value	字符串	按钮上的标题文字，如未设定此属性值，则按钮上的标题文字将为空白

2 其他可用属性：autofocus、disabled、form、name

范例学习 配置通用按钮 input_button.html

```
<body>
<h3>项目导航</h3>
<form name="myForm" action="test.php">
<input type="button" value="上一页" onClick="history.go(-1)" />
<input type="button" value="下一页" onClick="history.go(1)" />
<input type="button" value="前往参观麻辣学园" onClick="window.open('http://www.twbts.com')" />
</form>
<p>
<img src="img/IMG_0682.JPG" alt="" />
</p>
</body>
```

Input 元素 / type 属性设定

类型 image

图片式表单数据发送按钮

语法 < input type="image" />

说明

- 当input元素的type属性设定值指定为“image”时，代表要建立一个“图片式”的按钮，当按下“图片”时就会将表单数据发送出去，表单数据的接收对象由form元素的action属性值决定。
- 简单说，input元素的type属性设定为submit、image，按下两者的作用都是将表单数据发送出去，差别只在两者的外观不同而已。

浏览器对应	IE9	IE8	FireFox4	Chrome11	Safari5	Opera11
	可	可	可	可	可	可

额外属性

■ 当input元素的type属性设定值指定为“image”时，该input元素可使用的其他属性如下表所列。

属性	属性值/ 预：预设值	说明
1 src	URI	必要属性，指定图片来源的URI
2 alt	字符串（任意值）	必要属性，当图片无法显示时的替代文字
3 width	正整数 / 百分比 %	指定图片的宽度，属性值可为正整数的像素值或百分比值（需加入“%”符号）
4 height	正整数 / 百分比 %	指定图片的高度，属性值可为正整数的像素值或百分比值（需加入“%”符号）

2 其他可用属性：autofocus、disabled、form、name、value

范例学习 配置图片式按钮 input_image.html

```
<body>
<h3>欢迎您来信批评指教</h3>
<form name="myForm" action="mailto:test@abc.com">
您的大名:<input type="text" name="user" /><br />
您的意见:<textarea rows="3" name="message" cols="40"></textarea>
<br /><br />
<input type="reset" value="重新填写" />
<input type="image" src="img/submit.gif" alt="发送" />
</form>
<img src="img/P1020176.JPG" alt="" />
</body>
```

Input 元素 / type 属性设定

类型 hidden 隐藏字段

语法

```
< input type="hidden" />
```

说明

- 当input元素的type属性设定值指定为“hidden”时，代表要建立一个隐藏字段。
- 隐藏字段是网页必须使用的变量数据，但是又不需要用户输入，只要网页设计者自行设定即可的数据字段，这个字段内含的数据并不会出现在网页画面中，但是当表单数据发送时却会含有此隐藏字段内的数据！

浏览器对应	IE9	IE8	FireFox4	Chrome11	Safari5	Opera11
	可	可	可	可	可	可

额外属性

■ 当input元素的type属性设定值指定为“hidden”时，该input元素可使用的其他属性如下表所列。

属性	属性值/ 预：预设值	说明
1 name	字符串	指定隐藏字段的名称
2 value	字符串	设定隐藏字段的预设数据值

3 其他可用属性：autofocus、disabled、form

范例学习 配置隐藏字段 input_hidden.html

```
<body>
<h3>请选择您喜爱的音乐类型</h3>
<form name="myForm" action="post.php">
<input type="hidden" name="music_type" value="ask3" />
<input type="checkbox" name="music" value="摇滚" />摇滚
<input type="checkbox" name="music" value="爵士" />爵士
<input type="checkbox" name="music" value="古典" />古典
</form>
<p>
<img src="img/DSC_0148.JPG" alt="" />
</p>
</body>
```

Input 元素 / type 属性设定

类型 text

单行文本输入字段

语法

< input type="text" />

说明

- 当input元素的type属性设定值指定为“text”时，代表要建立一个单行文本输入方块的字段。
- 单行文本输入字段可供用户输入内容之用，内容的最大输入长度可利用maxlength属性加以限制，如此可避免用户输入过多内容，使表单数据在发送时出现长度超过的错误。

浏览器对应	IE9	IE8	FireFox4	Chrome11	Safari5	Opera11
	可	可	可	可	可	可

额外属性

■ 当input元素的type属性设定值指定为“text”时，该input元素可使用的其他属性如下表所列。

属性	属性值/预：预设值	说明
1 name	字符串	指定单行文本输入字段的名称
2 value	字符串	设定单行文本输入字段的预设数据值

3 其他可用属性：autocomplete、disabled、form、list、maxlength、pattern、placeholder、readonly、required、size、autofocus

范例学习 配置单行文本输入字段 input_text.html

```
<body>
<h3>单行文本输入字段</h3>
<form name="myForm" id="myForm" action="mailto:abc@test.com" method="post">
 <p>您的大名:
 <input type="text" name="user" />
 </p>
 <p>通信地址:
 <input type="text" name="address"
value="请输入地址" maxlength="100" size="50"/>
 </p>
</form>
```

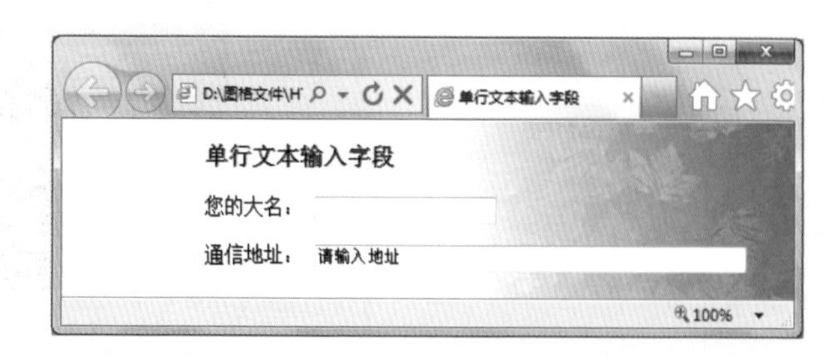

Input 元素 / type 属性设定

类型 search

搜索关键词输入字段

语法 < input type="search" />

说明

- 当input元素的type属性设定值指定为“search”时，代表要建立一个搜索关键词输入字段，其作用与单行文本输入字段相同，都是供用户数据输入之用。
- input 元素type属性的search属性值是HTML5标准新增的。

浏览器对应	IE9	IE8	FireFox4	Chrome11	Safari5	Opera11
	可	否	可	可	可	可

额外属性

■ 当input元素的type属性设定值指定为“search”时，该input元素可使用的其他属性如下表所列。

属性	属性值/预：预设值	说明
1 name	字符串	指定搜索关键词输入字段的名称

2 其他可用属性：autocomplete、disabled、form、list、maxlength、pattern、placeholder、readonly、required、size、autofocus、value

范例学习 配置关键词搜索字段 input_search.html

```
<body>
<h3>全文搜索</h3>
<form name="myForm" id="myForm" action="search.php" method="post">
 <p>
 <input type="search" name="search" placeholder="请输入关键词" />
 <input type="submit" value="搜索"/>
 </p>
</form>
<p>
<img src="img/DSC_0797.JPG" alt="" />
</p>
</body>
```

Input 元素 / type 属性设定

类型 tel

电话输入字段

语法

< input type="tel" />

说明

- 当input元素的type属性设定值指定为“tel”时，代表要建立一个“电话号码”的输入字段。
- 电话输入字段没有数据验证功能，其作用与单行文本输入字段相同，都只提供使用者输入数据之用。若要验证电话输入字段中的数据是否符合格式，可通过input元素的pattern属性。
- input 元素 type 属性的 tel 属性值是 HTML5 标准新增的。

浏览器对应	IE9	IE8	FireFox4	Chrome11	Safari5	Opera11
	可	否	可	可	可	可

额外属性

■ 当input元素的type属性设定值指定为“tel”时，该input元素可使用的其他属性如下表所列。

属性	属性值/ 预 ：预设值	说明
1 name	字符串	指定电话输入字段的名称
2 value	字符串	设定电话输入字段的预设数据值

3 其他可用属性：autocomplete、disabled、form、list、maxlength、pattern、placeholder、readonly、required、size、autofocus

范例学习 配置电话输入字段 input_tel.html

```
<h3>请输入身份验证资料</h3>
<form name="myForm" id="myForm" action="tel.php" method="post">
 <p>您的电话
 <input type="tel" name="tel" value="123456789" placeholder="请输入手机号码" />
 <input type="submit" value="验证"/>
 </p>
</form>
<p><img src="img/DSC_0049.JPG" alt
="" /></p>
</body>
```

提示：若同时设定value与placeholder属性，当网页文件加载时将优先在字段中显示value属性的值。

Input 元素 / type 属性设定

类型 url 网址输入字段

语法 < input type="url" />

说明

- 当input元素的type属性设定值指定为“url”时，代表要建立一个“网址”输入字段。
- 在当前的各家主流浏览器中，都可显示网址输入字段，但是都没有数据验证功能，因此网址输入字段的功能只是与单行文本输入字段相同，作为提供用户数据输入之用。
- input 元素 type 属性的 url 属性值是 HTML5 标准新增的。

浏览器对应	IE9	IE8	FireFox4	Chrome11	Safari5	Opera11
	可	否	可	可	可	可

额外属性

■ 当 input 元素的 type 属性设定值指定为“url”时，该input元素可使用的其他属性如下表所列。

属性	属性值/ 预：预设值	说明
1 value	字符串	设定网址输入字段的预设数据值

2 其他可用属性：autocomplete、disabled、form、list、maxlength、pattern、placeholder、readonly、required、size、autofocus、name

范例学习 配置网址输入字段 input_uri.html

```
<body>
<h3>请输入您个人网站的网址</h3>
<form name="myForm" id="myForm" action="url.php" method="post">
 <p>URL
 <input type="url" name="url" value="http://" />
 <input type="submit" value="登记"/>
 </p>
</form>
<p><img src="img/DSC_0091.JPG" alt="" /></p>
</body>
```

提示：经笔者实测，除Chrome浏览器具有简易的数据验证功能外，其余各主流浏览器都无验证功能。

Input 元素 / type 属性设定

类型 email 电子邮箱输入字段

语法 < input type="email" />

说明

- 当 input 元素的type属性设定值指定为“email”时，代表要建立一个电子邮箱输入字段。
- 在当前的各家主流浏览器中，都可显示电子邮箱输入字段，外观与单行文本输入字段相同，作为用户输入电子邮箱之用。
- input 元素 type 属性的 email 属性值是 HTML5 标准新增的。

浏览器对应	IE9	IE8	FireFox4	Chrome11	Safari5	Opera11
	可	否	可	可	可	可

额外属性

■ 当input元素的type属性设定值指定为“email”时，该input元素可使用的其他属性如下表所列。

属性	属性值/ 预：预设值	说明
1 value	字符串	设定电子邮箱输入字段的预设数据值

2 其他可用属性：autocomplete、disabled、form、maxlength、pattern、placeholder、readonly、required、size、autofocus、name

范例学习 配置电子邮箱输入字段 input_email.html

```
<body>
<h3>订阅电子报请输入电子邮箱</h3>
<form name="myForm" id="myForm" action="email.php" method="post">
 <p>Email
 <input type="email" name="email" />
 <input type="submit" value="订阅"/>
 </p>
</form>
<p><img src="img/DSC_0057.JPG" alt="" /></p>
</body>
```

提示：经笔者实测，Opera、Chrome、FireFox浏览器具有电子邮箱格式的验证功能，而IE、Safari浏览器则无验证功能。

Input 元素 / type 属性设定

类型 password 密码输入字段

语法

< input type="password" />

说明

- 当input元素的type属性设定值指定为“password”时，代表要建立一个密码输入字段。
- 密码输入字段（type=”password”）的外观与单行文本输入字段（type=”text”）相同，区别在用户在密码输入字段输入内容时，将以遮蔽字符替代，不会在页面中显示输入的真实内容。

浏览器对应	IE9	IE8	FireFox4	Chrome11	Safari5	Opera11
	可	可	可	可	可	可

额外属性

■ 当input元素的type属性设定值指定为“password”时，该input元素可使用的其他属性如下表所列。

属性	属性值/ 预：预设值	说明
1 name	字符串	指定密码输入字段的名称

2 其他可用属性：autocomplete、disabled、form、maxlength、pattern、placeholder、readonly、required、size、autofocus、value

范例学习 配置密码输入字段 input_password.html

```
<body>
<h3>会员专区</h3>
<form name="myForm" id="myForm" action="login.php" method="post">
 <p>帐号
 <input type="text" name="user" />
</p><p>密码
 <input type="password" name="password" pattern="[0-9]{5}" />
 <input type="submit" value="登录"/>
 </p>
</form>
<p>
<img src="img/IMG_03082.JPG" alt="" />
</p>
</body>
```

提示：本例为密码输入字段（type="password"）额外加入正规表达式 pattern 属性，限制字段数据仅可输入数字且数据长度等于5（此设定仅Opera、Chrome、FireFox浏览器有效）。

Opera的显示效果

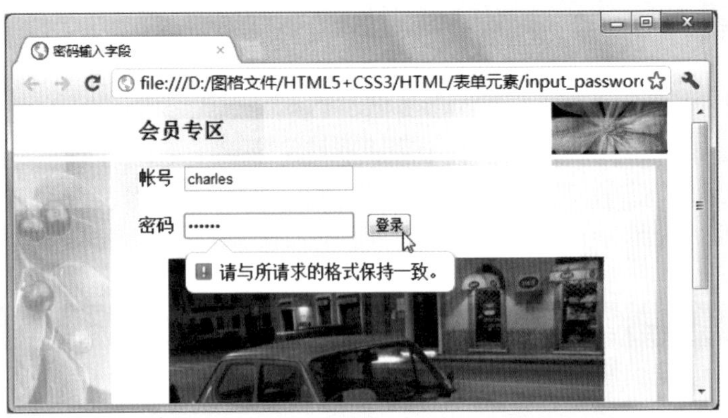

Chrome的显示效果

FireFox的显示效果

Input 元素 / type 属性设定

类型 datetime / datetime-local

UTC 日期时间输入字段 / 本地日期时间输入字段

语法

< input type="datetime" />

< input type="datetime-local" />

说明

- 当 input 元素的type属性设定值指定为“datetime”时，代表要建立一个“UTC（国际标准时间）”日期时间的输入字段；当input元素的type属性设定值指定为“datetime-local”时，代表要建立一个“本地”日期时间的输入字段，此日期时间以用户计算机系统所设定的时区为准。
- input 元素 type 属性的 datetime、datetime-local 属性值是 HTML5 标准新增的。
- IE、FireFox 浏览器无法正确显示“datetime”、“datetime-local”输入字段；Chrome、Safari浏览器可正确显示“datetime”、“datetime-local”输入字段，但缺少日期选择（日历选择）功能；Opera浏览器可正确显示并对应“datetime”、“datetime-local”输入字段的完整功能。

浏览器对应	IE9	IE8	FireFox4	Chrome11	Safari5	Opera11
	否	否	否	部分	部分	可

额外属性

■ 当 input 元素的 type 属性设定值指定为“datetime”、“datetime-local”时，该input元素可使用的其他属性如下表所列。

属性	属性值/预：预设值	说明
1 name	字符串	指定日期时间输入字段的名称
2 其他可用属性：	autocomplete、disabled、form、list、max、min、readonly、required、step、autofocus、value	

范例学习 配置UTC时间和本地时间输入字段 input_datetime.html

```
<form name="myForm" id="myForm" action="form.php" method="post">
 <p>UTC 时间
 <input type="datetime" name="utctime" />
 </p>
 <p>本地时间
 <input type="datetime-local" name="localtime" />
 </p>
</form>
```

Opera的显示效果

Chrome的显示效果

Safari的显示效果

Input 元素 / type 属性设定

类型 date 日期输入字段

语法 `< input type="date" />`

说明

- 当 input 元素的type属性设定值指定为“date”时，代表要建立一个日期的输入字段。
- input 元素 type 属性的 date 属性值是 HTML5 标准新增的。
- IE、FireFox 浏览器无法正确显示date输入字段；Chrome、Safari浏览器可正确显示date输入字段，但缺少日期选择功能（日历选择）；Opera浏览器可正确显示并对应date输入字段的完整功能。

浏览器对应	IE9	IE8	FireFox4	Chrome11	Safari5	Opera11
	否	否	否	部分	部分	可

额外属性

■ 当 input 元素的type属性设定值指定为date时，该input元素可使用的其他属性如下表所列。

属性	属性值/预：预设值	说明
1 name	字符串	指定日期输入字段的名称

2 其他可用属性：autocomplete、disabled、form、list、max、min、readonly、required、step、autofocus、value

范例学习 配置日期输入字段 input_date.html

```
<body>
<h3>日期输入字段</h3>
<form name="myForm" id="myForm" action="form.php" method="post">
 <p>预定送达日期
 <input type="date" name="sd" />
 </p>
 <p>实际送达日期
 <input type="date" name="dd" />
 </p>
</form>
<p>
<img src="img/DSC_0081.JPG" alt="" />
</p>
</body>
```

Opera的显示效果

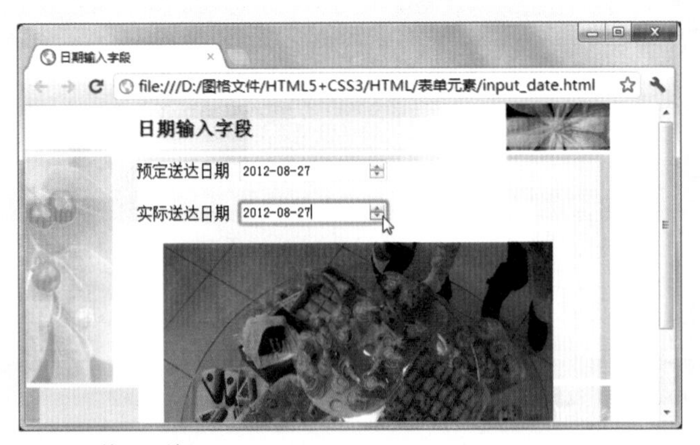

Chrome的显示效果

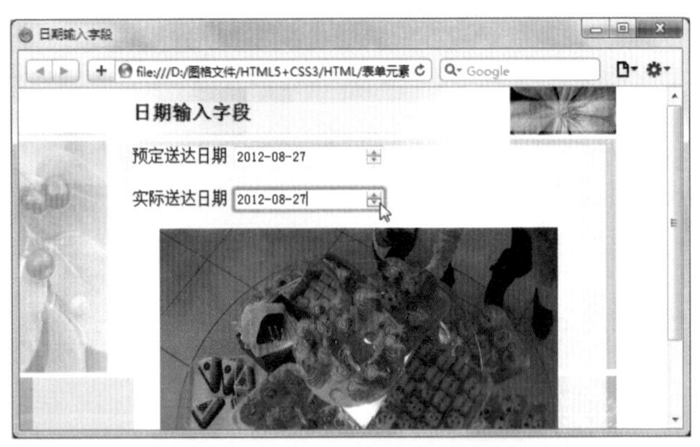

Safari的显示效果

类型 month

月份输入字段

语法

< input type="month" />

说明

- 当 input 元素的type属性设定值指定为“month”时，代表要建立一个月份的输入字段。
- input 元素 type 属性的 month 属性值是 HTML5 标准新增的。
- IE、FireFox 浏览器无法正确显示month输入字段；Chrome、Safari浏览器可正确显示month输入字段，但缺少月份选择（日历选择）功能；Opera浏览器可正确显示并对应month输入字段的完整功能。

浏览器对应	IE9	IE8	FireFox4	Chrome11	Safari5	Opera11
	否	否	否	部分	部分	可

额外属性

■ 当 input 元素的type属性设定值指定为“month”时，该input元素可使用的其他属性如下表所列。

属性	属性值/预：预设值	说明
1 name	字符串	指定月份输入字段的名称

2 其他可用属性：autocomplete、disabled、form、list、max、min、readonly、required、step、autofocus、value

范例学习 配置月份输入字段 input_month.html

```
<body>
<h3>月份输入字段</h3>
<form name="myForm" id="myForm" action="form.php" method="post">
 <p>请选择月份
 <input type="month" name="sm" />
 </p>
</form>
<p>
<img src="img/DSC_0092.JPG" alt="" />
</p>
</body>
```

Opera的显示效果

Chrome的显示效果

Safari的显示效果

提示：Opera浏览器中的月份输入字段只能用选定方式，无法自行输入；Chrome浏览器可用选定、自行输入方式且有数据验证功能；Safari浏览器可用选定、自行输入方式但无数据验证功能。

Input 元素 / type 属性设定

类型 week 星期输入字段

语法

< input type="week" />

说明

- 当 input 元素的type属性设定值指定为“week”时，代表要建立一个星期的输入字段（以周数为单位，该年的第几周）。
- input 元素 type 属性的 week 属性值是 HTML5 标准新增的。
- IE、FireFox 浏览器无法正确显示week输入字段；Chrome、Safari浏览器可正确显示week输入字段，但缺少星期选择（日历选择）功能；Opera浏览器可正确显示并对应week输入字段的完整功能。

浏览器对应	IE9	IE8	FireFox4	Chrome11	Safari5	Opera11
	否	否	否	部分	部分	可

额外属性

■ 当 input 元素的type属性设定值指定为“week”时，该input元素可使用的其他属性如下表所列。

属性	属性值/ 预：预设值	说明
1 name	字符串	指定星期输入字段的名称

2 其他可用属性：autocomplete、disabled、form、list、max、min、readonly、required、step、autofocus、value

范例学习 配置星期输入字段 input_week.html

```
<body>
<h3>星期输入字段</h3>
<form name="myForm" id="myForm" action="form.php" method="post">
 <p>请选择周数
 <input type="week" name="sw" />
 </p>
</form>
<p>
<img src="img/DSC_0264.JPG" alt="" />
</p>
</body>
```

Opera的显示效果

Chrome的显示效果

Safari的显示效果

提示：Opera浏览器中的星期输入字段只能用选定方式，无法自行输入；Chrome浏览器可用选定、自行输入方式且有数据验证功能；Safari浏览器可用选定、自行输入方式但无数据验证功能。

Input 元素 / type 属性设定

类型 time

时间输入字段

语法 < input type="time" />

说明

- 当 input 元素的type属性设定值指定为“time”时，代表要建立一个时间的输入字段（24小时制）。
- input 元素 type 属性的 time 属性值是 HTML5 标准新增的。
- IE、FireFox 浏览器无法正确显示time输入字段；Chrome、Safari、Opera 浏览器可正确显示time输入字段。

浏览器对应	IE9	IE8	FireFox4	Chrome11	Safari5	Opera11
	否	否	否	部分	部分	可

额外属性

■ 当 input 元素的type属性设定值指定为“time”时，该input元素可使用的其他属性如下表所列。

属性	属性值/预：预设值	说明
1 name	字符串	指定时间输入字段的名称
2 其他可用属性：autocomplete、disabled、form、list、max、min、readonly、required、step、autofocus、value		

范例学习 配置时间输入字段 input_time.html

```
<body>
<h3>时间输入字段</h3>
<form name="myForm" id="myForm" action="form.php" method="post">
 <p>请选择送货时间
 <input type="time" name="st" />
 </p>
</form>
<p>
<img src="img/DSC_0120.JPG" alt="" />
</p>
</body>
```

Opera的显示效果

Chrome的显示效果

Safari的显示效果

提示：Opera、Chrome、Safari 浏览器中的时间输入字段可用选定、自行输入的方式，但只有Chrom浏览器有数据验证功能。

Input 元素 / type 属性设定

类型 number 数值输入字段

语法 < input type="number" />

说明

- 当input元素的type属性设定值指定为“number”时，代表要建立一个数值的输入字段。
- input 元素 type 属性的 number 属性值是 HTML5 标准新增的。
- IE、FireFox 浏览器无法正确显示number输入字段；Chrome、Safari、Opera浏览器可正确显示number输入字段。

浏览器对应	IE9	IE8	FireFox4	Chrome11	Safari5	Opera11
	否	否	否	可	部分	可

额外属性

■ 当 input 元素的type属性设定值指定为“number”时，该input元素可使用的其他属性如下表所列。

属性	属性值/预：预设值	说明
1 name	字符串	指定数值输入字段的名称
2 其他可用属性：	autocomplete、disabled、form、list、max、min、readonly、required、step、autofocus、value	

范例学习 配置数值输入字段 input_number.html

```
<body>
<h3>数值输入字段</h3>
<form name="myForm" id="myForm" action="form.php" method="post">
 <p>请选择购买数量
 <input type="number" name="num" step="3" />
 </p>
</form>
<p>
<img src="img/DSC_0629.JPG" alt="" />
</p>
</body>
```

Opera的显示效果

Chrome的显示效果

Safari的显示效果

提示：Opera、Chrome、Safari 浏览器中的数值输入字段可用选定、自行输入方式，但加上步进值（step属性）设定时，只有Opera、Chrome浏览器有数据验证功能。

Input 元素 / type 属性设定

类型 range 范围输入字段

语法

```
< input type="range" />
```

说明

- 当 input 元素的type属性设定值指定为“range”时，代表要建立一个范围输入字段（滑块，适用于数值选取）。
- input 元素 type 属性的 range 属性值是 HTML5 标准新增的。
- IE、FireFox 浏览器无法正确显示range输入字段；Chrome、Safari、Opera浏览器可正确显示range输入字段。

浏览器对应	IE9	IE8	FireFox4	Chrome11	Safari5	Opera11
	否	否	否	可	可	可

额外属性

■ 当 input 元素的type属性设定值指定为“range”时，该input元素可使用的其他属性如下表所列。

属性	属性值/预：预设值	说明
1 name	字符串	指定范围输入字段的名称
2 value	整数	指定范围输入字段的预设值
3 max	整数	指定范围输入字段的可设定范围最大值
4 min	整数	指定范围输入字段的可设定范围最小值

5 其他可用属性：autocomplete、disabled、form、list、readonly、step、autofocus

范例学习 配置范围输入字段 input_range.html

```
<body>
<h3>范围输入字段</h3>
<form name="myForm" id="myForm" action="form.php" method="post">
 <p>请选择购买数量(5~20)
 <input type="range" name="num" value="10" max="20" min="5" />
 </p>
</form>
<p>
<img src="img/P1030785.JPG" alt="" />
</p>
</body>
```

Input 元素 / type 属性设定

类型 color 颜色选择字段

语法 < input type="color" />

说明

- 当 input 元素的type属性设定值指定为 “color” 时，代表要建立一个颜色选择字段。
- input 元素 type 属性的 color 属性值是 HTML5 标准新增的。
- Chrome、Safari、IE、FireFox 浏览器都无法正确显示color输入字段；只有Opera浏览器可正确显示color输入字段。

浏览器对应	IE9	IE8	FireFox4	Chrome11	Safari5	Opera11
	否	否	否	否	否	可

额外属性

■ 当 input 元素的type属性设定值指定为 “color” 时，该input元素可使用的其他属性如下表所列。

属性	属性值/ 预：预设值	说明
1 name	字符串	指定颜色选择字段的名称
2 其他可用属性：autocomplete、disabled、form、list、readonly、value、autofocus		

范例学习 配置颜色选择字段 input_color.html

```
<body>
<h3>颜色选择字段</h3>
<form name="myForm" id="myForm" action="form.php" method="post">
 <p>请选择您最喜欢的颜色
 <input type="color" name="cl" />
 </p>
</form>
<p>
<img src="img/DSC_0650.JPG" alt="" />
</p>
</body>
```

颜色选择字段
请选择您最喜欢的颜色

颜色选择字段
请选择您最喜欢的颜色
#000000
其它......

颜色选择字段
请选择您最喜欢的颜色
颜色
基本颜色(B):
自定义颜色(C):
规定自定义颜色(D) >>
确定
取消
颜色|纯色(O)
色调(E): 160
饱和度(S): 0
亮度(L): 0
红(R): 0
绿(G): 0
蓝(U): 0
添加到自定义颜色(A)

Input 元素 / type 属性设定

类型 checkbox 复选框字段

语法 < input type="checkbox" />

说明

- 当input元素的type属性设定值指定为“checkbox”时，代表要建立一个复选框字段。
- 复选框（type=” checkbox”）适用于具有多个备选项且正确答案也有多个的场合，为了让多个复选框成为复选的组合，同组合内的复选框其“name”属性值必须为相同的“识别名称”。
- 若要将某个复选框预设为已选取，加入“checked”属性设定即可。与单选按钮最大的不同是：复选框在选取后，可以再点选一次复选框取消选取。
- 当同时勾选多个复选框后，因为每个复选框的名称都相同，因此，当数据发送后，每个被勾选的复选框数据值会以一个“，”（逗号与空格）隔开。

浏览器对应	IE9	IE8	FireFox4	Chrome11	Safari5	Opera11
	可	可	可	可	可	可

额外属性

■ 当input元素的type属性设定值指定为“checkbox”时，该input元素可使用的其他属性如下表所列。

属性	属性值/ 预：预设值	说明
1 name	字符串	指定复选框字段的名称
2 value	字符串	指定复选框字段的值
3 checked	空值 / checked	指定复选框字段是否已被核取，下列3种属性值设定意义相同：checked、checked =""、checked = “checked ”
4 其他可用属性：required、disabled、form、autofocus		

范例学习 配置复选框字段 input_checkbox.html

```
<form name="myForm" id="myForm">
请选择你喜欢的水果: <br>
<input type="checkbox" name="myCheck" value="香蕉" />香蕉
<input type="checkbox" name="myCheck" value="苹果" />苹果
<input type="checkbox" name="myCheck" value="芭乐" />芭乐
<input type="checkbox" name="myCheck" value="西瓜" />西瓜
<input type="checkbox" name="myCheck" value="凤梨" />凤梨
</form>
```

Input 元素 / type 属性设定

类型 radio

单选按钮字段

语法

< input type="radio" />

说明

- 当input元素的type属性设定值指定为“radio”时，代表要建立一个单选按钮字段。
- 为了让多个单选按钮（type=”radio”）成为单选的群组，同群组内的单选按钮其“name”属性值必须为相同的“识别名称”，当用户选取了某个单选按钮后，选取项目的切换仅限于同群组中的其他单选按钮，没有办法取消而不选取群组中的任何单选按钮。

浏览器对应	IE9	IE8	FireFox4	Chrome11	Safari5	Opera11
	可	可	可	可	可	可

额外属性

■ 当input元素的type属性设定值指定为“radio”时，该input元素可使用的其他属性如下表所列。

属性	属性值/预：预设值	说明
1 name	字符串	指定单选按钮字段的名称
2 value	字符串	指定单选按钮字段的值
3 checked	空值 / checked	指定单选按钮字段是否已被选取，下列3种属性值设定意义相同：checked、checked =""、checked =" checked"

4 其他可用属性：required、disabled、form、autofocus

范例学习　配置单选按钮字段 input_radio.html

```
<body>
请问你的血型是哪一种? <br />
<input type="radio" name="myRadio" value="A" />A<br />
<input type="radio" name="myRadio" value="B" />B<br />
<input type="radio" name="myRadio" value="AB" />AB<br />
<input type="radio" name="myRadio" value="O" />O<br />
<p>
<img src="img/IMG_0509.JPG" alt="" />
</p>
</body>
```

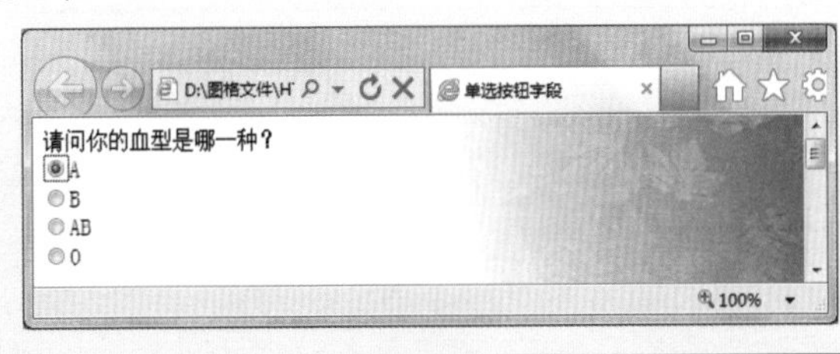

Input 元素 / type 属性设定

类型 file
文件选择字段

语法

```
< input type="file" />
```

说明

- 当 input 元素的file属性设定值指定为“file”时，代表要建立一个文件选择字段。
- 文件选择字段（type=” file”）由text单行文本输入字段与button按钮组成，当按下“浏览（名称依浏览器不同而异）”按钮时，就会出现“打开文件（名称依浏览器不同而异）”窗口让用户选取本机中的文件。
- 当 input 元素的 file 属性设定值指定为“file”，则该input元素可同时设定multiple属性，设定后的文件选择字段即可复选多个文件（IE浏览器不支持），同时，name属性的属性值须改成数组形式。

浏览器对应	IE9	IE8	FireFox4	Chrome11	Safari5	Opera11
	部分	部分	部分	可	部分	可

额外属性

■ 当input元素的type属性设定值指定为“file”时，该input元素可使用的其他属性如下表所列。

属性	属性值/ 预：预设值	说明
1 accept	字符串	过滤可选取的文件类型（仅Opera、Chrome浏览器支持），例如accept="image/jpg"
2 name	字符串	指定文件选择字段的名称
3 multiple	空值/multiple	指定文件选择字段可一次选取多个文件，下列3种属性值设定意义相同：multiple、multiple =""、multiple =" multiple "
4 其他可用属性：autocomplete、disabled、form、name、required、value		

范例学习 配置文件选择字段 Input_file.html

```
<form name="myForm" id="myForm" enctype='multipart/form-data'>
<input type="file" name="upfile[]" multiple  accept="image/gif" />
</form>
```

Opera的显示效果

Safari的显示效果

FireFox 5 | IE 9 | Chrome 11 | Opera 11 | Safari 5

表单元素 HTML4 / HTML5

元素 button 按钮

语法 <button 属性="属性值"> ~ 标签内容 ~ </button>

说明

- button 元素用来配置一个按钮对象，从功能上来说，与input元素制作出来的按钮相同。
- button 元素的标签内容可配置图片与文字，button元素会将其视为按钮的标签而显示在按钮上。
- button 元素不仅可以配置在表单中，也是一种用户操作界面，可以布置到DIV块元素或内联元素的标签内容中。
- 在 HTML、XHTML 文件中，button 元素的起始标签与终止标签皆不可省略。

属性

4：HTML4 适用 5：HTML5 适用 !：W3C 非推荐属性

属性	属性值/ 预：预设值	说明
1 type 4 5	submit 预 / reset / button	按钮的类型：submit发送按钮，reset重置按钮，button 通用按钮
2 name 4 5	字符串（任意值）	按钮的识别名称，传递数据时的参数名称
3 value 4 5	字符串（任意值）	按钮的预设数据值
4 disable 4 5	空值 / disabled	设定输入字段为不可使用（字段变成灰色），发送表单数据时，将不会发送该字段数据，在HTML文件中属性值为空值（只需加入属性名称），在XHTML文件中属性值须指定为“disabled”（disabled ="disabled"）
5 formmethod 5	delete / get 预 / post / put	设定表单数据提交的方式，设定此属性将会覆盖表单原本的 method 属性设定
6 formnovalidate 5	空值/ formnovalidate	设定表单在数据提交时不进行表单数据验证，设定此属性将会覆盖表单原本的novalidate属性设定
7 formaction 5	URI	指定表单数据的发送对象URI，设定此属性将会覆盖表单原本的action属性设定
8 formtarget 5	_blank / _self / _parent / _top / framename	设定在何处打开表单action属性所指定的URI目标，属性值可为目标表单的名称或目标窗口名称，设定此属性将会覆盖表单原本的target属性设定
9 formenctype 5	MIME 类型	指定表单数据发送的数据类型，设定此属性将会覆盖表单原本的enctype属性设定
10 form 5	form 元素的 id	设定按钮隶属于哪一个或多个表单，属性值必须为引用的表单id

	11 autofocus 5	空值 / autofocus	设定网页文件加载时，按钮自动获得操作焦点，下列3种属性值设定意义相同：autofocus、autofocus =""、autofocus ="autofocus"
	12 通用属性：class、contenteditable、contextmenu、dir、draggable、id、irrelevant、lang、ref、registrationmark、tabindex、template、title、style		
释例	1 指定按钮的识别名称与数据值 <button name="属性值" value="属性值"> ~ </button> → 2 name → 3 value 2 指定按钮的类型 <button type="属性值"> ~ </button> → 1 type		

范例学习 配置发送与重置按钮 button.html

```
<form name="myForm" action="mailto:test@abc.com">
您的大名:<input type="text" name="user" /><br />
您的意见:<textarea rows="3" name="message" cols="40"></textarea>
<br />
<button type="submit" value="submitbutton" name="mailbutton" style="background-color: #006600;
color:#FFFFFF">发表意见</button>
<button type="reset" value="resetbutton" name="clearbutton" style="background-color: #FF0000;
color:#FFFFFF">重新填写</button>
</form>
```

范例学习 配置图片标签式按钮 button_image.html

```
<form name="myForm" action="mailto:test@abc.com">
您的大名:<input type="text" name="user" /><br />
您的意见:<textarea rows="3" name="message" cols="40"></textarea>
<br />
<button type="submit" value="submitbutton" name="mailbutton">
<img src="img/submits.gif" alt="" />发表意见
</button>
<button type="reset" value="resetbutton" name="clearbutton">
<img src="img/reset.gif" alt="" />
</button>
</form>
```

范例学习 应用按钮事件执行 button_script.html

```
<title>表单按钮</title>
<script type="text/javascript">
function chgHash(myHash){
location.hash=myHash
}
</script>
</head>
<body>
<button type="button" onClick="chgHash('pic1')">第1张图</button>
<button type="button" onClick="chgHash('pic2')">第2张图</button>
<button type="button" onClick="chgHash('pic3')">第3张图</button>
<br />
图1<a id="pic1"><img alt="" src="img/f005.jpg"></a><br /><br />
图2<a id="pic2"><img alt="" src="img/f006.jpg"></a><br /><br />
图3<a id="pic3"><img alt="" src="img/f007.jpg"></a><br />
<a href="#pic1">第1张图</a>
<a href="#pic2">第2张图</a>
<a href="#pic3">第3张图</a>
</body>
</html>
```

FireFox 5 | IE 9 | Chrome 11 | Opera 11 | Safari 5

元素 textarea

多行文字输入框

语法

<textarea 属性="属性值"> ~ 标签内容 ~ </teatarea>

说明

- textarea 元素用来配置表单中的多行文字输入字段，元素标签内容中的文字将成为多行文字输入字段中的预设数据。
- textarea 元素不仅可用于表单中，也可用于DIV块元素或内联元素中。
- 在 HTML、XHTML 文件中，textarea 元素的起始标签与终止标签都不可省略。

属性

4：HTML4 适用 5：HTML5 适用 ！：W3C 非推荐属性

属性	属性值/ 预：预设值	说明
1 name 4 5	字符串（任意值）	输入字段的识别名称，传递数据时的参数名称
2 rows 4 5	正整数	设定多行文字输入字段的显示行数（高度）
3 cols 4 5	正整数	设定多行文字输入字段的显示字数（宽度）
4 disabled 4 5	空值 / disabled	设定输入字段为不可使用（字段变成灰色），表单数据发送时，将不会发送该字段数据，在HTML文件中属性值为空值（只需加入属性名称），在XHTML文件中属性值须指定为“disabled”（disabled ="disabled"）
5 readonly 4 5	空值 / readonly	指定字段数据不可变更，但表单数据发送时，将会发送该字段数据，在HTML文件中属性值为空值（只需加入属性名称），在XHTML文件中属性值须指定为“readonly”（readonly = "readonly"）
6 form 5	form 元素的 id	设定多行文字输入字段隶属于哪一个或多个表单，属性值必须为引用的表单id
7 required 5	空值 / required	用来指定输入字段在表单提交前一定要填写数据（输入值不可为空）。下列3种属性值设定意义相同：required、required =""、required =" required "
8 autofocus 5	空值 / autofocus	设定网页文件加载时，字段自动获得操作焦点，下列3种属性值设定意义相同：autofocus、autofocus =""、autofocus = "autofocus"
9 wrap 5	hard / soft 预	设定输入字段中的数据在表单提交时是否自动换行
10 placeholder 5	字符串	设定显示在字段中的预设值（提示信息），这个预设值（提示信息）将在字段获得操作焦点时被清空

	11 通用属性：class、contenteditable、contextmenu、dir、draggable、id、irrelevant、lang、ref、registrationmark、template、title、style
释例	1 基础标签撰写 <textarea name="属性值"> ~ </ textarea> → 1 name 2 指定显示的行数与字数 < textarea rows="属性值" cols="属性值"> ~ </ textarea> → 2 rows → 3 cols

范例学习　在多行文本输入字段中加入提示信息 textarea.html

```
<form name="myForm">
<p>姓名: <input type="text" value=" 无名氏" size="40" />
</p><p>
意见: <textarea cols="40" rows="5" placeholder="意见内容务必填写" style="background-image:url('img/s_r.gif')">
</textarea>
</p>
<input type="button" value="发  送" />
</form>
```

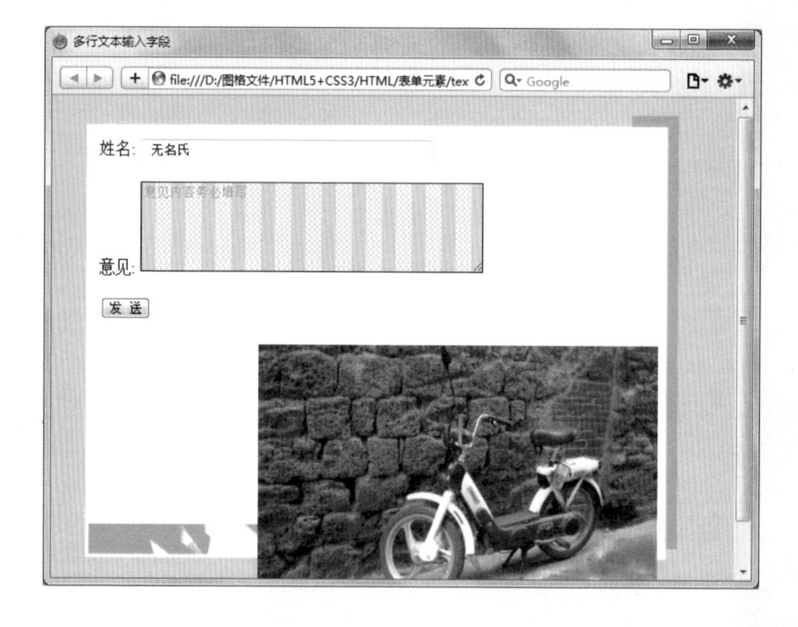

元素 select
单选或多选菜单

语法

<select 属性="属性值"> ~ 标签内容 ~ </select>

说明

- select 元素用来配置一个菜单对象，选项中的项目用option元素来列举。
- select 元素是包含元素，可在标签范围内配置option、optgroup等元素。
- select 元素不仅可以配置在表单中，也是一种用户操作界面，可以布置到DIV块型元素或内联元素的标签内容中。
- 在 HTML、XHTML 文件中，select 元素的起始标签与终止标签都不可省略。

属性

4：HTML4 适用　5：HTML5 适用　!：W3C 非推荐属性

属性	属性值/预：预设值	说明
1 name 4 5	字符串（任意值）	输入字段的识别名称，传递数据时的参数名称
2 sizes 4 5	正整数	选择列表中的显示项目数量
3 multiple 4 5	空值 / multiple	指定选择列表的项目可复数选取，在HTML文件中属性值为空值（只需加入属性名称），在XHTML文件中属性值须指定为“multiple”（mutiple="mutiple"）
4 disabled 4 5	空值 / disabled	设定选择列表字段为不可使用（字段变成灰色），发送表单数据时，将不会发送该字段数据，在HTML文件中属性值为空值（只需加入属性名称），在XHTML文件中属性值须指定为“disabled”（disabled ="disabled"）
5 form 5	form 元素的 id	设定选择列表字段隶属于哪一个或多个表单，属性值必须为引用的表单id
6 autofocus 5	空值 / autofocus	设定网页文件加载时，字段自动获得操作焦点。下列3种属性值设定意义相同：autofocus、autofocus =""、autofocus ="autofocus"

7 通用属性：class、contenteditable、contextmenu、dir、draggable、id、irrelevant、lang、ref、registrationmark、template、title、style

释例

1 指定选择列表的识别名称

<select name="属性值"><option>~</option> ~ </select> → 1 name

提示：select 元素的范例学习请参考 option 元素。

表单元素 HTML4 / HTML5

元素 option 下拉列表选项

语法

<option 属性="属性值"> ~ 标签内容 ~ </option>

说明

- option 元素用来在select元素中建立一个选择项目。
- option 元素的标签内容就是显示在列表中的项目，但若设定了label属性，则label属性值将优先成为列表中的项目。
- option 元素为select、optgroup、datalist元素的子元素，在HTML、XHTML文件中，option元素的起始标签与终止标签都不可省略。

属性

4：HTML4 适用 5：HTML5 适用 !：W3C 非推荐属性

属性	属性值/预：预设值	说明
1 label 4 5	字符串（任意值）	用来设定比option元素标签内容更优先显示的选择项
2 selected 4 5	空值 / selected	指定选择项已是被选取状态，在HTML文件中属性值为空值（只需加入属性名称），在XHTML文件中属性值须指定为“selected”（selected="selected"）
3 value 4 5	字符串（任意值）	选择项的预设数据值，表单数据发送时被发送到服务器的项目数据值
4 disabled 4 5	空值 / disabled	设定输入字段为不可使用（字段变成灰色），发送表单数据时，将不会发送该字段数据。在HTML文件中属性值为空值（只需加入属性名称），在XHTML文件中属性值须指定为“disabled”（disabled ="disabled"）

5 通用属性：class、contenteditable、contextmenu、dir、draggable、id、irrelevant、lang、ref、registrationmark、template、title、style

释例

1 指定选项的数据值

<option value="属性值"> ~ </option> → 3 value

2 指定选项的名称

<option label="属性值"> ~ </option> → 1 label

3 指定选项已是被选取状态

<option selected> ~ </option> → 2 selected

范例学习 建立下拉列表选项 option.html

```
<form name="myForm">
欢迎访问个人网站:
<select name="mySelect">
 <option selected>请选择</option>
 <option value="http://www.twbts.com/js">JavaScript教学</option>
 <option value="http://www.twbts.com">麻辣学园</option>
 <option value="http://forum.twbts.com">麻辣家族讨论区</option>
```

```
</select>
<input type="button" value="访问" onClick="myWeb()" />
</form>
```

提示：下拉列表除了单栏的显示方式外（单行文本框加下拉列表按钮），还可变成含有上下移动列表按钮的选择DIV块，变形的方法是增加选择列表的size 属性设定。

范例学习 下拉列表框 option_size.html

```
<form name="myForm">
您喜欢的休闲方式是<br />
<select size="2" name="下拉列表范例">
<option value="1看电影">看电影</option>
<option value="2听音乐">听音乐</option>
<option value="3郊游踏青">郊游踏青</option>
<option value="4电脑游戏">电脑游戏</option>
</select>
</form>
```

范例学习　可复选的下拉列表框 option_multiple.html

```
<form name="myForm">
 您喜欢的休闲方式是<br />
<select size="4" multiple name="下拉列表范例">
<option value="1看电影">看电影</option>
<option value="2听音乐">听音乐</option>
<option value="3郊游踏青">郊游踏青</option>
<option value="4电脑游戏">电脑游戏</option>
</select>
</form>
```

提示：复选框项目的操作方式是先点选一个备选项目，然后按住 Ctrl 键不放接着再继续点选其他项目；如果按住 Shift 键不放再继续点选其他项目，则会变成DIV块选取（会一并选取两个选项之间的其他项目）。

元素 optgroup 组合选项

语法 <optgroup 属性="属性值"> ~ 标签内容 ~ </optgroup>

说明

- optgroup 元素用来将 option 元素建立的选项进行组合。
- optgroup 元素的 label 属性为设定选项组的组名，而非选项的显示名称，组合的选项会以层级式来显示。
- optgroup 元素为 select 元素的子元素，在HTML、XHTML文件中，option 元素的起始标签与终止标签都不可省略。

属性

4：HTML4 适用 5：HTML5 适用 !：W3C 非推荐属性

属性	属性值/预：预设值	说明
1 label 4 5	字符串（任意值）	用来设定选项组的组名
2 disabled 4 5	空值 / disabled	设定选项组为不可使用（字段变成灰色），表单数据发送时，将不会发送该字段数据，在HTML文件中属性值为空值（只需加入属性名称），在XHTML文件中属性值须指定为"disabled"（disabled ="disabled"）

3 通用属性：class、contenteditable、contextmenu、dir、draggable、id、irrelevant、lang、ref、registrationmark、template、title、style

释例

1 组合列表中的选项
<optgroup> <option>~</option> ~ </optgroup>
2 指定组合选项的组名
<optgroup label="属性值"> <option>~</option> ~ </optgroup> → 1 label
3 设定选项组的状态为不可使用
<optgroup disabled> <option>~</option> ~ </optgroup> → 2 disabled

范例学习　建立组合选项列表 optgroup.html

```
<form name="myForm">
 您的休闲方式是<br />
 <select name="下拉列表范例">
  <optgroup label="静态活动">
   <option value="看电影">看电影</option>
   <option value="听音乐">听音乐</option>
   <option value="电脑游戏">电脑游戏</option>
  </optgroup>
  <optgroup label="球类运动">
   <option value="棒球">棒球</option>
   <option value="高尔夫球">高尔夫球</option>
   <option value="篮球">篮球</option>
   <option value="美式足球">美式足球</option>
  </optgroup>
 </select>
</form>
```

元素 label

表单字段关联标签

语法

< label 属性="属性值"> ~ 标签内容 ~ </ label>

说明

- label 元素用来为表单中的字段建立关联标签，标签与字段要一对一设定。
- 一般情况下，单击单选按钮或复选框字段的文字时，是没有选定效果的，因为这些文字不属于字段的一部分；若利用label元素为字段建立关联标签后，则单击单选按钮或复选框字段的文字时就有选定效果，因为label元素已将文字设定成字段的一部分。

属性

- 当label元素的标签内容要指派成字段的关联文字时，一定要设定for属性，属性值为要对应的表单字段识别名称（id）。
- 在 HTML、XHTML 文件中, label 元素的起始标签与终止标签都不可省略。

4: HTML4 适用 5: HTML5 适用

属性	属性值/预：预设值	说明
1 for 4 5	表单字段的 id	指定对应的表单字段识别名称，让标签与字段产生关联
2 accesskey 4	任意一个文字码中的文字	指定快捷键文字, 快捷键的使用在 windows 中为“Alt + 快捷键文字”，macintosh 为“control + 快捷键文字”

3 通用属性： class、contenteditable、contextmenu、dir、draggable、id、irrelevant、lang、ref、registrationmark、template、title、style

释例

1 让标签与字段产生关联

<label for="属性值"> <元素 id="属性值">~ </ label> → 1 for

2 指定快捷键文字

<label accesskey="属性值"> ~ </ label> → 2 accesskey

范例学习 让说明文字成为字段的一部分 label.html

```
<form name="form1" method="post" action="">
请问你的血型是? <p>
  <label> <input type="radio" name="RadioGroup1" value="A型" id="RadioGroup1_0"> A型
</label>
  <br>
  <label> <input type="radio" name="RadioGroup1" value="B型" id="RadioGroup1_1"> B型
</label>
  <br>
  <label> <input type="radio" name="RadioGroup1" value="O型" id="RadioGroup1_2"> O型
</label>
  <br>
  <label>
<input type="radio" name="RadioGroup1" value="AB型" id="RadioGroup1_3">AB型
</label>
  <br> </p>
</form>
```

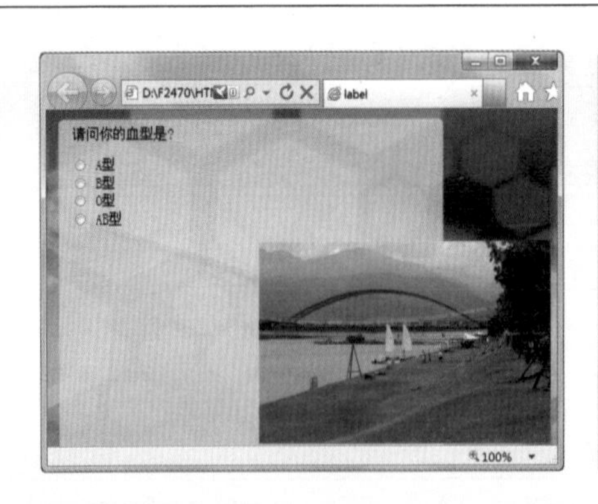

范例学习　将 label 元素的标签内容指定为字段文本 label_for.html

```
<form name="myForm" id="myForm">
请选择你喜欢的水果: <br />
<input type="checkbox" name="myCheck" id="bann" value="香蕉" />
<label for="bann">香蕉</label>
<input type="checkbox" name="myCheck" id="app" value="苹果" />
<label for="app">苹果</label>
<input type="checkbox" name="myCheck" id="bla" value="芭乐" />
<label for="bla">芭乐</label>
<input type="checkbox" name="myCheck" id="wat" value="西瓜" />
<label for="wat">西瓜</label>
<input type="checkbox" name="myCheck" id="pin" value="凤梨" />
<label for="pin">凤梨</label>
</form>
```

元素 fieldset

群组化表单字段

语法

<fieldset 属性="属性值"> ~ 标签内容 ~ </fieldset>

说明

- fieldset 元素用来将表单字段或标签群组化。
- fieldset 元素的标签内容中可包含legend子元素，若包含legend元素，则legend元素一定要是fieldset元素标签内容中所包含的第一个元素。
- 在 HTML、XHTML 文件中, textarea 元素的起始标签与终止标签都不可省略。

属性

4: HTML4 适用 5: HTML5 适用 !: W3C 非推荐属性

属性	属性值/预：预设值	说明
1 disabled 4 5	空值 / disabled	设定群组化表单字段为不可使用（字段变成灰色），表单数据发送时，将不会发送该字段数据，在HTML文件中属性值为空值（只需加入属性名称），在XHTML文件中属性值须指定为“disabled”（disabled="disabled"）
2 form 5	form 元素的 id	设定群组化表单字段隶属于哪一个或多个表单，属性值必须为引用的表单id

3 通用属性： class、contenteditable、contextmenu、dir、draggable、id、irrelevant、lang、ref、registrationmark、template、title、style

释例

1 建立表单字段群组

<fieldset> ~<input type="属性值" />~ </ fieldset>

2 指定标签内容的补充说明

< fieldset title= "属性值"> ~ </ fieldset > → 3 title

3 设定群组的外观样式

< fieldset style= "属性值"> ~ </ fieldset > → 3 style

提示：fieldset 元素的范例学习请参考legend元素。

FireFox 5

IE 9

Chrome 11

Opera 11

Safari 5

元素 legend
表单字段的标签

语法

<legend 属性="属性值"> ~ 标签内容 ~ </legend>

说明

- legend 元素为 fieldset 元素的子元素，用来为对象群组设立一个标签（群组标题）。
- legend 元素在每个 fieldset 元素的标签内容中只能使用一次。
- 在 HTML、XHTML 文件中，legend 元素的起始标签与终止标签都不可省略。

属性

4：HTML4 适用　5：HTML5 适用　!：W3C 非推荐属性

属性	属性值/预：预设值	说明
1 align 4 !	top 预 / buttom / left / right /center	设定群组标题的显示位置，top 在群组的上方，bottom在群组的下方，left在群组的左方，right 在群组的右方，center在群组的上方中央，此属性仅可用在Transitional、Frameset DTD的情况下使用

2 通用属性：class、contenteditable、contextmenu、dir、draggable、id、irrelevant、lang、ref、registrationmark、template、title、style

释例

1 建立群组的标题

<fieldset><legend>~</ legend> ~ <input type="属性值" /> …~ </ fieldset>

2 指定标签内容的补充说明

< legend title= "属性值"> ~ </ legend> → 2 title

3 设定群组标题的显示位置

4 ! < legend align= "属性值"> ~ </ legend> → 1 align

4 5 < legend style= "text-align:属性值"> ~ </ legend> → 2 style

范例学习 建立表单字段群组 legend.html

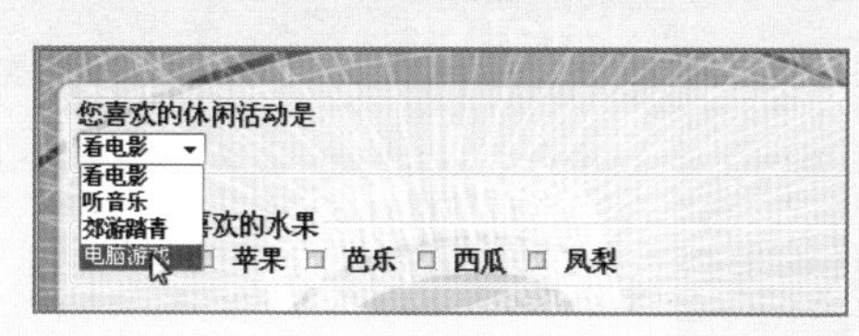


```
<form name="myForm" id="myForm">
<fieldset>
 您喜欢的休闲活动是<br />
 <select name="listmenu">
  <option value="看电影">看电影</option>
  <option value="听音乐">听音乐</option>
  <option value="郊游踏青">郊游踏青</option>
  <option value="电脑游戏">电脑游戏</option>
 </select>
</fieldset>
<br />
<fieldset>
<legend>请选择你喜欢的水果</legend>
 <input type="checkbox" name="myCheck" id="bann" value="香蕉" />
<label for="bann">香蕉</label>
 <input type="checkbox" name="myCheck" id="app" value="苹果" />
<label for="app">苹果</label>
 <input type="checkbox" name="myCheck" id="bla" value="芭乐" />
<label for="bla">芭乐</label>
 <input type="checkbox" name="myCheck" id="wat" value="西瓜" />
<label for="wat">西瓜</label>
 <input type="checkbox" name="myCheck" id="pin" value="凤梨" />
<label for="pin">凤梨</label>
</fieldset>
</form>
```

表单元素 HTML5

元素 datalist

选项列表

语法

<datalist 属性="属性值"> ~ 标签内容 ~ </datalist>

说明

- datalist 元素是HTML5新增的元素，用来建立一个选项列表。
- datalist 元素标签只是用来做一个“群组”，其中的候选项目必须另外通过option元素来建立。
- datalist 元素及其内容（由option元素建立的候选项目）并不会直接显示在网页文件中，只是作为合法输入的待选项目而已。
- datalist 元素主要用于与input元素配合，要建立两者的关联，必须通过input元素的list属性来绑定datalist元素。
- 在 HTML、XHTML 文件中, datalist 元素的起始标签与终止标签都不可省略。

属性

4: HTML4 适用 5: HTML5 适用 !: W3C 非推荐属性

属性	属性值/预：预设值	说明
1 id 4 5	字符串（任意值）	元素的识别名称，提供给其他元素参照使用，此属性在XHTML、HTML5标准中是必要的属性

2 通用属性: class、contenteditable、contextmenu、dir、draggable、irrelevant、lang、ref、registrationmark、template、title、style

释例

1 建立选项列表群组与选项

< datalist id= "属性值"> ~<option>~</option> ~ </ datalist >

2 指定选项列表群组的补充说明

< datalist title= "属性值"> ~ </ datalist > → 2 title

3 设定选项列表群组的外观样式

< datalist style= "属性值"> ~ </ datalist > → 2 style

范例学习　建立选项列表与列表项目 datalist.html

```
<body>
<h3>指定搜索</h3>
<form name="myForm" id="myForm" action="search.php" method="post">
 <p>
 <input type="search" name="search" list="mylist" />
 <input type="submit" value="搜索"/>
 </p>
<datalist id="mylist">
<option value="HTML5">HTML5</option>
<option value="JavaScript">JavaScript</option>
<option value="ActionScript">ActionScript</option>
<option value="ASPNET">ASP.NET</option>
</datalist>
</form>
<p><img src="img/DSC_0521.JPG" alt="" /></p>
</body>
```

表单元素 HTML5

元素 keygen 密钥生成器

语法

<keygen 属性="属性值" / >

说明

- keygen 元素是HTML5新增的元素，用来建立一个密钥生成器。
- keygen 元素的外观与select一样，但下拉列表中的待选项将会自动产生，不需要通过option元素来建立。
- keygen 元素的作用是提供一种验证用户身份的方法。keygen元素是一对密钥的生成器（key-pair generator）。当提交表单时，会生成两个密钥，一个是私钥，一个公钥。
- keygen 元素为空元素，在HTML文件中没有终止标签，但在XHTML文件中必须在起始标签右括号前加上一个右斜线“/”作结束，或是将keygen元素也加上终止标签。

属性

4：HTML4 适用 5：HTML5 适用 !：W3C 非推荐属性

属性	属性值/预：预设值	说明
1 name 5	字符串（任意值）	密钥字段的识别名称，传递数据时的参数名称
2 keytype 5	rsa	设定密钥的类型，若将属性值设为rsa将产生RSA密钥
3 disable 5	空值 / disabled	设定字段为不可使用（字段变成灰色），在HTML文件中属性值为空值（只需加入属性名称），在XHTML文件中属性值须指定为“disabled”（disabled ="disabled"）
4 challenge 5	空值 / challenge	设定表单数据提交时是否询问密钥的值，设定此属性将会在表单数据提交时进行询问
5 form 5	form 元素的 id	设定密钥隶属于哪一个或多个表单，属性值必须为引用的表单id
6 autofocus 5	空值 / autofocus	设定网页文件加载时，密钥字段自动获得操作焦点，下列3种属性值设定意义相同：autofocus、autofocus =""、autofocus ="autofocus"

7 通用属性：class、contenteditable、contextmenu、dir、draggable、id、irrelevant、lang、ref、registrationmark、tabindex、template、title、style

释例

1 指定密钥字段的识别名称

<keygen name="属性值"> ~ </keygen> → 1 name

2 指定密钥的类型

<keygen keytype="属性值"> ~ </keygen> → 2 keytype

范例学习 建立表单数据发送的密码 keygen.html

```
<body>
<h3>用户验证</h3>
<form name="myForm" id="myForm" action="log.php" method="post">
<p>帐号
<input type="text" name="user"/>
</p>
 <p>密码
 <keygen keytype="rsa" name="mykey" challenge />
 <input type="submit" value="发送"/>
 </p>
</form>
</body>
```

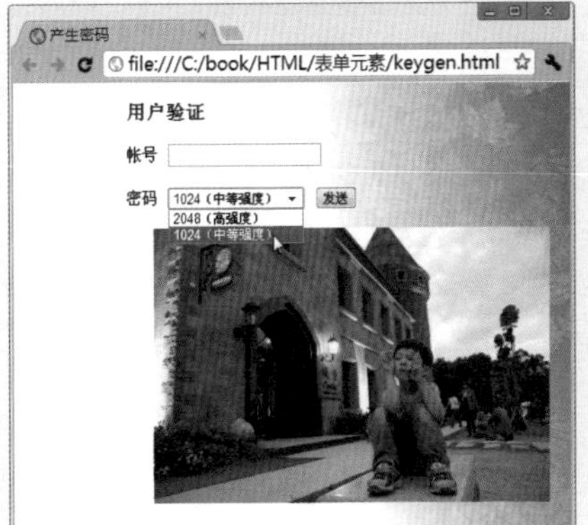

元素 output 数据输出

语法 <output 属性="属性值" > ~ 标签内容 ~ </output>

说明

- output 元素是HTML5新增的元素，用来设定不同数据的输出。
- output 元素所产生的内容是“只读”的，用户无法对此字段做任何输入或操作。output元素所输出的内容（显示于网页文件中的内容），也就是output元素的value属性值，只能由网页文件的原始码中定义，或是通过JavaScript脚本程序动态设定。
- output 元素在 HTML、XHTML 文件中的起始标签与终止标签都不可省略。

属性

4：HTML4 适用 5：HTML5 适用 ■：W3C 非推荐属性

属性	属性值/预：预设值	说明
1 name 5	字符串（任意值）	输出字段的识别名称，传递数据时的参数名称
2 for 5	表单元素的 id	定义与数据输出字段相关的一个或多个元素
3 form 5	form 元素的 id	设定输出字段隶属于哪一个或多个表单，属性值必须为引用的表单id

4 通用属性：class、contenteditable、contextmenu、dir、draggable、id、irrelevant、lang、ref、registrationmark、tabindex、template、title、style

释例

1 指定数据输出字段的识别名称

<output name="属性值"> ~ </ output > → 1 name

2 定义与数据输出字段相关的表单字段

< output for="属性值"> ~ </ output > → 2 for

范例学习 动态数据输出 output.html

```
<form name="myForm" id="myForm" >
<input type="number" id="a"/>+
<input type="number" id="b"/>=
 <output onforminput="value=Number(a.value)+Number(b.value)">总和</output>
</form>
```

表单元素 HTML5

元素 progress 进度条

语法

<progress 属性="属性值" > ~ 标签内容 ~ </progress>

说明

- progress 元素是HTML5新增的元素，用来建立一个进度条。
- progress 元素的主要用途为显示网页加载的进度或程序运行的进度，元素所产生的内容是“只读”的，用户无法对此字段做任何输入或操作。progress元素的value、max属性值，只能由网页文件的原始码中定义，或是通过JavaScript脚本程序动态设定。
- 为了对应无法支持progress元素的浏览器，可在progress元素的“标签内容”加入替代内容，这些替代内容只在progress元素无法使用时才会出现。
- progress 元素在 HTML、XHTML 文件中，起始标签与终止标签都不可省略。

属性

4：HTML4 适用 5：HTML5 适用 !：W3C 非推荐属性

属性	属性值/预：预设值	说明
1 max 5	数值	设定进度条当前显示的最大值
2 value 5	数值	设定进度条当前的显示值
3 form 5	form 元素的 id	设定进度条属于哪一个或多个表单，属性值必须为引用的表单id

4 通用属性：class、contenteditable、contextmenu、dir、draggable、id、irrelevant、lang、ref、registrationmark、tabindex、template、title、style

释例

1 指定进度条的识别名称

<progress id="属性值"> ~ </progress> → 4 id

2 设定进度条当前的显示值

<progress value="属性值"> ~ </progress> → 2 value

范例学习　在网页中显示一个进度条 progress.html

```
<body>
<h3>当前网页载入进度</h3>
<form name="myForm" id="myForm">
已完成进度
 <progress max="100" value="20">20%</progress>
</form>
</body>
```

元素 meter 度量条

语法 <meter 属性="属性值" > ~ 标签内容 ~ </meter>

说明

- meter 元素是HTML5新增的元素，用来建立一个度量条。
- meter 元素的主要用途为度量衡的评定，但先决条件是需有作为评量标准的最大值与最小值。
- meter 元素所产生的内容是“只读”的，用户无法对此字段做任何输入或操作。meter元素的value、max、min、low、high、optimum等属性值，只能由网页文件的原始码中定义，或是通过JavaScript脚本程序动态设定。
- 为了对应无法支持meter元素的浏览器，可在progress元素的“标签内容”加入替代内容，这些替代内容只在meter元素无法使用时才会出现。
- meter 元素在 HTML、XHTML 文件中，起始标签与终止标签都不可省略。

属性

4：HTML4 适用 5：HTML5 适用 !：W3C 非推荐属性

属性	属性值/预：预设值	说明
1 value 5	数值	设定度量条当前的显示值（当前值）
2 max 5	数值	必要属性，设定度量条评量的最大值，未设定属性时的预设值为1
3 min 5	数值	必要属性，设定度量条评量的最小值，未设定属性时的预设值为0
4 low 5	数值	定义度量条的值属于低标准（value<low）的标准值
5 hight 5	数值	定义度量条的值属于高标准（value>high）的标准值
6 optimum 5	数值	定义度量条的最佳标准值（value = optimum）
7 form 5	form 元素的 id	设定度量条属于哪一个或多个表单，属性值必须为引用的表单id

8 通用属性：class、contenteditable、contextmenu、dir、draggable、id、irrelevant、lang、ref、registrationmark、tabindex、template、title、style

释例

1 设定度量条评量的最大、最小值

<meter max="属性值" min="属性值"> ~ </meter> → 2 max → 3 min

2 指定度量条评量的最佳标准值

<meter optimum="属性值"> ~ </meter> → 6 optimum

范例学习　建立考试成绩度量条 meter.html

```
<body>
<h3>考试成绩分析</h3>
<form name="myForm" id="myForm">
您的成绩
 <meter max="100" value="65" low="55" high="80" optimum="90">65分</meter>
</form>
</body>
```

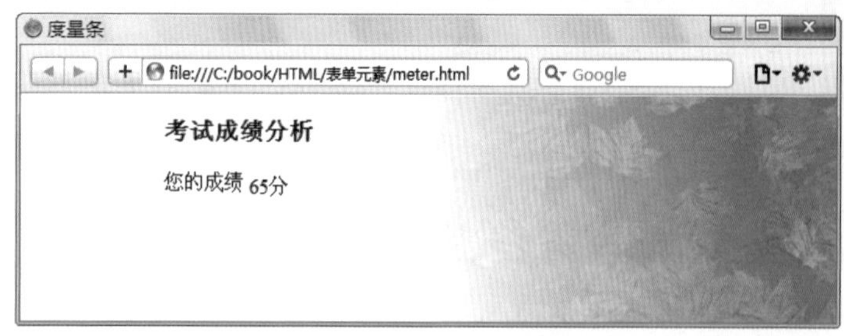

元素 details 细节描述

语法

<details 属性="属性值" > ~ 标签内容 ~ </details>

说明

- details 元素是HTML5新增的元素，用来描述网页文件或文件中片段内容的详细说明资料。
- details 元素的“标签内容”（显示于网页文件中的详细说明资料）会以DIV块模式来呈现，预设此DIV块是不会展开的（不会显示于网页文件中），若要此DIV块在网页文件加载时就呈现出来，可通过details元素的open属性加以设定。
- deatils 元素在 HTML、XHTML 文件中, 起始标签与终止标签都不可省略。

属性

4：HTML4 适用 5：HTML5 适用 !：W3C 非推荐属性

属性	属性值/预：预设值	说明
1 open 5	空值 / open	设定details元素的“标签内容”是否显现。下列3种属性值设定意义相同：open、open =""、open =" open "

4 通用属性 ：class、contenteditable、contextmenu、dir、draggable、id、irrelevant、lang、ref、registrationmark、tabindex、template、title、style

释例

1 指定元素标签的识别名称
<details id="属性值"> ~ </ details > → 2 id
2 设定显现details元素的“标签内容”
<details open="open"> ~ </ details > → 1 open

提示：deatils 元素的范例学习请参考 summary 元素。

元素 summary 细节描述的标题

语法

<summary 属性="属性值" > ~ 标签内容 ~ </summary>

说明

- summary 元素是 HTML5 新增的元素，用来建立一个细节描述的标题。
- summary 元素是details元素的子元素，summary元素用来产生details元素的DIV块抬头。
- 若要在 details 元素中使用 summary 元素，则summary元素必须是details元素的第一顺位子元素。
- 每个details元素标签中，只能使用一个summary元素。
- summy 元素在 HTML、XHTML 文件中，起始标签与终止标签都不可省略。

属性

4：HTML4 适用 5：HTML5 适用 !：W3C 非推荐属性

属性	属性值/预：预设值	说明

1 通用属性 ：class、contenteditable、contextmenu、dir、draggable、id、irrelevant、lang、ref、registrationmark、tabindex、template、title、style

释例

1 指定细节描述标题的识别名称

<summary id="属性值"> ~ </summary> → 1 id

2 设定细节描述标题的补充说明

<summary title="属性值"> ~ </summary> → 1 title

范例学习 建立一个细节描述的标题 summary.html

```
<body>
<details>
<summary>考试成绩分析</summary>
<form name="myForm" id="myForm">
您的成绩
 <meter max="100" value="65" low="55" high="80" optimum="90">65分</meter>
</form>
<ul>
<li>低标分数:55分</li>
<li>高标分数:80分</li>
<li>推荐分数:90分</li>
</ul>
</details>
</body>
```

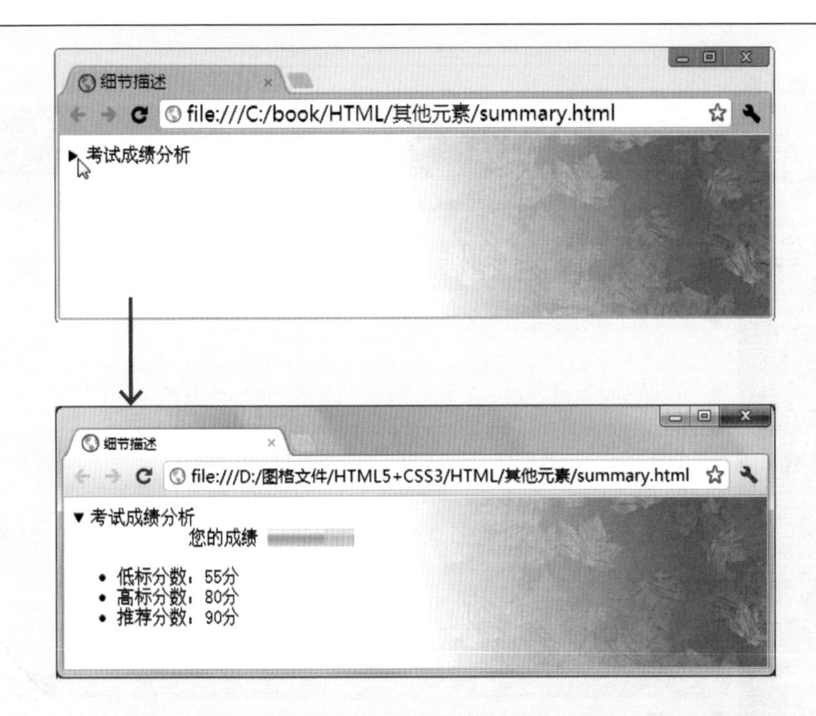
细节描述
file:///C:/book/HTML/其他元素/summary.html
考试成绩分析
细节描述
file:///D:/图格文件/HTML5+CSS3/HTML/其他元素/summary.html
考试成绩分析
您的成绩
低标分数：55分
高标分数：80分
推荐分数：90分

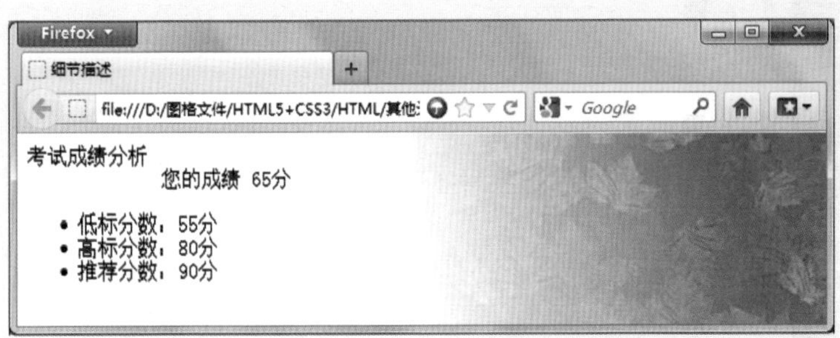
Firefox
细节描述
Google
考试成绩分析
您的成绩 65分
低标分数：55分
高标分数：80分
推荐分数：90分

菜单
细节描述
本地
使用百度搜索
考试成绩分析
您的成绩
低标分数：55分
高标分数：80分
推荐分数：90分
缩放（100%）

元素 command 命令按钮

语法

<command 属性="属性值" > ~ 标签内容 ~ </command>

说明

- command 元素是 HTML5 新增的元素，用来建立一个命令按钮。
- command 元素主要用来执行命令，例如在单击按钮时调出事件来执行一段程序。
- command 元素为menu的子元素，且只能用于menu元素的“标签内容”中。
- 当前尚未有浏览器支持HTML5新增的command元素，但仍可通过command元素的“标签内容”替代label属性来显示命令按钮的标题，点击command元素的“标签内容”仍然可以调出事件来执行一段程序。
- command元素具有多种形式（通过type属性设定），可配合menu元素制作出具有多项功能选择的“菜单”。
- command 元素在 HTML、XHTML 文件中，起始标签与终止标签都不可省略。

属性

4：HTML4 适用 5：HTML5 适用 !：W3C 非推荐属性

属性	属性值/预：预设值	说明
1 type 5	command 预 / checkbox/radio	指定命令按钮的形式。command：一般按钮形式；checkbox：可复选的复选框；radio：单选的按钮
2 label 5	字符串	指定命令按钮的名称
3 checked 5	空值 / checked	指定命令按钮已是被选取状态，用于type="checkbox"、type="radio"形式，在HTML文件中属性值为空值（只需加入属性名称），在XHTML文件中此属性值不可省略，即须指定checked="checked"
4 icon 5	URI	定义作为命令按钮图标的图片来源
5 disabled 5	空值 / disabled	设定命令按钮为不可使用（变成灰色），在HTML文件中属性值为空值（只需加入属性名称），在XHTML文件中属性值须指定为“disabled”（disabled ="disabled"）
6 radiogroup 5	字符串	定义命令按钮的群组，属性值为组名，此属性只适用于type="radio"形式

7 通用属性：class、contenteditable、contextmenu、dir、draggable、id、irrelevant、lang、ref、registrationmark、tabindex、template、title、style

释例

1 设定命令按钮的形式

<command type="属性值"> ~ </command> → 1 type

2 指定设定命令按钮的图标来源

<command icon="属性值"> ~ </command> → 4 icon

范例学习　建立命令按钮 command.html

```
<body>
<menu type="toolbar">
<command type="radio"  icon="img/up.gif" label="向上" checked radiogroup="mySel"></
command>
<command type="radio"  icon="img/down.gif" label="向下" radiogroup="mySel"></command>
<command type="radio"  icon="img/left.gif" label="向左" radiogroup="mySel"></command>
<command type="radio"  icon="img/right.gif" label="向右" radiogroup="mySel"></command>
<hr/>
<command type="command" icon="img/go.gif" label="开始移动" disabled></command>
</menu>
</body>
```

提示：当前尚未有浏览器支持HTML5新增的command元素。

其他元素 HTML5

元素 menu 菜单列表

语法

<menu 属性="属性值" > ~ 标签内容 ~ </menu>

说明

- menu 元素是HTML4既有的元素，当时被W3C列为非推荐元素，但在HTML5标准时又将其列入并变更了相关属性。
- menu 元素在 HTML5 标准中，设定其主要功能为排列表单组件。
- 当前尚未有浏览器完全支持HTML5变更之后的menu元素，但各主流浏览器仍可表现出menu元素的部分特性，例如menu元素type属性值为list时，元素标签内若包含li元素，menu元素仍然会用ul元素的方式呈现。
- menu 元素也可用来将“标签内容”中的数据以单层级列表的方式显示（type属性值为list时），列表项目无先后顺序之分，也就是没有编号。menu元素的标签内容会使用缩排的方式来呈现，标签内容中不可包含DIV块型元素。
- menu 元素在 HTML、XHTML 文件中，起始标签与终止标签都不可省略。

属性

4：HTML4 适用 5：HTML5 适用 !：W3C 非推荐属性

属性	属性值/ 预：预设值	说明
1 compact 4	空值 / compact	将列表显示在更小的范围中，在HTML文件中属性值为空值（只需加入属性名称），在XHTML文件中属性值须指定为“compact”（compact = "compact "），此属性仅可在Transitional、Frameset DTD的情况下使用
2 label 5	字符串	建立菜单列表的标题名称
3 type 5	context / toolbar/ 预 list	定义菜单列表的类型
4 autosubmit 5	空值 / autosubmit	menu 元素内含有表单组件时，当表单组件状态变动时将会自动提交表单数据

5 通用属性 ：class、contenteditable、contextmenu、dir、draggable、id、irrelevant、lang、ref、registrationmark、tabindex、template、title、style

释例

1 设定菜单列表的形式

<menu type="属性值"> ~ </menu> → 3 type

2 建立菜单列表的标题名称

<menu label="属性值"> ~ </menu> → 2 label

范例学习 建立菜单列表 menu.html

```
<body>
<menu label="溥公英">
<p>多年生草本植物，根深长，单一或分枝，外皮黄棕色。叶根生，排成莲座状，狭倒披针形，大头羽裂，裂片三角形，全缘或有数齿，先端稍钝或尖，基部渐狭成柄，无毛蔌有蛛丝状细软毛。花茎比叶短或等长，结果时伸长，上部密被白色蛛丝状毛。
<li>科属：菊科</li>
<li>别名：黄花地丁，白鼓丁，蒲公草</li>
<li>原产地：温带~亚寒带地区</li>
</menu>
<hr/>
<menu label="工具栏" type="toolbar">
<button type="button" onclick="alert('向上移动')">向上</button>
<button type="button" onclick="alert('向下移动')">向下</button>
<button type="button" onclick="alert('向左移动')">向左</button>
<button type="button" onclick="alert('向右移动')">向右</button>
</menu>
</body>
```

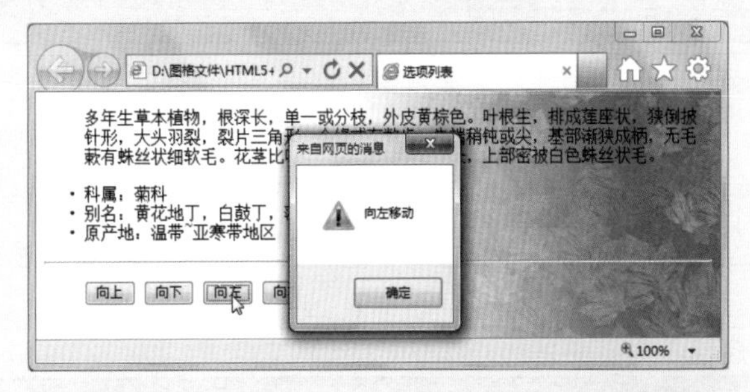

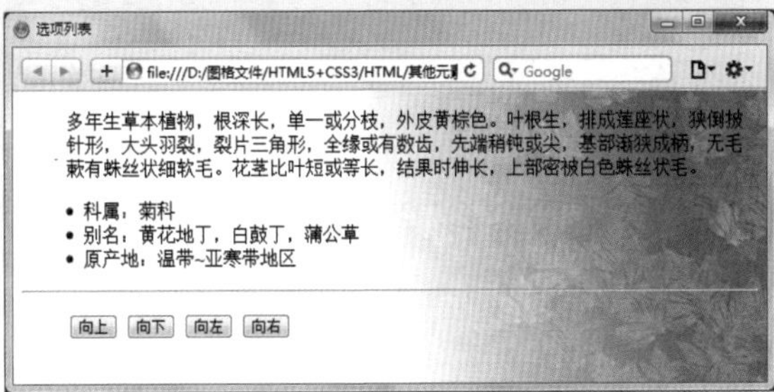

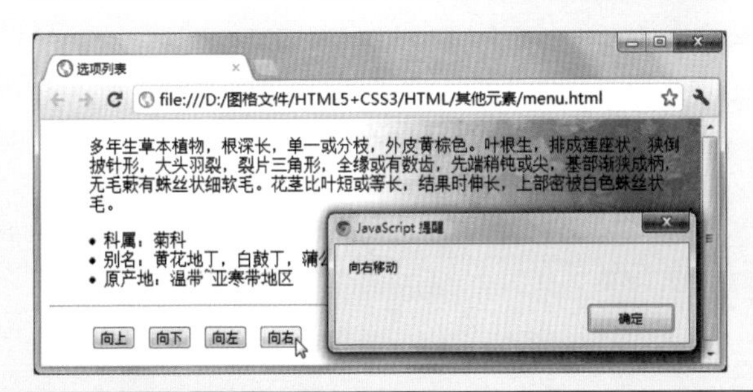

HTML5 通用属性

属性	id 元素识别名称
语法	< 元素 id= "属性值" > ~ 标签内容 ~ </ 元素 >
说明	● id 属性用于指定元素的识别名称，网页文件中元素的id属性值不可重复，每个元素识别名称都是独一无二的。 ● id 属性的属性值内容为字符串，有大小写的区分。 ● id 属性主要为提供脚本语言程序与样式表单对元素的参照使用。

HTML5 通用属性

属性	class 元素类别名称
语法	< 元素 class= "属性值" > ~ 标签内容 ~ </ 元素 >
说明	● class 属性用于指定元素使用的类别名称，属性值可复数指定并以空格隔开。 ● class 属性的属性值内容为字符串，有大小写的区分。 ● class 属性主要用于样式表单对元素的样式设定参照使用。

HTML5 通用属性

属性	title 元素的补充数据
语法	< 元素 tutle= "属性值" > ~ 标签内容 ~ </ 元素 >
说明	● title 属性用于指定元素的补充数据。 ● 元素若设定了title属性，当光标移到元素标签内容上时，title属性值内容将以快捷菜单的方式显现出来。

HTML5 通用属性	
属性	style 元素样式设定
语法	< 元素 style= "属性值" > ~ 标签内容 ~ </ 元素 >
说明	● style 属性用于指定元素的样式表单，也就是进行元素的内联样式设定。 ● 若要使用style属性进行元素的内联样式设定，建议先在mata元素中指定预设的样式表单语言。

HTML5 通用属性	
属性	dir 设定元素标签内容的文字走向
语法	< 元素 dir= "属性值" > ~ 标签内容 ~ </ 元素 >
说明	dir 属性用于设定元素的相关属性或标签内容的文字走向。

HTML5 通用属性	
属性	lang 语言代码设定
语法	< 元素 lang= "属性值" > ~ 标签内容 ~ </ 元素 >
说明	● lang 属性用于指定元素的相关属性或标签内容所使用的语言。 ● 通常 lang 属性用于HTML元素中，用于指明网页文件“全体”所使用的语言，若特定元素有不同的语言需求才会在元素中进行个别设定。

HTML5 通用属性	
属性	accesskey 元素快捷键
语法	< 元素 accesskey= "属性值" > ~ 标签内容 ~ </ 元素 >
说明	● 指定快捷键文字，快捷键的使用在Windows中为文字“Alt + 快捷键文字”，Macintosh为“control + 快捷键文字”。 ● 属性可能值为：任意一个文字码中的文字。

HTML5 通用属性

属性	tabindex 元素移动顺序
语法	< 元素 tabindex= "属性值" > ~ 标签内容 ~ </ 元素 >
说明	● 指定按下 Tab 键时，项目间移动的顺序，从属性值最小者开始移动。 ● 属性可能值为：0 ~ 32767。

HTML5 通用属性

属性	draggable 元素拖动
语法	< 元素 draggable= "属性值" > ~ 标签内容 ~ </ 元素 >
说明	● draggable 属性用于设定元素的可拖动性。 ● 属性可能值为：true、false、auto。

HTML5 通用属性

属性	contenteditable 元素编辑
语法	< 元素 contenteditable = "属性值" > ~ 标签内容 ~ </ 元素 >
说明	● contenteditable 属性用于指定用户是否可以编辑该元素。 ● 属性可能值为：true、false。

HTML5 通用属性

属性	hidden 元素隐藏
语法	< 元素 hidden= "属性值" > ~ 标签内容 ~ </ 元素 >
说明	● hidden 属性用于指定元素的可见性（隐藏与否），当元素设定了hidden属性，则此元素将不会出现在网页元文件中。 ● 属性可能值为：空值、hidden（hidden、hidden= “” 、hidden= “hidden” 三者等同）。

HTML5 通用属性

属性 spellcheck
元素检查

语法	< 元素 spellcheck= "属性值" > ~ 标签内容 ~ </ 元素 >
说明	● spellcheck 属性用于指定元素必须检查它的拼写和语法。 ● 属性可能值为：true、false。

HTML5 通用属性

属性 contextmenu
元素快捷菜单

语法	< 元素 contextmenu= "属性值" > ~ 标签内容 ~ </ 元素 >
说明	● contextmenu 属性用于指定元素的快捷菜单。 ● 此属性是可继承的，当元素未设定此属性或属性值是无效的，在元素上单击鼠标右键出现的将是浏览器预设的快捷菜单。 ● 当设定了此属性且属性值是有效的，则在元素上单击鼠标右键出现的将是对应的menu元素“标签内容”。 ● 属性可能值为 menu 元素的 id（menu 元素的 id 属性值）。

HTML5 通用属性

属性 data-yourvalue
元素自定义属性

语法	< 元素 data-yourvalue= "属性值" > ~ 标签内容 ~ </ 元素 >
说明	在HTML5标准中，允许网页文件的建立者自定义属性，但是属性的前缀字必须为“data-”，例如要自行创建一个test，则此属性名称就必须为“data-test”，代表该属性是由网页文件的建立者自行设定的属性。

HTML5 通用属性

属性	subject 元素对应
语法	< 元素 subject = "属性值" > ~ 标签内容 ~ </ 元素 >
说明	● subject 属性用于设定元素对应的项目。 ● 属性可能值为元素的 id。

HTML5 通用属性

属性	itemprop 元素组合项目
语法	< 元素 itemprop= "属性值" > ~ 标签内容 ~ </ 元素 >
说明	● itemprop 属性用于元素的项目分组。 ● 属性可能值为 URI 或 group value。

HTML5 通用属性

属性	item 元素项目
语法	< 元素 item= "属性值" > ~ 标签内容 ~ </ 元素 >
说明	● item 属性用于元素项目。 ● 属性可能值为 URI 或 空值。

HTML5 标准事件	
分类	Form Events 表单事件
说明	● 因操作表单（表单组件）而引发的事件。 ● 大部分表单事件都适用于HTML5全体元素，但表行的事件以表单（表单组件）应用为主要对象。

事件	引发时机
onblur	当元素失去操作焦点时
onchange	当元素改变时
oncontextmenu	当触发菜单（快捷菜单）时
onfocus	当元素获得操作焦点时
onformchange	当表单发生改变时
onforminput	当用户在表单输入数据时（表单内任何元素发生数据输入时）
oninput	当用户对元素输入数据时
oninvalid	当元素无效（无法使用）时
onselect	当元素被选取时
onsubmit	当表单数据被提交时

提示：在计算机世界中，当你按了一下鼠标按钮，这样就会产生一个鼠标敲击（Click）的事件；在键盘上按下任何一个按键也会引发键盘敲击事件（KeyDown）。什么叫做事件（Event）？举例来说：衣服脏了、车子脏了，我们就会“洗”衣服、“洗”车子，我们对车子、衣服都做了“洗”这个动作，这个“洗”的动作就是一个事件！所以我们“听”、“看”、“说”、“闻”等等，这些动作都是一个“事件”。简言之：凡是加之于“元素（组件、对象）”上的“动作”都是“事件”。

HTML5 标准事件	
分类	Keyboard Events 键盘事件
说明	● 因操作键盘设备而发生的事件。

事件	引发时机
onkeydown	当按下键盘按键时
onkeypress	当按下并放开键盘按键时
onkeyup	当放开键盘按键时

HTML5 标准事件

分类	Mouse Events 鼠标事件
说明	● 因操作鼠标设备而发生的事件。 ● 鼠标设备泛指一切可移动指针的设备，例如绘图板、轨迹球等。

事件	引发时机
onclick	当单击鼠标按键时（按下且接着放开鼠标按键）
ondblclick	当双击鼠标按键时（连续两次按下鼠标按键）
ondrag	当元素被拖动时
ondragend	当元素被拖动的动作结束时
ondragenter	当元素被拖动到有效的拖动目标元素上时（被拖动的元素碰触到目标元素时）
ondragleave	当元素被拖动到有效的拖动目标元素之外时（被拖动的元素离开目标元素时）
ondragover	当元素被拖动过有效的拖动曳目标元素时（被拖动的元素碰触且又离开目标元素时）
ondragstart	当元素的拖动动作开始时
ondrop	当元素的拖动动作正在进行时
onmousedown	当按下鼠标按键时
onmousemove	当移动鼠标指针时
onmouseout	当鼠标指针从元素移除时
onmouseover	当鼠标指针移到元素上时
onmouseup	当放开鼠标按键时
onmousewheel	当滚动鼠标上的滚轮按键时
onscroll	当滚动条元素的滚动条（水平或垂直滚动条）开始滚动时

HTML5 标准事件

分类	Window Events 窗口事件
说明	● 因窗口、网页文件动作而发生的事件。 ● 窗口事件适用于body元素。

事件	引发时机
onafterprint	在网页文件打印之后
onbeforeprint	在网页文件打印之前
onbeforeonload	在网页文件加载之前
onblur	当窗口失去操作焦点时
onerror	当错误发生时
onfocus	当窗口获得操作焦点时
onhaschange	当网页文件改变时
onload	当网页文件开始加载时
onmessage	当获得传递数据时
onoffline	当网页文件脱机（无法与因特网连接）时
ononline	当网页文件在线（可与因特网连接）时
onpagehide	当窗口隐藏时
onpageshow	当窗口显现（可见）时
onpopstate	当窗口的浏览历史被改变时
onredo	当网页文件再次被执行时（网页文件再次被加载时）
onresize	当调整窗口大小时
onstorage	当网页文件被执行时
onundo	当网页文件被取消执行时
onunload	当用户离开网页文件时

HTML5 标准事件

分类	Media Events 媒体事件
说明	● 泛指由影片、图片与声音等媒体所引发的事件。 ● 大部分媒体事件都适用于HTML5全体元素，但以对象元素，例如audio、embed、img、object与video元素最常用。

事件	引发时机
onabort	当浏览器在完全加载前中止提取媒体数据时
oncanplay	当媒体需要因数据缓冲而中断，无法完整播放媒体数据时
oncanplaythrough	当媒体不需要因缓冲而中断，可完整播放媒体数据时
ondurationchange	当媒体长度改变时
onemptied	当媒体数据元素突然变成空元素时（加载错误或因特网连接失败等）
onended	当媒体结束时（到达媒体数据的结尾）
onerror	当元素在加载时期发生错误时
onloadeddata	当媒体数据在加载时（加载动作进行期间）
onloadedmetadata	当加载媒体的播放时间长度与媒体资源大小等信息时
onloadstart	当浏览器开始加载媒体数据时
onpause	当媒体数据暂停播放时
onplay	当媒体数据开始播放时
onplaying	当媒体数据正在播放时（播放动作进行期间）
onprogress	当浏览器正在取得媒体数据时
onratechange	当媒体数据的播放速度改变时
onreadystatechange	当准备状态（ready-state）被改变时
onseeked	当媒体元素停止请求数据时（seeking属性值为false）
onseeking	当媒体元素正在请求数据时（seeking属性值为true）
onstalled	当取得媒体数据期间发生错误时（发生停顿）
onsuspend	当浏览器已经开始取得媒体数据，但在完整取得媒体数据之前停止（没有完整取得整个媒体资源的内容）
ontimeupdate	当媒体改变播放位置时
onvolumechange	当媒体的音量被改变，或媒体的音量被设定为静音时
onwaiting	当媒体停止播放，但是希望恢复播放时（等待播放动作继续进行期间）

第二部分

CSS3

关于 CSS

CSS是Cascading Style Sheet的缩写，译为“层叠样式表单”（本书简称“样式表单”）。在1997年W3C公布HTML4标准的时候，也同时公布了第一个样式表单标准“CSS1”，样式表单的产生让网页编辑语法（HTML）产生了重大的变革。在以往的文件内容中，都是直接通过元素标签的属性设定来变化内容，而在浏览器群雄争霸的当时，各浏览器厂商为了争夺市场而创出各种只有自家支持的元素标签，造成一团混乱。直到CSS出现，才改变了这一窘境，让文件内容的样式变化设定有了共同的规格，更简化了网页编辑的流程。

样式表单是DHTML（Dynamic HTML）的一部分，W3C把DHTML分成 3 部分：脚本程序（例如JavaScript）、CSS、支持动态效果的浏览器。建立样式表单的用意就是把对象引入HTML（就是将元素标签对象化），以便利用脚本程序（如JavaScript、VBScript）可以设定、变更、取用对象的属性，进而达到制作动态网页的目的。

在1998年5月，W3C又发布了CSS2版本，样式表单的功能也更加充实、完整，此时CSS样式的属性高达122个之多。CSS目前最新版本是CSS2.1，是W3C的候选推荐标准，CSS2.1版本中添加了IE（Windows Internet Explorer）浏览器专用的属性，并删除了font-size-adjust、fontstretch、marker-offset、marks、page、size与text-shadow这些CSS2版本中原有的属性，但增加数量远大于删除数量，所以CSS2.1版本中将近有150多个CSS属性。

CSS将各种属性分成了不同的“modules（模块）”，相对于CSS2，CSS3除了收纳既有的属性外（维持向下兼容），又在“modules（模块）”中新增了其他属性。时至今日，CSS仍停留在CSS2.1版本，下一代的CSS3版本仍然在开发议定中，也就是说CSS3版本目前仍只是草案阶段，但在2011年6月7日，CSS3 Color Module已被发布为W3C推荐的模块。

尽管CSS3新增了相当多的属性，但毕竟CSS3版本仍只是草案阶段，很多属性各家主流浏览器不见得都支持，因此，本书将针对CSS3新增（或变更）而且当前至少有一家主流浏览器支持的属性来做介绍。

CSS 的声明方式

要声明CSS样式表单，首先必须具备HTML网页语法基础！也就是你必须了解网页原始码中标签的意义。样式声明的标准语法如下：

- 属性名称与属性值之间必须以冒号隔开。
- 每一组属性设定以分号“;”作结尾。
- 属性名称与属性值则必须以一组大括号“{ }”包括起来。

1 单一元素的多个属性设定间必须以分号“;”作区隔，但当元素只有单一组属性设定，或是单一属性的多个属性设定中的最后一组属性，可省略不加分号“;”：

```
h1 { font-style: italic; }
h1 { font-style: italic; color: red; }        「;」可省略
```

2 属性值直接指定其值，无需加上引号（单引号或双引号）：

```
p { text-align: center; }       正确，直接书写属性值
p { text-align: "center"; }     错误，无需加上引号
```

3 CSS采用的批注符号与C语言（C programming language）相同，以斜线、星号“/*”起始，以星号、斜线“*/”为结束：

```
h1 { font-style: italic;
   color: red;       /* 设定段落文字的颜色 */
  }
```

4 样式应用的优先顺序，这里的应用顺序是指当文件制作者与用户所编定的样式表单有冲突时，何者拥有优先应用权利。一般来说文件制作者的样式表单位阶较高，当与用户的样式表单发生冲突时，制作者的样式表单将优先被应用；若希望文件制作者与用户所编定的样式表单有冲突时，能优先应用用户的样式表单，则可利用关键词“!important”：

```
p { text-align : right ! important ;}     用户样式优先
p { text-align : center ; }               制作者样式优先
```

5 元素间可用逗号“，”隔开进行复合声明：

```
       逗号隔开
          ↓
body , p {
color:#00FF00 ; font-size:10pt ; font-family:宋体 }
```

提示：在网页文件中设定CSS样式时，CSS的相关样式设定要写在 <style> 元素标签内容中。

```
<head>
:
<style type="text/css">
body {
font-size: 12pt ; font-family: 楷体;
}
p {color:red}
</style>
:
</head>
```

或是利用元素的style属性进行设定。

```
<p style="font-size:14pt;color:blue">
这是在网页标签内的STYLE声明
</p>
```

引用外部 CSS 样式文件的方式

当我们有很多文件要采用统一的设计风格时，如果要在每张网页中都加入相同的样式声明，未免太麻烦、太没效率了！因此，我们可以先自行建立一个样式参照文件，这个参照文件只是一个纯文本的文件格式，任意一种文字编辑器都可以用来编辑参照文件的内容。

样式表单文件的内容并不需要加上 <STYLE> 与 </STYLE> 标签，同时，更不需要加上 <!-- 与 --> 批注标签，假设现在有一个样式参照文件，内容如下：

```
body {FONT-SIZE: 12PT ; FONT-FAMILY: 楷体}
body {BACKGROUND: #008800 ; COLOR: #ffffff}

p {COLOR:red}
p {FONT-SIZE:14PT}
```

这样的样式内容是什么意思呢？就是将被包括在 <body> 与 </body> 标签之间的文字字体设定为楷体，文字大小为12PT，网页的背景色设定为绿色，文字外观颜色都变成白色；包括在 <p> 与 </p> 标签之间的文字大小为14PT、文字外观颜色都变成红色。

利用 HTML 的 link 元素标签引用外部 CSS 样式文件

建立好参照文件后，接着就可利用 HTML 的 link 元素标签来指定样式表单的关联：

```
<head>
<title>参照样式文件范例</title>
<link rel=stylesheet type="text/css" href="test.css">
</head>
<body>
这是在body标签内的文字
<p>
这是在p标签内的文字
</p>
</body>
```

- rel="stylesheet"：表示我们要参照一个外部的样式文件。
- type="text/css"：说明我们参照的文件类型。
- href="text.css"：指定我们要参照的样式文件位置及文件名。

利用 @import 命令引用外部 CSS 样式文件

我们除了可以用link元素标签来指定样式表单的关联外，也可以采用 @import 指定法。但是这种引用法比较麻烦一点，不但要把它加在 <style> 与 </style> 标签内，同时还得加上 <!-- 与 --> 批注标签。

```
<head>
<title>参照样式文件范例</title>
<style type="text/css">
<!--
@import url(./test.css);
-->
</style>
</head>
<body>
这是在body标签内的文字
<p>
这是在p标签内的文字
</p>
</body>
```

- url(./test.css);：指定我们要参照的样式文件位置及文件名。

提示：使用 @import 指定法来参照外部样式文件时：

- 在 @import 叙述的最后面一定要加上一个分号。
- “@import url(文件名与文件位置);” 等同 “@import "文件名与文件位置";”。

CSS 属性的前缀词

如前所述，CSS3目前仍是标准草案，很多新增属性尚未被W3C公布为标准，所以各家主流浏览器就会在未成为标准的属性名称前方加上“前缀词”。本书CSS3部分单元会特别说明各家主流浏览器的前缀词对应。

浏览器	前缀词
Internet Explorer	-ms-
Firefox	-moz-
Opera	-o-
Google Chrome、Safari	-webkit-

例如：

```
#myArea{
-ms-transform:rotate(5deg);     /* IE */
-moz-transform:rotate(5deg);    /* Firefox */
-o-transform:rotate(5deg);      /* Opera */
-webkit-transform:rotate(5deg); /* Chrome、Safari */
}
```

CSS 的属性值

CSS中属性的“值”可分为下列几种：

长度，单位数值

单位数值就是整数数据加上度量单位，常用于指定长度、宽度、位置，例如指定文字的大小时使用的单位为“pt”，指定行高时使用的单位为“em”：

```
p { font-size : 10pt ; }  指定段落内文字大小
p { margin : 3em ; }      指定段落内的行高
```

度量单位依其性质又可分为“绝对”、“相对”两种。

单位		说明
相对	em	相对于当前对象（元素标签内容）内的字体尺寸。若当前对象（元素标签内容）未曾指定字体，则相对于浏览器的预设字体尺寸
	ex	相对于小写字母高度，此高度为字体尺寸的一半。若当前对象（元素标签内容）未曾指定字体，则相对于浏览器的预设字体尺寸 Height width ex em
	px	像素，像素是相对于显示器的屏幕分辨率，Windows用户一般为96像素/英寸，而Mac用户的分辨率一般是72像素/英寸
	rem CSS3	根元素字体的大小
	vw CSS3	视角的宽度
	vh CSS3	视角的高度
	vm CSS3	视角的宽度与高度间，值较小的那一个（以较小者为准）。 假设视角的宽度是300mm，而高度是200mm，那么以8vm来说就等同于16mm，也就是 (8x200)/100，因为视角高度的值比较小，所以计算时就以高视角度为基准
绝对	ch CSS3	数字“0”的宽度
	in	英寸（1 in=6 pc=72 pt=2.54 cm）
	cm	厘米（1 cm=10 mm）
	mm	毫米（10 mm=1 cm）
	pt	点（point）
	pc	pica（1 pc=12 pt）

百分比

指定正整数并在数值后方加上“%”符号成为属性值，此类属性值设定会让HTML标签作用对象的相关大小、长宽随着显示画面的大小自动依所设定的百分比进行缩放。

```
p { font-size : 150% ; }
```

URI

通常用于指定图片资源，必须通过“url (参数)”函数，括号内的参数为文件资源的URI，例如：

```
body {
background-image : url(img/01.gif);
}
```

用 URL 函数指定来源

括号内的参数可以选择性用单引号或双引号包括起来，且参数内容的前后可以包含空格，这种方式通常用于绝对链接。

```
body {
background-image : url("http://www.twts.com/img/01.gif");
}
```

使用双引号包括

角度

指定正整数并在数值后方加上单位成为属性值。turn是CSS3新增的单位。

单位	说明
deg	角度 例如→ body { azimuth: 30deg; }
grad	梯度 例如→ body { elevation: 60grad }
rad	弧度 例如→ body { azimuth: 3rad }
turn CSS3	回转（旋转圈数）

颜色

通常用于文字或背景颜色，属性值可以指定颜色名称，也可以指定 RGB、RGBA、HSL、HSLA、transparent、currentColor 的值。

■ RGB：rgb(r, g, b)

RGB 值又有 3 种表示法：

表示法	说明
#rrggbb	rr 红色值，gg绿色值，bb蓝色值，3 值都为16进制 例如→ #99CCFC 参数必须是两位数，对于只有一位的，应在前面补零 例如→ #09C0FC
#rgb	等同 #rrggbb，当每个参数各自的值在两位数字都相同时，可用此形式表示 例如→ #FFCC99 → #FC9
rgb()	rgb 三值都以10进制表示，参数间以逗号“,”隔开，3 参数取值范围为正整数值：0 ~ 255 例如→ rgb (255, 99, 33)
	rgb 三值都以百分比“%”表示，参数间以逗号“,”隔开，取值范围为正整数值：0 ~ 100 例如→ rgb (50%, 99%, 66%)

■ RGBA CSS3：rgba(r, g, b, a)

RGBA 代表 Red（红色）Green（绿色）Blue（蓝色）和 Alpha 的透明度：

表示法	说明
rgba()	rgb 三值都以10进制表示，参数间以逗号“,”隔开，取值范围为正整数值：0 ~ 255 a 的取值范围为：0.0 ~ 1.0 例如→ rgba (255, 99, 33, 0.5)
	rgb 三值都以百分比“%”表示，参数间以逗号“,”隔开，取值范围为正整数值：0 ~ 100 a 的取值范围为：0.0 ~ 1.0 例如→ rgba (50%, 99%, 66%,0.3)

■ HSL CSS3：hsl(h, s, l)

HSL 表示 hue（色相）、saturation（饱和度）、lightness（亮度）：

表示法	说明
hsl()	参数间以逗号“,”隔开，3参数取值范围为： h：色相, 0 ~ 360, 依色相环角度而定，例如红色为360，蓝色为240 s：饱和度，0%（透明）~ 100%（纯色） l：亮度, 0%（黑）~ 100%（白）, 50% 为纯色 例如→ hsl (240,100%, 50%) 纯蓝色

■ HSLA CSS3：hsla(h, s, l, a)

HSL 表示 hue（色相）、saturation（饱和度）、lightness（亮度）和 Alpha 的透明度：

表示法	说明
hsla()	参数间以逗号“,”隔开，取值范围为： h：色相, 0 ~ 360, 依色相环角度而定，例如红色为360，蓝色为240 s：饱和度, 0%（透明）~ 100%（纯色） l：亮度, 0%（黑）~ 100%（白）, 50% 为纯色 a：透明度, 数值为 0.0 ~ 1.0 例如→ hsl (360,100%, 50%,0.5)：半透明的红色

■ transparent

全透明。

■ currentColor

元素的 color 属性值。

■ 颜色名称

例如 red（红色）、yellow（黄色）等。

时间

常用于声音样式表单，指定正整数，并在数值后方加上单位成为属性值，属性值不可为负值。

单位	说明
s	秒, 1 s = 1000 ms 例如→ div { pause-after: 2s; }
ms	毫秒, 1000 ms = 1 s 例如→ div { pause-before: 200ms; }

周波频率

常用于声音样式表单，指定正整数，并在数值后方加上单位成为属性值。

单位	说明
hz	赫兹, 1000 hz = 1 khz 例如→ strong { pitch: 60hz }
khz	千赫兹, 1 khz = 1000 hz 例如→ strong { pitch: 7khz }[CSS 的属性继承]

提示：所谓的“继承”是被包括在内的元素标签（子元素）将拥有外部元素标签（父元素）的样式性质，例如：

```
p { font-size: 10pt; color: #FF0000; }
<body>
        <p>
        外部标签内容                    父元素
        <em>块元素内容<em>              子元素

        外部标签内容
        </p>

</body>
```

以上例来说，虽然em元素标签没有进行样式设定，但em元素标签内的“被包括在内的元素标签内容”这几个字变成斜体，这是em元素标签原本的功能，但它还继承了p元素的样式属性，也就是说，“被包括在内的元素标签内容”这几个字会变成大小10pt、红色的斜体字。

CSS 的元素模型

CSS（W3C）将所有的元素视为一个DIV块，由内容（content）、边距（padding）、外框（border）与边界（margin）组成：

- margin：透明不可见的，控制元素之间的边界距离，属性包括margin-top、margin-right、margin-bottom、margin-left。
- border：控制元素标签内容的外框。
- padding：控制元素标签内容的边距（content与border之间的距离），属性包括paddingtop、padding-right、padding-bottom、padding-left。

实例：

```
em {
background-color: #6699FF;
padding:15px;
border: 5px #FF0000 solid;
margin: 20px;
}
```

```
<h1>CSS的元素模型</h1>
<p>
CSS（W3C）将所有的元素视为一个DIV块，由<em>内容（content）</em>、边距（padding）、外框（border）与边界（margin）所组成
</p>
```

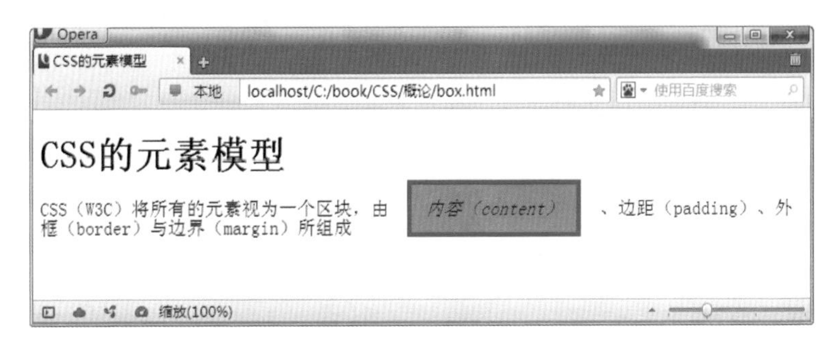

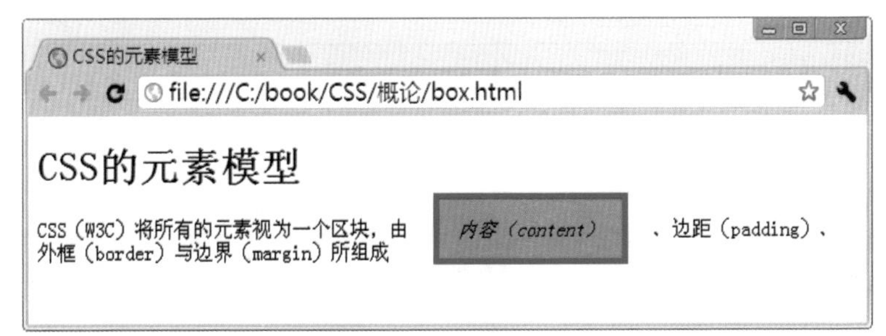

样式声明冲突时的优先级

- 作用优先级：直接在元素标签内设定的样式性质 > style元素标签内的样式性质 > 链接进来的样式文件性质。
  - 直接在元素标签内设定的样式性质：例如<p style="color:yellow">。
  - style 元素标签内的样式性质：被包括在 <style> 与 </style> 标签之间的样式性质设定。
  - 链接进来的样式文件性质：利用link元素或 @import 方法链接进来的样式文件声明。

- 设定优先级：设计者的设定 > 浏览者的用户自定义 > 浏览器的预先设定。
  - 设计者的设定：文件设计者的样式性质设定。
  - 浏览者的用户自定义：浏览者通过所使用的浏览器进行自己浏览格式的设定。
  - 浏览器的预先设定：浏览者所使用的浏览器所预设的浏览格式。

CSS 的选择器

所谓选择器就是挑选样式声明要作用的对象，也就是指定何者要应用样式性质。以下文章内容中，e、f 代表任意元素；att 代表任意元素的属性；val 代表属性的属性值；cla 代表样式类别；eid 代表元素的 id 属性值，即元素的识别名称。

CSS 2 CSS3

1 *（星号）：通用选择器 CSS 1

对对	全体元素
用途	让样式性质应用于全部元素
语法	* { property: value; }

范例	p * {
	color: #FF0000;
	}
	p 元素标签内容中的全体元素都应用指定的样式性质，也就是段落中任何元素标签内容中的文字都变成红色

2 e（element）：类型选择器 CSS 2

对象	e 元素
用途	让样式性质应用于指定的元素
语法	e { property: value; }

范例	p {
	color: #FF0000;
	}
	p 元素标签内容应用指定的样式性质；段落中的文字都变成红色

3 e [att]（property）：属性选择器 CSS 2

对象	具有 att 属性设定的任意元素 e（不管属性的属性值为何）
用途	让样式性质应用于指定了特定属性的任意元素 e
语法	e [att] { property:value ; }

范例	td [width]
	{
	background-color: #FF0000 ;
	}
	指定了width属性的td元素应用指定的样式性质；不管属性值为何，只要设定了width属性的td元素标签背景颜色都变成红色

4 e [att="val"]（property）：属性选择器 CSS 2

对象	属性具有特定属性值的任意元素e（有属性设定且属性值为特定值）
用途	让样式性质应用于有设定属性且该属性值为特定值的任意元素 e
语法	e [att="val"] { property:value ; }

范例	p [align="right"] {
	color: #FF0000 ;
	}
	指定了align属性且属性值为right的p元素应用指定的样式性质；align属性值为right，且设定align属性的p元素标签内容中的文字变成红色

5 e [att~="val"]（property）：属性选择器 CSS 2

对象	复数属性值中具有特定属性值的任意元素 e（属性值内容为复数指定）
用途	让样式性质应用于设定了属性且该复数属性值中为特定值的任意元素 e
语法	e [att~="val"] { property:value ; }

范例	div [class~="sample"]
	{
	color: #FF0000 ;
	}
	指定了 class 属性且复数属性值中有sample属性值的div元素应用指定的样式性质；class复数属性值中含有sample属性值，且设定了class属性的div元素标签内容中的文字变成红色

6 e [att\|="val"]（property）：属性选择器 CSS 2

对象	属性值中含有特定内容的任意元素e（属性值内容有连字符）
用途	样式性质应用于设定了属性且该属性值中含有特定内容（开头字符串与连字符“-”）的任意元素 e
语法	e [att|="val"] { property: value; }

范例	* [lang|="zh"] {
	color: #FF0000;
	}
	指定了lang属性且属性值中含有zh字符串开头与连字符“-”的全部元素；lang属性值内容开头含有字符串zh与连字符“-”，且设定了lang属性的全部元素标签内容中的文字变成红色

7 e [att^="val"]（property）：属性选择器 CSS 3

对象	属性值中含有特定前缀词的任意元素 e（属性值内容有特定前缀词）
用途	样式性质应用于设定了属性且该属性值中含有特定前缀词（Prefix）的任意元素 e，若val等于空字符串，则此选择器无任何有效元素
语法	e [att^="val"] { property: value; }

范例	a [href^="http"] {
	color: #FF0000;
	}
	指定了href属性且属性值中含有http字符串前缀词的 a 元素；href属性值内容开头含有前缀词http，且设定了http属性的 a 元素标签内容中的文字变成红色

8 e [att$="val"]（property）：属性选择器 CSS 3

对象	属性值中含有特定尾缀词的任意元素 e（属性值内容有特定尾缀词）
用途	样式性质应用于设定了属性且该属性值中含有特定尾缀词（suffix）的任意元素 e，若val等于空字符串，则此选择器无任何有效元素
语法	e [att$="val"] { property: value; }

范例	a [href ^ =".asp"] {
	background-color: yellow;
	}
	指定了href属性且属性值中含有“.asp”尾缀词的 a 元素；href属性值内容结尾含有尾缀词“.asp”，且设定了http属性的 a 元素标签内容中的背景颜色变成黄色

9 e [att*="val"]（property）：属性选择器 CSS 3

对象	属性值中含有特定尾缀词的任意元素 e（属性值内容有特定子字符串）
用途	样式性质应用于设定了属性且该属性值中含有特定子字符串的任意元素 e，若val等于空字符串，则此选择器无任何有效元素
语法	e [att*="val"] { property: value; }

范例	p [title*="test"] {
	background-color: yellow;
	}
	指定了title属性且属性值中含有test子字符串的 p 元素；title属性值内容含有test子字符串，且设定了title属性的 p 元素标签内容中的背景颜色变成黄色

10 e .cla（class）：类别选择器 CSS 1

对象	有类别指定的特定元素e
用途	样式性质应用于有类别属性（class）设定的特定元素 e
语法	e .cla { property: value; }

范例	p.dark {
	color: #FF0000;
	}
	指定了class属性且属性值为dark的 p 元素应用指定的样式性质；class属性值为dark的 p 元素标签内容中的文字变成红色

11 .cla（class）：类别选择器 CSS 1

对象	有类别指定的任意元素 e
用途	样式性质应用于有类别属性（class）设定的任意元素 e
语法	.cla { property: value; }

范例	.dark {
	color: black;
	}
	指定了class属性且属性值为dark的全部元素应用指定的样式性质；class属性值为dark的 p 元素标签内容中的文字变成黑色

12 e #eid（识别名称）：ID选择器 CSS 1

对象	id为eid的任意元素 e
用途	样式性质应用于id属性值为eid的任意元素 e
语法	e #eid { property: value; }

范例	p #myp {
	color: #0000FF;
	}
	指定了id属性且属性值为myp的 p 元素应用指定的样式性质；id识别名称为myp的 p 元素标签内容中的文字变成蓝色

提示：id 属性的角色作用：

- 样式表单中的选择器
- 已声明的object元素名称
- 超链接的目标
- 在脚本程序中用来参照元素
- 浏览器的特定处理

13 e :first-line（pseudo element）：虚拟元素选择器 CSS 2

对象	任意元素 e 的虚拟元素
用途	将样式性质应用于任意元素 e 标签内容的第1行文字
语法	e :first-line { property: value; }

范例	p :first-line {
	color: black;
	}
	p 元素标签内容中的第1行文字应用样式成为黑色文字

14 e :first-letter（pseudo element）：虚拟元素选择器 CSS 2

对象	任意元素 e 的虚拟元素
用途	将样式性质应用任意元素 e 标签内容的第1个文字
语法	e :first-letter { property: value; }

范例	e :first-letter {
	color: black;
	}
	p 元素标签内容中的第1个文字应用样式成为黑色文字

15 e :before（pseudo element）：虚拟元素选择器 CSS 2

对象	任意元素 e 的虚拟元素
用途	在任意元素 e 之前配合content属性增加文件显示内容
语法	e :before { property: value; }

范例	p :before {
	content: "CSS 新增内容" ;
	}
	在 p 元素标签之前新增文件的显示内容“CSS新增内容”（加入一段文字）

16 e :after（pseudo element）：虚拟元素选择器 CSS 2

对象	任意元素 e 的虚拟元素
用途	在任意元素 e 之后配合content属性增加文件显示内容
语法	e :after { property: value; }

范例	p :after {
	content: url(test.gif) ;
	}
	在 p 元素标签之后新增文件的显示内容“test.gif”（加入图片）

17 e : first-child（pseudo class）：虚拟类别选择器 CSS 2

对象	任意元素 e 的第一个子元素
用途	样式性质应用于任意元素 e 的第一个子元素（不管子元素是何种元素）
语法	e :first-child { property: value; }

范例	p :first-child {
	color: black;
	}
	p 元素标签中的第一个子元素应用指定的样式性质；p 元素的第一个子元素标签内容中的文字变黑色

18 e : last-child（pseudo class）：虚拟类别选择器 CSS 2

对象	任意元素 e 的最后一个子元素
用途	样式性质应用于任意元素 e 的最后一个子元素（不管子元素是何种元素）
语法	e :last-child { property: value; }

范例	p :last-child {
	color: black;
	}
	p 元素标签中的最后一个子元素应用指定的样式性质；p 元素的最后一个子元素标签内容中的文字变黑色

19 e :link（pseudo class）：虚拟类别选择器 CSS 1

对象	有虚拟类别的任意元素 e
用途	样式性质应用于未访问过的链接
语法	e :link { property: value; }

范例	a :link {
	color: #FF0000;
	}
	未访问过的超链接文字应用样式成为红色文字

20 e :active（pseudo class）：虚拟类别选择器 CSS 1

对象	有虚拟类别的任意元素 e
用途	样式性质应用于正要访问的链接
语法	e :active { property: value; }

范例	a :active {
	color: #FF0000;
	}
	正要访问的超链接文字应用样式成为红色文字

21 e :visited（pseudo class）：虚拟类别选择器 CSS 1

对象	有虚拟类别的任意元素 e
用途	样式性质应用于已访问过的链接
语法	e :visited { property: value; }

范例	a :visited {
	color: #0000 FF;
	}
	已访问过的超链接文字应用样式成为蓝色文字

22 e :hover（pseudo class）：虚拟类别选择器 CSS 1

对象	有虚拟类别的任意元素 e
用途	样式性质应用于光标移到超链接上时
语法	e :hover { property: value; }

范例	a :hover {
	color: #FF0000;
	}
	光标移到超链接文字上时应用样式成为红色文字

23 e :focus（pseudo class）：虚拟类别选择器 CSS 1

对象	有虚拟类别的任意元素 e
用途	将样式性质应用于获得操作焦点的任意元素 e
语法	e :focus { property: value; }

范例	input :focus {
	color: #FF0000;
	}
	当表单的输入字段获得操作焦点时应用样式成为红色文字

24 e :lang() （pseudo class）：虚拟类别选择器 CSS 2

对象	有虚拟类别的任意元素 e
用途	将样式性质应用于已设定 lang 属性的任意元素 e
语法	e :lang() { property: value; }

范例	input :lang(zh-tw) {
	color: #FF0000;
	}
	当表单的输入字段设定了使用语言时应用样式成红色文字

25 e :enabled （pseudo class）：虚拟类别选择器 CSS 3

对象	有虚拟类别的任意元素 e
用途	将样式性质应用于致能的（可使用的）任意元素 e
语法	e :enabled { property: value; }

范例	input :enabled {
	color: #00FF00;
	}
	表单中所有操作状态为可用的 input 元素，应用样式成绿色文字

26 e :disabled （pseudo class）：虚拟类别选择器 CSS 3

对象	有虚拟类别的任意元素 e
用途	将样式性质应用于非致能的（不可使用的）任意元素 e
语法	e :disabled { property: value; }

范例	input :disabled {
	color: #FF0000;
	}
	表单中所有操作状态为不可使用的 input 元素，应用样式成红色文字

27 e :target （pseudo class）：虚拟类别选择器 CSS 3

对象	有虚拟类别的任意元素e
用途	将样式性质应用于某个被链接的元素
语法	e :target { property: value; }

范例	div :target {
	color: #FF0000;
	}
	将拥有被链接效果的目标 div 元素，应用样式成红色文字

28 e :checked （pseudo class）：虚拟类别选择器 CSS 3

对象	有虚拟类别的任意元素 e
用途	将样式性质应用于已被核选的某个元素（适用于单选按钮与可复选的复选框）
语法	e :checked{ property: value; }

范例	input :checked {
	color: #FF0000;
	}
	表单中所有已被核选的 input 元素，应用样式成红色文字

29 e :empty （pseudo class）：虚拟类别选择器 CSS 3

对象	有虚拟类别的任意元素 e
用途	将样式性质应用于某个空元素（常用于 td 元素）
语法	e :empty{ property: value; }

范例	td :empty {
	background: #FF0000;
	}
	当 td 元素的标签内容为空时，应用单元格背景色成红色

30 e :nth-child()（pseudo class）：虚拟类别选择器 CSS 3

对象	有虚拟类别的任意元素 e
用途	将样式性质应用在相对于父元素的第 n 个子元素
语法	e : nth-child(){ property: value; }

范例	tr : nth-child(2n+1) {
	background: #FF0000;
	}
	表格中奇数行，应用单元格背景色成红色
	tr : nth-child(even) {
	background: #0000FF;
	}
	表格中偶数行，应用单元格背景色成蓝色
	tr : nth-child(odd) {
	background: #FF00;
	}
	表格中奇数行，应用单元格背景色成红色

31 e :only-child() (pseudo class) ：虚拟类别选择器 CSS 3

对象	有虚拟类别的任意元素 e
用途	将样式性质应用在相对于父元素的唯一子元素
语法	e : only-child(){ property: value; }

范例	tr : only-child() {
	background: #FF0000;
	}
	如果表格行是表格中唯一的行（table 元素标签内只有一个 tr 子元素），应用单元格背景色成红色

32 not(e) (pseudo class) ：虚拟类别选择器 CSS 3

对象	有虚拟类别的任意元素 e
用途	将样式性质应用在指定元素之外的全部元素
语法	not(e){ property: value; }

范例	not(table) {
	background: #FF0000;
	}
	网页文件中，除了 table 元素之外的全部元素应用背景色成红色

33 e f （element）：后代选择器 CSS 2

对象	e 元素的任意后代元素 f
用途	让样式性质应用于指定元素 e 的后代元素 f
语法	e f { property: value; }

范例	p em {
	color: #FF0000;
	}
	p 元素标签内容中的全部 em 元素标签应用指定的样式性质；p 后代元素标签内容中的文字变成红色

34 e > f（element）：子选择器 CSS 2

对象	e 元素的任意子元素 f
用途	让样式性质应用于指定元素 e 的子元素 f
语法	e f { property: value; }

范例	p >em {
	color: #FF0000;
	}
	p 元素标签内容中的 em 子元素标签应用指定的样式性质；em 子元素标签内容中的文字变成红色

35 e + f（element）：直接相临选择器 CSS 2

对象	e 元素后方相邻的第一个元素 f
用途	让样式性质应用于紧跟在指定元素 e 后方的第一个元素 f
语法	e + f { property: value; }
范例	h1 + h2 { color: #FF0000; } 紧跟在 h1 元素后方的 h2 元素应用指定的样式；h2 元素标签内容中的文字变成红色

36 e ~ f（element）：间接相临选择器 CSS 3

对象	e 元素后方相邻的全部元素 f
用途	让样式性质应用于紧跟在指定元素 e 后方的全部元素 f
语法	e ~ f { property: value; }
范例	h1 ~ h2 { color: #FF0000; } 紧跟在 h1 元素后方的全部 h2 元素应用指定的样式性质；h2 元素标签内容中的文字变成红色

属性 border-top-left-radius border-top-right-radius border-bottom-left-radius border-bottom-right-radius

圆角设定（左上、右上、左下、右下）

语法 选择器 { border-top-left（top-right / bottom-left / bottom-right）-radius : 属性值 ;}

属性值

初 初始预设值

可能的属性值 ⟶ 1 长度（单位数值）初 0、2 宽高（单位数值）、3 百分比(%)

种类	说明
1 长度	单一属性值设定，数值加上 em、px、pt 等长度单位，圆角的宽、高半径都相同
2 宽度与高度	宽、高两复数属性值，两者以空格隔开，宽为横向的半径值，高为纵向的半径值
3 百分比	可给定单一百分比属性值，也可给定宽、高两复数百分比属性值

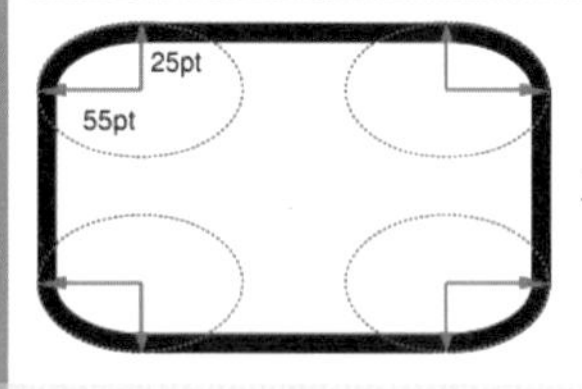

左图：border-top-left-radius: 55pt 25pt

说明

- border-top-left-radius、border-top-right-radius、border-bottom-left-radius、border-bottom-right-radius 属性，分别用来设定 DIV 块左上、右上、左下、右下 4 个角落的圆角。
- 属性值可给定单一属性值（数值+长度单位），视同圆角的宽、高半径相等。
- 属性值可给定两复数属性值，第一个属性值为横向宽度半径，第二个属性值为纵向高度半径，两者以空格隔开，属性值同样为数值 + 长度单位。

➡ 浏览器与属性名称的对应

浏览器	属性名称
IE9	border-top-left-radius、border-top-right-radius、border-bottom-left-radius、border-bottom-right-radius
IE8	-
FireFox4 ⇧	border-top-left-radius、border-top-right-radius、border-bottom-left-radius、border-bottom-right-radius
Chrome11 ⇧	border-top-left-radius、border-top-right-radius、border-bottom-left-radius、border-bottom-right-radius
Safari5 ⇧	border-top-left-radius、border-top-right-radius、border-bottom-left-radius、border-bottom-right-radius
Opera11 ⇧	border-top-left-radius、border-top-right-radius、border-bottom-left-radius、border-bottom-right-radius

范例学习 框线圆角设定 radius.html

```
<!DOCTYPE HTML>
<html>
<head>
<meta http-equiv="Content-Type" content="text/html; charset=utf-8">
<title>框线圆角设定</title>
<style type="text/css">
div {
        margin-top: 50px;
        margin-left: 100px;
        width: 300px;
        height: 150px;
        border: 3px solid #930;
        background-color: #F90;
        border-top-left-radius:    30px;
        border-top-right-radius:    1em 3em;
        border-bottom-right-radius: 4em 0.5em;
        border-bottom-left-radius:  70px 90px;
        text-align: center;
        color:#FFF;
}
</style>
</head>

<body>
<div><p>框线圆角设定</p></div>
</body>
</html>
```

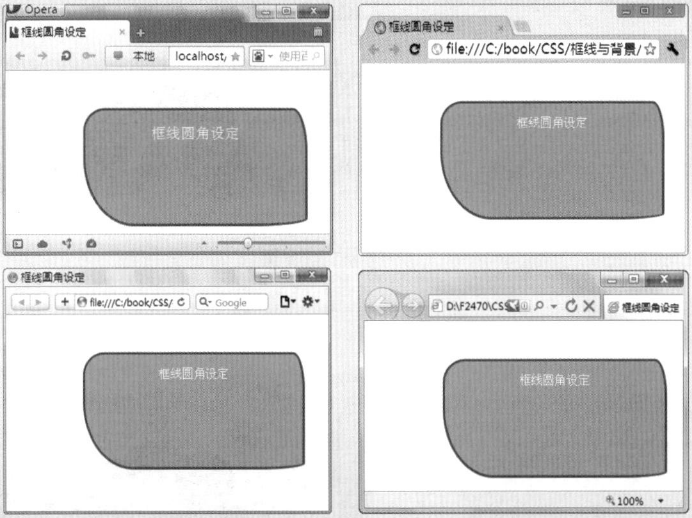

提示：IE8 不支持 border-top-left-radius、border-top-right-radius、border-bottom-left-radius、border-bottom-right-radius 属性。

范例学习 背景图片圆角设定 radius_img.html

```
<!DOCTYPE HTML>
<html>
<head>
<meta http-equiv="Content-Type" content="text/html; charset=utf-8">
<title>背景图片圆角设定</title>
<style type="text/css">
div {
        margin-top: 50px;
        margin-left: 30px;
        padding: 10px;
        width: 400px;
        height: 150px;
        border-top-left-radius:     30px;
        border-top-right-radius:    1em 3em;
        border-bottom-right-radius: 4em 0.5em;
        border-bottom-left-radius:  70px 90px;
        text-align: center;
        font-weight: bolder;
        color:#F00;
        background-image: url("img/DSC_0175.jpg");
}
</style>
</head>

<body>
<div><p>背景图片圆角设定</p>
</div>
</body>
</html>
```

DSC_0175.jpg

属性 border-radius

圆角设定

语法

选择器 { border-radius : 属性值 ;}

属性值

初 初始预设值

可能的属性值 → 1 长度（单位数值）初 0、2 宽高（单位数值）、3 百分比（%）

种类	说明
1 长度	单一属性值设定，数值加上 em、px、pt 等长度单位，圆角的宽、高半径都相同
2 宽度与高度	宽、高两复数属性值，两者以空格隔开，宽为横向的半径值，高为纵向的半径值
3 百分比	可给定单一百分比属性值，也可给定宽、高两复数百分比属性值

说明

- border- radius 属性可一次设定左上、右上、左下、右下（border-top-left-radius、border-top-right-radius、border-bottom-left-radius、border-bottom-right-radius 属性），4个角落的圆角。

```
border-radius:20px;
 等同设定如下：
 border-top-left-radius: 20px;
 border-top-right-radius: 20px
 border-bottom-right-radius: 20px;
 border-bottom-left-radius: 20px;
```

- border- radius 属性的属性值为复数属性值，可给定1~4个属性值，属性值间以空格隔开。

属性值数量	说明
※	同时设定4个角落的圆角
※ ※	设定“左上、右下”与“右上、左下”圆角
※ ※ ※	设定“左上”、“右上、左下”与“右下”圆角
※ ※ ※ ※	设定“左上”、“右上”、“右下”、“左上”圆角

```
border-radius:20px 30px;

等同设定如下：

 border-top-left-radius: 20px;
 border-top-right-radius: 30px
 border-bottom-right-radius: 20px;
 border-bottom-left-radius: 30px;
```

- 属性值若要以宽度与高度来定义，则宽度与高度间的属性值须以“/”作分隔，宽度与高度的属性值设定群组可个别设定1~4个属性值，例如：

```
border-radius: 2px 1px 4px / 5px 3px;

等同设定如下：

border-top-left-radius: 2px 5px;
 border-top-right-radius: 1px 3px
 border-bottom-right-radius: 4px 5px;
 border-bottom-left-radius: 1px 3px;
```

- 属性值可给定百分比，设定方式如同单位数值。

➡ 浏览器与属性名称的对应

浏览器	属性名称
IE9	border-radius
IE8	-
FireFox4 ⇧	border -radius
Chrome11 ⇧	border- radius
Safari5 ⇧	border-radius
Opera11 ⇧	border -radius

范例学习 框线四角圆角设定 radius_all.html

```
<html>
<head>
<meta http-equiv="Content-Type" content="text/html; charset=utf-8">
<title>四角落圆角设定</title>
<style type="text/css">
div {
		margin-top: 30px;
	margin-left: 50px;
		width: 300px;
		height: 100px;
		text-align: center;
		color:#FFF;
}
#test1 {
		border-radius: 20px;
		border: 3px solid #930;
		background-color: #F90;
}
#test2 {
		border-radius: 30px 50px;
		border: 3px solid #099;
		background-color: #033;
}
#test3 {
		border-radius: 50px 30px 90px;
		border: 3px solid #990;
		background-color: #330;
}
#test4 {
		border-radius: 50px 30px 90px 60px;
		border: 3px solid #909;
		background-color: #303;
}
</style>
</head>

<body>
<div id="test1"><p>test1</p></div>
<div id="test2"><p>test2</p></div>
<div id="test3"><p>test3</p></div>
<div id="test4"><p>test4</p></div>
</body>
</html>
```

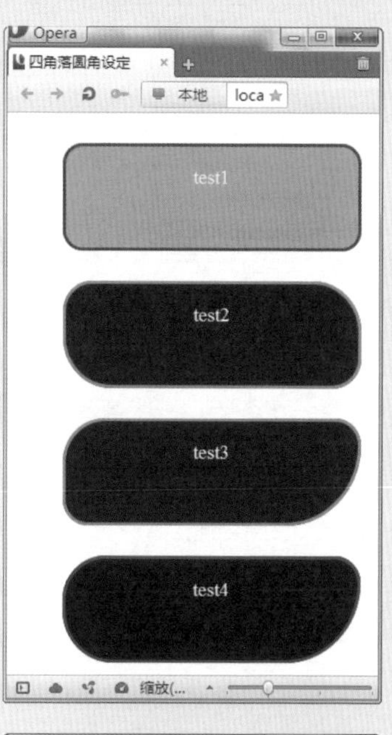

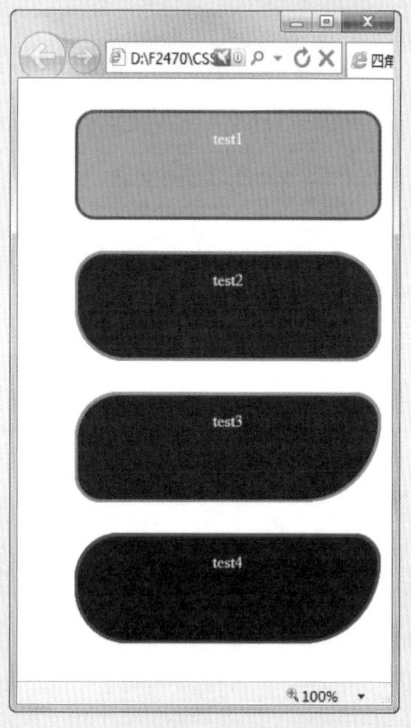

范例学习　背景图片圆角设定 radius_imgall.html

```
<!DOCTYPE HTML>
<html>
<head>
<meta http-equiv="Content-Type" content="text/html; charset=utf-8">
<title>背景图片圆角设定</title>
<style type="text/css">
div {
        margin-top: 50px;
        margin-left: 30px;
        padding: 5px;
        width: 400px;
        height: 150px;
        text-align: center;
        font-weight: bolder;
        color:#F00;
        background-image: url("img/DSC_0035.jpg");
}
#test1 {
        border-radius: 20px;
        border: 3px solid #930;
        background-color: #F90;
}
#test2 {
        border-radius: 30px 50px;
        border: 3px solid #099;
        background-color: #033;
}
</style>
</head>
<body>
<div id="test1"><p>背景图片圆角设定1</p>
</div>
<div id="test2"><p>背景图片圆角设定2</p>
</div>
</body>
</html>
```

DSC_0035.jpg

属性 border-image

四边框图形设定（上、右、下、左）

语法 选择器 { border-image : 属性值 ;}

属性值

初 初始默认值

可能的属性值 ⟶ 长度（单位数值）、数值（纯数值）、百分比(%)、其他

可用的属性值种类	说明
1 边框图片来源	指定边框图片的来源 URI
2 图片切割范围	图片切割偏移量，即图片要由外向内切割多少距离（数值）作为边框背景图
3 背景图片宽度	此处指边框的宽度，即可以用来显示图片的宽度，属性值为长度（单位数值）或百分比
4 超界幅度	原始图片超出边框范围的程度，属性值为数值或长度
5 背景图片显示方式	属性值可为：repeat（图片重复填满）、stretch（图片放大到整个区域）、round（图片重复填满并自动调整图片）

■ 属性值 1 和 2 是作用于边框来源图形，3、4、5 则是作用于要显示边框图形的区块，两个属性值群组间要用“/”作分隔。

说明

● 背景图片宽度属性值（border-image-width）为复数属性值，可给定1~4个属性值，属性值间以空格隔开。

属性值数量	说明
※	同时设定四边的宽度
※ ※	设定“上下”与“左右”的宽度
※ ※ ※	设定“上”、“左右”与“下”的宽度
※ ※ ※ ※	设定“上”、“右”、“下”、“左”的宽度

● 图片切割范围（border-image-slice）是以九宫格切开，假设切割宽度为20（px），则切割状态如下图：

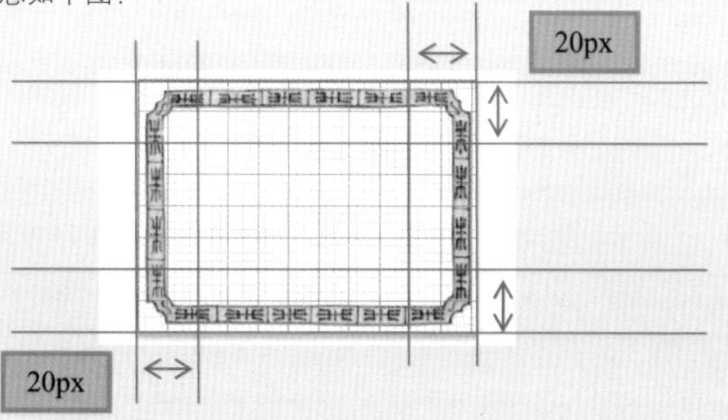

- 图片切割范围（border-image-slice）的属性值同样为复数属性值，可给定1~4个属性值，属性值间以空格隔开。
- 当border-image与border-style属性同时设定时，除了border-image取值是none或是因某些理由无法显示该图片外，浏览器会优先显示border-image指定的图片而不是border-style给的边框样式。
- 当border-image与background-image属性同时设定时，border-image会将边框的背景图片叠在原来background-image指定的背景图片之上。
- 背景图片显示方式（border-image-repeat）的属性值为复数属性值，可给定1~2个属性值，属性值间以空格隔开。第一个属性值的作用对象是上、下与中间的图片，第二个属性值的作用对象是左边跟右边的边框。如果第二个属性值不存在，则沿用第一个属性值的设定。如果属性值都不存在，则预设值为stretch。

浏览器与属性名称的对应

浏览器	属性名称
IE9	-
IE8	-
FireFox4 ⇧	-moz-border-image
Chrome11 ⇧	-webkit-border-image
Safari5 ⇧	-webkit-border-image
Opera11 ⇧	-o-border-image

提示：IE8、IE9 浏览器完全无法对应border-image属性，Opera浏览器无法对应border-image属性的背景图片显示方式（border-image-repeat）设定。

范例学习 框线背景图设定 borderimg.html

```
<style type="text/css">
div {
            margin-top: 30px;
            margin-left: 30px;
            padding: 5px;
            width: 300px;
            height: 150px;
            text-align: center;
            font-weight: bolder;
            color:#F00;
   background-color: #099;
}
#test1 {
              -o-border-image: url("img/w123.jpg") 75 / 75px;
     -moz-border-image: url("img/w123.jpg") 75 / 75px;
     -webkit-border-image: url("img/w123.jpg") 75 / 75px;
     border-top-image: url("img/w123.jpg") 75 / 75px;
            }
#test2 {
              -o-border-image: url("img/w123.jpg") 75 / 50px 30px;
     -moz-border-image: url("img/w123.jpg") 75 / 50px 30px;
     -webkit-border-image: url("img/w123.jpg") 75 / 50px 30px;
     border-top-image: url("img/w123.jpg") 75 / 50px 30px;
}
</style>

<body>
<div id="test1"><p>框线背景图设定1</p></div>
<div id="test2"><p>框线背景图设定2</p></div>
</body>
</html>
```

W123.jpg

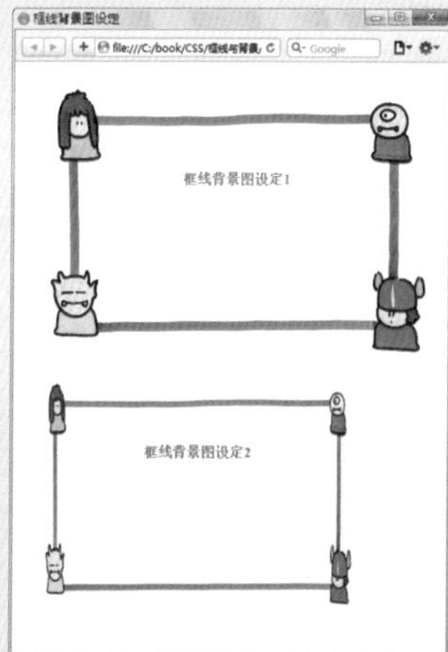

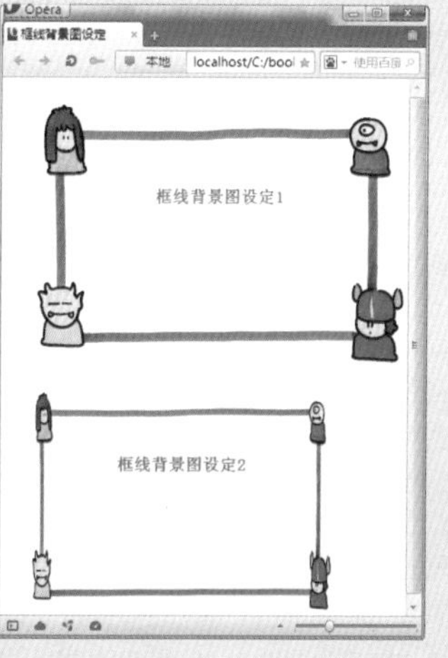

范例学习 框线背景图显示方式设定 borderimg_repeat.html

```
<!DOCTYPE HTML>
<html>
<head>
<meta http-equiv="Content-Type" content="text/html; charset=utf-8">
<title>框线背景图显示方式设定</title>
<style type="text/css">
div {
        margin-top: 10px;
        margin-left: 30px;
        padding: 5px;
        width: 450px;
        height: 100px;
        text-align: center;
        font-weight: bolder;
        color:#F00;

}

#test1 {
        -o-border-image: url("img/bgimg.jpg") 50 / 50px repeat;
    -moz-border-image: url("img/bgimg.jpg") 50 / 50px repeat;
    -webkit-border-image: url("img/bgimg.jpg") 50 / 50px repeat;
    border-top-image: url("img/bgimg.jpg") 50 / 50px repeat;
        }

#test2 {
        -o-border-image: url("img/bgimg.jpg") 50 / 50px round stretch;
    -moz-border-image: url("img/bgimg.jpg") 50 / 50px round stretch;
    -webkit-border-image: url("img/bgimg.jpg") 50 / 50px round stretch;
    border-top-image: url("img/bgimg.jpg") 50 / 50px round stretch;
}
#test3 {
        -o-border-image: url("img/bgimg.jpg") 50 / 50px stretch;
    -moz-border-image: url("img/bgimg.jpg") 50 / 50px stretch;
    -webkit-border-image: url("img/bgimg.jpg") 50 / 50px stretch;
    border-top-image: url("img/bgimg.jpg") 50 / 50px stretch;
}
</style>
</head>
<body>
<div id="test1"><p>repeat</p></div>
<div id="test2"><p>round stretch</p></div>
<div id="test3"><p>stretch</p></div>
</body>
</html>
```

bgimg.jpg

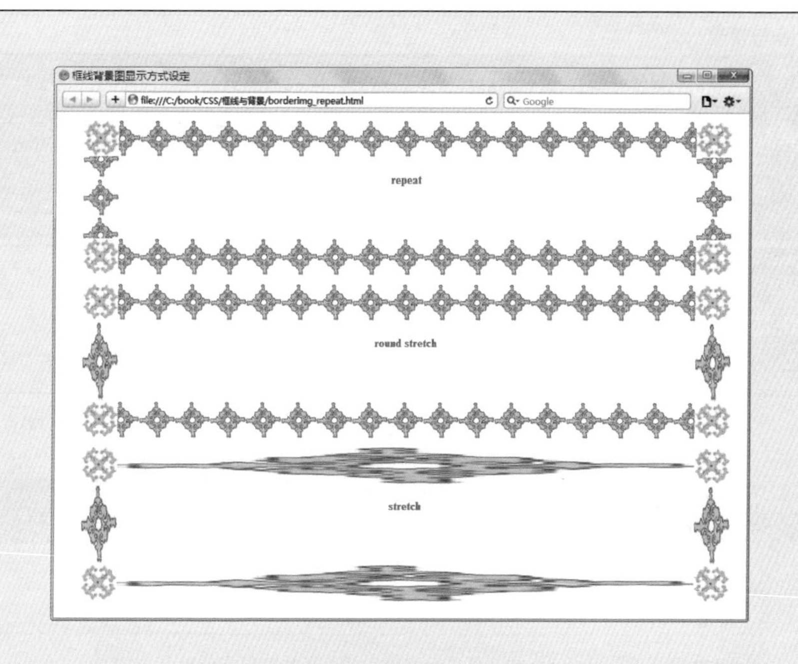
框线背景图显示方式设定
file:///C:/book/CSS/框线与背景/borderimg_repeat.html
Google
repeat
round stretch
stretch

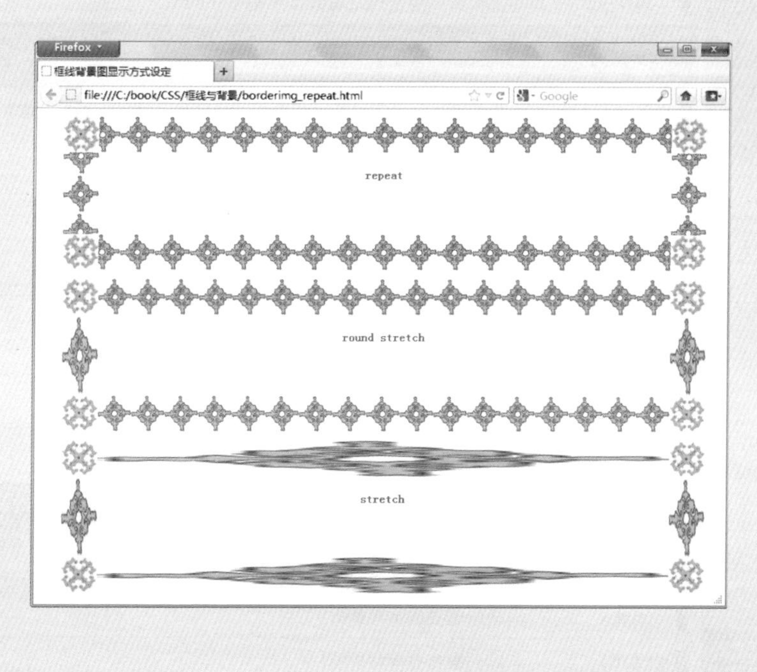
Firefox
框线背景图显示方式设定
file:///C:/book/CSS/框线与背景/borderimg_repeat.html
Google
repeat
round stretch
stretch

属性

background-image　background-position　background-repeat　background-attachment

背景图片设定 / 背景图片显示位置　背景图片排列方式 / 固定背景图片的位置

语法

选择器 { background-image : 属性值 ;}
选择器 { background-position : 属性值 ;}
选择器 { background-repeat : 属性值 ;}
选择器 { background-attachment : 属性值 ;}

属性值

初 初始预设值

■ background-image 属性用来指定背景图片。

可能的属性值 → 1 图片的 URI 初 none

可能值	说明
1 图片的 URI	背景图片的来源路径与完整文件名
2 none	无背景图片

■ background-position 属性用来指定背景图片的显示位置。

可能的属性值 → 1 坐标、2 %百分比、3 其他可能值

可能值	说明
1 坐标	背景图片显示于网页文件中的，属性值必须同时给定X轴水平距离与Y轴垂直距离，单位为长度（单位数值），属性值间以空格隔开
2 %（百分比）	以内距区域为基准指定背景图片的位置
3 left	水平方向靠左
3 right	水平方向靠右
3 center	水平与垂直居中
3 top	垂直方向靠上
3 bottom	垂直方向靠下

■ background-repeat 属性用来指定背景图片的排列方式。

可能的属性值 → 下列的可能值 初 repeat

可能值	说明
1 repeat	以格子式重复显示背景图片
2 repeat-x	横向重复显示背景图片
3 repeat-y	纵向重复显示背景图片
4 no-repeat	仅显示单张背景图片（不重复显示）

■ ground-repeat 属性用来指定背景图片的排列方式。

可能的属性值 →	下列的可能值 初 scroll
可能值	说明
1 scroll	滚动窗口时跟随文件内容移动
2 fixed	位置固定，滚动窗口时不随着文件内容移动

说 明

- background-image 属性的属性值若为背景图片的URI则必须通过“url（参数）”函数，括号内的参数为文件资源的URI，括号内的参数可以选择性用单引号或双引号包括起来，且参数内容的前后可以包含空格。
- 在 background-image 属性的属性值可一次设定多个图片来源，图片来源间以逗号“,”隔开。
- background-position 属性可设定背景图片的位置，没有使用background-attachment时位置原点在内距的左上角；若使用了background-attachment时，位置原点在窗口的左上角。
- background-position 属性以长度或百分比指定背景图片位置时，若只给定一个属性值，则该值为指定水平方向位置，垂直位置会以预设值“50%”替代。
- 当 background-image 属性的属性值设定为多张图片来源时（图片来源间以逗号“,”隔开），background-position属性的属性值也可复数指定，相对于各个图片来源的显示位置坐标同样须以逗号“,”隔开。
- background-repeat 属性可在配置背景图片的情况下指定背景图案的排列方式。
- background-attachment 属性可指定背景图片是否随着网页文件的滚动而移动。
- background-attachment 属性的fixed属性值所指的位置固定是相对于窗口而固定在某个位置。

➡ 浏览器与属性名称的对应

浏览器	属性名称
IE9	background-image、background-position、background-repeat、background-attachment
IE8	-
FireFox4 ⇧	background-image、background-position、background-repeat、background-attachment
Chrome11 ⇧	background-image、background-position、background-repeat、background-attachment
Safari5 ⇧	background-image、background-position、background-repeat、background-attachment
Opera11 ⇧	-

范例学习　网页背景图片设定 backgroundimg.html

charless.jpg

charlesp.gif

P1030445.jpg

```
<!DOCTYPE HTML>
<html>
<head>
<meta http-equiv="Content-Type" content="text/html; charset=utf-8">
<title>网页背景图片设定</title>
<style type="text/css">
body {
        background-image: url(img/charless.jpg), url(img/charlesp.gif), url(img/P1030445.jpg);
    background-repeat: no-repeat;
    background-position: 50px 50px, 450px 350px, 20px 30px;
    background-color: #FCF;
}
</style>
</head>
<body>
</body>
</html>
```

属性 background-clip
背景的显示范围设定

语法 选择器 { background-clip : 属性值 ;}

属性值

初 初始预设值

可能的属性值 ⟶ 下列的可能值 初 border-box

可能值	说明
1 border-box	背景在border（外框）下开始显示，也就是从border区域之外剪裁背景
2 padding-box	背景在padding（边距）下开始显示，也就是从padding区域之外剪裁背景
3 content-box	背景在content（内容区域）下开始显示，也就是从content区域之外剪裁背景

说明

- background-clip 属性用来剪裁背景的显示区域，也就是对背景色彩background-color、背景图片background-image设定显示区域的属性。

➡ 浏览器与属性名称、属性值的对应

浏览器	属性名称	可用的属性值
IE9	background-clip	border-box、padding-box、content-box
IE8	-	-
FireFox4 ⇧	background-clip	border-box、padding-box、content-box
FireFox3.x	-moz- background-clip	border、padding
Chrome11 ⇧	background-clip	border-box、padding-box、content-box
Safari5 ⇧	background-clip -webkit- background-clip	border-box、padding-box content-box
Opera11 ⇧	background-clip	border-box、padding-box、content-box

范例学习 DIV块背景显示范围设定 background_clip.html

DSC_0604.jpg

```
<title>背景显示设置</title>
<style type="text/css">
div {
            margin-top: 15px;
            margin-left: 30px;
            padding: 20px;
            width: 300px;
            height: 100px;
    border: 10px dotted #930;
            text-align: center;
            font-weight: bolder;
            color: white;
            background-image: url("img/DSC_0604.jpg");
}
#test1 {
            background-clip: border-box;
            -moz-background-clip: border;
}
#test2 {
            background-clip: padding-box;
            -moz-background-clip: padding;
}
#test3 {
            background-clip: content-box;
            -webkit-background-clip: content-box;
}
</style>
</head>
<body>
<div id="test1">背景显示设置 border-box</div>
<div id="test2">背景显示设置 padding-box</div>
<div id="test3">背景显示设置 content-box</div>
</body>
</html>
```

属性 background-origin

设定背景的显示基准点

语法 选择器 { background-origin : 属性值 ;}

属性值

初 初始预设值

可能的属性值 → 下列的可能值 初 border-box	
可能值	说明
1 border-box	背景在 border（外框）区域开始显示，对应于border区域左上角的原点
2 padding-box	背景在 padding（边距）区域开始显示，对应于padding区域左上角的原点
3 content-box	背景在 content（内容区域）区域开始显示，对应于content区域左上角的原点

说明

- background-origin 属性用来设定背景的显示基准点，也就是设定背景颜色background-color、背景图片background-image显示区域的原点。
- 当 background-attachment 属性的属性值为fixed时，background-origin属性的设定即为无效。
- 如果设定了background-position属性值，则背景的真正显示位置将会是background-origin属性设定的基准点，再加上background-position属性设定x轴、y 轴的位移值。

➡ 浏览器与属性名称、属性值的对应

浏览器	属性名称	可用的属性值
IE9	background-origin	border-box、padding-box、content-box
IE8	-	-
FireFox4 ⇧	background- origin	border-box、padding-box、content-box
FireFox3.x	-moz- background- origin	border、padding、content
Chrome11 ⇧	background- origin	border-box、padding-box、content-box
Safari5 ⇧	background- origin -webkit- background- origin	border-box、padding-box、content-box border-box、padding-box、content-box
Opera11 ⇧	background- origin -	border-box、padding-box、content-box

范例学习　背景的显示基准点设定 background_origin.html

DSC_0264.jpg

```
<title>背景的显示基准点设定</title>
<style type="text/css">
div {
        margin-top: 15px;
        margin-left: 30px;
        padding: 20px;
        width: 400px;
        height: 100px;
    border: 10px dashed #930;
        text-align: center;
        font-weight: bolder;
        color: white;
        background-image: url("img/DSC_0264.jpg");
    background-repeat: no-repeat;
}
#test1 {
        background-clip: border-box;
        -moz-background-clip: border;
}
#test2 {
        background-clip: padding-box;
        -moz-background-clip: padding;
}
#test3 {
        background-clip: content-box;
        -webkit-background-clip: content-box;
}
</style>
</head>
<body>
<div id="test1">背景的显示基准点设定 border-box</div>
<div id="test2">背景的显示基准点设定 padding-box</div>
<div id="test3">背景的显示基准点设定 content-box</div>
</body>
</html>
```

属性 background-size

设定背景图片的大小

语法 选择器 { background-size : 属性值;}

属性值

初 初始预设值

可能的属性值 →	下列的可能值
可能值	说明
1 长度（单位数值）	数值加上em、px、pt等单位，不可为负数值。给定一个属性值，代表宽、高使用相同长度，也可给定两个属性值，代表宽、高使用不同长度（也可以与auto属性值配对）
2 %（百分比）	数值加上百分比符号，不可为负数值。给定一个属性值，代表宽、高使用相同百分比，也可给定两个属性值，代表宽、高使用不同百分比（也可以与auto属性值配对）
3 auto	对应不同情况自动设定
4 contain	对应元素的尺寸大小，缩小背景图片（依原始图片的长宽比例缩小）
5 cover	对应元素的尺寸大小，放大背景图片（依原始图片的长宽比例放大）

说明

- background-size 属性用来设定背景图片的大小。
- 当 background-size 属性的属性值指定为百分比时，则背景图片的大小将由DIV块元素本身的宽、高度百分比，以及background-origin的位置决定。

浏览器与属性名称的对应

浏览器	属性名称
IE9	background-size
IE8	-
FireFox4 ⇧	background-size
FireFox3.x	-moz- background-size
Chrome11 ⇧	background-size
Safari5 ⇧	background-size
Opera11 ⇧	background-size

范例学习 背景图片的大小设定 background_size.html

charlesp.gif

```
<!DOCTYPE HTML>
<html>
<head>
<meta http-equiv="Content-Type" content="text/html; charset=utf-8">
<title>背景图片的大小设定</title>
<style type="text/css">

div {
            margin-top: 15px;
            margin-left: 30px;
            padding: 20px;
            width: 400px;
            height: 80px;
    border: 10px dotted #930;
            text-align: right;
            font-weight: bolder;
            color: red;
            background-image: url("img/charlesp.gif");
    background-repeat: repeat;
}

#test1 {
            background-size: 50px auto;
            -moz-background-size: 50px auto;
}

#test2 {
            background-size: 100% 100%;
            -moz-background-size: 100% 100%;
}

#test3 {
            background-size: cover;
            -webkit-background-size: cover;
}

#test4 {
            background-size: contain;
            -webkit-background-size: contain;
}

</style>
</head>
```

```
<body>
<div id="test1">背景图片的大小设定 50px auto</div>
<div id="test2">背景图片的大小设定 100% 100%</div>
<div id="test3">背景图片的大小设定 cover</div>
<div id="test4">背景图片的大小设定 contain</div>
</body>
</html>
```

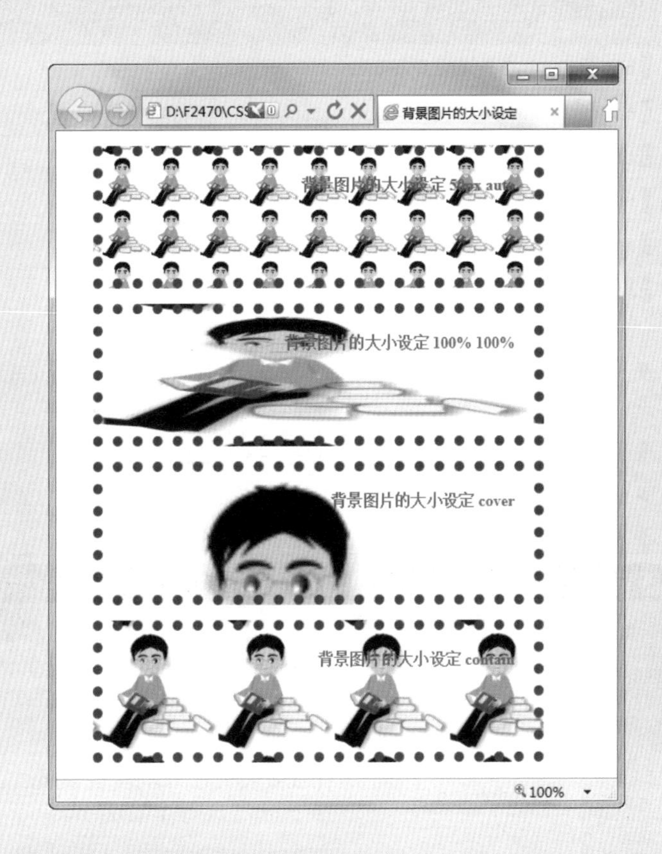

属性 background

复合指定背景的相关属性

语法 选择器 { background : 属性值 ;}

属性值

初 初始预设值

可能的属性值 → 下列与背景相关属性的属性值	
背景相关属性	说明
1 background-image	指定背景图片
2 background-origin	指定背景图片的显示基准点
3 background-clip	指定背景图片的显示范围
4 background-repeat	指定背景图片的排列方式
5 background-size	指定背景图片的大小
6 background-position	指定背景图片的位置

说明

- background 属性为复合属性，可指定复数属性值，各属性值以空格隔开，各属性值间没有先后顺序指定，每个属性值就是一种背景的属性设定。
- 忽略的属性值设定将直接参照独立属性的预设值。
- background 属性可为复数的复合属性值群组，每组复合属性值必须以逗号“,”彼此隔开。

➡ 浏览器与属性名称、属性值的对应

浏览器	属性名称	可用的属性值
IE9	background	background-image、background-repeat、background-position
IE8	-	-
FireFox4 ⇧	background	background-image、background-repeat、background-position
FireFox3.x	-moz- background	background-image、background-repeat、background-position
Chrome11 ⇧	background	background-image、background-repeat、background-position
Safari5 ⇧	background	background-image、background-repeat、background-position
Opera11 ⇧	background	background-image、background-repeat、background-position

范例学习 背景图片复合设定 background.html

```
<!DOCTYPE HTML>
<html>
<head>
<meta http-equiv="Content-Type" content="text/html; charset=utf-8">
<title>背景显示设置</title>
<style type="text/css">
body{
background: url(img/p2.gif) left top no-repeat,
            url(img/charless.jpg) center 200px no-repeat,
              repeat-y url(img/charlesp.gif) right top;
}
</style>
</head>
<body>

</body>
</html>
```

charless.jpg

charlesp.gif

P2.gif

元素模型

属性 box-shadow 元素阴影

语法　选择器 { box-shadow : 属性值 ;}

属性值

初 初始预设值

可能的属性值 → 1 none 初 与下列其他属性可能值

可能值	说明
1 none	无阴影
2 水平偏移量	阴影 X 轴的偏移量，属性值为长度（数值 + 单位），正负数值都可，必要属性值
3 垂直偏移量	阴影 Y 轴的偏移量，属性值为长度（数值 + 单位），正负数值都可，必要属性值
4 阴影大小	以模糊半径表示（blur radius），属性值为长度（数值 + 单位），预设为 0px，此属性值可省略不设定
5 阴影扩展量	以扩散半径表示（spread radius），属性值为长度（数值 + 单位），预设为 0px，此属性值可省略不设定
6 颜色	阴影的颜色，此属性值可省略不设定，不指定属性值则以元素的 color 属性值为基准
7 inset	将阴影放在元素DIV块内（内阴影），此属性值可省略不设定，不指定属性值则预设是DIV块外（外阴影）

说明

- box-shadow 属性用来设定元素DIV块的阴影。
- box-shadow 属性可以做多层次的阴影，阴影设定的属性值群组之间要以逗号“,”隔开。

浏览器与属性名称的对应

浏览器	属性名称
IE9	box-shadow
IE8	-
FireFox4 ⇧	box-shadow
FireFox3.x	-moz-box-shadow
Chrome11 ⇧	box-shadow
Safari5 ⇧	-webkit-box-shadow
Opera11 ⇧	box-shadow

范例学习 元素阴影设定 boxshadow.html

```
<!DOCTYPE HTML>
<html>
<head>
<meta http-equiv="Content-Type" content="text/html; charset=utf-8">
<title>元素阴影</title>
<style type="text/css">
div {
		margin-top: 30px;
		margin-left: 30px;
		padding: 20px;
		width: 600px;
		height: 30px;
			border: 1px dashed #930;
		text-align: center;
		font-weight: bolder;
		color: black;
}
#test1 {
			-moz-box-shadow: 0 0 1em gold;
		-webkit-box-shadow: 0 0 1em gold;
		box-shadow: 0 0 1em gold;
}
#test2 {
			-moz-box-shadow: 20px -16px teal;
		-webkit-box-shadow: 20px -16px teal;
		box-shadow: 20px -16px teal;
}
#test3 {
			-moz-box-shadow: 3px 3px red, -1em 0 0.4em #00F;
		-webkit-box-shadow: 3px 3px red, -1em 0 0.4em #00F;
		box-shadow: 3px 3px red, -1em 0 0.4em #00F;


}
#test4 {
			-moz-box-shadow: 0 0 3em pink inset;
		-webkit-box-shadow: 0 0 3em pink inset;
		box-shadow: 0 0 3em pink inset;
}
</style>
</head>
<body>
<div id="test1">元素阴影</div>
<div id="test2">元素阴影</div>
<div id="test3">元素阴影</div>
<div id="test4">元素阴影</div>
</body>
</html>
```

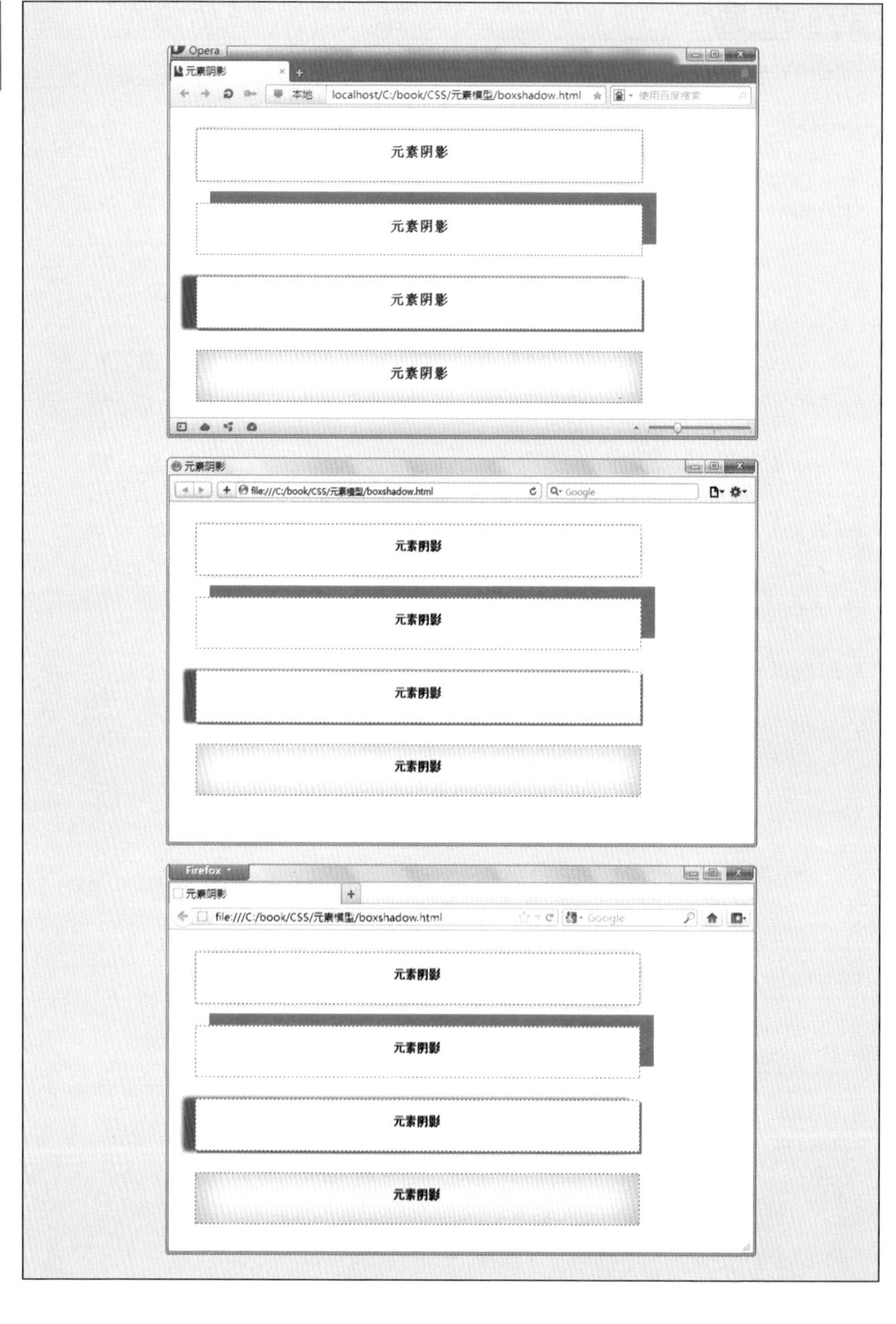
Opera
元素阴影
本地
localhost/C:/book/CSS/元素模型/boxshadow.html
使用百度搜索
元素阴影
元素阴影
元素阴影
元素阴影
元素阴影
file:///C:/book/CSS/元素模型/boxshadow.html
Google
元素阴影
元素阴影
元素阴影
元素阴影
Firefox
元素阴影
file:///C:/book/CSS/元素模型/boxshadow.html
Google
元素阴影
元素阴影
元素阴影
元素阴影

元素模型

属性 overflow-x

元素内容宽度超越的水平显示设定（X轴显示）

语法 选择器 { overflow-x : 属性值 ;}

属性值

初 初始预设值

可能的属性值 → 1 visible 初 、其他

属性值	说明
1 visible	不裁切任何元素标签内容，同时不显示滚动条、不做显示区域设定
2 hidden	将元素的标签内容嵌入显示区域，同时不显示滚动条，但会依显示区域大小裁切元素的标签内容
3 scroll	将元素的标签内容嵌入显示区域，显示水平滚动条，但视情况显示可滚动或不可滚动
4 auto	将元素的标签内容嵌入显示区域，并视情况自动显示水平滚动条

说明

- overflow-x 属性用来设定元素DIV块的水平显示方式，当属性值为 2 hidden、3 scroll、4 auto 时，其显示效果就如同iframe元素般，会产生框架效果。
- overflow-x 属性的属性值为 3 scroll 时，不管元素标签内容是否超过显示区域，都会出现水平滚动条。

➡ 浏览器与属性名称的对应

浏览器	属性名称
IE9	overflow-x（-ms-overflow-x）
IE8	overflow-x（-ms-overflow-x）
FireFox4 ⇧	overflow-x
FireFox3.x	overflow-x
Chrome11 ⇧	overflow-x
Safari5 ⇧	overflow-x
Opera11 ⇧	overflow-x

范例学习 元素水平滚动条设定 overflow_x.html

```
<!DOCTYPE HTML>
<html>
<head>
<meta http-equiv="Content-Type" content="text/html; charset=utf-8">
<title>元素水平显示设定</title>
<style type="text/css">
div {
        margin-top: 30px;
```

```
            margin-left: 30px;
            padding: 20px;
            width: 400px;
            height: 50px;
        border: 1px solid #930;
            text-align: center;
            font-weight: bolder;
            color: black;
    white-space: nowrap;
}
#test1 {
 -ms-overflow-x: visible;
     overflow-x: visible;
}
#test2 {
 -ms-overflow-x: hidden;
     overflow-x: hidden;
}
#test3 {
 -ms-overflow-x: scroll;
     overflow-x: scroll;
}
#test4 {
 -ms-overflow-x: auto;
     overflow-x: auto;
}
</style>
</head>
<body>
<div id="test1">
<p>不裁切任何元素标签内容，同时不显示滚动条、不做显示区域设定</p>
</div>
<div id="test2">
<p>将元素的标签内容嵌入显示区域，同时不显示滚动条，但会依显示区域大小裁切元素的标签内
容</p>
</div>
<div id="test3">
<p>将元素的标签内容嵌入显示区域，显示水平滚动条，但视情况显示可滚动或不可滚动</p>
</div>
<div id="test4">
<p>将元素的标签内容嵌入显示区域，并视情况自动显示水平滚动条</p>
</div>
</body>
</html>
```

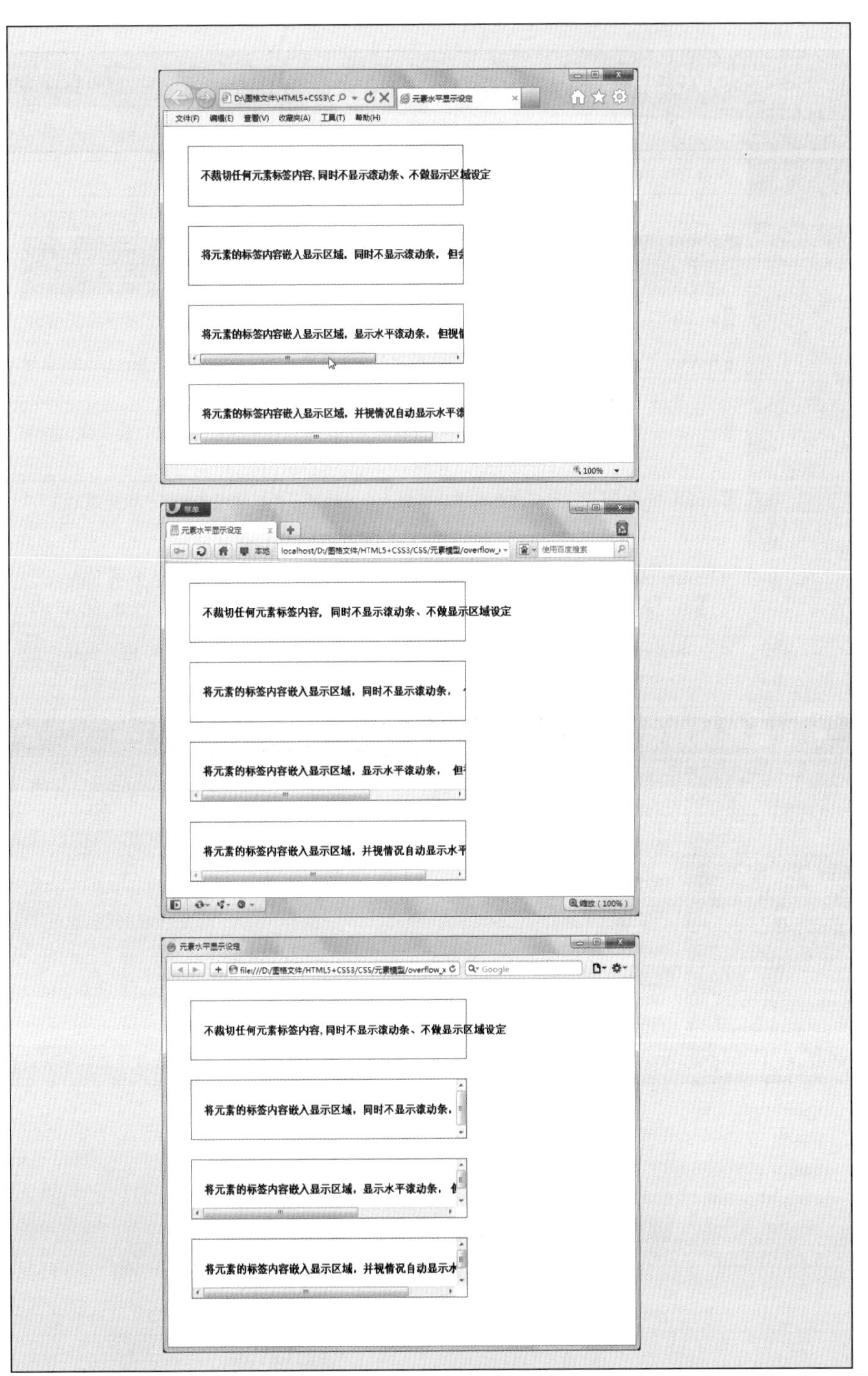
元素水平显示设定
不裁切任何元素标签内容, 同时不显示滚动条、不做显示区域设定
将元素的标签内容嵌入显示区域，同时不显示滚动条，
将元素的标签内容嵌入显示区域，显示水平滚动条，
将元素的标签内容嵌入显示区域，并视情况自动显示水平

元素模型

属性 overflow-y
元素内容高度超越的垂直显示设定（Y轴显示）

语法 选择器 { overflow-y : 属性值 ;}

属性值

初 初始预设值

可能的属性值 → 1 visible 初 、其他

属性值	说明
1 visible	不裁切任何元素标签内容，同时不显示滚动条、不做显示区域设定
2 hidden	将元素的标签内容嵌入显示区域，同时不显示滚动条，但会依显示区域大小裁切元素的标签内容
3 scroll	将元素的标签内容嵌入显示区域，显示垂直滚动条，但视情况显示可滚动或不可滚动
4 auto	将元素的标签内容嵌入显示区域，并视情况自动显示垂直滚动条

说明

- overflow-y 属性用来设定元素DIV块的水平显示方式，当属性值为 2 hidden、3 scroll、4 auto 时，其显示效果就如同iframe元素般，产生框架效果。
- overflow-y 属性的属性值为 3 scroll 时，不管元素标签内容是否超过显示区域都会出现垂直滚动条。

➡ 浏览器与属性名称的对应

浏览器	属性名称
IE9	overflow-y（-ms-overflow-y）
IE8	overflow-y（-ms-overflow-y）
FireFox4 ⇧	overflow-y
FireFox3.x	overflow-y
Chrome11 ⇧	overflow-y
Safari5 ⇧	overflow-y
Opera11 ⇧	overflow-y

范例学习 元素垂直滚动条设定 overflow_y.html

```
<!DOCTYPE HTML>
<html>
<head>
<meta http-equiv="Content-Type" content="text/html; charset=utf-8">
<title>元素垂直显示设置</title>
<style type="text/css">
div {
```

```
            margin-top: 30px;
            margin-left: 30px;
            padding: 20px;
            width: 400px;
            height: 50px;
      border: 1px solid #930;
            text-align: center;
            font-weight: bolder;
            color: black;
}
#test1 {
 -ms-overflow-y: visible;
        overflow-y: visible;
}
#test2 {
 -ms-overflow-y: hidden;
        overflow-y: hidden;
}
#test3 {
 -ms-overflow-y: scroll;
        overflow-y: scroll;
}
#test4 {

 -ms-overflow-y: auto;
        overflow-y: auto;
}
</style>
</head>
<body>
<div id="test1">
<p>尽管CSS3新增了相当多的属性 ~略~ 浏览器支持的属性加以介绍。</p>
</div>
<div id="test2">
<p>尽管CSS3新增了相当多的属性 ~略~浏览器支持的属性加以介绍。</p>
</div>
<div id="test3">
<p>尽管CSS3新增了相当多的属性 ~略~浏览器支持的属性加以介绍。</p>
</div>
<div id="test4">
<p>尽管CSS3新增了相当多的属性 ~略~浏览器支持的属性加以介绍。</p>
</div>
</body></html>
```

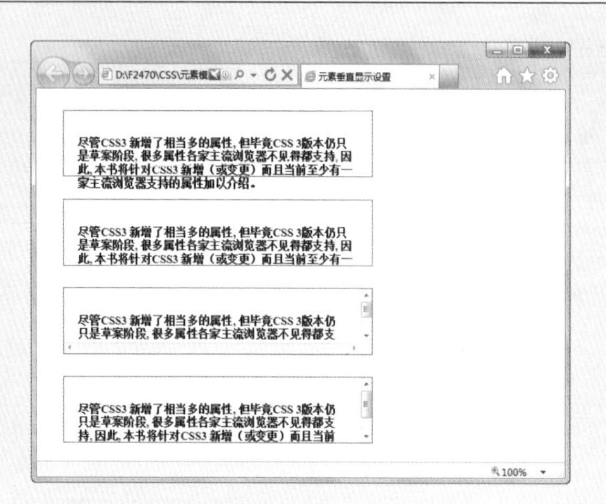
D:\F2470\CSS\元素模
元素垂直显示设置
尽管CSS3 新增了相当多的属性，但毕竟CSS 3版本仍只是草案阶段，很多属性各家主流浏览器不见得都支持，因此，本书将针对CSS3 新增（或变更）而且当前至少有一家主流浏览器支持的属性加以介绍。
尽管CSS3 新增了相当多的属性，但毕竟CSS 3版本仍只是草案阶段，很多属性各家主流浏览器不见得都支持，因此，本书将针对CSS3 新增（或变更）而且当前至少有一
尽管CSS3 新增了相当多的属性，但毕竟CSS 3版本仍只是草案阶段，很多属性各家主流浏览器不见得都支
尽管CSS3 新增了相当多的属性，但毕竟CSS 3版本仍只是草案阶段，很多属性各家主流浏览器不见得都支持，因此，本书将针对CSS3 新增（或变更）而且当前
100%

元素垂直显示设置
file:///C:/book/CSS/元素模型/overflow_y.html
Google
尽管CSS3 新增了相当多的属性，但毕竟CSS 3版本仍只是草案阶段，很多属性各家主流浏览器不见得都支持，因此，本书将针对CSS3 新增（或变更）而且当前至少有一家主流浏览器支持的属性加以介绍。
尽管CSS3 新增了相当多的属性，但毕竟CSS 3版本仍只是草案阶段，很多属性各家主流浏览器不见得都支持，因此，本书将针对CSS3 新增（或变更）而且当前至少
尽管CSS3 新增了相当多的属性，但毕竟CSS 3版本仍只是草案阶段，很多属性各家主流浏览器不见得都支持，因此，本书将针对CSS3 新增（或变更）而且
尽管CSS3 新增了相当多的属性，但毕竟CSS 3版本仍只是草案阶段，很多属性各家主流浏览器不见得都支持，因此，本书将针对CSS3 新增（或变更）而且

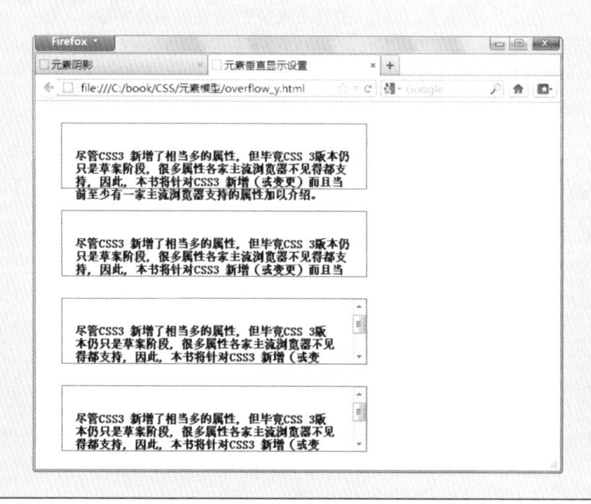
Firefox
元素阴影
元素垂直显示设置
file:///C:/book/CSS/元素模型/overflow_y.html
Google
尽管CSS3 新增了相当多的属性，但毕竟CSS 3版本仍只是草案阶段，很多属性各家主流浏览器不见得都支持，因此，本书将针对CSS3 新增（或变更）而且当前至少有一家主流浏览器支持的属性加以介绍。
尽管CSS3 新增了相当多的属性，但毕竟CSS 3版本仍只是草案阶段，很多属性各家主流浏览器不见得都支持，因此，本书将针对CSS3 新增（或变更）而且当
尽管CSS3 新增了相当多的属性，但毕竟CSS 3版本仍只是草案阶段，很多属性各家主流浏览器不见得都支持，因此，本书将针对CSS3 新增（或变
尽管CSS3 新增了相当多的属性，但毕竟CSS 3版本仍只是草案阶段，很多属性各家主流浏览器不见得都支持，因此，本书将针对CSS3 新增（或变

元素模型

属性 overflow

元素内容超越的显示设定（X、Y轴显示）

语法

选择器 { overflow : 属性值 ;}

属性值

初 初始预设值

可能的属性值 → 1 visible 初 、其他

属性值	说明
1 visible	不裁切任何元素标签内容，同时不显示滚动条、不做显示区域设定
2 hidden	将元素的标签内容嵌入显示区域，同时不显示滚动条，但会依显示区域大小裁切元素的标签内容
3 scroll	将元素的标签内容嵌入显示区域，显示垂直滚动条，但视情况显示可滚动或不可滚动
4 auto	将元素的标签内容嵌入显示区域，并视情况自动显示垂直滚动条

说明

- overflow 属性用来设定元素的标签内容超过元素DIV块宽高度设定时的显示方式，当属性值为 2 hidden、3 scroll、4 auto 时，其显示效果就如同iframe元素般，产生框架效果。
- overflow 属性的属性值为 3 scroll 时，不管元素标签内容是否超过显示区域都会出现垂直、水平滚动条。
- 对于table元素而言，若table-layout属性设定为fixed，则表格内的td元素将带有预设值为hidden的overflow属性。
- overflow 属性的属性值为复合属性值，可同时给予两个属性值，分别代表水平（X轴）、垂直（Y轴）的显示设置，若只给予一个属性值，则水平（X轴）、垂直（Y轴）的显示使用相同设定。

➡ 浏览器与属性名称的对应

浏览器	属性名称
IE9	overflow（-ms-overflow）
IE8	overflow（-ms-overflow）
FireFox4 ⇧	overflow
FireFox3.x	overflow
Chrome11 ⇧	overflow
Safari5 ⇧	overflow
Opera11 ⇧	overflow

提示：overflow 属性的设定效果请参考overflow-x、overflow-y属性的范例学习。

元素模型

属性 box-sizing

设定元素模型的宽、高计算方式

语法 选择器 {box-sizing : 属性值 ;}

属性值

初 初始预设值

可能的属性值 → 1 content-box 初 、2 border-box

属性值	说明
1 content-box	content-box 属性值代表维持css2元素模型的组合方式，由外而内：外框（border）、边距（padding）、内容（content），即元素的宽（高）等于内容宽（高）
2 border-box	border-box 属性值代表变更元素模型的组合方式，变成内容（content）、外框（border）、边距（padding），即元素的宽（高）等于外框宽（高）+ 边距宽（高）+ 内容宽（高）

说明

- box-sizing 属性用来变更元素模型组合，适用于有宽、高相关属性设定的元素。
- box-sizing 属性的属性值为 1 content-box 时，我们所设定的width与height（包含min-width、max-width、min-height、max-height）属性值将会以元素标签的内容DIV块（Content Box）为基准，而元素标签的外框（border）、边距（padding）并没有包含在width与height属性中。
- box-sizing 属性的属性值为 2 border-box 时，设定的width与height（包含min-width、max-width、min-height、max-height）属性值将会以元素标签的外框DIV块（Border Box）为基准，而元素标签的外框（border）、边距（padding）将会包含在width与height属性中。

➡ 浏览器与属性名称的对应

浏览器	属性名称
IE9	box-sizing
IE8	box-sizing
FireFox4 ⇧	-moz-box-sizing
FireFox3.x	-moz-box-sizing
Chrome11 ⇧	box-sizing
Safari5 ⇧	-webkit-box-sizing
Opera11 ⇧	box-sizing

范例学习 设定元素模型的宽、高计算方式 box_sizing.html

```
<!DOCTYPE HTML>
<html>
<head>
<meta http-equiv="Content-Type" content="text/html; charset=utf-8
<title>设定元素模型的宽、高计算方式</title>
<style type="text/css">
div {
            margin-top: 30px;
            margin-left: 30px;
            padding: 20px;
            width: 200px;
            height: 200px;
            border: 1px solid #930;
}
Img {
      border:0px;
}

#test1 {
        box-sizing: content-box;
        -webkit-box-sizing: content-box;
        -moz-box-sizing: content-box;
}
#test2 {
        box-sizing: border-box;
        -webkit-box-sizing: border-box;
        -moz-box-sizing: border-box;
}

</style>
</head>
<body>
<div id="test1"><img src="img/DSC_0280.jpg" alt=""></div>
<div id="test2"><img src="img/DSC_0280.jpg" alt=""></div>
</body>
</html>
```

DSC_0280.jpg (200x200px)

D:\F2470\CSS
100%

Opera
设定元素模型的宽...
本地
loca

设定元素模型的宽、高计算...
file:///C:/b
Google

Firefox
设定元素模型的宽、高计算方式

元素模型

属性 outline-offset 设定外框的距离

语 法 选择器 { outline-offset : 属性值 ;}

属性值

初 初始预设值

可能的属性值 ⟶ 1 长度（单位数值）

可能值	说明
1 长度（单位数值）	数值加上 em、px、pt 等单位，不可为负数值

说 明

● background-offset 属性用来设定轮廓线（外框线）与框线（border）的距离。

➡ 浏览器与属性名称的对应

浏览器	属性名称
IE9	-
IE8	-
FireFox4 ⇧	outline-offset
FireFox3.x	outline-offset
Chrome11 ⇧	outline-offset
Safari5 ⇧	outline-offset
Opera11 ⇧	-

范例学习 设定外框的偏移距离 outline_offset.html

```
<!DOCTYPE HTML>
<html>
<head>
<meta http-equiv="Content-Type" content="text/html; charset=utf-8">
<title>设定外框的距离</title>
<style type="text/css">
div {
        margin-top: 30px;
        margin-left: 50px;
        padding: 20px;
        width: 200px;
        height: 200px;
    border: 1px solid #930;
}
img{
```

```
        border:0px;
}

#test1 {

 outline-offset: 5pt;

 outline: 2pt dotted #06C;
}
#test2 {
     outline-offset: 15pt;

 outline: 2pt dashed #F0C;
}

</style>
</head>


<body>
<table><tr>
<td><div id="test1"><img src="img/DSC_0280.jpg" alt=""></div></td>
<td><div id="test2"><img src="img/DSC_0280.jpg" alt=""></div></td>
</tr></table>
</body>
</html>
```

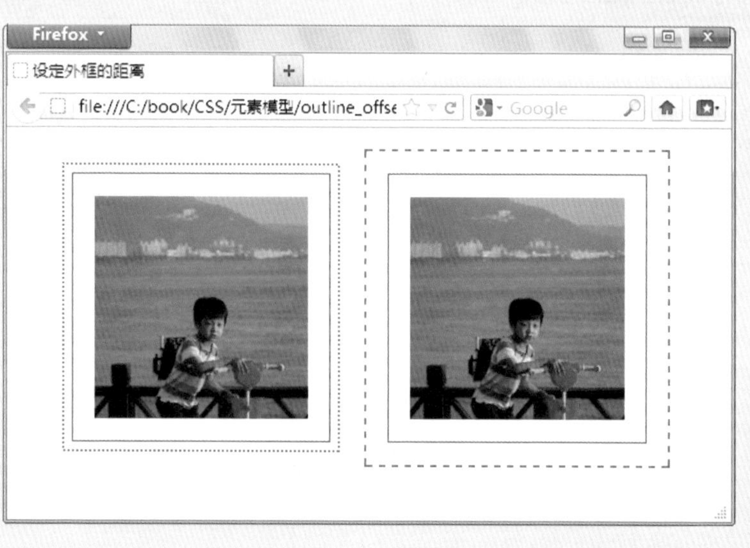

元素模型

属性 resize

变更元素DIV块的大小

语法 选择器 { resize : 属性值 ;}

属性值

初 初始预设值

可能的属性值 → 下列的可能值 初 none

可能值	说明
1 none	没有调整机制，用户无法变更元素DIV块的尺寸大小
2 both	提供水平与垂直调整机制，用户可以变更元素DIV块高度与宽度大小
3 horizontal	只提供水平调整机制，用户可以变更元素DIV块宽度大小
4 vertical	只提供垂直调整机制，用户可以变更元素DIV块高度大小

说明

- resize 属性用来设定是否提供元素DIV块的调整机制，除了属性值为 1 none时不提供调整机制外，都会提供元素DIV块的调整机制，让用户可以变更元素DIV块高度、宽度或宽、高同时变更。
- 使用 resize 属性前必须先设定overflow属性，如果overflow属性或overflow属性的属性值为visible，则resize属性设定无效。

浏览器与属性名称的对应

浏览器	属性名称
IE9	-
IE8	-
FireFox4 ⇧	resize
FireFox3.x	-
Chrome11 ⇧	resize
Safari5 ⇧	resize
Opera11 ⇧	-

范例学习 变更元素 DIV 块的大小 resize.html

```
<!DOCTYPE HTML>
<html>
<head>
<meta http-equiv="Content-Type" content="text/html; charset=utf-8">
<title>变更元素区域的大小</title>
<style type="text/css">
div {
        margin-top: 30px;
        margin-left: 50px;
```

```
            padding: 20px;
            width: 150px;
            height: 100px;
    overflow: auto;
}

#test1 {

 resize: both;
        border: 2px solid #930;
}
#test2 {
        resize: horizontal;
        border: 2px solid #F06;
}
#test3 {
        resize: vertical;
        border: 2px solid #F60;
}
</style>
</head>
<body>
<div id="test1">可水平、垂直调整</div>
<div id="test2">可水平调整</div>
<div id="test3">可垂直调整</div>
</body>
</html>
```

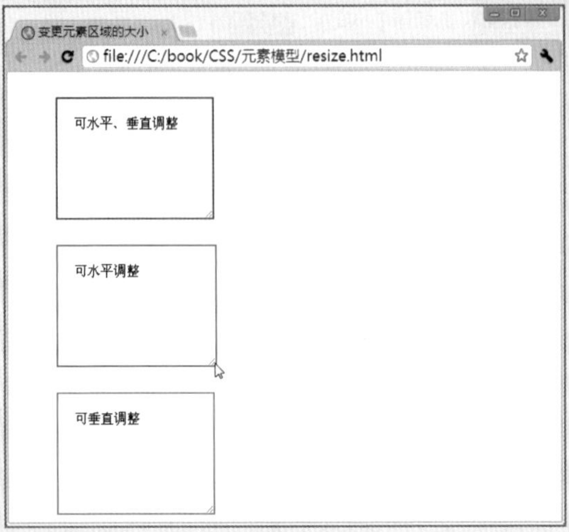

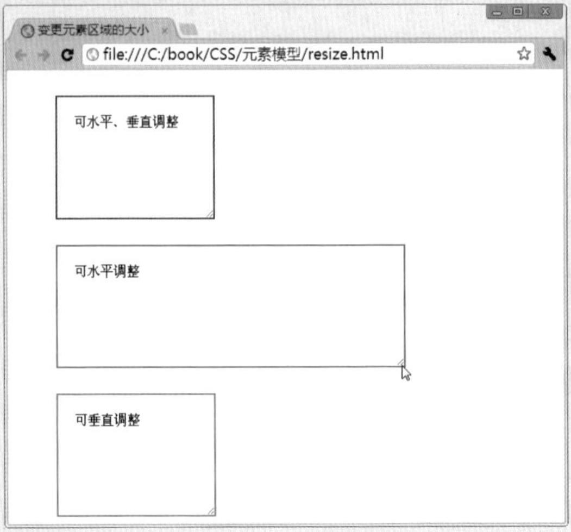

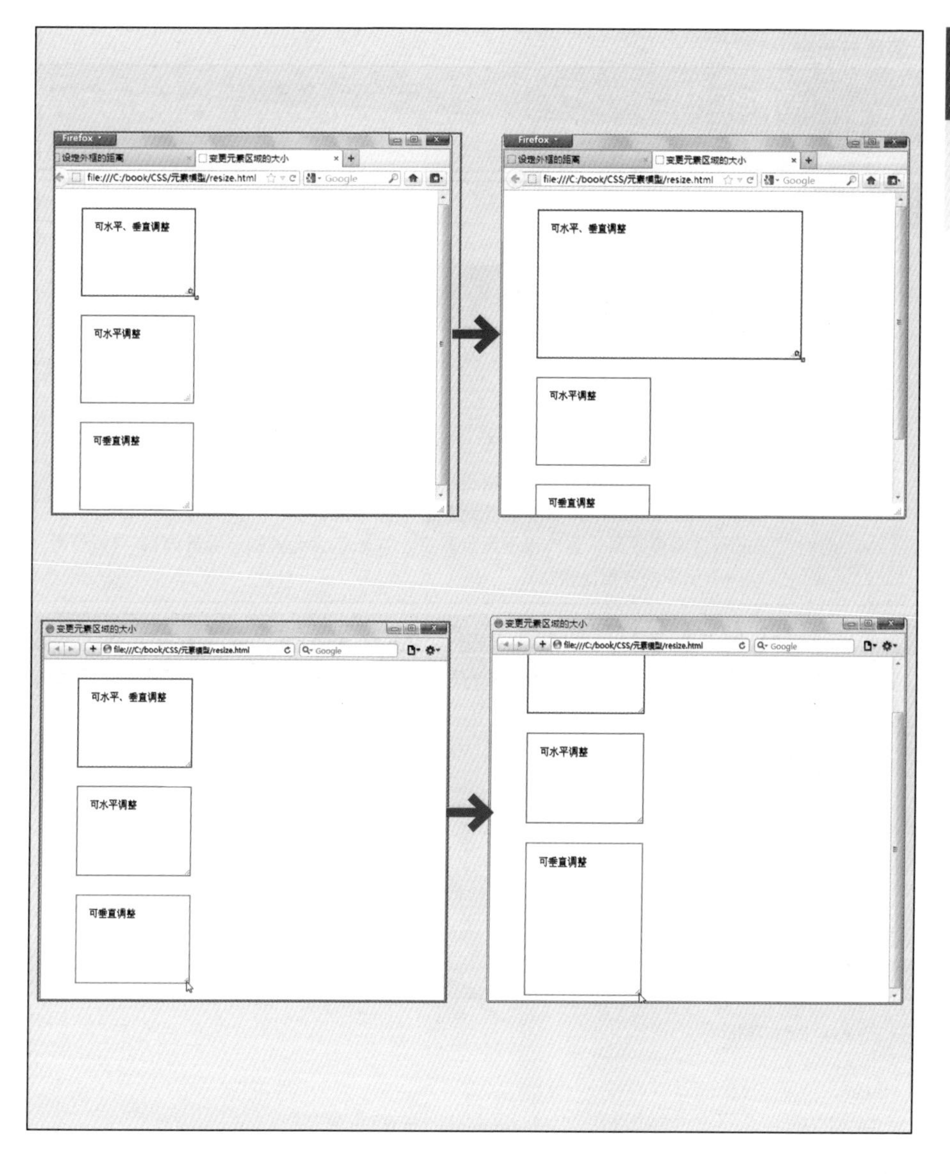
Firefox
设定外框的距离
变更元素区域的大小
file:///C:/book/CSS/元素模型/resize.html
Google
可水平、垂直调整
可水平调整
可垂直调整
变更元素区域的大小
file:///C:/book/CSS/元素模型/resize.html
可水平、垂直调整
可水平调整
可垂直调整

颜色与渐变

属性 opacity

透明度设定

语法 选择器 { opacity : 属性值 ;}

属性值

初 初始预设值

可能的属性值 → 1 数值 初 1.0

可能值	说明
1 数值	透明度0.0~1.0，0.0为完全透明，1.0为完全不透明，属性值不可为负数

说明

- opacity 属性用来设定元素的透明度。
- opacity 属性与rgba() 颜色取值中的Alpha透明度效果不同，当元素应用了opacity属性设定，其作用涵盖元素的“标签内容”；而rgba() 颜色取值中的Alpha透明度效果只会作用于元素本身，并未包含元素的“标签内容”(请参考学习范例中的效果比较)。

浏览器与属性名称的对应

浏览器	属性名称
IE9	opacity
IE8	-
FireFox4 ⇧	opacity
FireFox3.x	opacity
Chrome11 ⇧	opacity
Safari5 ⇧	opacity
Opera11 ⇧	opacity

范例学习 元素的透明度设定 opacity.html

```
<!DOCTYPE HTML>
<html>
<head>
<meta http-equiv="Content-Type" content="text/html; charset=utf-8">
<title>元素的透明度设定</title>
<style type="text/css">
div {
        margin-top: 0px;
        margin-left: 50px;
        padding: 3px;
        width: 468px;
        height: 60px;
  background-image: url(img/logo.gif)
}
```

北京中国国际旅行社有限公司
BEIJING CHINA INTERNATIONAL TRAVEL SERVICE CO., LTD.

logo.gif

```
#test1 {
    opacity: 0.1;}
#test2 {
    opacity: 0.2;}
#test3 {
    opacity: 0.3;}
#test4 {
    opacity: 0.4;}
#test5 {
    opacity: 0.5;}
#test6 {

    opacity: 0.6;}
#test7 {
    opacity: 0.7;}
#test8 {
    opacity: 0.8;}
#test9 {
    opacity: 0.9;}
#test10 {
    opacity: 1.0;}
</style>
</head>
<body>
<div id="test1"><code>opacity:0.1</code></div>
<div id="test2"><code>opacity:0.2</code></div>
<div id="test3"><code>opacity:0.3</code></div>
<div id="test4"><code>opacity:0.4</code></div>
<div id="test5"><code>opacity:1.5</code></div>
<div id="test6"><code>opacity:0.6</code></div>
<div id="test7"><code>opacity:0.7</code></div>
<div id="test8"><code>opacity:0.8</code></div>
<div id="test9"><code>opacity:0.9</code></div>
<div id="test10"><code>opacity:1.0</code></div>
</body>
</html>
```

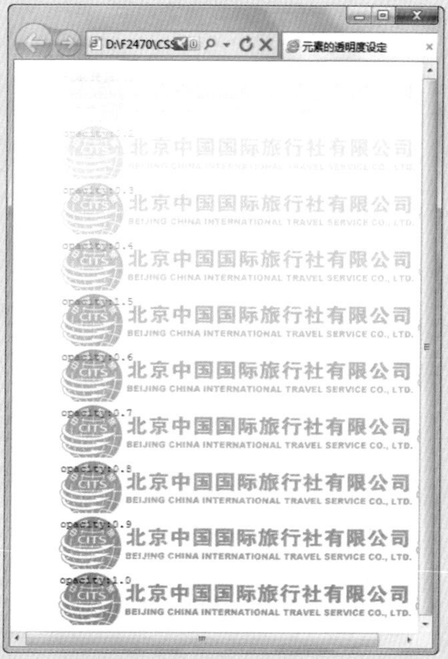

IE 的设置效果

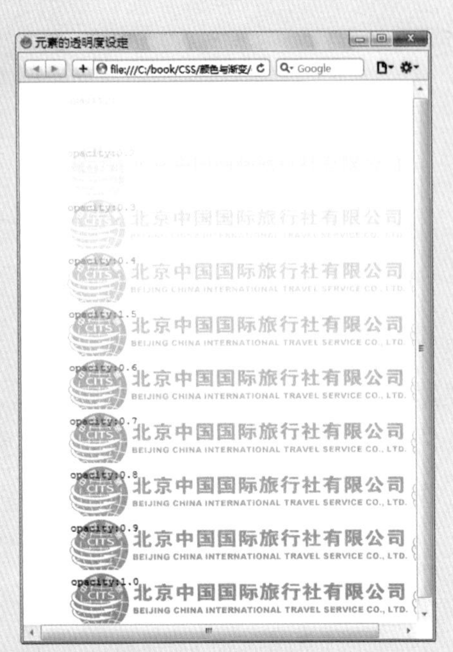

Safari 的设置效果

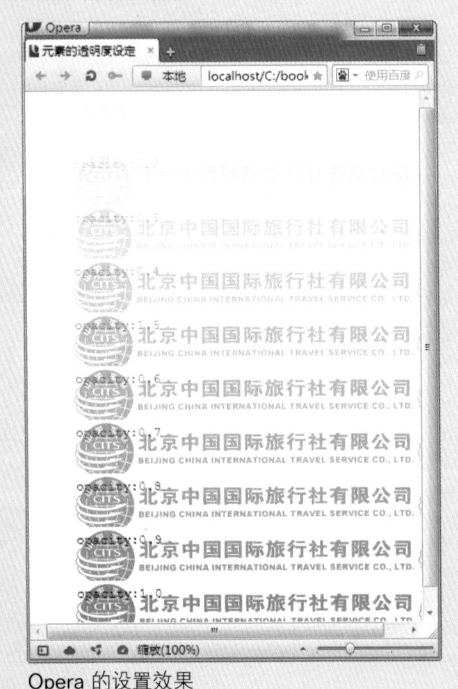

Opera 的设置效果

范例学习 opacity 属性与rgba() 颜色取值 opacity_rgba.html

```
<!DOCTYPE HTML>
<html>
<head>
<meta http-equiv="Content-Type" content="text/html; charset=utf-8">
<title>opacity属性与rgba()颜色取值</title>
<style type="text/css">
body{
      background-color:rgb(255,255,204);
}
div {
            margin-top: 10px;
            margin-left: 50px;
            padding: 3px;
            width: 468px;
            height: 60px;
    color: red;
}

#test1 { opacity: 0.3;
            background-color: #6600CC;}
#test2 { opacity: 0.3;
            background-color: rgb(102,0,204);}
#test3 { background-color: rgba(102,0,204,0.3);}
#test4 { background-color: #6600CC;}
#test5 { background-color: rgb(102,0,204);}
</style>
</head>
<body>
<div id="test1"><code>opacity: 0.3; background-color: #6600CC;</code></div>
<div id="test2"><code>opacity: 0.3; background-color: rgb(102,0,204);</code></div>
<div id="test3"><code>background-color: rgba(102,0,204,0.3);</code></div>
<div id="test4"><code>background-color: #6600CC;</code></div>
<div id="test5"><code>background-color: rgb(102,0,204);</code></div>
</body>
</html>
```

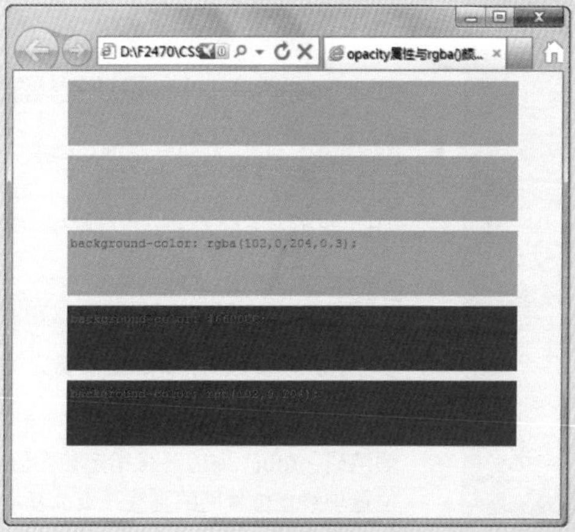

方法 linear-gradient()

线性色彩渐变

语 法 选择器 { 属性: linear-gradient(参数值) ;}

属性值

初 初始预设值

CSS3 标准格式

属性：linear-gradient(开始位置 角度, 起始颜色 位置, 终止颜色 位置)

- 开始位置：指定渐变开始的起始点，其参数值可为百分比、长度（数值+单位）或left、right、top、bottom等。“left”是由左向右，“top”是由上往下，“top left”是由左上向右下，也就是渐变终止位置方向为开始位置的180度方向。
- 角度：渐变的终止位置方向角度，只可配合开始位置参数值为百分比、长度（数值+单位）的情况，若开始位置是“left”由左向右等设定，则可忽略角度参数，角度参数与开始位置参数之间要以空格隔开。
- 起始颜色 位置：设定渐变的起始颜色与位置，颜色设定可用颜色名称、16进制颜色码、rgb() 取值等来指定参数值。位置单位长度或百分比，对应于渐变开始位置与终止位置间的直线距离为基准。位置参数可忽略。
- 终止颜色 位置：设定渐变的终止颜色与位置，颜色设定可用颜色名称、16进制颜色码、rgb() 取值等来指定参数值。位置单位长度或百分比，对应于渐变开始位置与终止位置间的直线距离为基准。位置参数可忽略。

Firefox 浏览器格式

属性：-moz- linear-gradient(开始位置 角度, 起始颜色 位置, 终止颜色 位置)

- Firefox 浏览器格式与CSS3标准格式相同，差别在于Firefox浏览器格式必须加上前缀字符“-moz-”。
- 开始位置的参数值设定与background-position的属性值一样，可为百分比、长度（数值+单位）或left、right、center、top、bottom等。

Chrome、Safari 浏览器格式

属性：-webkit- gradient(linear, 开始位置, 终止位置, from(起始颜色), to(终止颜色))

- from(起始颜色) 与 to(终止颜色)：设定渐变的起始与终止颜色，颜色设定可用颜色名称、16进制颜色码、rgb() 取值等来指定参数值。
- 开始位置 与 终止位置：指定渐变的起始与终止点，其参数值可为百分比、长度（数值+单位）或left、right、center、top、bottom的组合（例如left top、left bottom）等。

Opera 浏览器格式

属性：-o- linear-gradient(开始位置 角度, 起始颜色 位置, 终止颜色 位置)

- Opera浏览器格式与CSS3标准格式相同，差别在于Opera浏览器格式必须加上前缀字符“-o-”。
- 开始位置的参数值设定与background-position的属性值一样，可为百分比、长度（数值+单位）或left、right、center、top、bottom等。

说明

- linear-gradient() 方法用来做线性的色彩渐变。
- linear-gradient() 方法可应用于background-image、background属性，也就是拥有background-image、background属性的元素才能通过linear-gradient() 方法来做线性的色彩渐变。

浏览器的对应

浏览器	名称
IE9	-
IE8	-
FireFox4 ⇧	-moz-linear-gradient()
FireFox3.x	-moz-linear-gradient()
Chrome11 ⇧	-webkit-gradient()
Safari5 ⇧	-webkit-gradient()
Opera11 ⇧	-o-linear-gradient()

范例学习 设定DIV块的线性色彩渐变 linear_gradient.html

```
<!DOCTYPE HTML>
<html>
<head>
<meta http-equiv="Content-Type" content="text/html; charset=utf-8">
<title>设定DIV块的线性色彩渐变</title>
<style type="text/css">
body{
      background-color:rgb(255,255,204);
}
div {
            margin-top: 10px;
            margin-left: 20px;
            padding: 3px;
            width: 450px;
            height:200px;
   color: white;
}
```

```
#test1 {
    background:linear-gradient(right top ,#0000ff,#ff0000);
    background:-moz-linear-gradient(right top,#0000ff,#ff0000);
    background:-o-linear-gradient(right top,#0000ff,#ff0000);
    background:-webkit-gradient(linear, right top, left bottom, from(#0000ff), to(#ff0000));
}

#test2 {
    background:linear-gradient(#0000ff,#ff0000);
    background:-moz-linear-gradient(#0000ff,#ff0000);
    background:-o-linear-gradient(#0000ff,#ff0000);
    background:-webkit-gradient(linear, left top, left bottom, from(#0000ff), to(#ff0000));
}

#test3 {
    background:linear-gradient(left ,#0000ff,#ff0000);
    background:-moz-linear-gradient(left,#0000ff,#ff0000);
    background:-o-linear-gradient(left,#0000ff,#ff0000);
    background:-webkit-gradient(linear, left top, right top, from(#0000ff), to(#ff0000));
}

</style>
</head>
<body>
<div id="test1">test1</div>
<div id="test2">test2</div>
<div id="test3">test3</div>
</body>
</html>
```

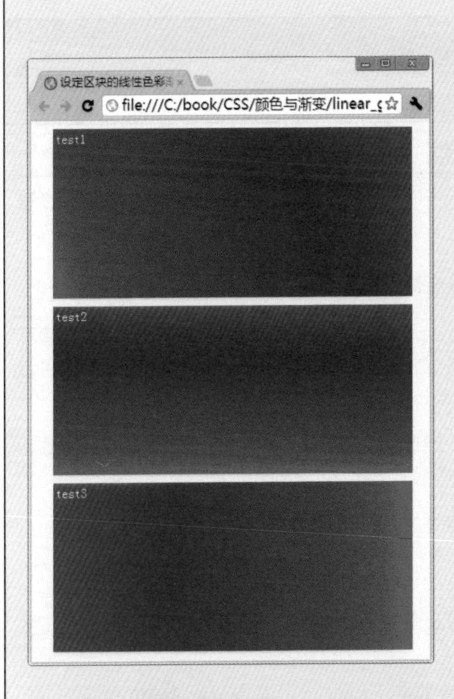
设定区块的线性色彩
file:///C:/book/CSS/颜色与渐变/linear_
test1
test2
test3

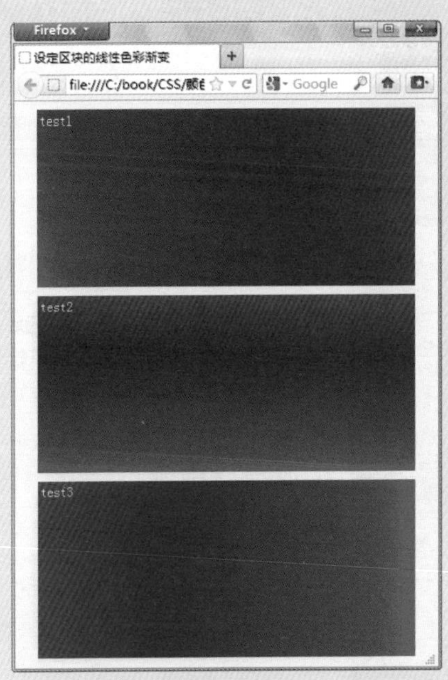
Firefox
设定区块的线性色彩渐变
file:///C:/book/CSS/颜
Google
test1
test2
test3

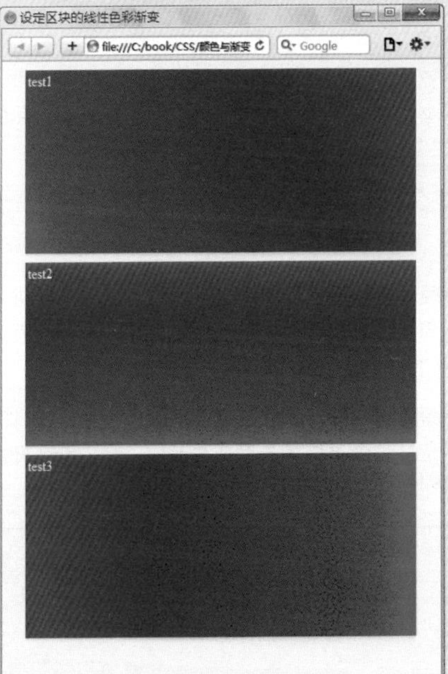
设定区块的线性色彩渐变
file:///C:/book/CSS/颜色与渐变
Google
test1
test2
test3

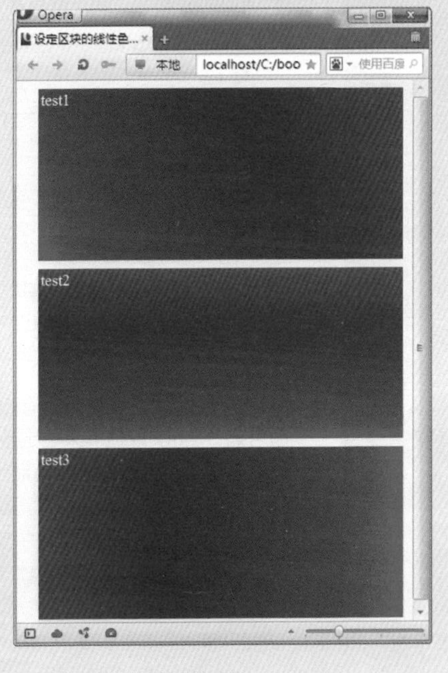
Opera
设定区块的线性色...
本地
localhost/C:/boo
使用百度
test1
test2
test3

方法 radial-gradient()

圆形（放射状）色彩渐变

语法

选择器 { 属性: radial-gradient(参数值) ;}

属性值

初 初始预设值

CSS3 标准格式

属性: radial-gradient(开始位置, 形状 大小, 起始颜色 位置, 终止颜色 位置)

- 开始位置：指定渐变开始的起始点，也就是放射渐变的中心位置，其参数值可为百分比、长度（数值+单位）或left、right、center、top、bottom等的组合（例如left top、left bottom），若未给定此参数，预设值为center。
- 形状：放射渐变的，可为circle（圆形）或ellipse（椭圆形），若未给定此参数，预设值为ellipse。
- 大小：指定放射渐变的大小（范围），可用参数值如下：
  - closest-side：指定放射渐变的半径为圆心到距离圆心最近的边。
  - closest-corner：指定放射渐变的半径为圆心到距离圆心最近的角落（端点）。
  - farthest-side：指定放射渐变的半径为圆心到距离圆心最远的边。
  - arthest-corner：指定放射渐变的半径为圆心到距离圆心最近的角落（端点）。
  - contain：包含，指定放射渐变的半径为圆心到距离圆心最近的点，等同closest-side。
  - cover 初：覆盖，指定放射渐变的半径为圆心到距离圆心最远的点，等同farthest-corner。
- 起始颜色 位置：设定渐变的起始颜色与位置，颜色设定可用颜色名称、16进制颜色码、rgb() 取值等来指定参数值。位置单位的长度或百分比，是以渐变开始位置与终止位置间的半径距离为基准。位置参数可忽略。
- 终止颜色 位置：设定渐变的终止颜色与位置，颜色设定可用颜色名称、16进制颜色码、rgb() 取值等来指定参数值。位置单位的长度或百分比，是以渐变开始位置与终止位置间的半径距离为基准。位置参数可忽略。

Firefox 浏览器格式

属性：-moz- radial -gradient(开始位置, 形状 大小, 起始颜色 位置, 终止颜色 位置)

- Firefox 浏览器格式与CSS3标准格式相同，差别在于Firefox浏览器格式必须加上前缀字符“-moz-”。
- 开始位置的参数值设定与background-position的属性值一样，可为百分比、长度（数值+单位）left、right、center、top、bottom的组合（例如left top、left bottom）等。

Chrome、Safari 浏览器格式

属性：-webkit- gradient(radial, 开始位置, 开始位置的半径, 终止位置, 终止位置的半径, from(起始颜色), to(终止颜色))

- 开始位置 与 终止位置：指定渐变的起始与终止点，其参数值可为百分比、长度（数值+单位）或left、right、center、top、bottom的组合（例如left top、left bottom）等。
- 开始位置的半径 与 终止位置的半径：指定渐变的起始半径与终止半径，其参数值为数值。
- from(起始颜色) 与 to(终止颜色)：设定渐变的起始与终止颜色，颜色设定可用颜色名称、16进制颜色码、rgb() 取值等来指定参数值。

说明

- radial-gradient() 方法用来做圆形放射状的色彩渐变。
- radial-gradient() 方法可应用于background-image、background属性，也就是说，拥有background-image、background属性的元素才能通过radial -gradient() 方法来做线性的色彩渐变。

浏览器的对应

浏览器	名称
IE9	-
IE8	-
FireFox4 ⇧	-moz-radial-gradient()
FireFox3.x	-moz-radial-gradient()
Chrome11 ⇧	-webkit-gradient()
Safari5 ⇧	-webkit-gradient()
Opera11 ⇧	-

范例学习 设定DIV块的放射状色彩渐变 radial _gradient.html

```
<!DOCTYPE HTML>
<html>
<head>
<meta http-equiv="Content-Type" content="text/html; charset=utf-8">
<title>设定 DIV 块的放射状色彩渐变</title>
<style type="text/css">
body{
	background-color:rgb(255,255,204);
}
div {
		margin-top: 10px;
		margin-left: 20px;
		padding: 3px;
		width: 450px;
		height:200px;
	color: white;
}
div.in2 {
		width: 100%;
		height:100%;
	display:box;
	display:-webkit-box;
	display:-moz-box;
}
#test1 {
background:radial-gradient(left bottom, circle cover,#0000ff 50px, #ff0000 150px);
background:-webkit-gradient(radial, left bottom, 50, left bottom,150,from(#0000ff), to(#ff0000));
background:-moz-radial-gradient(left bottom, circle cover,#0000ff 50px, #ff0000 150px);
}
#test2 {
background:radial-gradient(circle closest-side,#0000ff, #ff0000);
background:-webkit-gradient(radial, 50% 50%, 0,  50% 50%, 70, from(#0000ff), to(#ff0000));
background:-moz-radial-gradient(circle closest-side,#0000ff, #ff0000);
}
#test3 {
background:radial-gradient(center center,circle,#080,#ff0,#f00);
background:-webkit-radial-gradient(center center,circle,#080,#ff0,#f00);
background:-moz-radial-gradient(center center,circle,#080,#ff0,#f00);
}
#test4 {
background:radial-gradient(circle contain,#f0f,#ff0,#00f);
background:-webkit-radial-gradient(circle contain,#f0f,#ff0,#00f);
background:-moz-radial-gradient(circle contain,#f0f,#ff0,#00f);
}
```

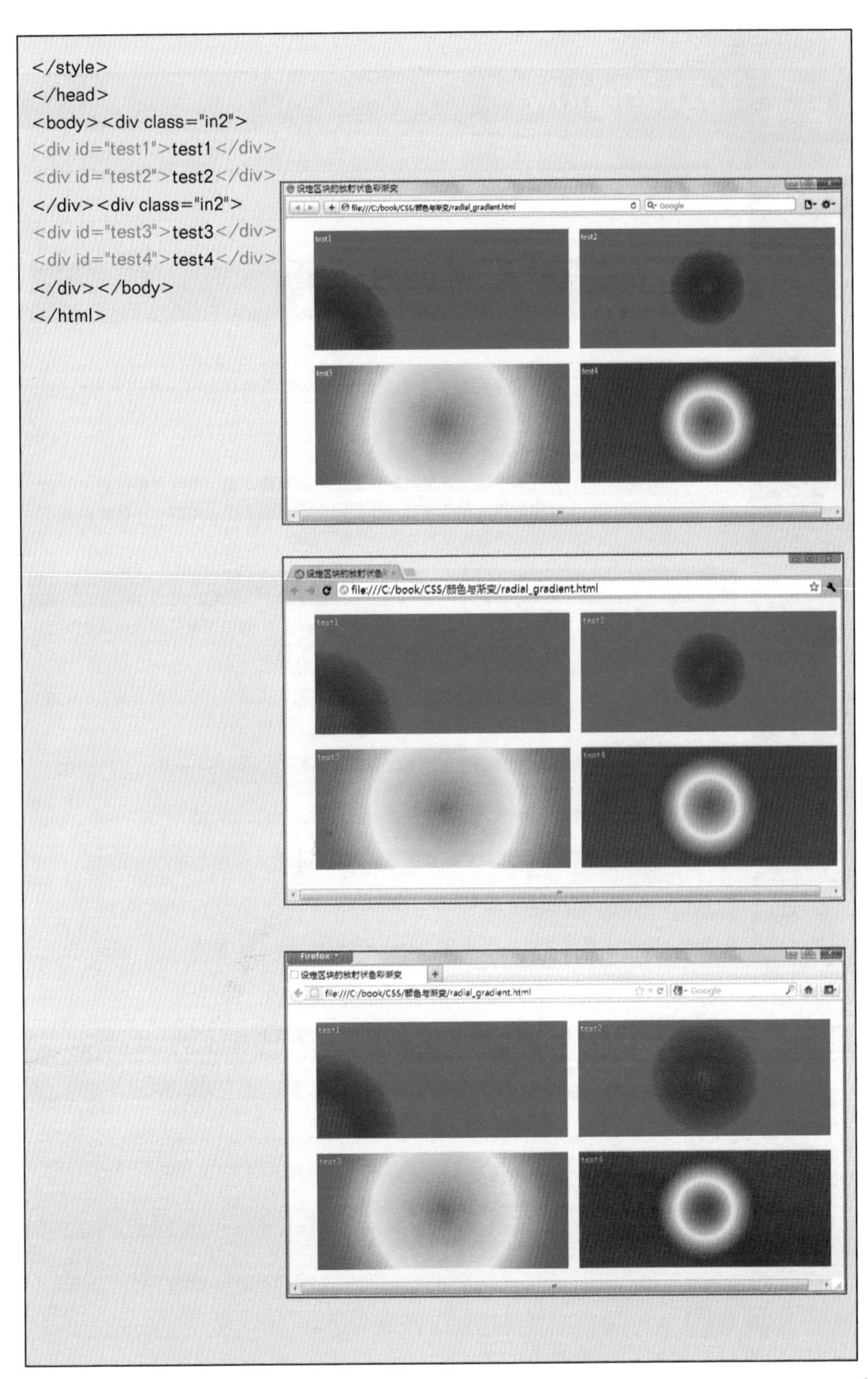


```
</style>
</head>
<body><div class="in2">
<div id="test1">test1</div>
<div id="test2">test2</div>
</div><div class="in2">
<div id="test3">test3</div>
<div id="test4">test4</div>
</div></body>
</html>
```

文字与字体

属性 text-shadow 文字阴影

语法

选择器 { text-shadow : 属性值 ;}

属性值

初 初始预设值

可能的属性值 → 1 none 初 ； 2 颜色； 3 长度

可能值	说明
1 none 初	无阴影效果
2 颜色	设定文字阴影的颜色，颜色设定可用颜色名称、16进制颜色码、rgb() 取值等来指定参数值
3 长度	由数值与单位组合而成的长度值。 长度属性用来设定阴影效果的水平延伸距离、垂直延伸距离、阴影模糊的作用距离。若只想要阴影的模糊距离，可将水平延伸距离、垂直延伸距离设置为0，但不可忽略：

长度属性值顺序	作用说明
第 1 个值	用于设定阴影效果的水平延伸距离，由数值与单位组合而成的长度值，正值为向右延伸，负值为向左延伸
第 2 个值	用于设定阴影效果的垂直延伸距离，由数值与单位组合而成的长度值，正值为向下延伸，负值为向上延伸
第 3 个值	阴影模糊的作用距离，由数值与单位组合而成的长度值，不可为负值

说明

- text-shadow 属性在 CSS2.1 时被删除，在CSS3中又被加入并更新定义。
- text-shadow 属性用来设定文字的阴影效果。
- text-shadow 属性可以用于 :first-letter 和 :first-line 虚拟类别。
- text-shadow 属性可以设定多组阴影效果，但各组效果间须以逗号“,”加以区隔。

浏览器与属性名称的对应

浏览器	属性名称
IE9	-
IE8	-
FireFox4 ⇧	text-shadow
FireFox3.x	text-shadow
Chrome11 ⇧	text-shadow
Safari5 ⇧	text-shadow
Opera11 ⇧	text-shadow

范例学习 文字的阴影设定 text_shadow.html

```
<!DOCTYPE HTML>
<html>
<head>
<meta http-equiv="Content-Type" content="text/html; charset=utf-8">
<title>文字的阴影设定</title>
<style type="text/css">
div {
        margin-top: 0px;
        margin-left: 50px;
        padding: 3px;
}

p {
font-size: 30px;
}
#test1 {
    text-shadow: none;
}
#test2 {
    text-shadow: 5px 5px 3px;
}
#test3 {
    text-shadow: #FF0000 5px 5px 3px;
}
#test4 {
    text-shadow: #00FF00 1px 1px 3px, #FF0000 8px 8px 3px;
}
</style>
</head>
<body>
<div><p id="test1">原始文字显示</p></div>
<div><p id="test2">未设定阴影颜色</p></div>
<div><p id="test3">加上阴影颜色效果</p></div>
<div><p id="test4">加上复数阴影颜色效果</p></div>
</body>
</html
```

属性 word-wrap 连续字词的断行

语法 选择器 { word-wrap : 属性值 ;}

属性值

初 初始预设值

可能的属性值 → 1 normal 初 ； 2 break-word

可能值	说明
1 normal 初	允许连续字词溢出所在的元素DIV块范围
2 break-word	允许连续字词在元素DIV块范围内自动断行，若是英文等连续字词，则为自动断字

说明

- word-wrap 属性用来设定元素DIV块内的文件内容是否可以断行，但并非在元素DIV块内的文件内容就一定会断行，如果元素DIV块的大小允许，就不会断行。
- word-wrap 属性适用于英文的文件内容，对于中文的文件内容无效。

浏览器与属性名称的对应

浏览器	属性名称
IE9	-ms-word-wrap（word-wrap）
IE8	-ms-word-wrap（word-wrap）
FireFox4 ⇧	word-wrap
FireFox3.x	word-wrap
Chrome11 ⇧	word-wrap
Safari5 ⇧	word-wrap
Opera11 ⇧	word-wrap

范例学习 设定DIV块的连续字词断行 word_wrap.html

```
<!DOCTYPE HTML>
<html>
<head>
<meta http-equiv="Content-Type" content="text/html; charset=utf-8">
<title>设定区域的连续字词折行</title>
<style type="text/css">
div {
            margin-top: 10px;
            margin-left: 50px;
            padding: 3px;
            width: 400px;
    border: 2px solid #930;
    background-image: url(img/mainbg.gif)
}
code { font-weight: bold;
}

#test1 {
        word-wrap: normal;
        -ms-word-wrap: normal;
}
#test2 {
        word-wrap: normal;
        -ms-word-wrap: normal;
}
#test3 {
        word-wrap: break-word;
        -ms-word-wrap: break-word;
}
#test4 {
        word-wrap: break-word;
        -ms-word-wrap: break-word;
}

</style>
</head>
<body>
<div id="test1">
<code>word-wrap: normal;</code><br/>
<p>word-wrp属性是用来设定元素区域内文件内容中 ~略~ 内容就一定会进行折行。</p>
</div>
<div id="test2"><code>word-wrap: normal;</code><br/>
<p>LiuisaconfirmedApplefan.Athomeandinheroffice~略~,twoiPads,threeMaclaptops,two</p>
</div>
<div id="test3">
```

mainbg.gif

```
<code>word-wrap: break-word;</code><br/>
<p> word-wrp属性是用来设定元素区域内文件内容中 ~略~ 内容就一定会进行折行。</p>
</div>
<div id="test4"><code>word-wrap: break-word;</code><br/>
<p>LiuisaconfirmedApplefan.Athomeandinheroffice~略~,twoiPads,threeMaclaptops,two</p>
</div>
</body>
</html>
```

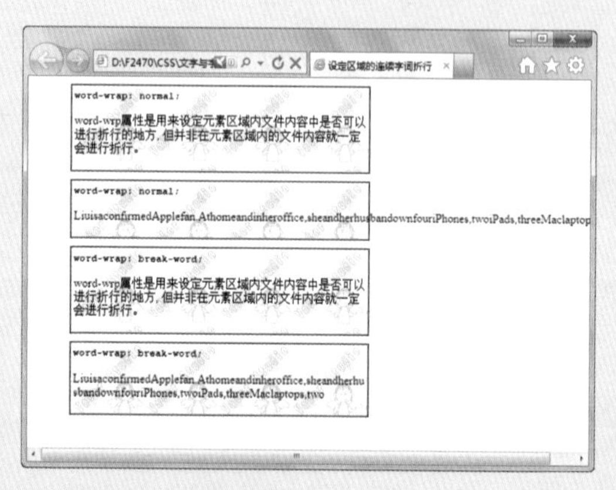

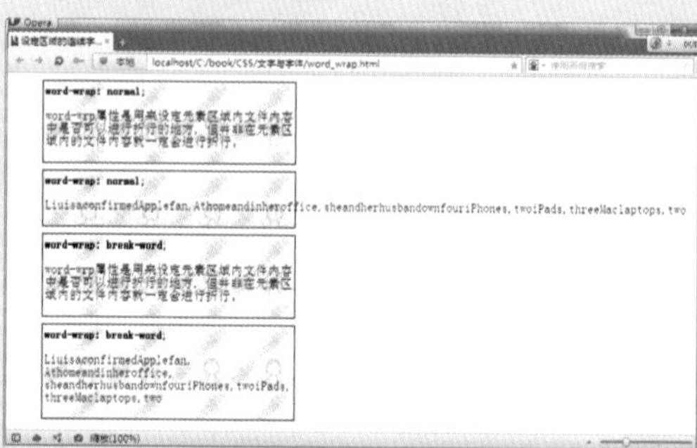

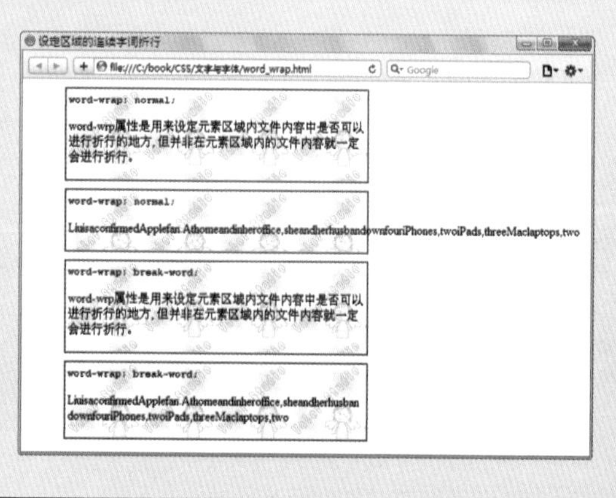

方法 text-overflow

文件内容超出范围的显示设定

语法

选择器 { text-overflow : 属性值 ;}

属性值

初 初始预设值

可能的属性值 → 1 clip 初 ; 2 ellipsis

可能值	说明
1 clip 初	当元素DIV块内的文件内容超出所在的元素DIV块范围时，将超出的文件内容直接移除
2 ellipsis	当元素DIV块内的文件内容超出所在的元素DIV块范围时，移除超出的文件内容并加上省略记号“…”

说明

- text-overflow 属性用来设定当元素DIV块内的文件内容超出所在的元素DIV块范围时的显示方式。
- 要让text-overflow属性的设定产生效果，必须要white-space属性的属性值为“nowrap”（允许文件内容超出所在的元素DIV块范围）且overflow属性的属性值为“hidden”（元素DIV块范围的文件内容为隐藏）。

➡ 浏览器的对应

浏览器	名称
IE9	-ms-text-overflow (text-overflow)
IE8	-ms-text-overflow (text-overflow)
FireFox4 ⇧	-
FireFox3.x	-
Chrome11 ⇧	text-overflow
Safari5 ⇧	text-overflow
Opera11 ⇧	text-overflow

范例学习 裁切文件内容 text_overflow.html

```
<!DOCTYPE HTML>
<html>
<head>
<meta http-equiv="Content-Type" content="text/html; charset=utf-8">
<title>裁切文件内容</title>
<style type="text/css">
div {
            margin-top: 10px;
            margin-left: 50px;
            padding: 5px;
            width: 500px;
    border: 2px solid #930;
    background-image: url(img/bg.gif)

}
p {
      overflow:hidden;
      white-space:nowrap;
}
code {
      font-weight: bold;
}

.test1 {
       text-overflow: clip;
       -ms-text-overflow: clip;
}
.test2 {
       text-overflow: ellipsis;
       -ms-text_overflow: ellipsis;
}

</style>
</head>
<body>
<div>
<code>text-overflow: clip;</code><br/>
<p class="test1">text-overflow属性是用来设定元素 ~略~ 的元素区块范围时的显示方式。</p>
</div>
<div><code>text-overflow: clip;</code><br/>
<p class="test1">Sometimes text will have to  ~略~  it overflows the element’ s box. </p>
</div>
<div>
<code>text-overflow: ellipsis;</code><br/>
```

bg.gif

```
<p class="test2"> text-overflow 属性是用来设定元素 ~略~ 的元素区块范围时的显示方式。</p>
</div>
<div><code>text-overflow: ellipsis;</code><br/>
<p class="test2"> Sometimes text will have to  ~略~  it overflows the element's box. </p>
</div>
</body>
</html>
```

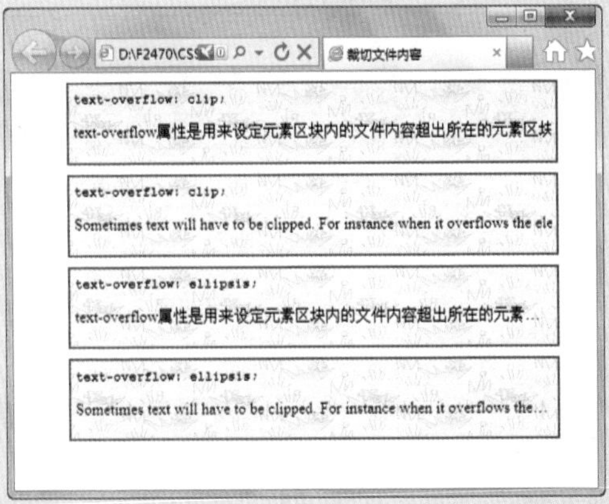

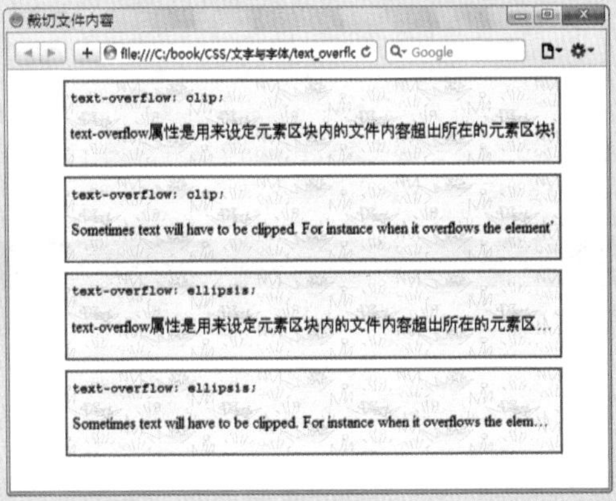

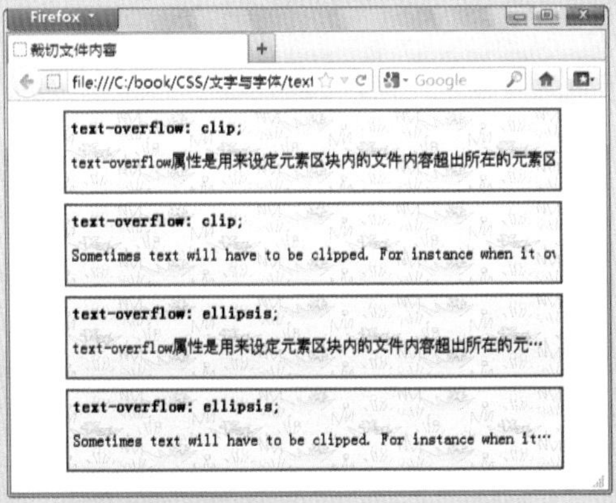

D:\F2470\CSS 裁切文件内容

text-overflow: clip;

text-overflow属性是用来设定元素区块内的文件内容超出所在的元素区块

text-overflow: clip;

Sometimes text will have to be clipped. For instance when it overflows the ele

text-overflow: ellipsis;

text-overflow属性是用来设定元素区块内的文件内容超出所在的元素…

text-overflow: ellipsis;

Sometimes text will have to be clipped. For instance when it overflows the…

裁切文件内容

file:///C:/book/CSS/文字与字体/text_overfl Google

text-overflow: clip;

text-overflow属性是用来设定元素区块内的文件内容超出所在的元素区块

text-overflow: clip;

Sometimes text will have to be clipped. For instance when it overflows the element'

text-overflow: ellipsis;

text-overflow属性是用来设定元素区块内的文件内容超出所在的元素区…

text-overflow: ellipsis;

Sometimes text will have to be clipped. For instance when it overflows the elem…

Firefox

裁切文件内容

file:///C:/book/CSS/文字与字体/text Google

text-overflow: clip;

text-overflow属性是用来设定元素区块内的文件内容超出所在的元素区

text-overflow: clip;

Sometimes text will have to be clipped. For instance when it ov

text-overflow: ellipsis;

text-overflow属性是用来设定元素区块内的文件内容超出所在的元…

text-overflow: ellipsis;

Sometimes text will have to be clipped. For instance when it…

方法 font-size-adjust

调整字体比例

语法

选择器 { font-size-adjust : 属性值 ;}

属性值

初 初始预设值

可能的属性值 → 1 none 初； 2 数值

可能值	说明
1 none 初	不调整字体的aspect值比例，继承使用font-size属性设定的尺寸
2 数值	调整字体的aspect值比例

■ 字体的小写英文字母“x”的高度（x-height）与“font-size”属性值之间的比例称为字体的aspect值。

说明

- font-size-adjust 属性原先是CSS2所制定，但在CSS2.1时被删除，在CSS3中又被加入并更新定义。
- font-size-adjust 属性用来为元素设定aspect值，这样可以保持第一顺位字体的x-height。当字体具有较高的aspect值时，字体被设置为很小的尺寸将更容易阅读。例如Verdana字体的aspect值是0.58（当字体尺寸为100px时，其x-height是58px）；Times New Roman的aspect值是0.46；Comic Sans MS字体的aspect值是0.54，这就代表Verdana字体在小尺寸时比Times New Roman、Comic Sans MS字体更容易阅读。

浏览器的对应

浏览器	名称
IE9	-
IE8	-
FireFox4 ⇧	font-size-adjust
FireFox3.x	font-size-adjust
Chrome11 ⇧	-
Safari5 ⇧	-
Opera11 ⇧	-

范例学习　设定字体的比例　font_adjust.html

bg.gif

```
<!DOCTYPE HTML>
<html>
<head>
<meta http-equiv="Content-Type" content="text/html; charset=utf-8">
<title>设定字体的比例</title>
<style type="text/css">
div {
            margin-top: 10px;
            margin-left: 50px;
            padding: 5px;
            width: 600px;
      border: 1px solid #930;
      background-image: url(img/bg.gif)

}
code {
      font-size: 12px;
      color: #FF0000;
}

.test1 {
       font-family: Vani, "Times New Roman";
       font-size: 18px;

    font-size-adjust: 0.8;
}
.test2 {
       font-family: Verdana, "Times New Roman";
       font-size: 18px;
       font-size-adjust: 0.8;
}
</style>
</head>
<body>

<p>font-size-adjust属性原先是CSS2所制定，但在CSS2.1时被删除，在CSS3中又被加入并更新定义。</p>

<div><code>font-family: Vani, "Times New Roman";font-size: 18px;font-size-adjust: 0.8;</code><br/>
<p class="test1">Sometimes text will have to be clipped. For instance when it overflows the element's box.
</p>
</div>

<div><code>font-family: Verdana, "Times New Roman";font-size: 18px;font-size-adjust: 0.8;</
code><br/>
<p class="test2">Sometimes text will have to be clipped. For instance when it overflows the element's
box.
</p>
```

```
</div>
</body>
</html>
```

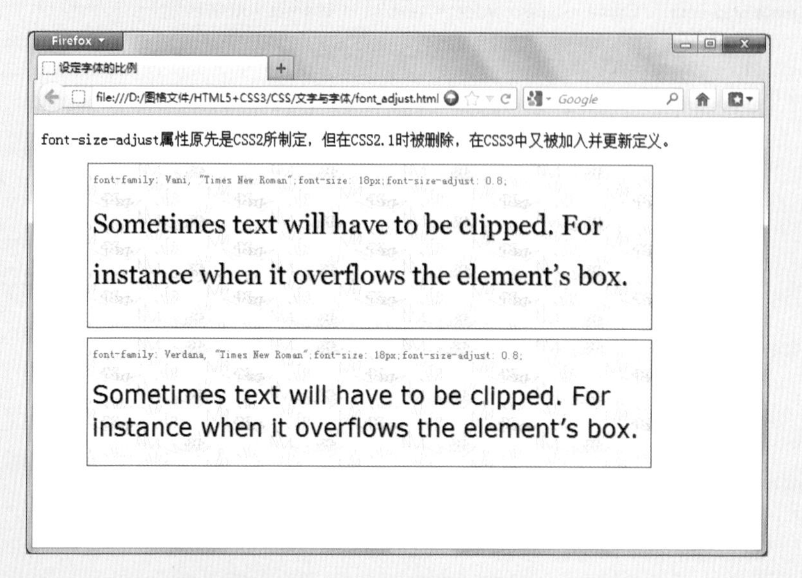

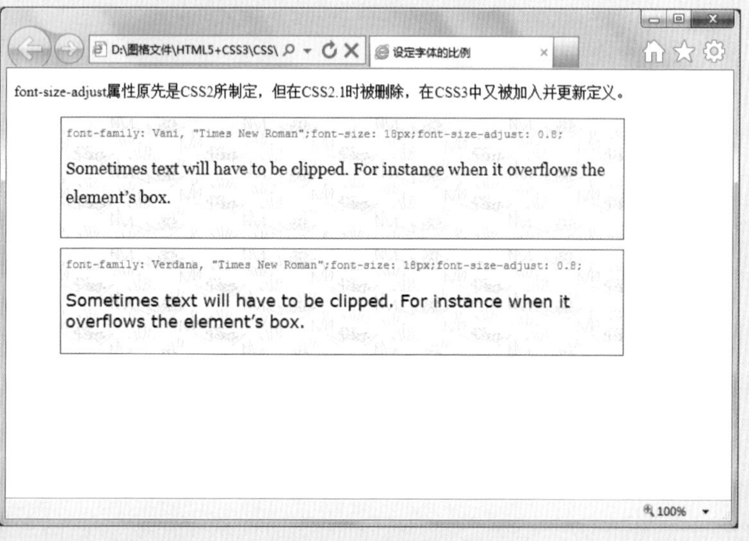

提示：除了 Firefox 浏览器外，其余各主流浏览器目前均尚未支持 font-size-adjust 属性。

方法 @font-face

嵌入字体

语 法 @font-face { 属性 : 参数值 ;}

属性值

初 初始预设值

可能的属性 →	以下表列属性
可能值	说明
1 font-family	设定字体的名称
2 src	设定字体的来源文件（使用url() 方法）与字体的来源格式（使用format() 方法）

■ 字体的来源格式format()方法的参数值必须对应字体的来源文件。

字体的类型	文件扩展名	format属性值
True Type	.ttf	"truetype"
Open Type	.ttf .otf	"opentype"
Embedded Open Type	.eot	"embedded- opentype"
Web Open Font Format	.woff	"woff"

说 明

- @font-face 语法可以将服务器端的字体文件嵌入到浏览器中，让网页文件能够使用该字体，若用户端已有名称相同的字体，将以嵌入的字体替换。
- 各家主流浏览器对可使用的字体文件类型支持未统一，相同字体不一定能正常显示于各家主流浏览器中。

浏览器的对应

浏览器	名称
IE9	@font-face
IE8	@font-face
FireFox4 ⇧	@font-face
FireFox3.x	@font-face
Chrome11 ⇧	@font-face
Safari5 ⇧	@font-face
Opera11 ⇧	@font-face

范例学习 嵌入字体 font_face.html

```
<!DOCTYPE HTML>
<html>
<head>
<meta http-equiv="Content-Type" content="text/html; charset=utf-8">
<title>嵌入字体</title>
<style type="text/css">
div {
        margin-top: 10px;
        margin-left: 50px;
        padding: 5px;
        width: 700px;
    border: 1px solid #930;
    background-image: url(img/bg.gif)

}
@font-face {
          font-family: Chunkfive;
    src: url(font/Chunkfive.otf);
}

@font-face {
        font-family: FFF_Tusj;
  src: url(font/FFF_Tusj.ttf) format("truetype");
}

.test1 {
    font-family: Chunkfive;
}

.test2 {
    font-family: FFF_Tusj;
}
</style>
</head>
<body>

<div>
<p>@font-face 语法可以将服务器端的字体文件嵌入到浏览器中</p>
<p>Sometimes text will have to be clipped. For instance when it overflows the element's box. </p>
</div>

<div class="test1">
<p>@font-face 语法可以将服务器端的字体文件嵌入到浏览器中</p>
<p>Sometimes text will have to be clipped. For instance when it overflows the element's box. </p>
</div>
```

bg.gif

```
<div class="test2">
<p>@font-face 语法可以将服务器端的字体文件嵌入到浏览器中</p>
<p>Sometimes text will have to be clipped. For instance when it overflows the element's box. </
p>
</div>
</body>
</html>
```

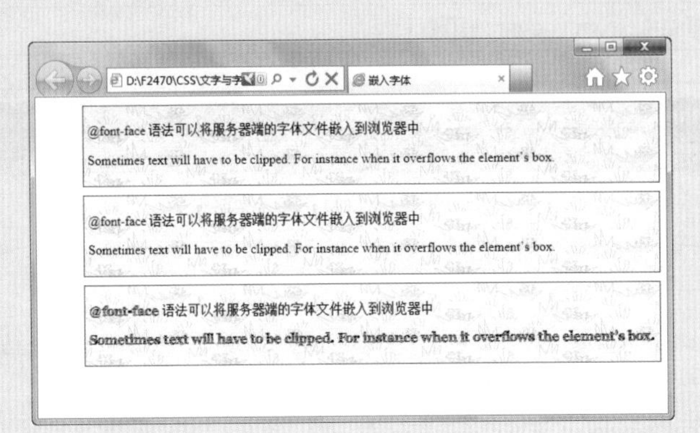

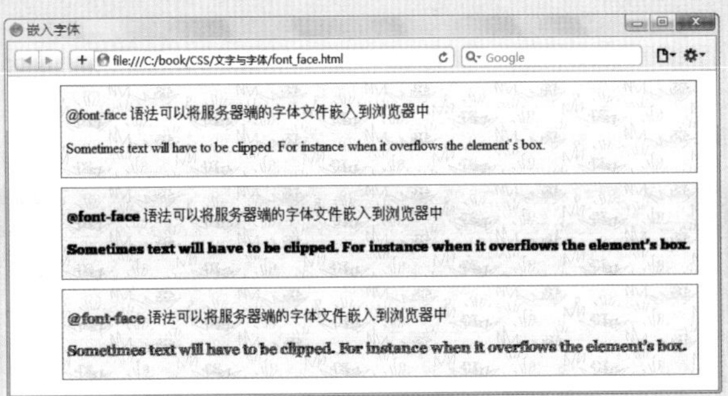

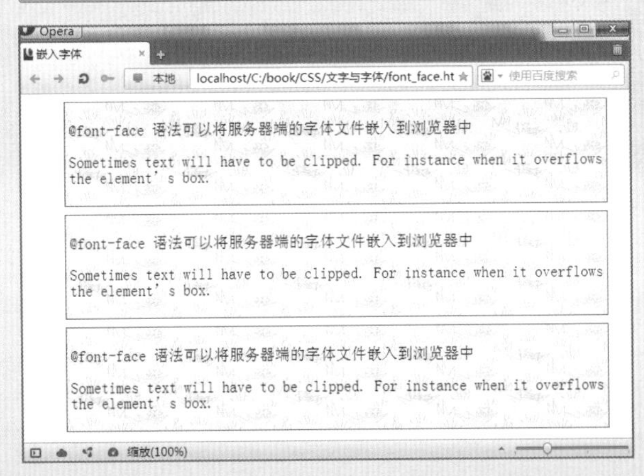

提示：目前各家主流浏览器对可使用的字体文件类型支持未统一，相同字体不一定能正常显示于各家主流浏览器中。

多栏排版

属性 column-count 指定分栏数量

语 法 选择器 { column-count : 属性值 ;}

属性值

初 初始预设值

可能的属性值 ⟶ 1 auto 初 ； 2 数值

可能值	说明
1 auto 初	依 column-width 属性设定自动分配
2 数值（正整数）	设定分栏的数量，属性值只可为1以上的正整数，不可为负数

说 明

- column-count 属性适用于非置换形DIV块元素、表格的单元格（td、th）与内联块元素（inline-block）。
- column-count 属性用来设定分栏效果。
- 若没有设定column-count属性，则属性值就是auto，此时将由column-width属性来决定分栏效果；若column-count、column-width属性都没有设定，或属性值都为auto，就不会出现任何分栏效果。

➡ 浏览器与属性名称的对应

浏览器	属性名称
IE9	-
IE8	-
FireFox4 ⇧	-moz-column-count
FireFox3.x	-moz-column-count
Chrome11 ⇧	-webkit-column-count
Safari5 ⇧	-webkit-column-count
Opera11 ⇧	column-count

范例学习　文本框分栏　column_td.html

```
<!DOCTYPE HTML>
<html>
<head>
<meta http-equiv="Content-Type" content="text/html; charset=utf-8">
<title>文本框分栏</title>
<style type="text/css">
table {
	border: 1px solid #930;
	margin-bottom: 20px;
		line-height: 1.5em;
}
#column2 {
 -moz-column-count: 2;
 -webkit-column-count: 2;
 column-count: 2;
}
div {
		border: 1px dotted #930;
		line-height: 1.5em;

 -moz-column-count: 3;
 -webkit-column-count: 3;
 column-count: 3;
}
</style>
</head>
<body>
<table><tr>
<td><img src="img/fs432.gif" alt="ActionScript 3.0 精致范例辞典"></td>
<td id="column2">
全新的ActionScript 3.0语法，势必改变您设计FLASH动画的方式。本书精选最常用的ActionScript命令，可按照语法分类、范例功能或字母查找命令，是您设计FLASH动画时不可或缺的帮手。本书专为设计人员设计，是市面上最精致的参考工具书。不像那些枯燥无味、又厚又重、没人看得懂的命令手册，成为您精通FLASH功能的障碍。搭配图文解说与最精致的范例，让您不但看得懂，还能马上知道怎么用。
</td>
</tr></table>
<div>
全新的ActionScript 3.0语法，势必改变您设计FLASH动画的方式。本书精选最常用的ActionScript命令，可按照语法分类、范例功能或字母查找命令，是您设计FLASH动画时不可或缺的帮手。本书专为设计人员设计，是市面上最精致的参考工具书。不像那些枯燥无味、又厚又重、没人看得懂的命令手册，成为您精通FLASH功能的障碍。搭配图文解说与最精致的范例，让您不但看得懂，还能马上知道怎么用。
</div>
</body>
</html>
```

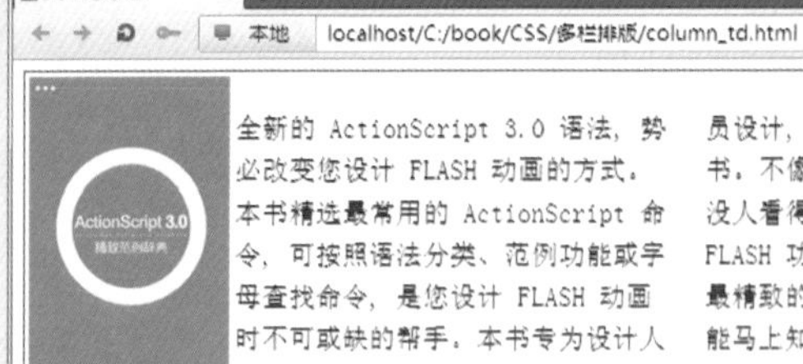

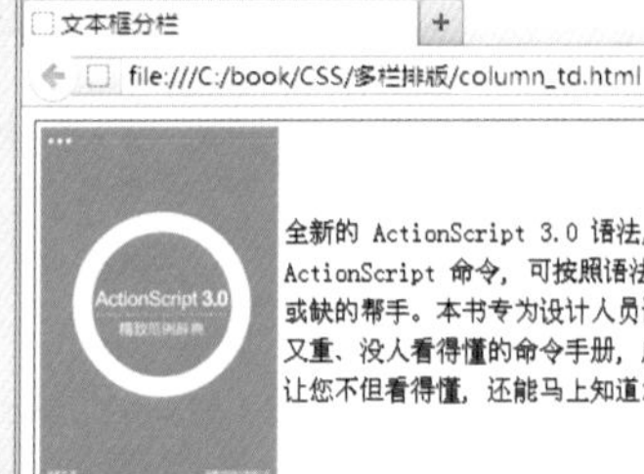

提示：Firefox 浏览器无法正确显示单元格（td元素）的分栏，但可正确显示div元素区块的分栏。

属性 column-width 指定分栏宽度

语法 选择器 { column-width : 属性值 ;}

属性值

初 初始预设值

可能的属性值 → 1 auto 初； 2 长度

可能值	说明
1 auto 初	依 column-count 属性设定自动分配
2 长度	设定分栏的宽度（每一栏），属性值为数值 + 单位，不可为负数

说明

- column-width 属性适用于非置换型DIV块元素、表格的单元格（td、th）与内联块元素（inline-block）。
- column-width 属性用来设定分栏效果。
- 若没有设定column-width属性，则属性值就是auto，此时将由column-count属性来决定分栏效果，若column-count、column-width属性都没有设定，或属性值都为auto，就不会出现任何分栏效果。

浏览器与属性名称的对应

浏览器	属性名称
IE9	-
IE8	-
FireFox4 ⇧	-moz-column-width
FireFox3.x	-moz-column-width
Chrome11 ⇧	-webkit-column-width
Safari5 ⇧	-webkit-column-width
Opera11 ⇧	column-width

范例学习　设定分栏宽度 column_width.html

```
<!DOCTYPE HTML>
<html>
<head>
<meta http-equiv="Content-Type" content="text/html; charset=utf-8">
<title>设定分栏宽度</title>
<style type="text/css">
table {
	border: 1px solid #930;
	margin-bottom: 20px;
		line-height: 1.5em;
}
#column {

		-moz-column-width: 100px;
		-webkit-column-width: 100px;
		column-width: 100px;
}
div {
		border: 1px dotted #930;
		line-height: 1.5em;

		-moz-column-width: 150px;
		-webkit-column-width: 150px;
		column-width: 150px;
}
</style>
</head>
<body>
<table><tr>
<td><img src="img/ft430.gif" alt="Flash 数据库应用即战力"></td>
<td id="column">
使用 Flash 设计动态网页，若不能结合数据库功能，就称不上是真正的“互动”。那么Flash 结合数据库会很难学习吗？当然，一定会用到许多复杂的网站服务器技术，但是我们重点介绍你最需要知道的关键技术，难度就大大地降低了。本书以完整的范例来介绍 Flash 与数据库的综合应用。让您直接学习关键的数据库存取程序代码，且能直接将数据库应用在 Flash 动画中！
</td>
</tr></table>
<div>
使用 Flash 设计动态网页，若不能结合数据库功能，就称不上是真正的“互动”。那么Flash 结合数据库会很难学习吗？当然，一定会用到许多复杂的网站服务器技术，但是我们重点介绍你最需要知道的关键技术，难度就大大地降低了。本书以完整的范例来介绍 Flash 与数据库的综合应用。让您直接学习关键的数据库存取程序代码，且能直接将数据库应用在 Flash 动画中！
</div>
</body>
</html>
```

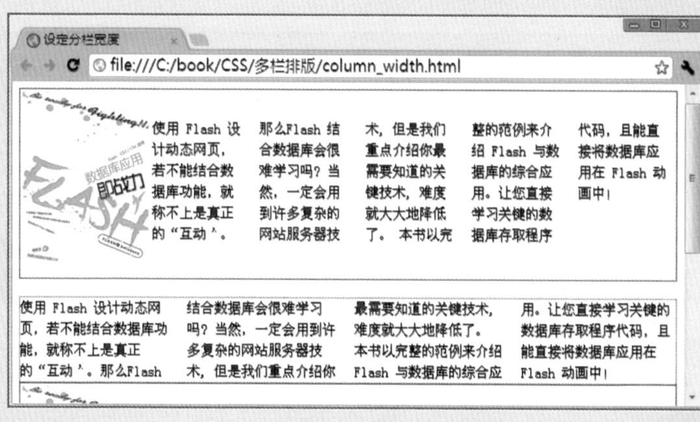

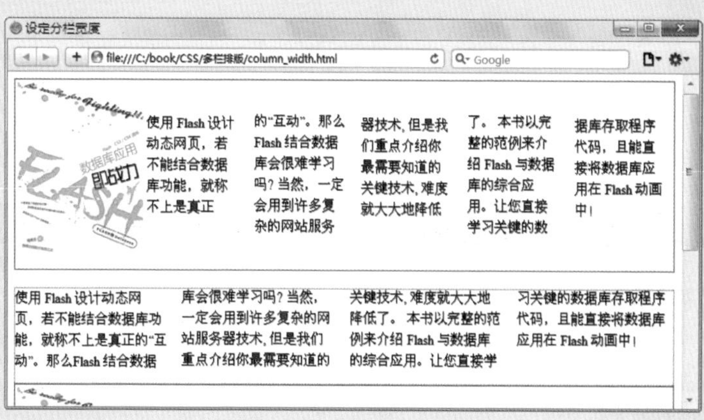

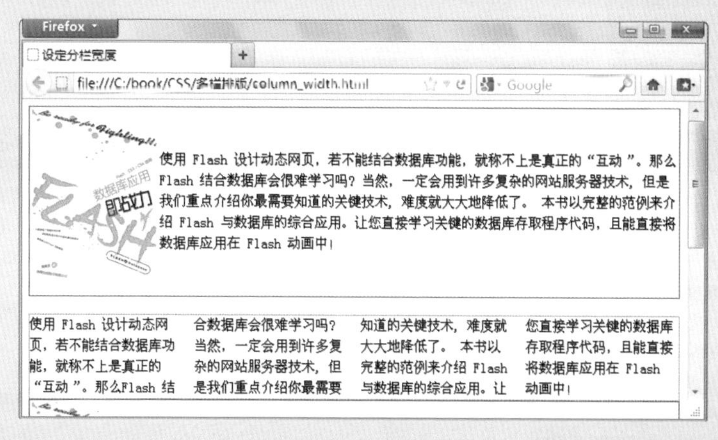

提示：Firefox 浏览器无法正确显示单元格（td元素）的分栏，但可正确显示div元素区块的分栏。

多栏排版

方法 columns

设定分栏宽度与栏数

语 法

选择器 { columns : 属性值 ;}

属性值

初 初始预设值

可能的属性值 → 1 宽度；2 栏数

可能值	说明
1 宽度	设定分栏的宽度（每一栏），属性值为数值 + 单位，不可为负数
2 栏数	设定分栏的数量，属性值只可为1以上的正整数，不可为负数

说 明

- columns 属性适用于非置换型DIV块元素、表格的单元格（td、th）与内联块元素（inline-block）。
- columns 属性用来设定分栏宽度与栏数。
- columns 属性的属性值为复数属性值，分别对应column-width、column-count属性。

浏览器的对应

浏览器	名称
IE9	-
IE8	-
FireFox4 ⇧	-
FireFox3.x	-
Chrome11 ⇧	-webkit-columns
Safari5 ⇧	-webkit-columns
Opera11 ⇧	columns

范例学习 分栏数量与栏宽设定 columns.html

```
<!DOCTYPE HTML>
<html>
<head>
<meta http-equiv="Content-Type" content="text/html; charset=utf-8">
<title>分栏数量与栏宽设定</title>
<style type="text/css">
table {
	border: 1px solid #930;
	margin-bottom: 20px;
		line-height: 1.5em;
}
```

```
#column {

 -webkit-columns: 100px 3;

 columns: 100px 3;
}
div {
        border: 1px dotted #930;
        line-height: 1.5em;

 -webkit-columns: 250px 2;

 columns: 250px 2;
}
</style>
</head>
<body>
<table><tr>
<td><img src="img/ft437.gif" alt="Flash 动画即战力"></td>
<td id="column">
你还在为学习最新的 Flash Actionscript 3.0 而烦恼吗？或者还在网络上焦急地到处寻找可用的
程序？我们已经考虑到你的需要了，这是一本包含 77 种 Flash 常用效果的 ActionScript 3.0 实
用范例书！可以让你修改后直接应用，大大提高工作效率。本书以使用目的为导向，整理出使用
ActionScript 最关键、最实用的 Flash 功能，不用从起步学习写程序，就可以拿来直接应用。本书提
供了完整的范例文件和 ActionSctript 程序代码，直接就能修改应用。
</td>
</tr></table>
<div>
你还在为学习最新的 Flash Actionscript 3.0 而烦恼吗？或者还在网络上焦急地到处寻找可用的
程序？我们已经考虑到你的需要了，这是一本包含 77 种 Flash 常用效果的 ActionScript 3.0 实
用范例书！可以让你修改后直接应用，大大提高工作效率。本书以使用目的为导向，整理出使用
ActionScript 最关键、最实用的 Flash 功能，不用从起步学习写程序，就可以拿来直接应用。本书提
供了完整的范例文件和 ActionSctript 程序代码，直接就能修改应用。
</div>
</body>
</html>
```

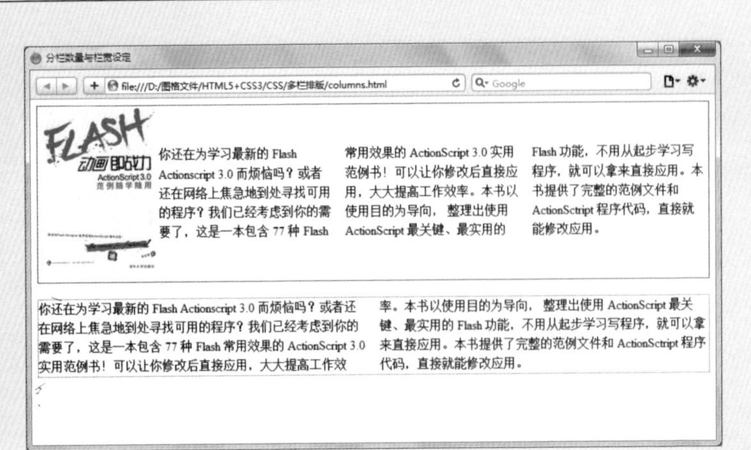
分栏数量与栏宽设定
file:///D:/图格文件/HTML5+CSS3/CSS/多栏排版/columns.html
Google
你还在为学习最新的 Flash Actionscript 3.0 而烦恼吗？或者还在网络上焦急地到处寻找可用的程序？我们已经考虑到你的需要了，这是一本包含 77 种 Flash
常用效果的 ActionScript 3.0 实用范例书！可以让你修改后直接应用，大大提高工作效率。本书以使用目的为导向，整理出使用 ActionScript 最关键、最实用的
Flash 功能，不用从起步学习写程序，就可以拿来直接应用。本书提供了完整的范例文件和 ActionSctript 程序代码，直接就能修改应用。
你还在为学习最新的 Flash Actionscript 3.0 而烦恼吗？或者还在网络上焦急地到处寻找可用的程序？我们已经考虑到你的需要了，这是一本包含 77 种 Flash 常用效果的 ActionScript 3.0 实用范例书！可以让你修改后直接应用，大大提高工作效
率。本书以使用目的为导向，整理出使用 ActionScript 最关键、最实用的 Flash 功能，不用从起步学习写程序，就可以拿来直接应用。本书提供了完整的范例文件和 ActionSctript 程序代码，直接就能修改应用。

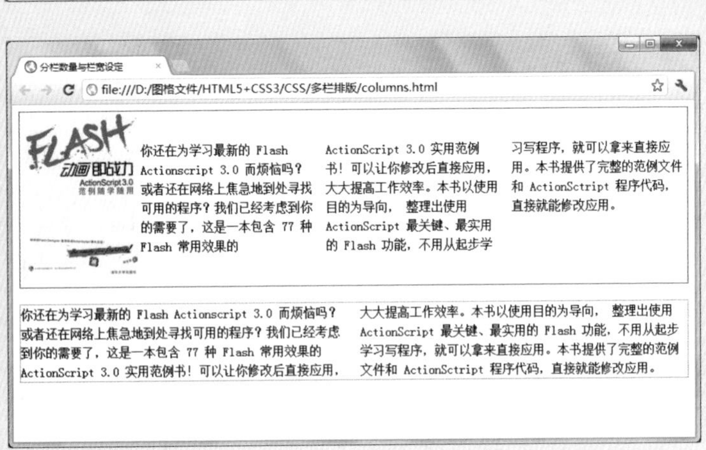
分栏数量与栏宽设定
file:///D:/图格文件/HTML5+CSS3/CSS/多栏排版/columns.html
你还在为学习最新的 Flash Actionscript 3.0 而烦恼吗？或者还在网络上焦急地到处寻找可用的程序？我们已经考虑到你的需要了，这是一本包含 77 种 Flash 常用效果的
ActionScript 3.0 实用范例书！可以让你修改后直接应用，大大提高工作效率。本书以使用目的为导向，整理出使用 ActionScript 最关键、最实用的 Flash 功能，不用从起步学
习写程序，就可以拿来直接应用。本书提供了完整的范例文件和 ActionSctript 程序代码，直接就能修改应用。
你还在为学习最新的 Flash Actionscript 3.0 而烦恼吗？或者还在网络上焦急地到处寻找可用的程序？我们已经考虑到你的需要了，这是一本包含 77 种 Flash 常用效果的 ActionScript 3.0 实用范例书！可以让你修改后直接应用，
大大提高工作效率。本书以使用目的为导向，整理出使用 ActionScript 最关键、最实用的 Flash 功能，不用从起步学习写程序，就可以拿来直接应用。本书提供了完整的范例文件和 ActionSctript 程序代码，直接就能修改应用。

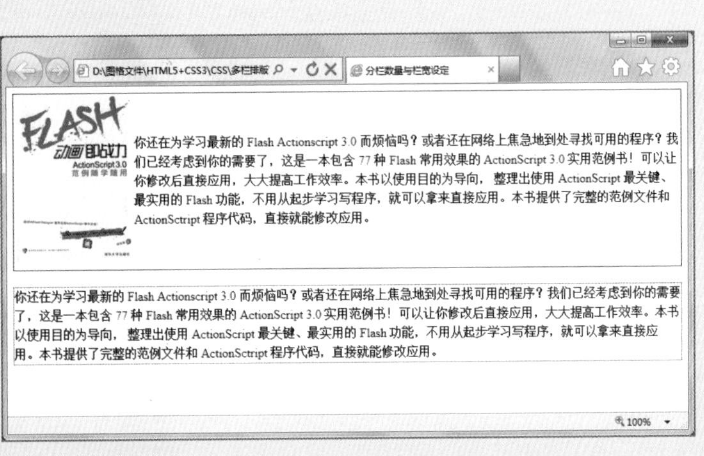
D:\图格文件\HTML5+CSS3\CSS\多栏排版
分栏数量与栏宽设定
你还在为学习最新的 Flash Actionscript 3.0 而烦恼吗？或者还在网络上焦急地到处寻找可用的程序？我们已经考虑到你的需要了，这是一本包含 77 种 Flash 常用效果的 ActionScript 3.0 实用范例书！可以让你修改后直接应用，大大提高工作效率。本书以使用目的为导向，整理出使用 ActionScript 最关键、最实用的 Flash 功能，不用从起步学习写程序，就可以拿来直接应用。本书提供了完整的范例文件和 ActionSctript 程序代码，直接就能修改应用。
你还在为学习最新的 Flash Actionscript 3.0 而烦恼吗？或者还在网络上焦急地到处寻找可用的程序？我们已经考虑到你的需要了，这是一本包含 77 种 Flash 常用效果的 ActionScript 3.0 实用范例书！可以让你修改后直接应用，大大提高工作效率。本书以使用目的为导向，整理出使用 ActionScript 最关键、最实用的 Flash 功能，不用从起步学习写程序，就可以拿来直接应用。本书提供了完整的范例文件和 ActionSctript 程序代码，直接就能修改应用。
100%

方法 column-gap 设定栏间距

语 法 选择器 { column-gap : 属性值 ;}

属性值

初 初始预设值

可能的属性值 ⟶ 1 normal 初 ； 2 宽度

可能值	说明
1 normal 初	设定分栏的间距，宽度使用浏览器预设值
2 宽度	设定分栏的间距宽度（适用于所有栏间距），属性值为数值 + 单位，不可为负数

说 明

- column-gap 属性适用于非置换型DIV块元素、表格的单元格（td、th）与内联块元素（inline-block）。
- column-gap 属性用来设定分栏的间距宽度。
- column-gap 属性的normal属性值是由浏览器（UA）所指定的，一般为1em。

➡ 浏览器的对应

浏览器	名称
IE9	-
IE8	-
FireFox4 ⇧	-moz-column-gap
FireFox3.x	-moz-column-gap
Chrome11 ⇧	-webkit-column-gap
Safari5 ⇧	-webkit-column-gap
Opera11 ⇧	column-gap

范例学习　设定分栏的间距 column_gap.html

```
<!DOCTYPE HTML>
<html>
<head>
<meta http-equiv="Content-Type" content="text/html; charset=utf-8">
<title>设定分栏的间距</title>
<style type="text/css">
div {
        margin-top: 30px;
}
#test1 {
        border: 1px solid #930;
        line-height: 1.5em;
                -webkit-column-count: 2;
                -moz-column-count: 2;
                column-count: 2;
                -webkit-column-gap: 4em;
                -moz-column-gap: 4em;
                column-gap: 4em;
}
#test2 {
        border: 1px dotted #930;
        line-height: 1.5em;
                -webkit-column-count: 3;
                -moz-column-count: 3;
                column-count: 3;
                -webkit-column-gap: 150px;
                -moz-column-gap: 150px;
                column-gap: 150px;
}
</style>
</head>
<body>
<div id="test1">
你还在为学习最新的 Flash Actionscript 3.0 而烦恼吗？或者还在网络上焦急地到处寻找可用的
程序？我们已经考虑到你的需要了，这是一本包含 77 种 Flash 常用效果的 ActionScript 3.0 实
用范例书！可以让你修改后直接应用，大大提高工作效率。本书以使用目的为导向，整理出使用
ActionScript 最关键、最实用的 Flash 功能，不用从起步学习写程序，就可以拿来直接应用。本书提
供了完整的范例文件和 ActionSctript 程序代码，直接就能修改应用。
</div>
<div id="test2">
你还在为学习最新的 Flash Actionscript 3.0 而烦恼吗？或者还在网络上焦急地到处寻找可用的
程序？我们已经考虑到你的需要了，这是一本包含 77 种 Flash 常用效果的 ActionScript 3.0 实
用范例书！可以让你修改后直接应用，大大提高工作效率。本书以使用目的为导向，整理出使用
ActionScript 最关键、最实用的 Flash 功能，不用从起步学习写程序，就可以拿来直接应用。本书提
供了完整的范例文件和 ActionSctript 程序代码，直接就能修改应用。
</div>
</body>
</html>
```

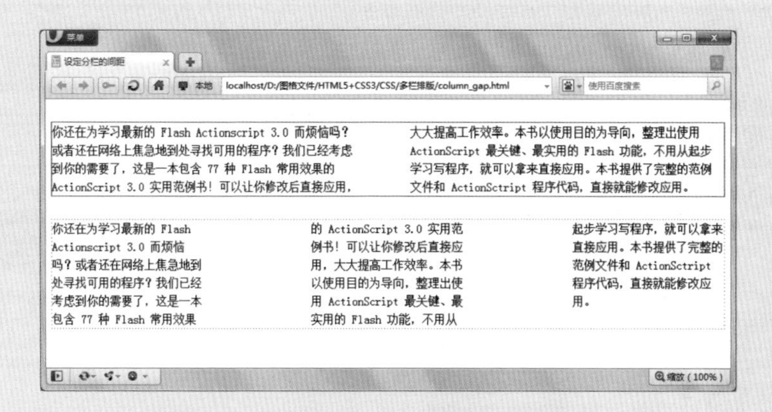

设定分栏的间距
localhost/D:/图格文件/HTML5+CSS3/CSS/多栏排版/column_gap.html
使用百度搜索
你还在为学习最新的 Flash Actionscript 3.0 而烦恼吗？或者还在网络上焦急地到处寻找可用的程序？我们已经考虑到你的需要了，这是一本包含 77 种 Flash 常用效果的 ActionScript 3.0 实用范例书！可以让你修改后直接应用，
大大提高工作效率。本书以使用目的为导向，整理出使用 ActionScript 最关键、最实用的 Flash 功能，不用从起步学习写程序，就可以拿来直接应用。本书提供了完整的范例文件和 ActionSctript 程序代码，直接就能修改应用。
你还在为学习最新的 Flash Actionscript 3.0 而烦恼吗？或者还在网络上焦急地到处寻找可用的程序？我们已经考虑到你的需要了，这是一本包含 77 种 Flash 常用效果
的 ActionScript 3.0 实用范例书！可以让你修改后直接应用，大大提高工作效率。本书以使用目的为导向，整理出使用 ActionScript 最关键、最实用的 Flash 功能，不用从
起步学习写程序，就可以拿来直接应用。本书提供了完整的范例文件和 ActionSctript 程序代码，直接就能修改应用。
缩放（100%）

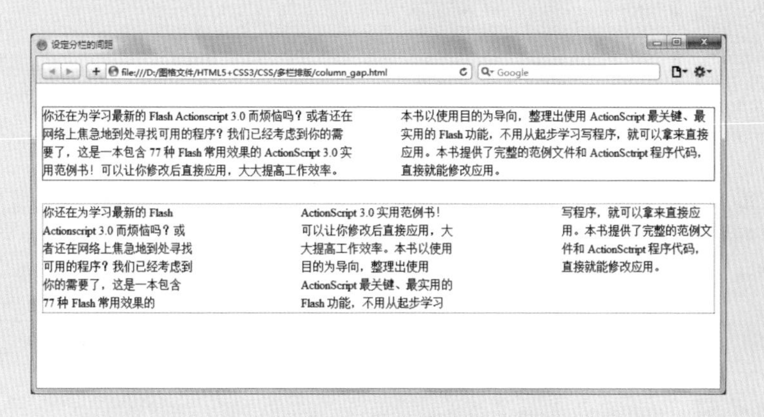

设定分栏的间距
file:///D:/图格文件/HTML5+CSS3/CSS/多栏排版/column_gap.html
Google
你还在为学习最新的 Flash Actionscript 3.0 而烦恼吗？或者还在网络上焦急地到处寻找可用的程序？我们已经考虑到你的需要了，这是一本包含 77 种 Flash 常用效果的 ActionScript 3.0 实用范例书！可以让你修改后直接应用，大大提高工作效率。
本书以使用目的为导向，整理出使用 ActionScript 最关键、最实用的 Flash 功能，不用从起步学习写程序，就可以拿来直接应用。本书提供了完整的范例文件和 ActionSctript 程序代码，直接就能修改应用。
你还在为学习最新的 Flash Actionscript 3.0 而烦恼吗？或者还在网络上焦急地到处寻找可用的程序？我们已经考虑到你的需要了，这是一本包含 77 种 Flash 常用效果的
ActionScript 3.0 实用范例书！可以让你修改后直接应用，大大提高工作效率。本书以使用目的为导向，整理出使用 ActionScript 最关键、最实用的 Flash 功能，不用从起步学习
写程序，就可以拿来直接应用。本书提供了完整的范例文件和 ActionSctript 程序代码，直接就能修改应用。

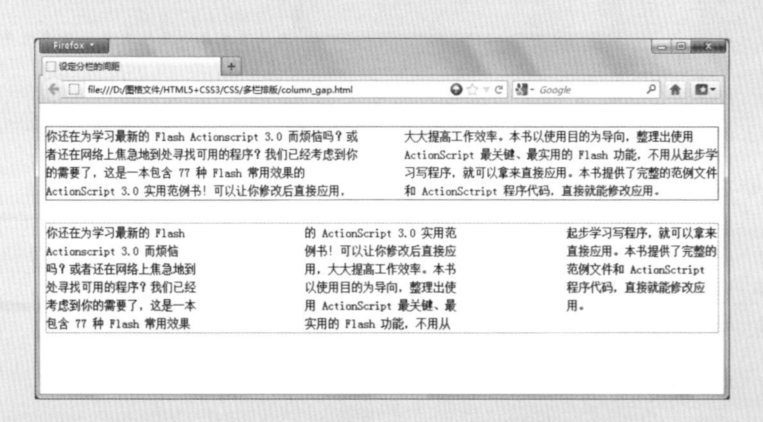

Firefox
设定分栏的间距
file:///D:/图格文件/HTML5+CSS3/CSS/多栏排版/column_gap.html
Google
你还在为学习最新的 Flash Actionscript 3.0 而烦恼吗？或者还在网络上焦急地到处寻找可用的程序？我们已经考虑到你的需要了，这是一本包含 77 种 Flash 常用效果的 ActionScript 3.0 实用范例书！可以让你修改后直接应用，
大大提高工作效率。本书以使用目的为导向，整理出使用 ActionScript 最关键、最实用的 Flash 功能，不用从起步学习写程序，就可以拿来直接应用。本书提供了完整的范例文件和 ActionSctript 程序代码，直接就能修改应用。
你还在为学习最新的 Flash Actionscript 3.0 而烦恼吗？或者还在网络上焦急地到处寻找可用的程序？我们已经考虑到你的需要了，这是一本包含 77 种 Flash 常用效果
的 ActionScript 3.0 实用范例书！可以让你修改后直接应用，大大提高工作效率。本书以使用目的为导向，整理出使用 ActionScript 最关键、最实用的 Flash 功能，不用从
起步学习写程序，就可以拿来直接应用。本书提供了完整的范例文件和 ActionSctript 程序代码，直接就能修改应用。

方法 column-rule-style 设定栏分隔线样式

语法 选择器 { column-rule-style : 属性值 ;}

属性值

初 初始预设值

可能的属性值 ⟶ 1 none 初；以及下表所列属性值

可能值	说明
1 none	无线条，column-rule-color与column-rule-width属性将会被忽略
2 hidden	隐藏分隔线
3 dotted	点线
4 dashed	虚线
5 solid	实心线
6 double	双实心线，两条单线的宽与连线间的距离总和等于column-rule-width属性的值
7 groove	边框凹陷
8 ridge	边框突出
9 inset	边框内侧凹陷
10 outset	边框内侧突出

■ 线段样式请参考下图

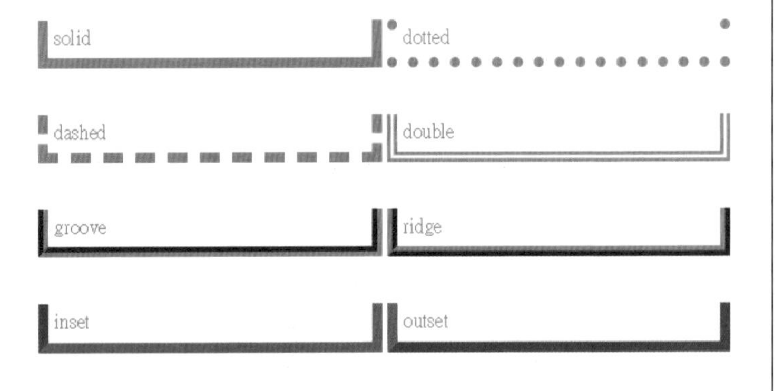

说明

- column-rule-style 属性用来设定多栏元素中，栏与栏之间框线的样式。
- 当 column-rule-style 属性的属性值为inset、outset、groove、ridge时，框线会有立体的感觉。

浏览器的对应

浏览器	名称
IE9	-
IE8	-
FireFox4 ⇧	-moz-column-rule-style
FireFox3.x	-moz-column-rule-style
Chrome11 ⇧	-webkit-column-rule-style
Safari5 ⇧	-webkit-column-rule-style
Opera11 ⇧	column-rule-style

范例学习 栏分隔线样式设定 column_rule_style.html

```
~略
<style type="text/css">
div {
        margin-top: 30px;
        padding: 10px;
}
#test1 {
        border: 1px solid #930;
        line-height: 1.5em;
 -webkit-column-count: 2;
 -moz-column-count: 2;
 column-count: 2;
 -webkit-column-gap: 4em;
 -moz-column-gap: 4em;
 column-gap: 4em;
        -moz-column-rule-style: inset;
        -webkit-column-rule-style: inset;
        column-rule-style: inset;
}
#test2 {
        border: 1px dotted #930;
        line-height: 1.5em;
 -webkit-column-count: 3;
 -moz-column-count: 3;
 column-count: 3;
 -webkit-column-gap: 150px;
 -moz-column-gap: 150px;
 column-gap: 150px;
        -moz-column-rule-style: double;
        -webkit-column-rule-style: double;
        column-rule-style: double;
```

```
}
</style>
</head>
<body>
<div id="test1">
你还在为学习最新的 Flash Actionscript 3.0 ~略~ 直接就能修改应用。
</div>
<div id="test2">
你还在为学习最新的 Flash Actionscript 3.0 ~略~ 直接就能修改应用。
</div>
</body>
</html>
```

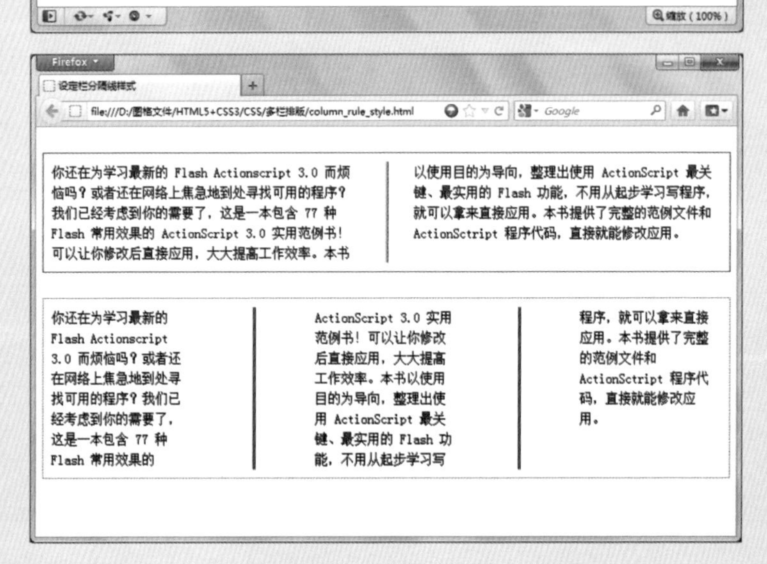

多栏排版

方法 column-rule-width

设定栏分隔线的宽度

语法 选择器 { column-rule-width : 属性值 ;}

属性值

初 初始预设值

可能的属性值 → 1 宽度（单位数值）；以及下表所列属性值

可能值	说明
2 thin	细框线
3 medium 初	标准框线
4 thick	粗框线

说明

- column-rule-width 属性用来设定多栏元素中，栏与栏之间框线的粗细。
- 当column-rule-style属性的属性值为none、hidden时，则column-rule-width属性的设定会失效。

浏览器的对应

浏览器	名称
IE9	-
IE8	-
FireFox4 ⇧	-moz-column-rule-width
FireFox3.x	-moz-column-rule-width
Chrome11 ⇧	-webkit-column-rule-width
Safari5 ⇧	-webkit-column-rule-width
Opera11 ⇧	column-rule-width

范例学习 栏分隔线宽度设定 column_rule_width.html

```
~略
<style type="text/css">
div {
        margin-top: 30px;
        padding: 10px;
}
#test1 {
        border: 1px solid #930;
        line-height: 1.5em;
 -webkit-column-count: 2;
 -moz-column-count: 2;
 column-count: 2;
 -webkit-column-gap: 4em;
 -moz-column-gap: 4em;
 column-gap: 4em;
        -moz-column-rule-style: outset;
        -webkit-column-rule-style: outset;
        column-rule-style: outset;
        -moz-column-rule-width: 25px;
        -webkit-column-rule-width: 25px;
        column-rule-width: 25px;
}
#test2 {
        border: 1px dotted #930;
        line-height: 1.5em;
 -webkit-column-count: 3;
 -moz-column-count: 3;
 column-count: 3;
 -webkit-column-gap: 150px;
 -moz-column-gap: 150px;
 column-gap: 150px;
        -moz-column-rule-style: dotted;
        -webkit-column-rule-style: dotted;
        column-rule-style: dotted;
        -moz-column-rule-width: 1.5em;
        -webkit-column-rule-width: 1.5em;
        column-rule-width: 1.5em;
}
</style>
</head>
<body>
<div id="test1">
你还在为学习最新的 Flash Actionscript 3.0 ~略~ 直接就能修改应用。
</div>
```

```
<div id="test2">
你还在为学习最新的 Flash Actionscript 3.0 ~略~ 直接就能修改应用。
</div>
</body>
</html>
```

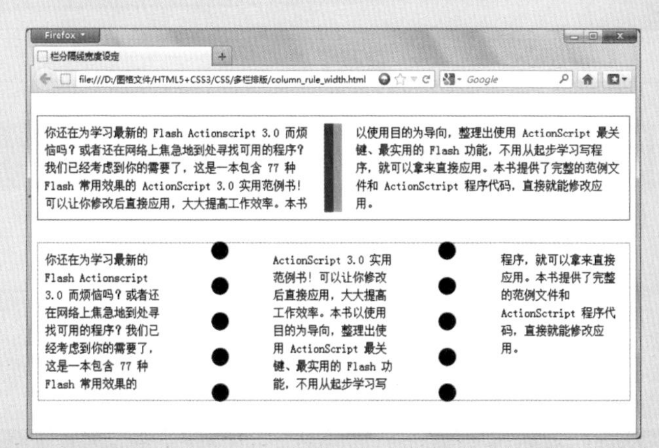

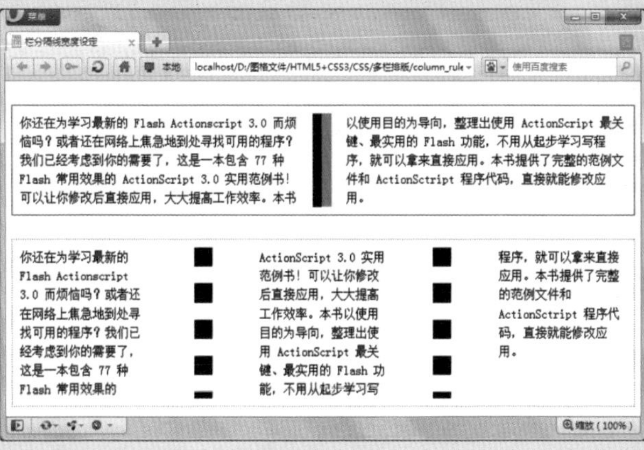

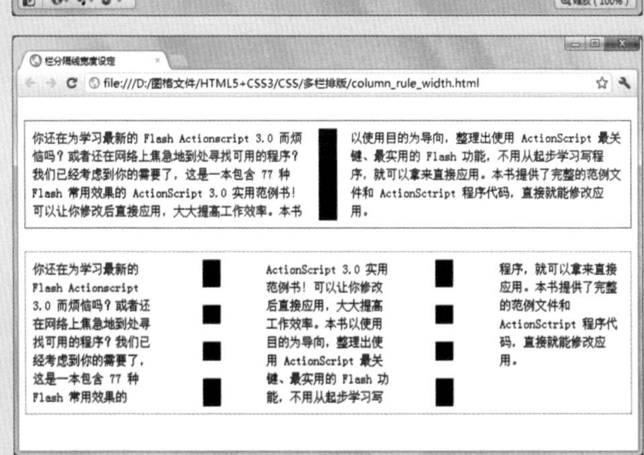

多栏排版

方法 column-rule-color

设定栏分隔线的颜色

语法 选择器 { column-rule-color : 属性值 ;}

属性值

初 初始预设值

可能的属性值 → 1 颜色

可能值	说明
1 颜色	颜色设定可用颜色名称、16进制颜色码、rgb() 取值等来指定参数值

说明

- column-rule-color 属性用来设定多栏元素中，栏与栏之间框线的颜色。
- 当column-rule-style属性的属性值为none、hidden时，或column-rule-width属性的设定值为 0 时，则column-rule-color属性的设定会失效。

浏览器的对应

浏览器	名称
IE9	-
IE8	-
FireFox4 ⇧	-moz-column-rule-color
FireFox3.x	-moz-column-rule-color
Chrome11 ⇧	-webkit-column-rule-color
Safari5 ⇧	-webkit-column-rule-color
Opera11 ⇧	column-rule-color

范例学习 栏分隔线颜色设定 column_rule_color.html

```
~略
<style type="text/css">
div {
        margin-top: 30px;
        padding: 10px;
}
#test1 {
        border: 1px solid #930;
        line-height: 1.5em;
 -webkit-column-count: 2;
 -moz-column-count: 2;
 column-count: 2;
 -webkit-column-gap: 4em;
</body>
</html>
```

```
-moz-column-gap: 4em;
column-gap: 4em;
            -moz-column-rule-style: inset;
            -webkit-column-rule-style: inset;
            column-rule-style: inset;
            -moz-column-rule-width: 25px;
            -webkit-column-rule-width: 25px;
            column-rule-width: 25px;
            -moz-column-rule-color: #60C;
            -webkit-column-rule-color: #60C;
            column-rule-color: #60C;
}
#test2 {
            border: 1px dotted #930;
            line-height: 1.5em;
-webkit-column-count: 3;
-moz-column-count: 3;
column-count: 3;
-webkit-column-gap: 150px;
-moz-column-gap: 150px;
column-gap: 150px;
            -moz-column-rule-style: dotted;
            -webkit-column-rule-style: dotted;
            column-rule-style: dotted;
            -moz-column-rule-width: 1.5em;
            -webkit-column-rule-width: 1.5em;
            column-rule-width: 1.5em;
            -moz-column-rule-color: #F60;
            -webkit-column-rule-color: #F60;
            column-rule-color: #F60;
}
</style>
</head>
<body>
<div id="test1">
你还在为学习最新的 Flash Actionscript 3.0 ~略~ 直接就能修改应用。
</div>
<div id="test2">
你还在为学习最新的 Flash Actionscript 3.0 ~略~ 直接就能修改应用。
</div>
```

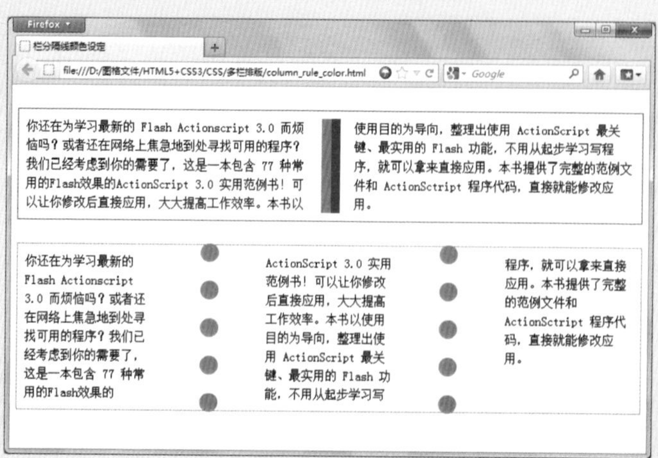
Firefox
栏分隔线颜色设定
file:///D:/图格文件/HTML5+CSS3/CSS/多栏排版/column_rule_color.html
Google
你还在为学习最新的 Flash Actionscript 3.0 而烦恼吗？或者还在网络上焦急地到处寻找可用的程序？我们已经考虑到你的需要了，这是一本包含 77 种常用的Flash效果的ActionScript 3.0 实用范例书！可以让你修改后直接应用，大大提高工作效率。本书以
使用目的为导向，整理出使用 ActionScript 最关键、最实用的 Flash 功能，不用从起步学习写程序，就可以拿来直接应用。本书提供了完整的范例文件和 ActionSctript 程序代码，直接就能修改应用。
你还在为学习最新的 Flash Actionscript 3.0 而烦恼吗？或者还在网络上焦急地到处寻找可用的程序？我们已经考虑到你的需要了，这是一本包含 77 种常用的Flash效果的
ActionScript 3.0 实用范例书！可以让你修改后直接应用，大大提高工作效率。本书以使用目的为导向，整理出使用 ActionScript 最关键、最实用的 Flash 功能，不用从起步学习写
程序，就可以拿来直接应用。本书提供了完整的范例文件和 ActionSctript 程序代码，直接就能修改应用。

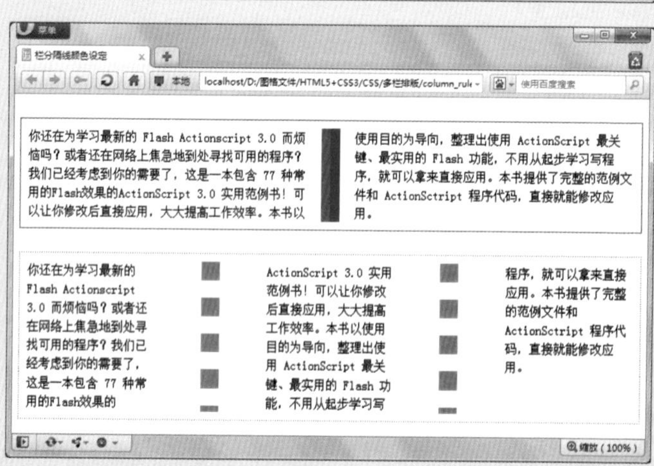
栏分隔线颜色设定
本地
localhost/D:/图格文件/HTML5+CSS3/CSS/多栏排版/column_rul
使用百度搜索
你还在为学习最新的 Flash Actionscript 3.0 而烦恼吗？或者还在网络上焦急地到处寻找可用的程序？我们已经考虑到你的需要了，这是一本包含 77 种常用的Flash效果的ActionScript 3.0 实用范例书！可以让你修改后直接应用，大大提高工作效率。本书以
使用目的为导向，整理出使用 ActionScript 最关键、最实用的 Flash 功能，不用从起步学习写程序，就可以拿来直接应用。本书提供了完整的范例文件和 ActionSctript 程序代码，直接就能修改应用。
你还在为学习最新的 Flash Actionscript 3.0 而烦恼吗？或者还在网络上焦急地到处寻找可用的程序？我们已经考虑到你的需要了，这是一本包含 77 种常用的Flash效果的
ActionScript 3.0 实用范例书！可以让你修改后直接应用，大大提高工作效率。本书以使用目的为导向，整理出使用 ActionScript 最关键、最实用的 Flash 功能，不用从起步学习写
程序，就可以拿来直接应用。本书提供了完整的范例文件和 ActionSctript 程序代码，直接就能修改应用。
缩放（100%）

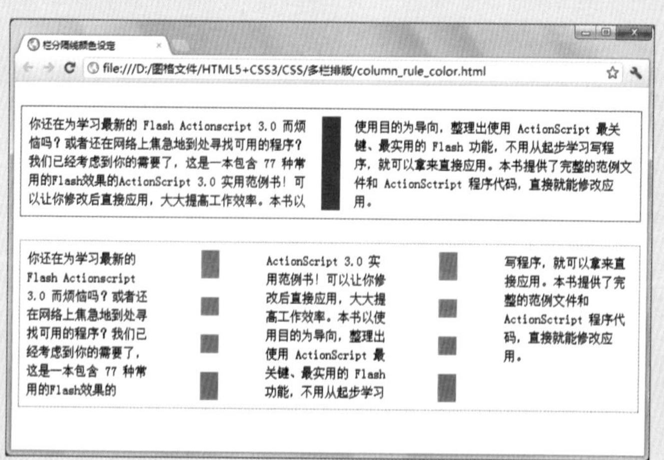
栏分隔线颜色设定
file:///D:/图格文件/HTML5+CSS3/CSS/多栏排版/column_rule_color.html
你还在为学习最新的 Flash Actionscript 3.0 而烦恼吗？或者还在网络上焦急地到处寻找可用的程序？我们已经考虑到你的需要了，这是一本包含 77 种常用的Flash效果的ActionScript 3.0 实用范例书！可以让你修改后直接应用，大大提高工作效率。本书以
使用目的为导向，整理出使用 ActionScript 最关键、最实用的 Flash 功能，不用从起步学习写程序，就可以拿来直接应用。本书提供了完整的范例文件和 ActionSctript 程序代码，直接就能修改应用。
你还在为学习最新的 Flash Actionscript 3.0 而烦恼吗？或者还在网络上焦急地到处寻找可用的程序？我们已经考虑到你的需要了，这是一本包含 77 种常用的Flash效果的
ActionScript 3.0 实用范例书！可以让你修改后直接应用，大大提高工作效率。本书以使用目的为导向，整理出使用 ActionScript 最关键、最实用的 Flash 功能，不用从起步学习
写程序，就可以拿来直接应用。本书提供了完整的范例文件和 ActionSctript 程序代码，直接就能修改应用。

多栏排版

方法 column-rule

设定栏分隔线

语法 选择器 { column-rule : 属性值1 属性值2 属性值3 ;}

属性值

初 初始预设值

可能的属性值 → 以下为分隔线的相关属性 / 初 各分隔线属性的预设值		
分隔线属性	说明	
1 column-rule-style	设定栏分隔线样式	P328
2 column-rule-width	设定栏分隔线宽度	P331
3 column-rule-color	设定栏分隔线颜色	P334

说明

- column-rule 属性可同时设定栏分隔线的样式、宽度、颜色，可指定复数属性值，各属性值之间以空格隔开。
- 当 column-rule-style 属性的属性值为none、hidden时，或column-rule-width属性的设定值为 0 时，则column-rule-color属性的设定会失效。

➡ 浏览器的对应

浏览器	名称
IE9	-
IE8	-
FireFox4 ⇧	-moz-column-rule
FireFox3.x	-moz-column-rule
Chrome11 ⇧	-webkit-column-rule
Safari5 ⇧	-webkit-column-rule
Opera11 ⇧	column-rule

范例学习 栏分隔线设定 column_rule.html

```
~略
<style type="text/css">
div {
        margin-top: 30px;
        padding: 10px;
}
#test1 {
        border: 1px solid #930;
        line-height: 1.5em;
 -webkit-column-count: 2;
 -moz-column-count: 2;
 column-count: 2;
 -webkit-column-gap: 4em;
 -moz-column-gap: 4em;
 column-gap: 4em;
        -moz-column-rule: groove 10pt pink;
        -webkit-column-rule: groove 10pt pink;
        column-rule: groove 10pt pink;
}
#test2 {
        border: 1px dotted #930;
        line-height: 1.5em;
 -webkit-column-count: 3;
 -moz-column-count: 3;
 column-count: 3;
 -webkit-column-gap: 150px;
 -moz-column-gap: 150px;
 column-gap: 150px;
        -moz-column-rule: dashed 0.5em #60C;
        -webkit-column-rule: dashed 0.5em #60C;
        column-rule: dashed 0.5em #60C;
}
</style>
</head>
<body>
<div id="test1">
你还在为学习最新的 Flash Actionscript 3.0 ~略~ 直接就能修改应用。
</div>
<div id="test2">
你还在为学习最新的 Flash Actionscript 3.0 ~略~ 直接就能修改应用。
</div>
</body>
</html>
```

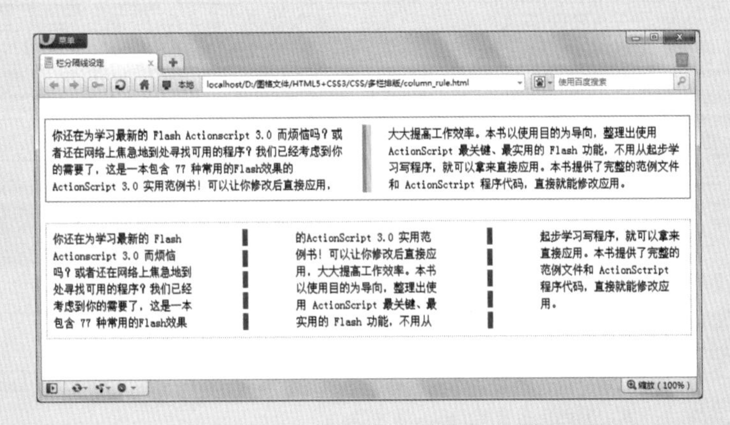
菜单
栏分隔线设定
本地
localhost/D:/图格文件/HTML5+CSS3/CSS/多栏排版/column_rule.html
使用百度搜索
你还在为学习最新的 Flash Actionscript 3.0 而烦恼吗？或者还在网络上焦急地到处寻找可用的程序？我们已经考虑到你的需要了，这是一本包含 77 种常用的Flash效果的ActionScript 3.0 实用范例书！可以让你修改后直接应用，
大大提高工作效率。本书以使用目的为导向，整理出使用ActionScript 最关键、最实用的 Flash 功能，不用从起步学习写程序，就可以拿来直接应用。本书提供了完整的范例文件和 ActionSctript 程序代码，直接就能修改应用。
你还在为学习最新的 Flash Actionscript 3.0 而烦恼吗？或者还在网络上焦急地到处寻找可用的程序？我们已经考虑到你的需要了，这是一本包含 77 种常用的Flash效果
的ActionScript 3.0 实用范例书！可以让你修改后直接应用，大大提高工作效率。本书以使用目的为导向，整理出使用 ActionScript 最关键、最实用的 Flash 功能，不用从
起步学习写程序，就可以拿来直接应用。本书提供了完整的范例文件和 ActionSctript 程序代码，直接就能修改应用。
缩放（100%）

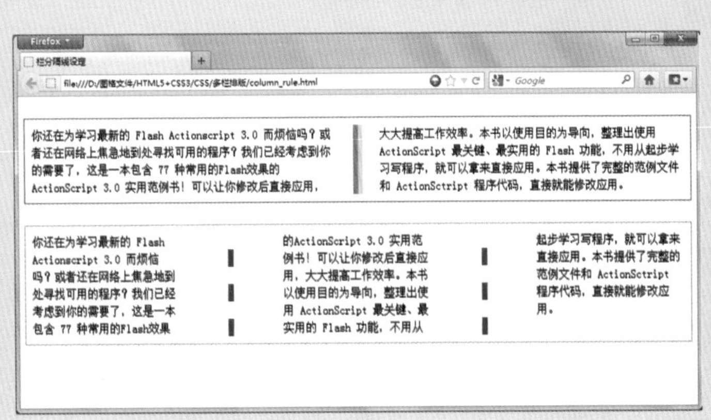
Firefox
栏分隔线设定
file:///D:/图格文件/HTML5+CSS3/CSS/多栏排版/column_rule.html
Google
你还在为学习最新的 Flash Actionscript 3.0 而烦恼吗？或者还在网络上焦急地到处寻找可用的程序？我们已经考虑到你的需要了，这是一本包含 77 种常用的Flash效果的ActionScript 3.0 实用范例书！可以让你修改后直接应用，
大大提高工作效率。本书以使用目的为导向，整理出使用ActionScript 最关键、最实用的 Flash 功能，不用从起步学习写程序，就可以拿来直接应用。本书提供了完整的范例文件和 ActionSctript 程序代码，直接就能修改应用。
你还在为学习最新的 Flash Actionscript 3.0 而烦恼吗？或者还在网络上焦急地到处寻找可用的程序？我们已经考虑到你的需要了，这是一本包含 77 种常用的Flash效果
的ActionScript 3.0 实用范例书！可以让你修改后直接应用，大大提高工作效率。本书以使用目的为导向，整理出使用 ActionScript 最关键、最实用的 Flash 功能，不用从
起步学习写程序，就可以拿来直接应用。本书提供了完整的范例文件和 ActionSctript 程序代码，直接就能修改应用。

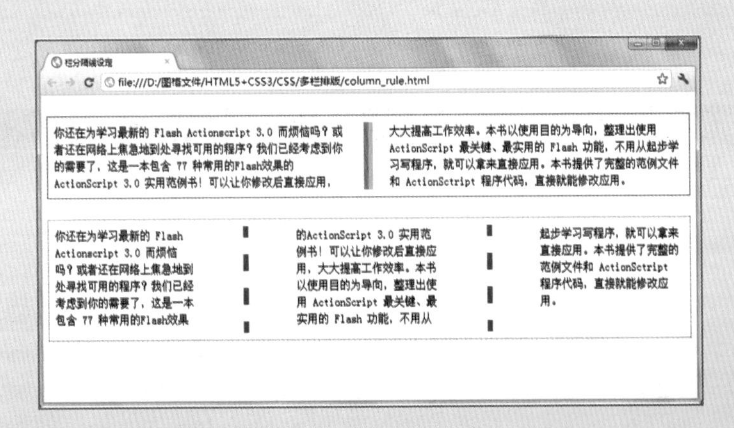
栏分隔线设定
file:///D:/图格文件/HTML5+CSS3/CSS/多栏排版/column_rule.html
你还在为学习最新的 Flash Actionscript 3.0 而烦恼吗？或者还在网络上焦急地到处寻找可用的程序？我们已经考虑到你的需要了，这是一本包含 77 种常用的Flash效果的ActionScript 3.0 实用范例书！可以让你修改后直接应用，
大大提高工作效率。本书以使用目的为导向，整理出使用ActionScript 最关键、最实用的 Flash 功能，不用从起步学习写程序，就可以拿来直接应用。本书提供了完整的范例文件和 ActionSctript 程序代码，直接就能修改应用。
你还在为学习最新的 Flash Actionscript 3.0 而烦恼吗？或者还在网络上焦急地到处寻找可用的程序？我们已经考虑到你的需要了，这是一本包含 77 种常用的Flash效果
的ActionScript 3.0 实用范例书！可以让你修改后直接应用，大大提高工作效率。本书以使用目的为导向，整理出使用 ActionScript 最关键、最实用的 Flash 功能，不用从
起步学习写程序，就可以拿来直接应用。本书提供了完整的范例文件和 ActionSctript 程序代码，直接就能修改应用。

属性 display

指定元素显示的形式

语法 选择器 { display : 属性值 ;}

属性值

初 初始预设值

可能的属性值 ⟶ inline 初 ； 1 box ； 2 inline-box

可能值	说明
1 box	把指定元素（依选择器所选的对象）当成是一般元素
2 inline-box	把指定元素（依选择器所选的对象）当成是内联元素

■ 上表所列的两种属性值，是适应CCS3 Flexible Box Layout Module新标准草案，而衍生出的新display属性值。

说明

- display 属性用来指定元素的显示形式。
- 当属性值设为none时，元素不仅仅是隐藏，也等同于取消而不存在。
- display 属性会改变元素的特质，例如，表格是一个DIV块元素，无法与文字并列在一起，但当设定表格的display属性为inline时，表格就变成一个内联元素，而可以与文字并列在一起。
- 为适应CCS3 Flexible Box Layout Module新标准草案，display属性新增了box、inline-box属性值，此两种新的属性值解决了不同元素DIV块（block）在页面上水平或垂直排版的问题。
- 在CSS2标准中我们可以将DIV块元素内的显示方式设成inline、block或是inline-block，但仍无法满足页面排版的需要，例如把DIV块元素的显示方式设成inline，就不能设定高度；设成block，就不能水平与其他DIV块元素并排；设成inline-block就不能自动延伸等，这些问题在CCS3 Flexible Box Layout Module新标准草案中都可获得解决。

➔ 浏览器与属性名称、属性值的对应

浏览器	属性名称	
IE9	-	
IE8	-	
FireFox4 ⇧	display	-moz-box、-moz-inline-box
FireFox3.x	display	-moz-box、-moz-inline-box
Chrome11 ⇧	display	-webkit-box、-webkit-inline-box
Safari5 ⇧	display	-webkit-box、-webkit-inline-box
Opera11 ⇧	-	

范例学习 DIV块的并列显示排版 display.html

```
<!DOCTYPE HTML>
<html>
<head>
<meta http-equiv="Content-Type" content="text/html; charset=utf-8">
<title>DIV块的并列排版</title>
<style type="text/css">
#layout {
        height: 300px;
        width: 600px;
        margin-top: 30px;
        padding: 10px;
        border: 1px solid #930;
        display: box;
        display: -moz-box;
        display: -webkit-box;
}
#test1 {
        width: 150px;
        color: #00F;
        background-image: url(img/bg1.gif);
    border: 1px solid #00F;
}
#test2 {
        width: 250px;
        color: #F00;
        background-image: url(img/bg.gif);
}
#test3 {
        width: 150px;
        color: #0F0;
        background-image: url(img/bg2.gif);
        border: 1px solid #0F0;
}
</style>
</head>
<body>
<div id="layout">
        <div id="test1">DIV块 test1</div>
        <div id="test2">DIV块 test2</div>
        <div id="test3">DIV块 test3</div>
</div>
</body>
</html>
```

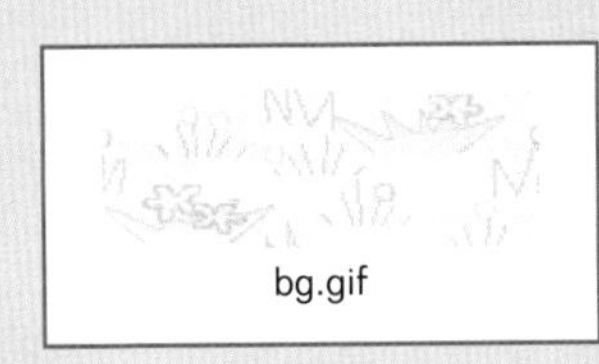
bg.gif

bg1.gif

bg2.gif

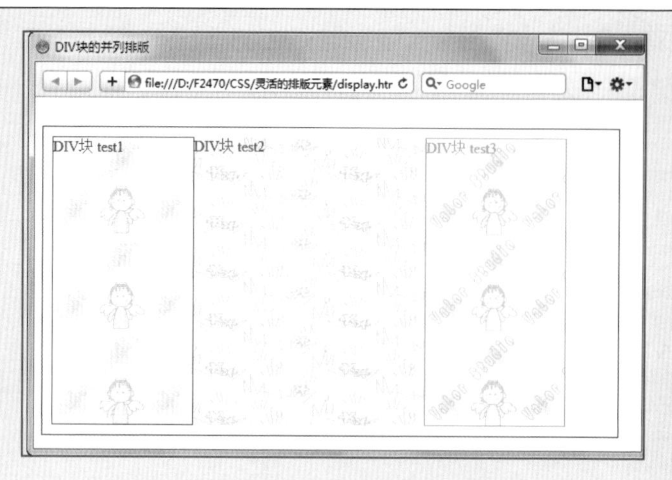
DIV块的并列排版
file:///D:/F2470/CSS/灵活的排版元素/display.htr
Google
DIV块 test1
DIV块 test2
DIV块 test3

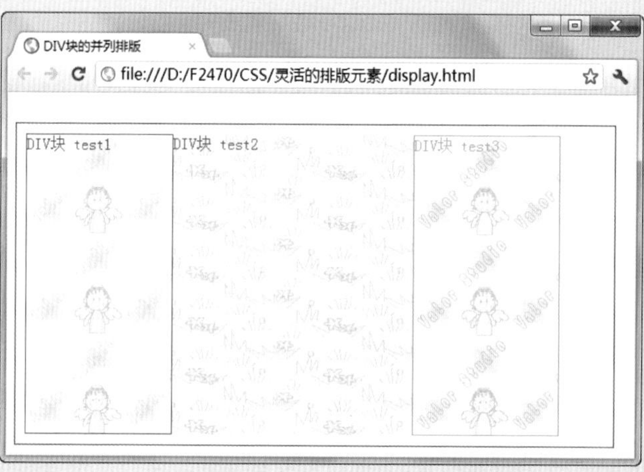
DIV块的并列排版
file:///D:/F2470/CSS/灵活的排版元素/display.html
DIV块 test1
DIV块 test2
DIV块 test3

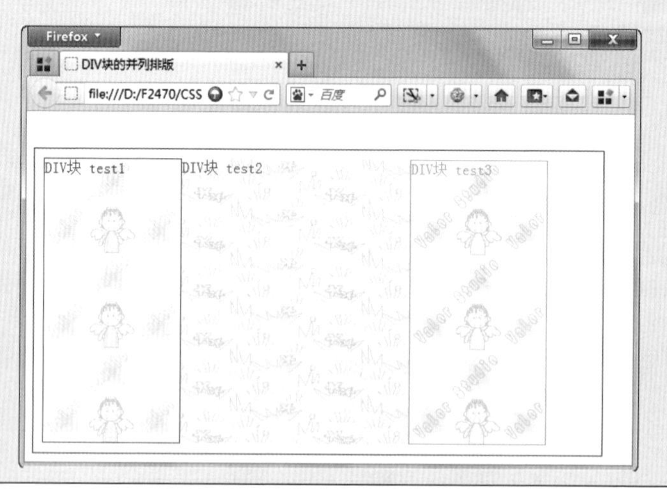
Firefox
DIV块的并列排版
file:///D:/F2470/CSS
百度
DIV块 test1
DIV块 test2
DIV块 test3

属性 box-orient
指定子元素的排列方向

语法 选择器 { box-orient : 属性值 ;}

属性值

初 初始预设值

可能的属性值 → 3 inline-axis 初 以及下列可能值	
可能值	说明
1 horizontal	子元素由左向右水平排列
2 vertical	子元素由上向下垂直排列
3 inline-axis 初	子元素依内联轴线为基准排列
4 block-axis	子元素依DIV块轴线为基准排列
5 inherit	继承父元素的属性设定

■ 经笔者测试，horizontal、inline-axis属性值设定，页面显示的结果同样是由左向右水平排列；而vertical、block-axis属性值设定，页面显示的结果同样是由上向下垂直排列。

说明

- box-orient 属性适用于已指定display属性值为box或inline-box的元素。
- box-orient 属性适用指定元素（父元素，已指定display属性值为box或inline-box的元素）内子元素的排列方向。

➡ 浏览器与属性名称的对应

浏览器	属性名称
IE9	-
IE8	-
FireFox4 ⇧	-moz-box-orient
FireFox3.x	-moz-box-orient
Chrome11 ⇧	-webkit-box-orient
Safari5 ⇧	-webkit-box-orient
Opera11 ⇧	-

范例学习　指定子元素的排列方向 display_ orient.html

```
<!DOCTYPE HTML>
<html>
<head>
<meta http-equiv="Content-Type" content="text/html; charset=utf-8">
<title>指定子元素的排列方向</title>
<style type="text/css">
#layout {
        height: 250px;
        width: 600px;
        margin-top: 30px;
        padding: 10px;
        border: 1px solid #930;
        display: box;
        display: -moz-box;
        display: -webkit-box;
        box-orient: vertical;
        -moz-box-orient: vertical;
        -webkit-box-orient: vertical;
}
#test1 {
        height: 150px;;
        color: #00F;
        background-image: url(img/bg1.gif);
    border: 1px solid #00F;
}
#test2 {
        height: 50px;
        color: #F00;
        background-image: url(img/bg.gif);
}
#test3 {
        height: 100px;;
        color: #0F0;
        background-image: url(img/bg2.gif);
        border: 1px solid #0F0;
}
</style>
</head>
<body>
<div id="layout">
        <div id="test1">DIV块 test1</div>
        <div id="test2">DIV块 test2</div>
        <div id="test3">DIV块 test3</div>
</div>
</body>
</html>
```

bg.gif

bg1.gif

bg2.gif

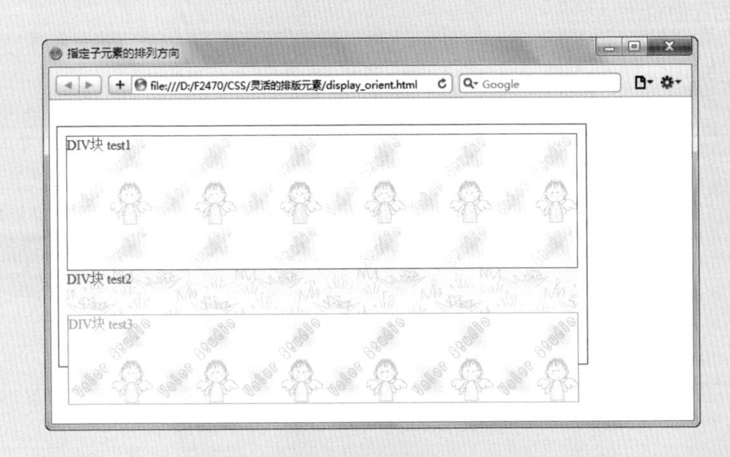
指定子元素的排列方向
file:///D:/F2470/CSS/灵活的排版元素/display_orient.html
Google
DIV块 test1
DIV块 test2
DIV块 test3

指定子元素的排列方向
file:///D:/F2470/CSS/灵活的排版元素/display_orient.html
DIV块 test1
DIV块 test2
DIV块 test3

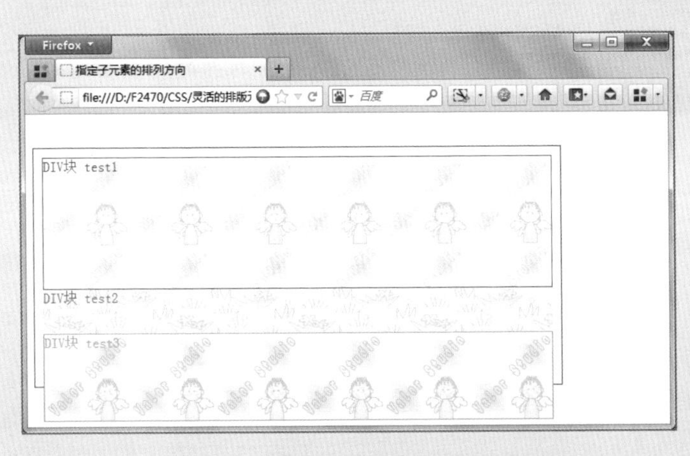
Firefox
指定子元素的排列方向
file:///D:/F2470/CSS/灵活的排版
百度
DIV块 test1
DIV块 test2
DIV块 test3

灵活的元素排版

属性 box-direction 指定子元素的排列方式

语法 选择器 { box-direction : 属性值 ;}

属性值

初 初始预设值

可能的属性值 → 1 normal 初 以及下列可能值

可能值	说明
1 normal 初	按正常顺序排列子元素（依子元素标签在父元素标签中的排列顺序由前到后）
2 reverse	倒序（反向）排列子元素（依子元素标签在父元素标签中的排列顺序由后到前）
3 inherit	继承父元素的属性设定

说明

- box-direction 属性适用于已指定display属性值为box或inline-box的元素。
- box-direction 属性用于指定元素（父元素，已指定display属性值为box或inline-box的元素）内子元素的排列方式。

➡ 浏览器与属性名称的对应

浏览器	属性名称
IE9	-
IE8	-
FireFox4 ⇧	-moz-box-direction
FireFox3.x	-moz-box-direction
Chrome11 ⇧	-webkit-box-direction
Safari5 ⇧	-webkit-box-direction
Opera11 ⇧	-

范例学习　指定子元素的排列方式 display_ direction.html

```
<!DOCTYPE HTML>
<html>
<head>
<meta http-equiv="Content-Type" content="text/html; charset=utf-8">
<title>指定子元素的排列方式</title>
<style type="text/css">
#layout {
        height: 250px;
        width: 600px;
        margin-top: 30px;
        padding: 10px;
        border: 1px solid #930;
        display: box;
        display: -moz-box;
        display: -webkit-box;
        box-direction: reverse;
        -moz-box-direction: reverse;
        -webkit-box-direction: reverse;
}
#test1 {
        width: 250 px;;
        color: #00F;
        background-image: url(img/BG03.png);
    border: 1px solid #00F;
}
#test2 {
        width: 150 px;
        color: #F00;
        background-image: url(img/BG05.png);
}
#test3 {
        width: 200 px;;
        color: #360;
        background-image: url(img/BG04.png);
        border: 1px solid #360;
}
</style>
</head>
<body>
<div id="layout">
        <div id="test1">DIV块 test1</div>
        <div id="test2">DIV块 test2</div>
        <div id="test3">DIV块 test3</div>
</div>
</body>
</html>
```

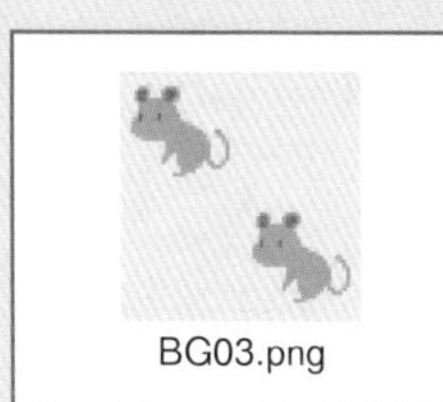
BG03.png

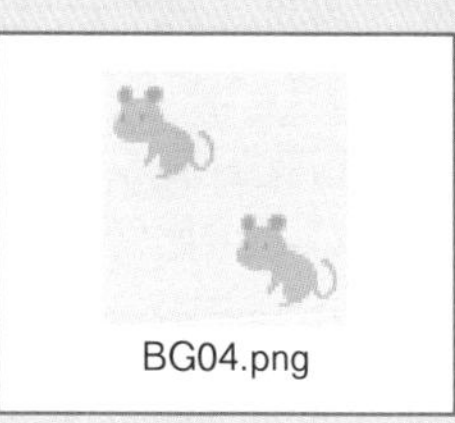
BG04.png

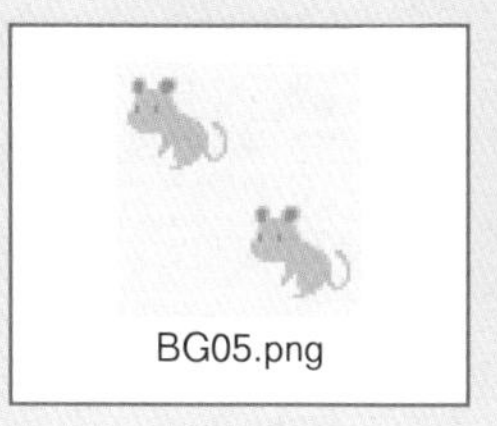
BG05.png

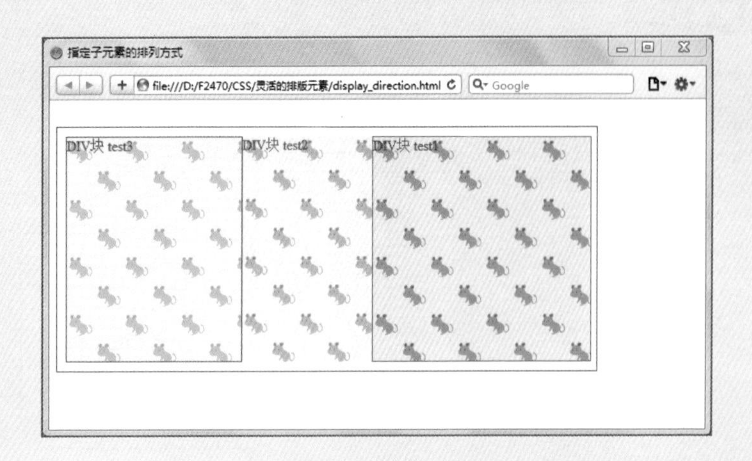
指定子元素的排列方式
file:///D:/F2470/CSS/灵活的排版元素/display_direction.html
Google
DIV块 test3
DIV块 test2
DIV块 test1

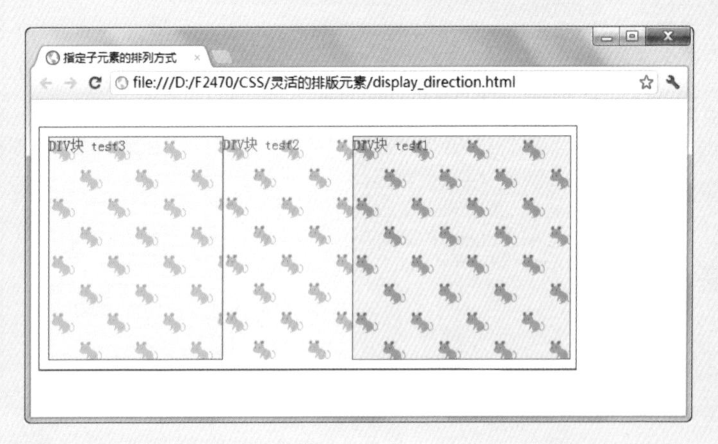
指定子元素的排列方式
file:///D:/F2470/CSS/灵活的排版元素/display_direction.html
DIV块 test3
DIV块 test2
DIV块 test1

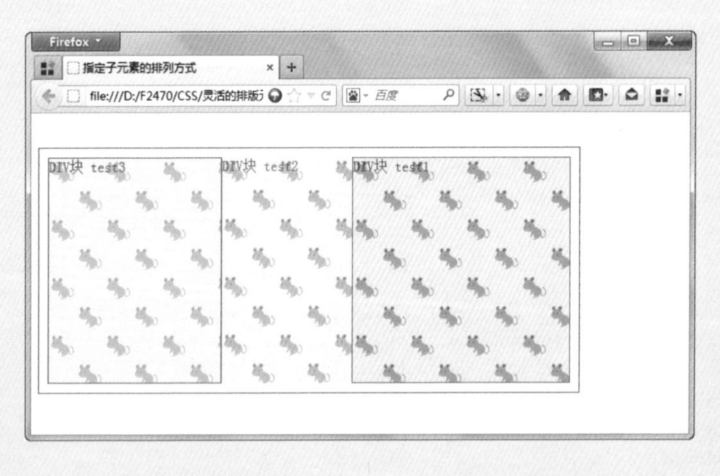
Firefox
指定子元素的排列方式
百度
DIV块 test3
DIV块 test2
DIV块 test1

属性 box-ordinal-group

指定子元素的组合

语法

选择器 { box-ordinal-group : 属性值 ;}

属性值

初 初始预设值

可能的属性值 → 1 数值：初 1

可能值	说明
1 数值	设定子元素的组合，属性值为数值（1以上的整数值）

说明

- box-ordinal-group 属性适用于已指定display属性值为box或inline-box的父元素中的子元素。
- box-ordinal-group 属性用于指定子元素（父元素已指定display属性值为box或inline-box的元素）的组合。

浏览器与属性名称的对应

浏览器	属性名称
IE9	-
IE8	-
FireFox4 ⇧	-moz-box-ordinal-group
FireFox3.x	-moz-box-ordinal-group
Chrome11 ⇧	-webkit-box-ordinal-group
Safari5 ⇧	-webkit-box-ordinal-group
Opera11 ⇧	-

范例学习 指定子元素的组合 display_ group.html

```
<!DOCTYPE HTML><html><head>
<meta http-equiv="Content-Type" content="text/html; charset=utf-8">
<title>指定子元素的组合</title>
<style type="text/css">
#layout {
        height: 300px;
        width: 700px;
        margin-top: 30px;
        padding: 10px;
        border: 1px solid #930;
        display: box;
        display: -moz-box;
        display: -webkit-box;
}
#test1 {
        width: 100px;
        color: #360;
        background-image: url(img/BG06.gif);
        -moz-box-ordinal-group: 2;
        -webkit-box-ordinal-group: 2;
        box-ordinal-group: 2;
}
#test2 {
        width: 150px;
        color: #00F;
        background-image: url(img/BG07.gif);
        -moz-box-ordinal-group: 3;
        -webkit-box-ordinal-group: 3;
        box-ordinal-group: 3;
}
#test3 {
        width: 200px;
        color: #F00;
        background-image: url(img/BG08.gif);
        -moz-box-ordinal-group: 2;
        -webkit-box-ordinal-group: 2;
        box-ordinal-group: 2;
}
#test4 {
        width: 250px;
        color: #F60;
        background-image: url(img/BG09.gif);
        -moz-box-ordinal-group: 1;
        -webkit-box-ordinal-group: 1;
        box-ordinal-group: 1;
```

BG06.gif

BG07.gif

BG08.gif

BG09.gif

```
}
</style>
</head>
<body>
<div id="layout">
        <div id="test1">DIV块 test1</div>      <div id="test2">DIV块 test2</div>
        <div id="test3">DIV块 test3</div>      <div id="test4">DIV块 test4</div>
</div>
</body></html>
```

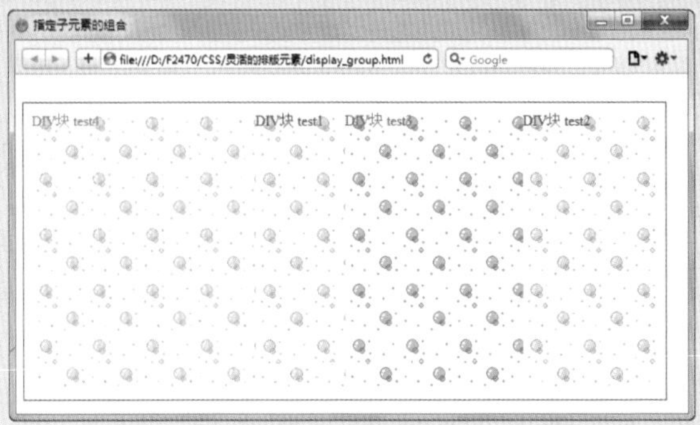

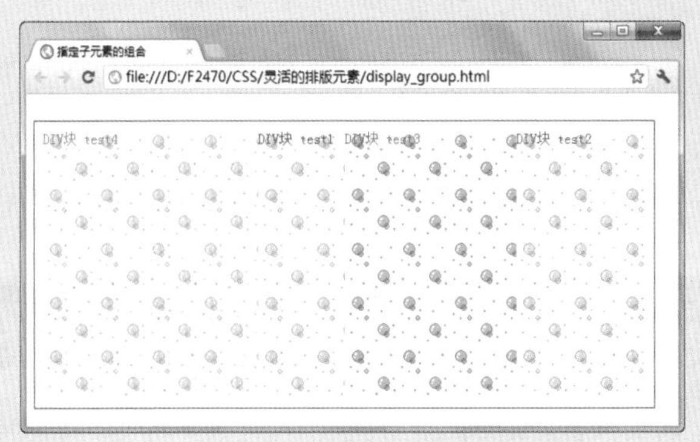

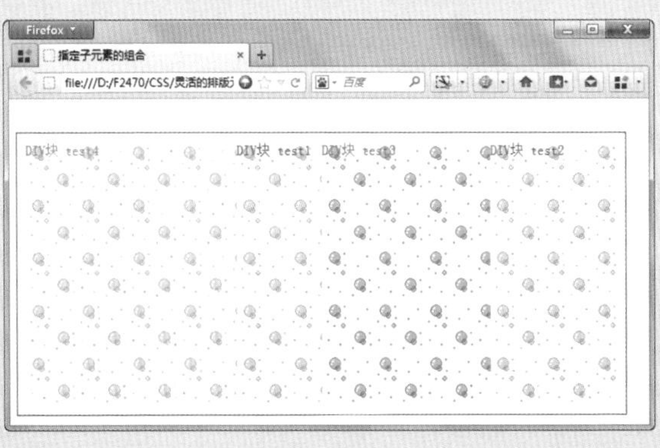

属性 box-align

指定子元素的垂直对齐方式

语法

选择器 { box-align : 属性值 ;}

属性值

初 初始预设值

可能的属性值 →	5 stretch 初 以及下列可能值
可能值	说明
1 start	子元素垂直向上对齐，子元素高度少于父元素的部分空白
2 end	子元素垂直向下对齐，子元素高度少于父元素的部分空白
3 center	子元素垂直居中对齐，子元素高度少于父元素的部分，平均分配于上、下遗留空白
4 baseline	子元素垂直对齐基线，子元素高度少于父元素的部分，平均分配于上、下遗留空白
5 stretch 初	自动延伸，自动将高度延伸到与父元素同高

说明

- box-align 属性适用于已指定display属性值为box或inline-box的父元素。
- box-align 属性会指定子元素（父元素已指定display属性值为box或inline-box的元素）的垂直对齐方式。
- box- align 属性的stretch属性值设定效果，必须在子元素未设定高度height属性的情况下才能正常显示，当子元素已设定高度height属性时，stretch属性值设定效果等同于start属性值设定效果。

浏览器与属性名称的对应

浏览器	属性名称
IE9	-
IE8	-
FireFox4 ⇧	-moz-box-align
FireFox3.x	-moz-box-align
Chrome11 ⇧	-webkit-box-align
Safari5 ⇧	-webkit-box-align
Opera11 ⇧	-

范例学习 指定子元素的垂直对齐方式 display_ align.html

```
<!DOCTYPE HTML>
<html>
<head>
<meta http-equiv="Content-Type" content="text/html; charset=utf-8">
<title>指定子元素的垂直对齐方式</title>
<style type="text/css">
#layout {
	height: 300px;
	width: 700px;
	margin-top: 30px;
	padding: 10px;
	border: 1px solid #930;
	display: box;
	display: -moz-box;
	display: -webkit-box;
	box-align: center;
	-moz-box-align: center;
	-webkit-box-align: center;
}
#test1 {
	height: 100px;
	width: 200px;
	color: #360;
	background-image: url(img/BG06.gif);
}
#test2 {
	height: 150px;
	width: 100px;
	color: #00F;
	background-image: url(img/BG07.gif);
}
#test3 {
	height: 200px;
	width: 250px;
	color: #F00;
	background-image: url(img/BG08.gif);
}
#test4 {
	height: 250px;
	width: 150px;
	color: #F60;
	background-image: url(img/BG09.gif);
}
```

BG06.gif

BG07.gif

BG08.gif

BG09.gif

```
</style>
</head>
<body>
<div id="layout">
        <div id="test1">DIV块 test1</div>
        <div id="test2">DIV块 test2</div>
        <div id="test3">DIV块 test3</div>
        <div id="test4">DIV块 test4</div>
</div>
</body>
</html>
```

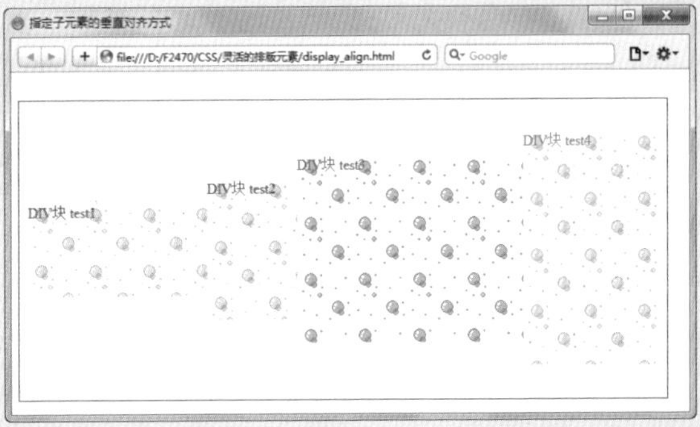

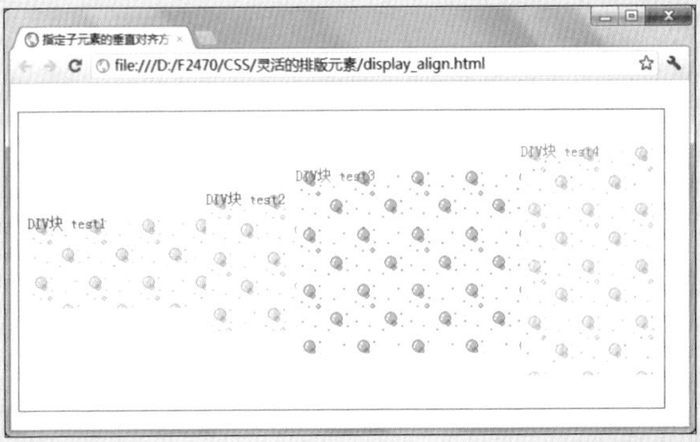

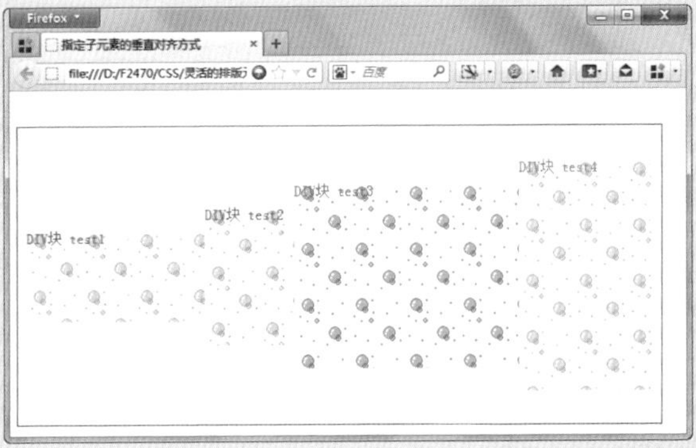

属性 box-pack 指定子元素的水平对齐方式

语法 选择器 { box-pack : 属性值 ;}

属性值

初 初始预设值

可能的属性值 →	1 start 初 以及下列可能值
可能值	说明
1 start 初	子元素水平向左对齐，全体子元素宽度总和少于父元素的部分在右方空白
2 end	子元素水平向右对齐，全体子元素宽度总和少于父元素的部分在左方空白
3 center	子元素水平居中对齐，全体子元素宽度总和少于父元素的部分在左、右两边遗留空白
4 justify	子元素水平两端对齐，全体子元素宽度总和少于父元素的部分在子元素与子元素间平均分配遗留空白

说明

- box-align 属性适用于已指定display属性值为box或inline-box的父元素。
- box-align 属性会指定子元素（父元素已指定display属性值为box或inline-box的元素）的水平对齐方式。
- box-align 属性值设定效果，必须全体子元素宽度总和少于父元素宽度的情况下才能正常显示。

浏览器与属性名称的对应

浏览器	属性名称
IE9	-
IE8	-
FireFox4 ⇧	-moz-box-pack
FireFox3.x	-moz-box-pack
Chrome11 ⇧	-webkit-box-pack
Safari5 ⇧	-webkit-box-pack
Opera11 ⇧	-

范例学习 指定子元素的水平对齐方式 display_pack.html

```
<!DOCTYPE HTML>
<html>
<head>
<meta http-equiv="Content-Type" content="text/html; charset=utf-8">
<title>指定子元素的水平对齐方式</title>
<style type="text/css">
#layout {
        height: 300px;
        width: 700px;
        margin-top: 30px;
        padding: 10px;
        border: 1px solid #930;
        display: box;
        display: -moz-box;
        display: -webkit-box;
        box-pack: justify;
        -moz-box-pack: justify;
        -webkit-box-pack: justify;
}
#test1 {
        width: 100px;
        color: #360;
        background-image: url(img/BG06.gif);
}
#test2 {
        width: 50px;
        color: #00F;
        background-image: url(img/BG07.gif);
}
#test3 {
        width: 150px;
        color: #F00;
        background-image: url(img/BG08.gif);
}
#test4 {
        width: 100px;
        color: #F60;
        background-image: url(img/BG09.gif);
}
</style>
</head>
<body>
<div id="layout">
        <div id="test1">DIV块 test1</div>
        <div id="test2">DIV块 test2</div>
```

BG06.gif

BG07.gif

BG08.gif

BG09.gif

```
        <div id="test3">DIV块 test3</div>
        <div id="test4">DIV块 test4</div>
</div>
</body>
</html>
```

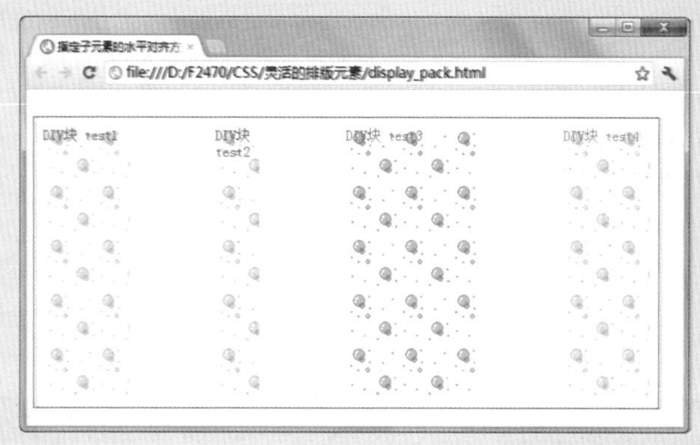

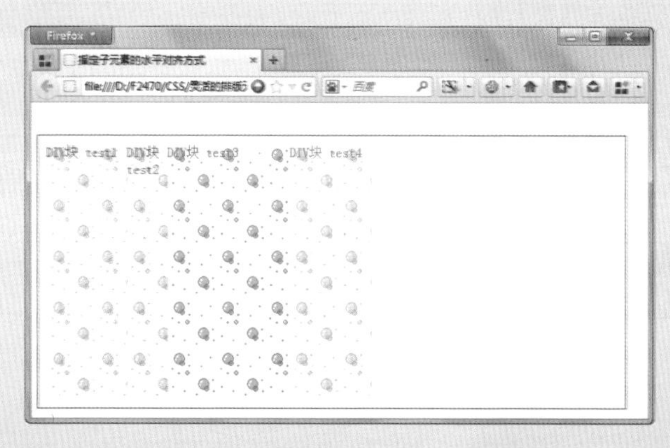

提示：当box- align属性值为justify时，Firefox浏览器无法正确显示结果，其justify属性值的显示画面将如同start属性值的设定效果。

灵活的元素排版

属性 box-flex
指定父元素的余白分配

语法 选择器 { box-flex : 属性值 ;}

属性值

初 初始预设值

可能的属性值 ——> 1 数值 初 0

可能值	说明
1 数值	父元素余白（父元素宽度、高度减掉全体子元素宽度、高度总和的空白部分）的分配比例

说明

- box-flex 属性适用于已指定display属性值为box或inline-box的父元素中的子元素。
- box-flex 属性用来设定子元素（父元素已指定display属性的属性值为box或inline-box的元素）对于父元素遗留空白的比例。例如父元素中有3个子元素，A子元素“box-flex:1”，B 子元素“box-flex:2”，C 子元素未设定，则A子元素分配到父元素1/3的余白，B子元素分配到父元素2/3的余白。
- box- flex 属性值设定效果，必须全体子元素宽度、高度总和少于父元素宽度、高度的情况下才能正常显示。
- box- flex 属性预设是分配水平方向的父元素遗留空白比例，当box-orient属性指定子元素的排列方向为垂直时，则box- align属性是分配垂直方向的父元素遗留空白比例。

浏览器与属性名称的对应

浏览器	属性名称
IE9	-
IE8	-
FireFox4 ⇧	-moz-box-flex
FireFox3.x	-moz-box-flex
Chrome11 ⇧	-webkit-box-flex
Safari5 ⇧	-webkit-box-flex
Opera11 ⇧	-

范例学习 分配父元素的水平余白 display_flex.html

```
<!DOCTYPE HTML>
<html>
<head>
<meta http-equiv="Content-Type" content="text/html; charset=utf-8">
<title>分配父元素的水平余白</title>
<style type="text/css">
#layout {
        height: 300px;
        width: 700px;
        margin-top: 30px;
        padding: 10px;
        border: 1px solid #930;
        display: box;
        display: -moz-box;
        display: -webkit-box;
}
#test1 {
        width: 100px;
        color: #360;
        background-image: url(img/BG06.gif);
        box-flex: 2;
        -moz-box-flex: 2;
        -webkit-box-flex: 2;
}
#test2 {
        width: 50px;
        color: #00F;
        background-image: url(img/BG07.gif);
        box-flex: 3;
        -moz-box-flex: 3;
        -webkit-box-flex: 3;
}
#test3 {
        width: 150px;
        color: #F00;
        background-image: url(img/BG08.gif);
}
#test4 {
        width: 100px;
        color: #F60;
        background-image: url(img/BG09.gif);
        box-flex: 1;
        -moz-box-flex: 1;
        -webkit-box-flex: 1;
```

BG06.gif

BG07.gif

BG08.gif

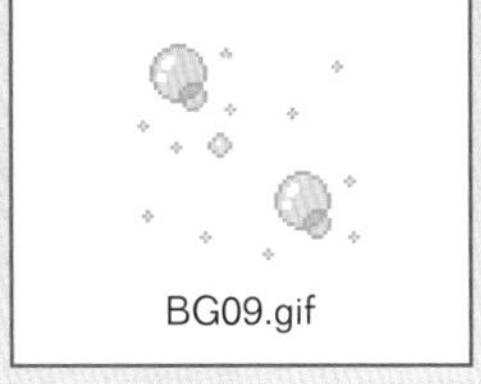

BG09.gif

```
}
</style>
</head>
<body>
<div id="layout">
        <div id="test1">DIV块 test1</div> <div id="test2">DIV块 test2</div>
        <div id="test3">DIV块 test3</div> <div id="test4">DIV块 test4</div>
</div>
</body></html>
```

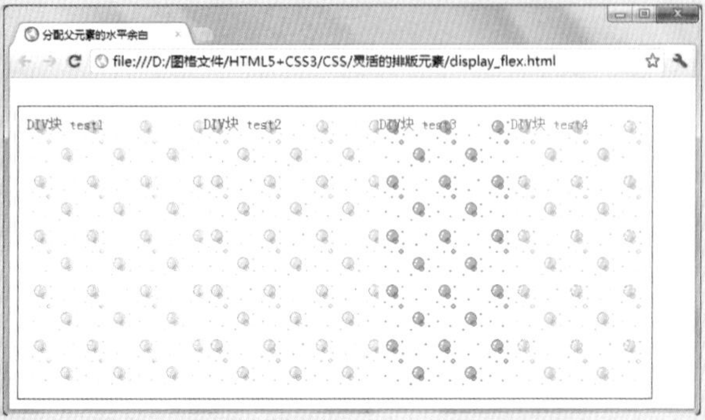

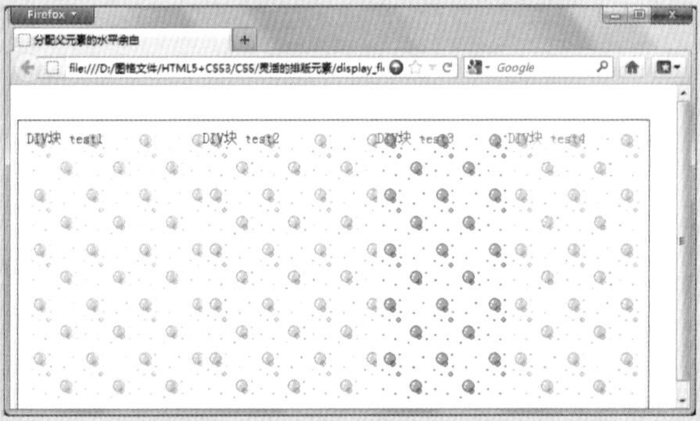

提示：当box- align属性值为justify时，Firefox浏览器无法正确显示结果，其justify属性值的显示画面将如同start属性值的设定效果。

属性值的变换

属性 transition-property

指定进行变换的属性

语法 选择器 { transition-property : 属性值 ;}

初 初始预设值

属性值

可能的属性值 → 1 all 初； 2 no； 3 属性名称

可能值	说明
1 all 初	所有可以进行属性值变换的CSS属性
2 none	没有任何属性可进行变换
3 属性名称	单独值指定要进行变换的属性

■ 可以进行变换的属性与其属性值类型对应列表如下。

属性	属性值类型
background-color	color
background-image	only gradients
background-position	percentage, length
border-bottom-color	color
border-bottom-width	length
border-color	color
border-left-color	color
border-left-width	length
border-right-color	color
border-right-width	length
border-spacing	length
border-top-color	color
border-top-width	length
border-width	length
bottom	length, percentage
color	color
crop	rectangle
font-size	length, percentage
font-weight	number
grid-*	various
height	length, percentage
left	length, percentage

属性值

属性	属性值类型
left	length, percentage
letter-spacing	length
line-height	number, length, percentage
margin-bottom	length
margin-left	length
margin-right	length
margin-top	length
max-height	length, percentage
max-width	length, percentage
min-height	length, percentage
min-width	length, percentage
opacity	number
outline-color	color
outline-offset	integer
outline-width	length
padding-bottom	length
padding-left	length
padding-right	length
padding-top	length
right	length, percentage
text-indent	length, percentage
text-shadow	shadow
top	length, percentage
vertical-align	keywords, length, percentage
visibility	visibility
width	length, percentage
word-spacing	length, percentage
z-index	integer
zoom	number

说明

- 变换（transition）属性是CSS3新增的属性模块，W3C原文说明如下：Normally when the value of a CSS property changes，the rendered result is instantly updated，with the affected elements immediately changing from the old property value to the new property value. This section describes a way to specify transitions using new CSS properties. These properties are used to animate smoothly from the old state to the new state over time.简单的说法就是：变换（transition）可以让CSS属性于特定的时间变更其属性值。

说明

- transition-property 属性用于指定要进行变换（transition）的CSS属性。
- transition-property 属性适用于全体元素、“:before”与“:after”等虚拟元素。
- 变换（transition）的效果可以因指定的元素（依选择器指定的元素对象）在被鼠标点击、获得操作焦点或对元素做任何改变的事件时引发。
- 要在网页文件中让CSS属性于特定的时间变换属性值，最少需要通过CSS3新增的两种属性：transition-property可指定要进行属性值变更的CSS属性、transition-duration可指定变换的过程时间。

浏览器与属性名称对应

浏览器	属性名称
IE9	-
IE8	-
FireFox4 ⇧	-moz-transition-property
FireFox3.x	-
Chrome11 ⇧	-webkit-transition-property
Safari5 ⇧	-webkit-transition-property
Opera11 ⇧	-o-transition-property

范例学习 变换DIV块元素的背景属性 transition_property.html

```
<!DOCTYPE HTML>
<html>
<head>
<meta http-equiv="Content-Type" content="text/html; charset=utf-8">
<title>变换div的背景属性</title>
<style type="text/css">
div {
        margin-top: 10px;
        padding: 10px;
        border: 1px solid #6FF;
        height: 100px;

        -moz-transition-property: background-color, background-image;
        -webkit-transition-property: background-color, background-imag;
        -o-transition-property: background-color, background-imag;
        transition-property: background-color, background-imag;
}
#test1 {
        background-color: #F00;
}
#test1:hover {
        background-color: #FF9;
}
```

```
#test2 {
		background-image: url("img/BG06.gif");
}
#test2:hover {
		background-image: url("img/BG08.gif");
}
</style>
</head>
<body>
<div id="test1">背景颜色变换</div>
<div id="test2">背景图案变换</div>
</body>
</html>
```

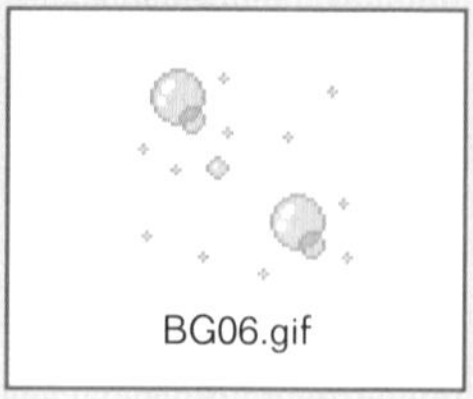

BG06.gif

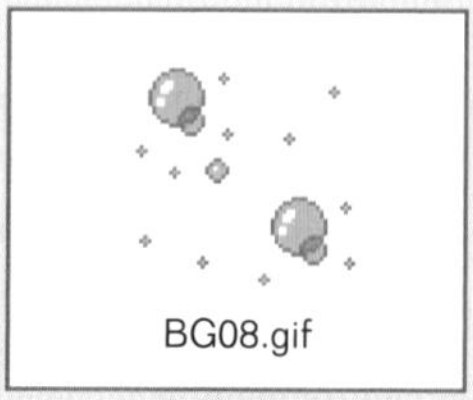

BG08.gif

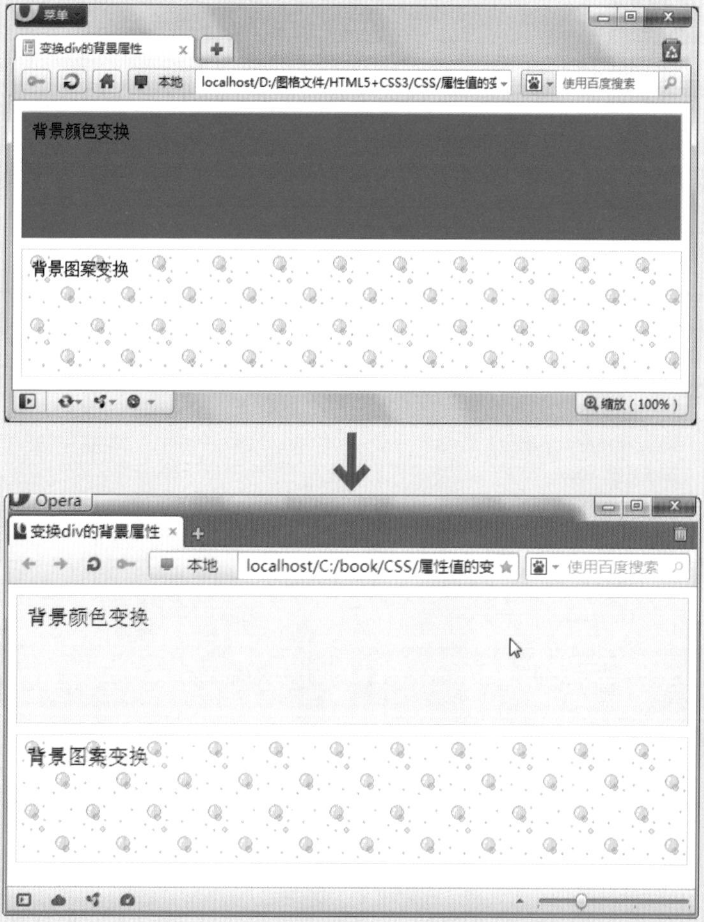

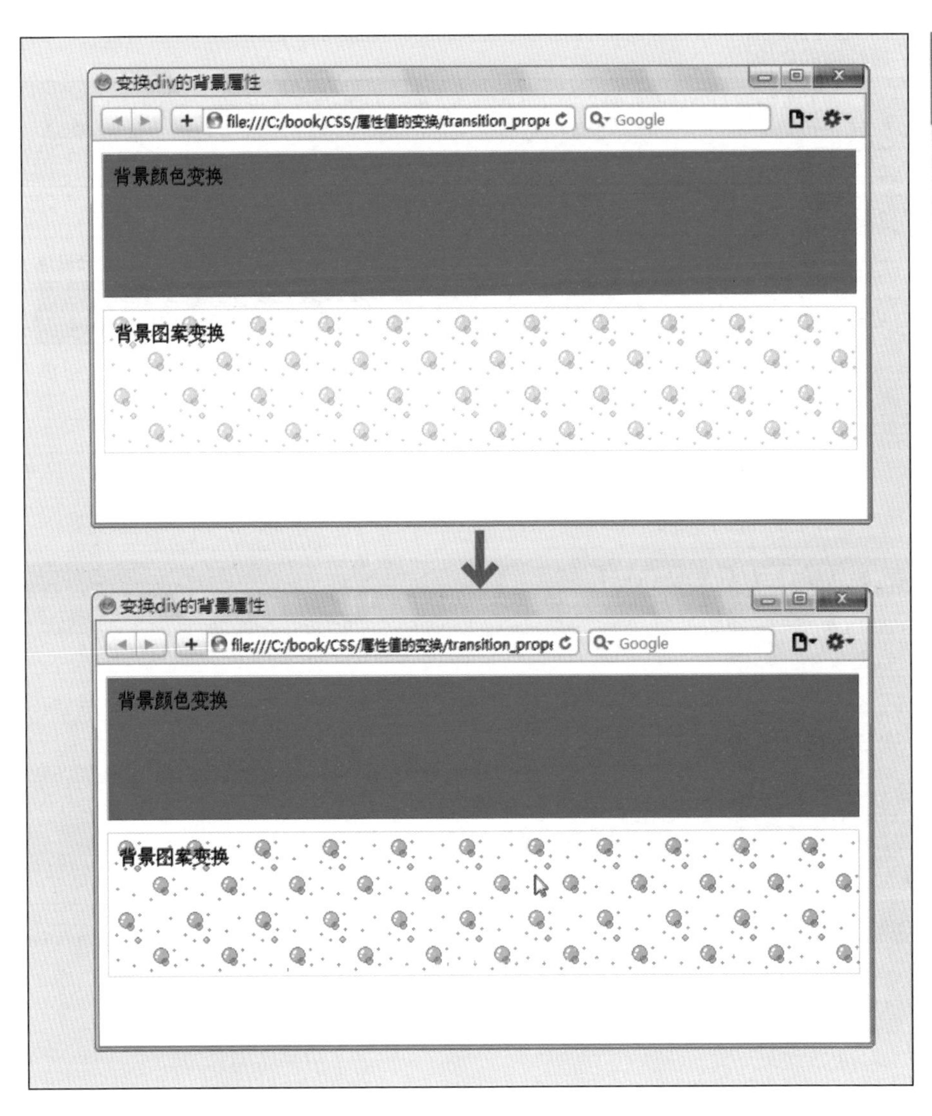
变换div的背景属性
file:///C:/book/CSS/属性值的变换/transition_prop
Google
背景颜色变换
背景图案变换
变换div的背景属性
file:///C:/book/CSS/属性值的变换/transition_prop
Google
背景颜色变换
背景图案变换

属性值的变换

属性 transition-duration

指定属性值变换的时间

语法	选择器 { transition-duration : 属性值 ;}

初 初始预设值

可能的属性值 → 1 时间 初 0

可能值	说明
1 时间	属性值变换的持续时间，数值加上时间单位s（秒）或ms（毫秒），如果时间为负数，视同 0 秒，也就是立即变换

说明

- transition-duration 属性用于指定要进行变换（transition）的持续时间。
- transition-duration 属性适用于全体元素、“:before”与“:after”等虚拟元素。

浏览器与属性名称的对应

浏览器	属性名称
IE9	-
IE8	-
FireFox4 ⇧	-moz-transition-duration
FireFox3.x	-
Chrome11 ⇧	-webkit-transition-duration
Safari5 ⇧	-webkit-transition-duration
Opera11 ⇧	-o- transition-duration

范例学习 DIV块背景与边框颜色的渐变属性 transition_duration.html

```
<!DOCTYPE HTML>
<html>
<head>
<meta http-equiv="Content-Type" content="text/html; charset=utf-8">
<title>DIV块背景与边框颜色的渐变属性</title>
<style type="text/css">
div {
        margin-top: 10px;
        padding: 10px;
        height: 150px;
        border: 5px solid #6FF;
        background-color: #F00;
```

```
		-moz-transition-property:border-color,background-color;
		-moz-transition-duration: 10s;
		-webkit-transition-property:border-color,background-color;
		-webkit-transition-duration: 10s;
		-o-transition-property:border-color,background-color;
		-o-transition-duration: 10s;
		transition-property:border-color,background-color;
		transition-duration: 10s;
}
div:hover {
		background-color: #FF9;
		border-color: #600;
}
</style>
</head>
<body>
<div>背景与边框的颜色变换</div>
</body>
</html>
```

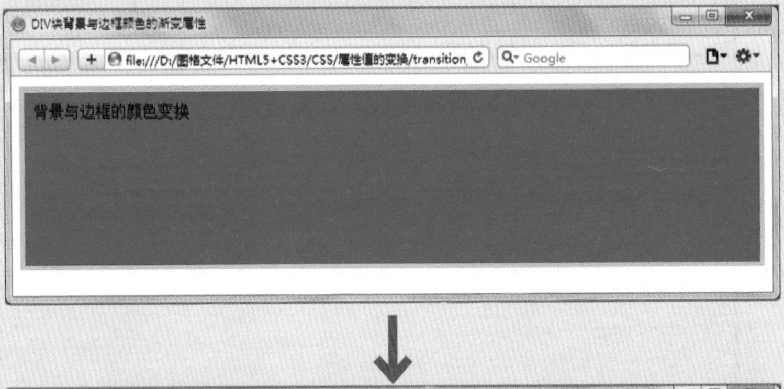

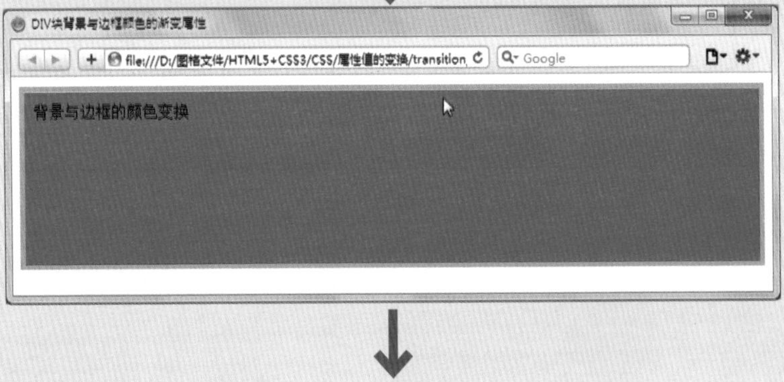

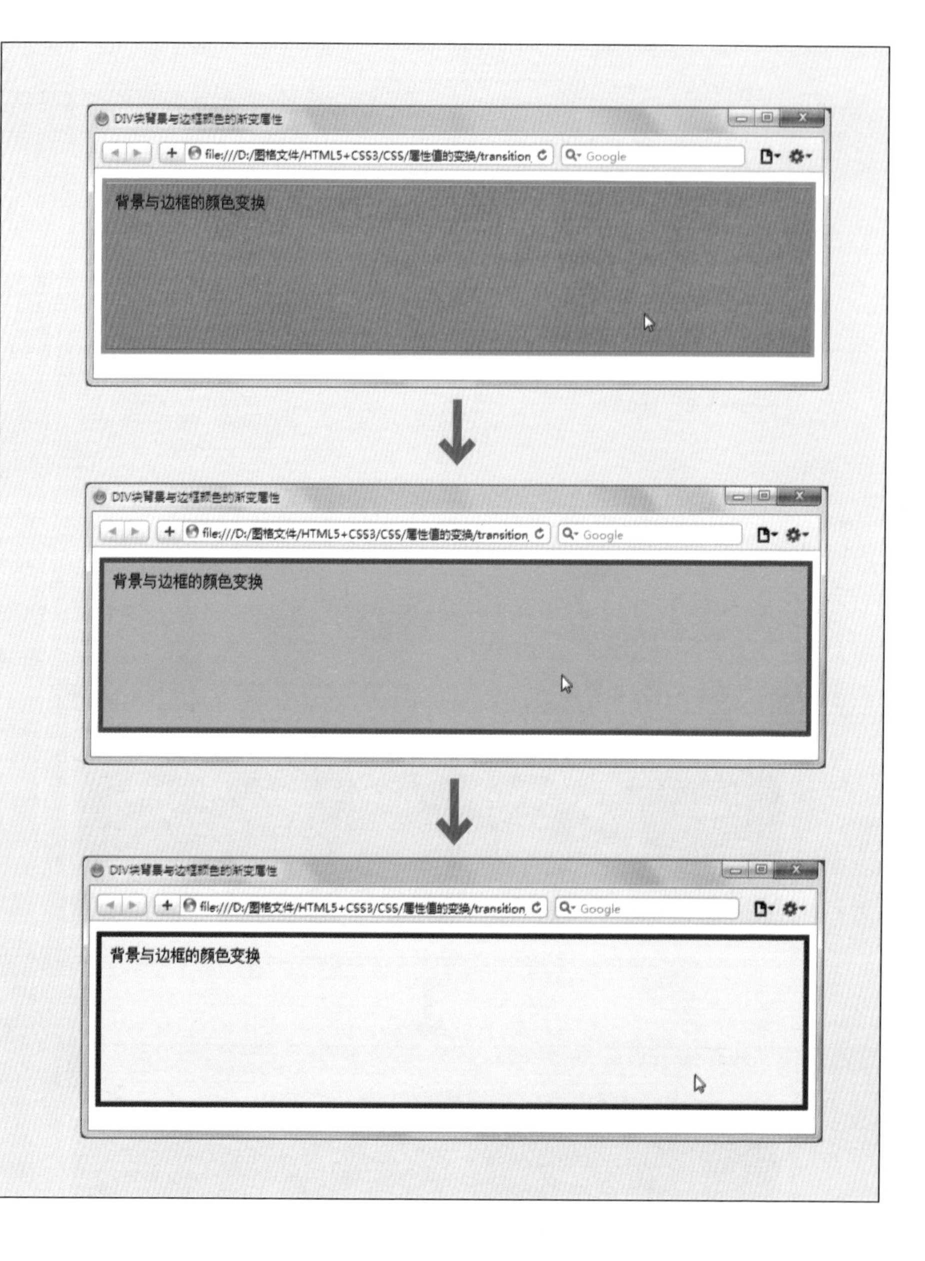
DIV块背景与边框颜色的渐变属性
file:///D:/图格文件/HTML5+CSS3/CSS/属性值的变换/transition
Google
背景与边框的颜色变换
DIV块背景与边框颜色的渐变属性
file:///D:/图格文件/HTML5+CSS3/CSS/属性值的变换/transition
Google
背景与边框的颜色变换
DIV块背景与边框颜色的渐变属性
file:///D:/图格文件/HTML5+CSS3/CSS/属性值的变换/transition
Google
背景与边框的颜色变换

属性 transition-timing-function

指定属性值变换的速度

语法

选择器 { transition-timing-function : 属性值 ;}

属性值

初 初始预设值

可能的属性值 →	1 ease 初 ,以及下列可能值
可能值	说明
1 ease	平滑变换（逐渐变慢），等同贝塞尔曲线 (0.25，0.1，0.25，1.0)
2 linea	线性变换（等速），等同贝塞尔曲线 (0.0，0.0，1.0，1.0)
3 ease-in	由慢到快变换（加速），等同贝塞尔曲线 (0.42，0，1.0，1.0)
4 ease-out	由快到慢变换（减速），等同贝塞尔曲线 (0，0，0.58，1.0)
5 ease-in-out	由慢到快再到慢（加速后再减速），等同贝塞尔曲线 (0.42，0，0.58，1.0)
6 cubic-bezier()	自定义速度，也就是定义一个特别的贝塞尔曲线

说明

- transition-timing-function 属性用于指定要进行变换（transition）的速度。
- transition-timing-function 属性适用于全体元素、“:before”与“:after”等虚拟元素。
- transition-timing-function 属性的属性值其实就是一条贝塞尔曲线，属性值linear、ease、ease-in、ease-out、ease-in-out其实都是CSS3预先定义的贝塞尔曲线，而cubic-bezier() 则是让我们自定义贝塞尔曲线。
- transition-timing-function 属性的属性值为cubic-bezier() 时，必须给定 4 个参数，参数间以逗号“,”隔开，且 4 个参数的值必须介于0~1之间。

➡ 浏览器与属性名称的对应

浏览器	属性名称
IE9	-
IE8	-
FireFox4 ⇧	-moz- transition-timing-function
FireFox3.x	-
Chrome11 ⇧	-webkit-transition-timing-function
Safari5 ⇧	-webkit-transition-timing-function
Opera11 ⇧	-o-transition-timing-function

范例学习 属性值变换的速度设定 transition_timing.html

```
<!DOCTYPE HTML>
<html>
<head>
<meta http-equiv="Content-Type" content="text/html; charset=utf-8">
<title>属性值变换的速度设定</title>
<style type="text/css">
#layout {
        margin-top: 10px;
        padding: 10px;
        height: 150px;
        width: 600px;
        border: 1px solid #F00;
        background-color: #FFC;
}

#test {
        opacity: 0;
        height: 150px;
        width: 600px;
        background-image: url("img/BG07.gif");

        -moz-transition-property: opacity;
        -moz-transition-duration: 10s;
        -moz-transition-timing-function: ease-in-out;
        -webkit-transition-property: opacity;
        -webkit-transition-duration: 10s;
        -webkit-transition-timing-function: ease-in-out;
        -o-transition-property: opacity;
        -o-transition-duration: 10s;
        -o-transition-timing-function: ease-in-out;
        transition-property: opacity;
        transition-duration: 10s;
        transition-timing-function: ease-in-out;
}
#test:hover {
        opacity: 1;
}
</style>
</head>
<body>
<div id="layout"><div id="test">逐渐浮现的DIV块</div></div>
</body>
</html>
```

BG07.gif

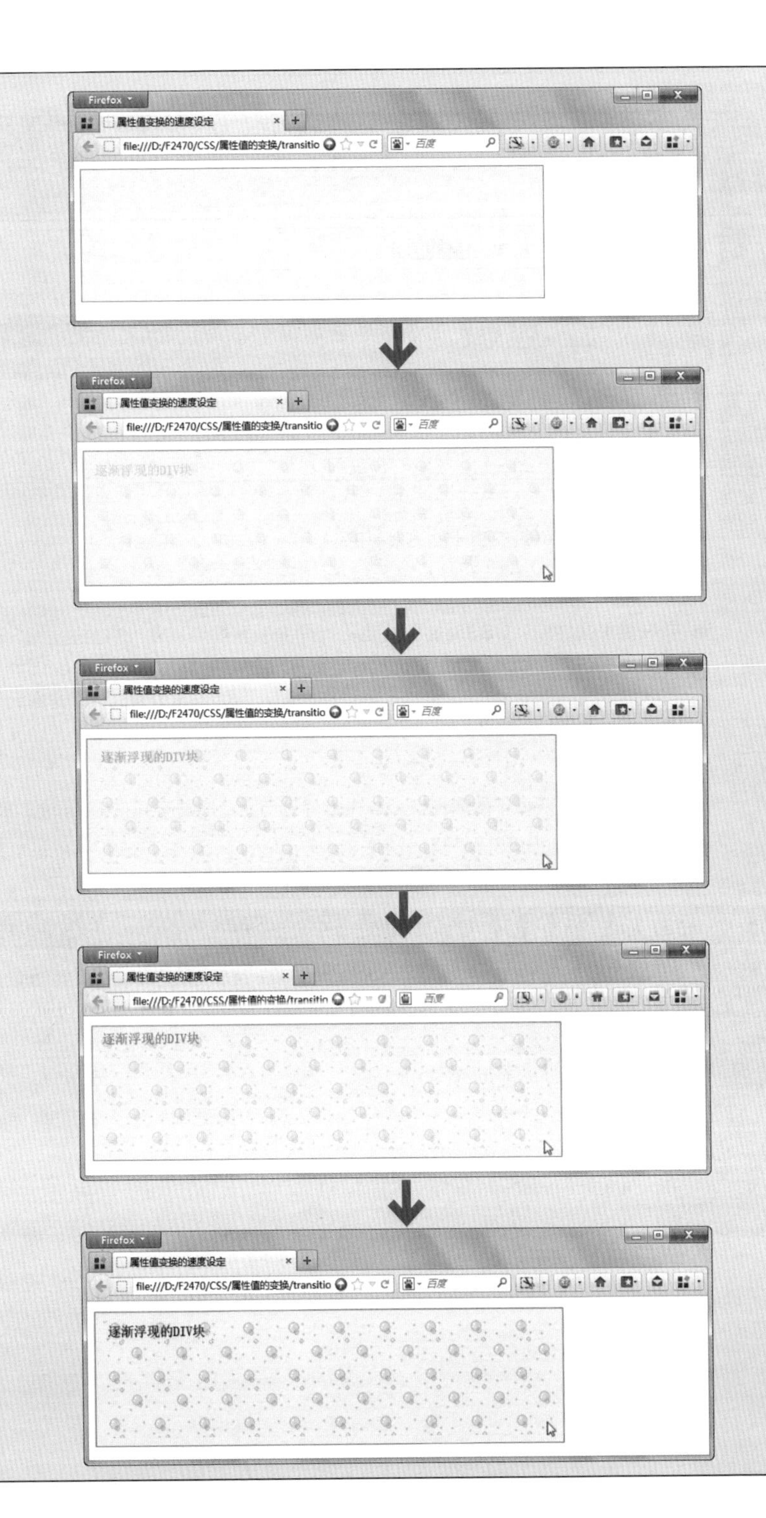
Firefox
属性值变换的速度设定
file:///D:/F2470/CSS/属性值的变换/transitio
百度
逐渐浮现的DIV块

属性值的变换

属性 transition-delay

设定变换效果的延迟时间

语法

选择器 { transition-delay : 属性值 ;}

属性值

初 初始预设值

可能的属性值 → 1 时间 初 0

可能值	说明
1 时间	属性值改变后，变换（transition）效果延迟发生的时间，属性值为数值加上时间单位 s（秒）或 ms（毫秒），如果时间为负数，视同0秒，也就是立即进行变换效果

说明

- transition-delay 属性用于延迟效果的时间。
- transition-delay 属性适用于全体元素、":before"与":after"等虚拟元素。
- 要在网页文件中让CSS属性于特定的时间变换属性值，最少需要通过CSS3新增的两种属性：transition-property，可指定要进行属性值变更的CSS属性；transition-duration，可指定变换的过程时间，也就是说变换的效果是在元素获得新的属性值后，才于transition-duration属性指定的时间区中显示整个变换效果。
- 如果要在元素获得新的属性值后，先暂停显示，此时就可利用transition-delay属性，在transition-delay属性指定的时间过后，才会开始变换效果，并于transition-duration属性指定的时间内完成整个变换效果。

浏览器与属性名称的对应

浏览器	属性名称
IE9	-
IE8	-
FireFox4 ⇧	-moz-transition-delay
FireFox3.x	-
Chrome11 ⇧	-webkit-transition-delay
Safari5 ⇧	-webkit-transition-delay
Opera11 ⇧	-o-transition-delay

范例学习　设定变换的延迟时间 transition_delay.html

```
<!DOCTYPE HTML>
<html>
<head>
<meta http-equiv="Content-Type" content="text/html; charset=utf-8">
<title>设定变换的延迟时间</title>
<style type="text/css">
#layout {
        margin-top: 10px;
        padding: 10px;
        height: 110px;
        width: 600px;
        border: 1px solid #F00;
        background-color: #FFC;
}
#test {
        position: absolute;
         -moz-transition-property:  left;
         -moz-transition-duration: 5s;
         -moz-transition-delay: 2s;
         -webkit-transition-property: left;
         -webkit-transition-duration: 5s;
         -webkit-transition-delay: 2s;
         -o-transition-property: left;
         -o-transition-duration: 5s;
         -o-transition-delay: 2s;
         transition-property: left;
         transition-duration: 5s;
         transition-delay: 2s;
        text-align: center;
        background-image: url(img/BG09.gif);
        left: 10px;
        color: red;
        width: 100px;
        height: 110px;
        font-size: 10pt;
        border: 1px solid #000;
}
#test:hover {
        left: 525px;
}
</style>
</head>
<body>
```

BG09.gif

```
<div id="layout"><div id="test">水平移动的DIV块</div></div>
</body>
</html>
```

提示：本范例为演示将光标移到DIV块上时，DIV块会获得新的属性值（left），但变换效果并不会即刻进行，而会在transition-delay属性指定的 2 秒钟后才开始变换效果（往右移动）。

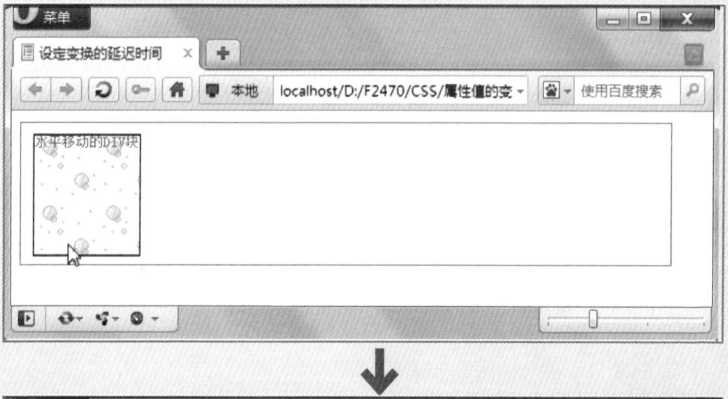

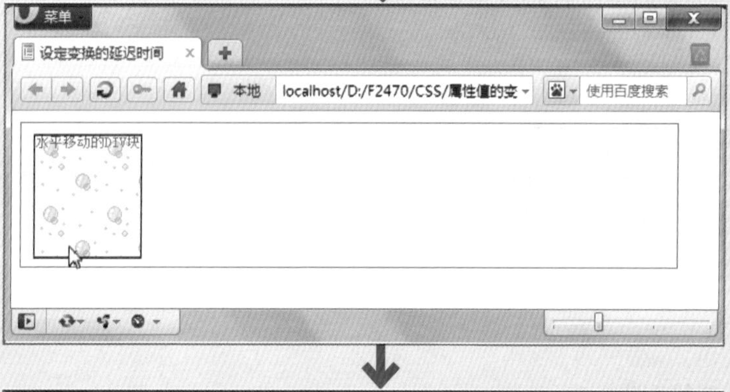

1 秒

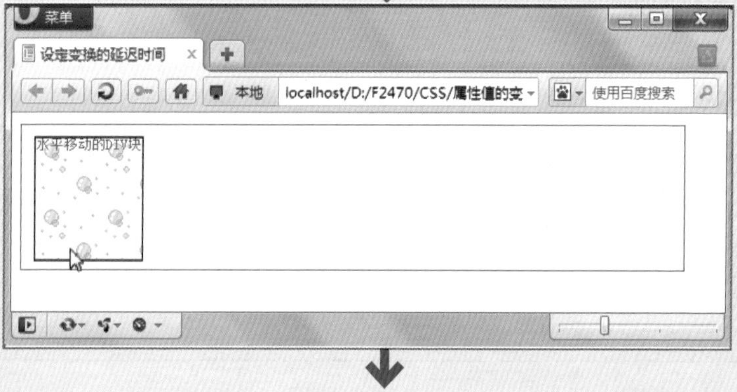

2 秒

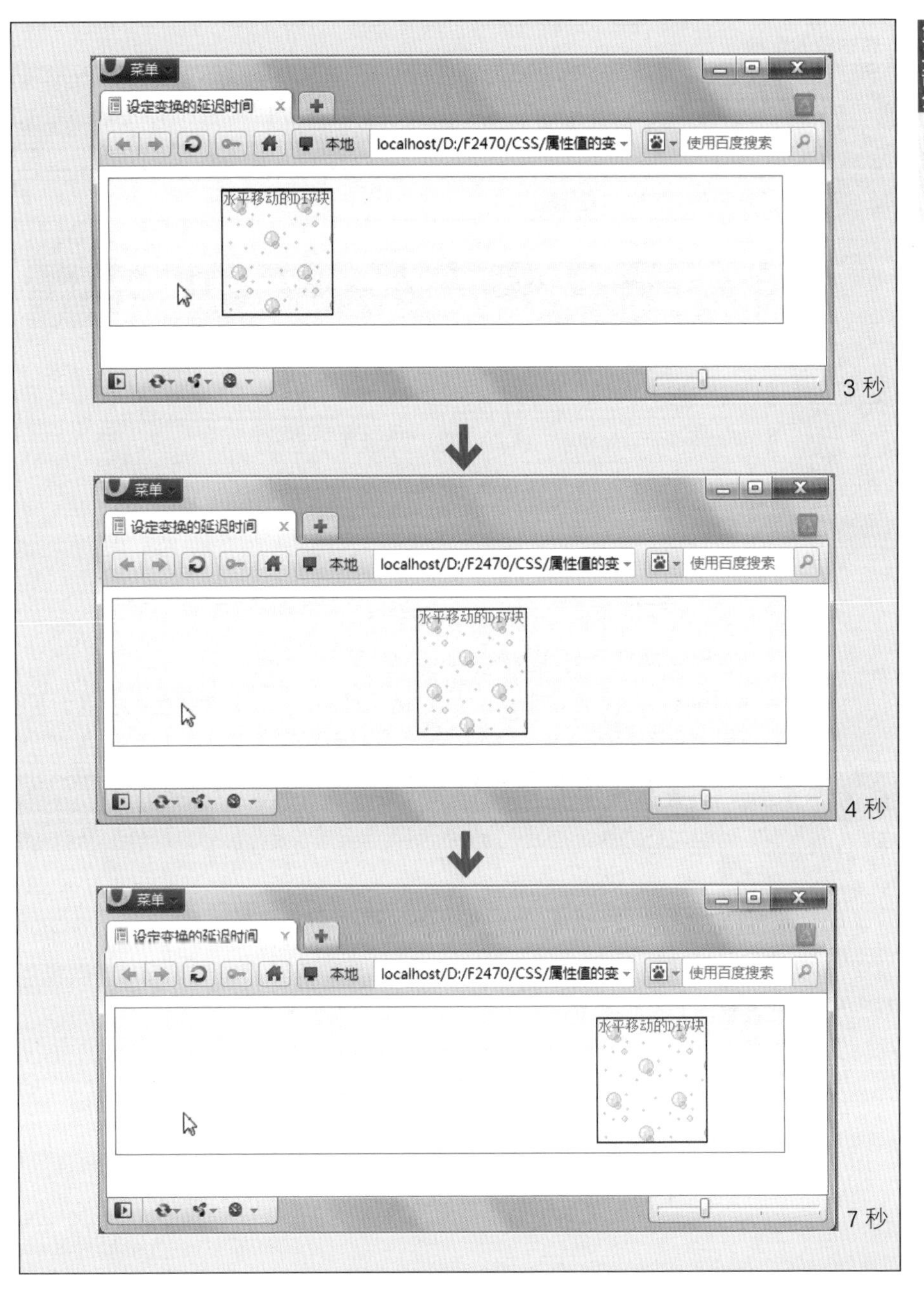
菜单
设定变换的延迟时间
本地
localhost/D:/F2470/CSS/属性值的变
使用百度搜索
水平移动的DIV块
3 秒
4 秒
7 秒

属性值的变换

属性 transition 复合指定变换的相关属性

语法 选择器 { transition : 属性值 ;}

属性值

初 初始预设值

可能的属性值 →	下列与变换相关属性的属性值/ 初 各变换属性的预设值
变换相关属性	说明
1 transition-property	指定进行变换的属性 P361
2 transition-duration	指定属性值变换的时间 P366
3 transition-timing-function	指定属性值变换的速度 P369
4 transition-delay	设定变换效果的延迟时间 P372

说明

- transition 属性可同时指定变换效果的属性、变换时间、变换速度与延迟时间。
- transition 属性适用于全体元素、":before"与":after"等虚拟元素。
- transition 属性可指定复数属性值，各属性值间以空格隔开。
- transition 属性值也可同时指定复数属性值群组（有多个元素属性要变换），各属性值群组间要以逗号","隔开。

浏览器与属性名称的对应

浏览器	属性名称
IE9	-
IE8	-
FireFox4 ⇧	-moz-transition
FireFox3.x	-
Chrome11 ⇧	-webkit-transition
Safari5 ⇧	-webkit-transition
Opera11 ⇧	-o-transition

范例学习 同时指定变换的效果属性 transition.html

```
<!DOCTYPE HTML>
<html>
<head>
<meta http-equiv="Content-Type" content="text/html; charset=utf-8">
<title>同时指定变换的效果属性</title>
<style type="text/css">
#layout {
        margin-top: 10px;
        padding: 10px;
        height: 110px;
        width: 600px;
        border: 1px solid #F00;
        background-color: #FFC;
}
#test {
        position: absolute;
         -moz-transition: left 3s ease-in-out 2s, background-image 3s ease-in-out 2s;
         -webkit-transition: left 3s ease-in-out 2s, background-image 3s ease-in-out 2s;
         -o-transition: left 3s ease-in-out 2s, background-image 3s ease-in-out 2s;

 transition: left 3s ease-in-out 2s, background-image 3s ease-in-out 2s;
        text-align: center;
        background-image: url(img/BG09.gif);
        left: 10px;
        color: red;
        width: 100px;
        height: 110px;
        font-size: 10pt;
        border: 1px solid #000;
}
#test:hover {
background-image: url(img/BG07.gif);
        left: 525px;
}
</style>
</head>
<body>
<div id="layout"><div id="test">水平移动的DIV块</div></div>
</body>
</html>
```

BG07.gif

BG09.gif

提示：本范例的变换效果会延迟2秒，变换的效果时间为3秒；也就是说元素属性值设定后，会延迟2秒才开始变换（往右移），并持续3秒的变换效果。

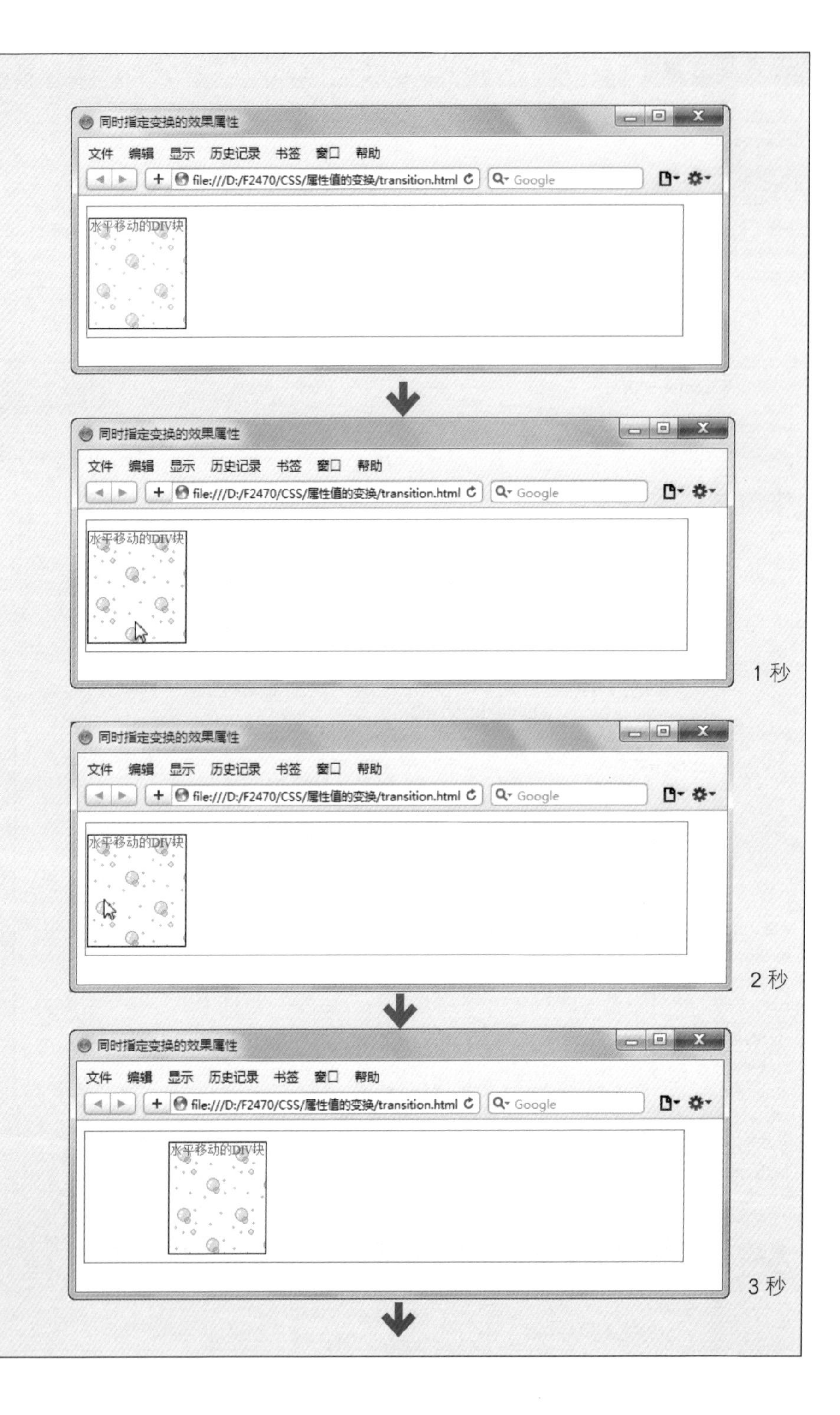
同时指定变换的效果属性
文件 编辑 显示 历史记录 书签 窗口 帮助
file:///D:/F2470/CSS/属性值的变换/transition.html
Google
水平移动的DIV块
同时指定变换的效果属性
文件 编辑 显示 历史记录 书签 窗口 帮助
file:///D:/F2470/CSS/属性值的变换/transition.html
Google
水平移动的DIV块
1 秒
同时指定变换的效果属性
文件 编辑 显示 历史记录 书签 窗口 帮助
file:///D:/F2470/CSS/属性值的变换/transition.html
Google
水平移动的DIV块
2 秒
同时指定变换的效果属性
文件 编辑 显示 历史记录 书签 窗口 帮助
file:///D:/F2470/CSS/属性值的变换/transition.html
Google
水平移动的DIV块
3 秒

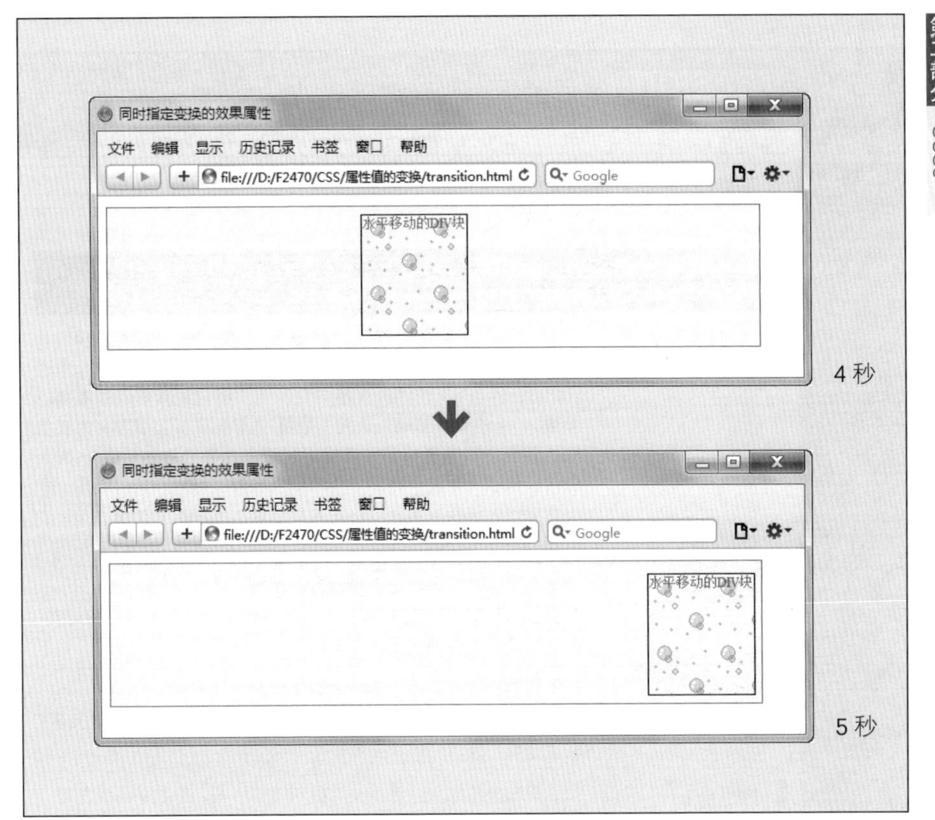
同时指定变换的效果属性
文件 编辑 显示 历史记录 书签 窗口 帮助
file:///D:/F2470/CSS/属性值的变换/transition.html
Google
水平移动的DIV块
4 秒
同时指定变换的效果属性
文件 编辑 显示 历史记录 书签 窗口 帮助
file:///D:/F2470/CSS/属性值的变换/transition.html
Google
水平移动的DIV块
5 秒

变形

属性 transform

指定元素的变形效果

语法 选择器 { transform : 属性值 ;}

初 初始预设值

属性值

可能的属性值 → 12 none 初；及通过下列方法进行复合属性值指定

方法	说明
1 translate(x,y)	元素水平、垂直同时移动，参数 x 为横向移动距离，参数 y 为纵向移动距离。移动的基准点为元素的中心点，但可通过transform-origin属性改变基准点位置。指定元素移动的距离，参数 x、y 的参数值都为长度（数值 + 单位）。当参数 x 为正值时，代表元素向右移动，负值则代表向左移动；当参数 y 为正值时，代表元素向下移动，负值则代表向上移动。当只给定一个参数值时，该参数值会被认定为参数 x，而参数 y 的值为 0，也就是只有水平移动
2 translateX(x)	元素水平移动，参数 x 为横向移动距离。 参数值为长度（数值 + 单位），当参数 x 为正值时，代表元素向右移动，负值则代表向左移动
3 translateY(y)	元素垂直移动，参数 y 为纵向移动距离。 参数值为长度（数值 + 单位），当参数 y 为正值时，代表元素向下移动，负值则代表向上移动
4 scale(x,y)	元素的缩小与放大，参数 x 为横向缩放倍率，参数 y 为纵向缩放倍率。缩放的基准点为元素的中心点，但可通过transform-origin属性改变基准点位置。 参数 x、y 的参数值都为数值（实数），元素的缩小与放大基准为1（元素原始大小），参数值大于1，则元素放大；反之参数值小于1，元素缩小
5 scaleX(x)	元素水平方向的缩放，参数 x 为横向缩放倍率，参数值为数值（实数），缩放的基准点为元素的中心点。元素的缩小与放大基准为1（元素原始大小），参数值大于1，则元素放大；反之参数值小于1，元素就缩小
6 scaleY(y)	元素垂直方向的缩放，参数 y 为纵向缩放倍率，参数值为数值（实数），缩放的基准点为元素的中心点。元素的缩小与放大基准为1（元素原始大小），参数值大于1，则元素放大；反之参数值小于1，元素就缩小
7 rotate (angle)	元素旋转的角度，参数值为数值 + 单位，单位可为deg、rad、grad等，旋转的基准点为元素的中心点

8 skew(x-angle,y-angle)	元素的倾斜设定，参数x-angle为横向倾斜，参数y-angle为纵向倾斜。倾斜的基准点为元素的中心点，参数值为数值 + 单位，单位可为deg、rad、grad等。当只给定一个参数值时，该参数值会被当作参数x-angle，而y-angle的值为0，也就是只有水平倾斜
9 skewX (angle)	元素水平倾斜，参数angle为横向倾斜角度。 参数值为数值 + 单位，单位可为deg、rad、grad等，倾斜的基准点为元素的中心点
10 skewY (angle)	元素垂直倾斜，参数angle为纵向倾斜角度。 参数值为数值 + 单位，单位可为deg、rad、grad等，倾斜的基准点为元素的中心点
11 matrix (n,n,n,n,n,n)	以含有6个参数值的变换矩阵来定义元素的变形效果
12 none	不进行任何变换

说明

- transform 属性用于指定元素的位移、缩放、旋转、倾斜等变形效果。
- transform 属性适用于DIV块与内联元素。
- transform 属性的属性值为复合属性值，通过相关的变形函数来进行属性值组合，各属性值之间以空格加以隔开。

浏览器与属性名称对应

浏览器	属性名称
IE9	-ms-transform
IE8	-
FireFox4 ⇧	-moz-transform
FireFox3.x	-moz-transform
Chrome11 ⇧	-webkit-transform
Safari5 ⇧	-webkit-transform
Opera11 ⇧	-o-transform

范例学习 DIV块变形 transform.html

```
<!DOCTYPE HTML>
<html>
<head>
<meta http-equiv="Content-Type" content="text/html; charset=utf-8">
<title>DIV块变形</title>
<style type="text/css">
div {
	margin-top: 10px;
	padding: 10px;
	height: 80px;
	width: 110px;
	border: 1px solid #F00;
	background-image: url(img/BG09.gif);
}

#test1 {
	transform: translate(80px, 120px) scale(1.5, 1.5) rotate(45deg);
	-ms-transform: translate(80px, 120px) scale(1.5, 1.5) rotate(45deg);
	-moz-transform: translate(80px, 120px) scale(1.5, 1.5) rotate(45deg);
	-webkit-transform: translate(80px, 120px) scale(1.5, 1.5) rotate(45deg);
	-o-transform: translate(80px, 120px) scale(1.5, 1.5) rotate(45deg);
}

#test2 {
	transform: translate(500px, -80px) scale(2) skew(15deg, 30deg);
	-ms-transform: translate(500px, -80px) scale(2) skew(15deg, 30deg);
	-moz-transform: translate(500px, -80px) scale(2) skew(15deg, 30deg);
	-webkit-transform: translate(500px, -80px) scale(2) skew(15deg, 30deg);
	-o-transform: translate(500px, -80px) scale(2) skew(15deg, 30deg);
}

#test3 {
	transform: translate(300px, -180px) scale(.8) skew(25deg);
	-ms-transform: translate(300px, -180px) scale(.8) skew(25deg);
	-moz-transform: translate(300px, -180px) scale(.8) skew(25deg);
	-webkit-transform: translate(300px, -180px) scale(.8) skew(25deg);
	-o-transform: translate(300px, -180px) scale(.8) skew(25deg);
}
</style>
</head>
<body>
<div>原始状态</div>
<div id="test1">位移、放大、旋转DIV块</div>
<div id="test2">位移、放大、倾斜DIV块</div>
<div id="test3">位移、缩小、倾斜DIV块</div>
</body>
</html>
```

BG09.gif

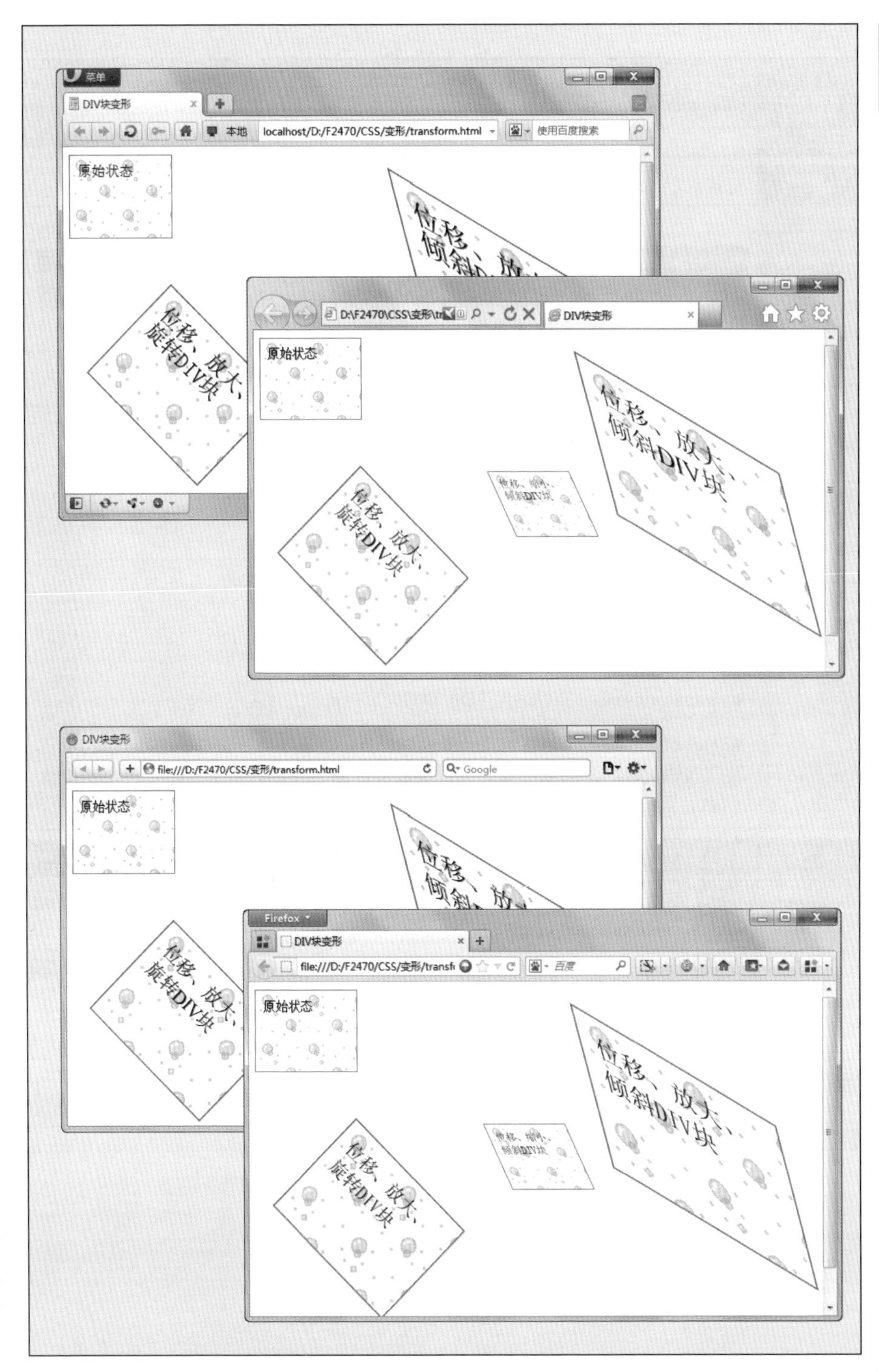
菜单
DIV块变形
本地
localhost/D:/F2470/CSS/变形/transform.html
使用百度搜索
原始状态
位移、倾斜、放大、DIV块
位移、放大、旋转DIV块
D:\F2470\CSS\变形\tr
DIV块变形
原始状态
位移、缩小、倾斜DIV块
位移、放大、倾斜DIV块
位移、放大、旋转DIV块
DIV块变形
file:///D:/F2470/CSS/变形/transform.html
Google
原始状态
Firefox
DIV块变形
file:///D:/F2470/CSS/变形/transf
百度
原始状态
位移、缩小、倾斜DIV块
位移、放大、倾斜DIV块
位移、放大、旋转DIV块

变形

属性 transform-origin

指定元素变形的基准点

语法 选择器 { transform-origin : 属性值 ;}

属性值

初 初始预设值

可能的属性值 → 1 长度；2 百分比% 初 50% 50%；及下列可能值

可能值	说明
1 长度	数值 + 单位
2 %（百分比）	以元素预设中间点为基准的百分比值
3 left	靠左，此为水平方向位置的选项，等同0%
4 center	居中，此为水平、垂直方向位置的选项，等同50%
5 right	靠右，此为水平方向位置的选项，等同100%
6 top	靠上，此为垂直方向位置的选项，等同0%
7 bottom	靠下，此为垂直方向位置的选项，等同100%

说明

- transform-origin 属性用于变更元素变形时的基准点。
- transform-origin 属性适用于DIV块与内联元素。
- transform-origin 属性的值为复合属性值，其属性值包含水平（X轴）与垂直（Y轴）方向的变量参数，变量参数间以空格隔开。如果只给定一个变量参数，则为变更水平（X轴）的基准点位置，垂直（Y轴）基准点位置不变。

➡ 浏览器与属性名称对应

浏览器	属性名称
IE9	-ms-transform-origin
IE8	-
FireFox4 ⇧	-moz-transform-origin
FireFox3.x	-moz-transform-origin
Chrome11 ⇧	-webkit-transform-origin
Safari5 ⇧	-webkit-transform-origin
Opera11 ⇧	-o-transform-origin

范例学习 设定变形基准点 transform_origin.html

```
<!DOCTYPE HTML>
<html>
<head>
<meta http-equiv="Content-Type" content="text/html; charset=utf-8">
<title>设定变形基准点</title>
<style type="text/css">
div {
        margin-top: 10px;
        padding: 10px;
        height: 80px;
        width: 110px;
        border: 1px solid #00F;
        background-image: url(img/BG07.gif);
}

#test1 {
        transform: translate(80px, 120px) scale(1.5, 1.5) rotate(45deg);
        -ms-transform: translate(80px, 120px) scale(1.5, 1.5) rotate(45deg);
        -moz-transform: translate(80px, 120px) scale(1.5, 1.5) rotate(45deg);
        -webkit-transform: translate(80px, 120px) scale(1.5, 1.5) rotate(45deg);
        -o-transform: translate(80px, 120px) scale(1.5, 1.5) rotate(45deg);
        -moz-transform-origin: 25% 65%;
        -webkit-transform-origin: 25% 65%;
        -o-transform-origin: 25% 65%;
        -ms-transform-origin: 25% 65%;
        transform-origin: 25% 65%;
}

#test2 {
        transform: translate(500px, -80px) scale(2) skew(15deg, 30deg);
        -ms-transform: translate(500px, -80px) scale(2) skew(15deg, 30deg);
        -moz-transform: translate(500px, -80px) scale(2) skew(15deg, 30deg);
        -webkit-transform: translate(500px, -80px) scale(2) skew(15deg, 30deg);
        -o-transform: translate(500px, -80px) scale(2) skew(15deg, 30deg);
        -moz-transform-origin: right bottom;
        -webkit-transform-origin: right bottom;
        -o-transform-origin: right bottom;
        ms-transform-origin: right bottom;
        transform-origin: right bottom;
}
```

BG07.gif

```
#test3 {
        transform: translate(300px, -180px) scale(.8) skew(25deg);
        -ms-transform: translate(300px, -180px) scale(.8) skew(25deg);
        -moz-transform: translate(300px, -180px) scale(.8) skew(25deg);
        -webkit-transform: translate(300px, -180px) scale(.8) skew(25deg);
        -o-transform: translate(300px, -180px) scale(.8) skew(25deg);
        -moz-transform-origin: left top;
        -webkit-transform-origin: left top;
        -o-transform-origin: left top;
        -ms-transform-origin: left top;
        transform-origin: left top;
}
</style>
</head>
<body>
<div>原始状态</div>
<div id="test1">位移、放大、旋转DIV块</div>
<div id="test2">位移、放大、倾斜DIV块</div>
<div id="test3">位移、缩小、倾斜DIV块</div>
</body>
</html>
```

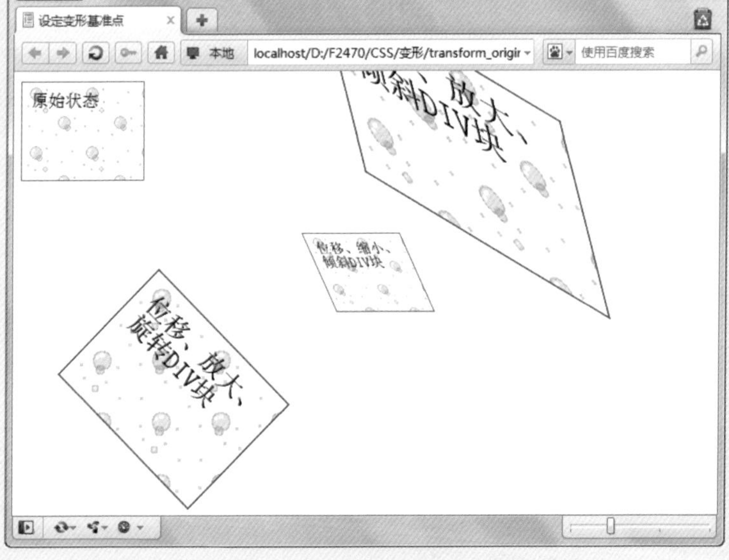

属性 @keyframes 设定关键帧

语法

@keyframes 动画名称 {属性设定 ;}

属性值

初 初始预设值

动画名称

可能的属性值 → 1 字符串

可能值	说明
1 字符串	动画的名称

属性设定

可能的用法 → 1 from; 2 end; 3 %;

可能值	说明
1 form	动画第1个帧的效果设定
2 end	动画最后1个帧的效果设定
3 %	以动画播出时间的百分比值，进行特定帧的效果设定

说明

- 动画（animation）是CSS3新增的属性模块，之前介绍了变换（transition），可以让CSS属性在特定的时间变更属性值，其实变换（transition）就已经有动画（animation）的影子。
- 变换（transition）通过元素属性值的变更而有了视觉上的转换效果，但我们只能设定最初与最终的结果，这如同在动画（animation）中设定动画第1帧与最后1帧的效果。而动画（animation）是变换（transition）的高级版，除了最初与最终画面的效果设定外，动画（animation）允许我们对整个转换效果的任何一帧做更详细的设定。
- @keyframes是一个用来定义动画的规则（rule），简单地说，@keyframes就是用来制定动画演出的剧本。

```
@keyframes 动画名称 {
    from { 属性:值; ~    } ← 第一场戏
    x%  { 属性:值; ~    } ┐
    ….                     ┘ 其他剧情
    end { 属性:值; ~    } ← 结局
}
```

- 动画第1帧的效果可用“from {}”来设定，等同使用“0% {}”；而动画最后1帧的效果可用“end {}”来设定，等同使用“100% {}”，至于其他帧的效果，都必须使用“x% {}”百分比的方式来设定。

说明

```
@keyframes 动画名称 {
    0% { 属性:值; ~    }  ← 第一场戏
    x% { 属性:值; ~    }  ┐
    ….                    ┘ 其他剧情
    100% { 属性:值; ~    }  ← 结局
}
```

- 变换（transition）、动画（animation）的效果都是随时间来改变元素的属性值，但变换（transition）的效果必须要有元素的事件才会被触发；而动画（animation）可在不需要触发任何事件的情况下，通过属性的设定直接演出动画效果。
- 要在网页文件中让动画进行，最少需要通过CSS3新增的两种属性：animation-name，可指定要执行的动画名称；animation-duration，可改变动画播出的时间长度。
- 目前已知可应用于动画（animation）的属性列表如下：

background-color	border-right-width	letter-spacing
padding-left	background-position	border-top-width
margin-left	right	border-left-color
font-weight	outline-offset	color
min-width	max-height	top
width	background-image (gradients)	border-spacing
line-height	padding-right	border-bottom-width
border-width	margin-right	text-indent
border-left-width	height	outline-width
crop	opacity	max-width
vertical-align	word-spacing	background-position
border-top-color	margin-bottom	padding-top
border-color	bottom	margin-top
text-shadow	border-right-color	left
padding-bottom	font-size	outline-color
min-height	visibility	z-index

➡ 浏览器与名称对应

浏览器	名称
IE9	-
IE8	-
FireFox5 ⇧	-@-moz-keyframes
FireFox4	-
Chrome11 ⇧	@-webkit-keyframes
Safari5 ⇧	@-webkit-keyframes
Opera11 ⇧	-

范例学习 动画脚本设定 animation.html

```
<!DOCTYPE HTML>
<html>
<head>
<meta http-equiv="Content-Type" content="text/html; charset=utf-8">
<title>动画脚本设定</title>
<style type="text/css">
@keyframes mymovie {
        from {
            left: 0px;
            top: 0px;
            }
        20% {
            left: 200px;
            top: 0px;
            }
        70% {
            left: 200px;
            top: 200 ;
            }
        end  {
            left: 400px;
            top: 200px;
            }
}
body {
        margin: 0;
}
div {
        position: absolute;
        padding: 10px;
        height: 100px;
        width: 100px;
        border: 1px solid #F00;
        background-image: url(img/BG09.gif);
        animation-name: mymovie;
        animation-duration: 10s;
}
</style>
</head>
<body>
<div>漂移的div</div>
</body>
</html>
```

BG09.gif

提示：本范例仅示范关键帧的设定，由于各家主流浏览器对动画尚未全面支持，应用时须针对各家主流浏览器的不同加上特定的前缀字符。

动画

属性 animation-name
指定动画名称

语法 选择器 { animation-name : 属性值 ;}

属性值

初 初始预设值

可能的属性值 → 1 none 初 0; 2 字符串

可能值	说明
1 none	没有动画效果
2 字符串	@Keyframes 建立的动画名称，可以同时对应多个动画名称，动画名称间以逗号“,”隔开

说明

- animation-name 属性用来调用 @keyframes，让特定的动画开始展示播出。
- 目前尚无任何浏览器完全支持animation-name属性，仅有Firefox5、Chrome、Safari等浏览器部分支持，使用时须加上各浏览器的前缀字符。

→ 浏览器与属性名称的对应

浏览器	属性名称
IE9	-
IE8	-
FireFox5	-moz-animation-name
FireFox4	-
Chrome11	-webkit-animation-name
Safari5	-webkit-animation-name
Opera11	-

范例学习 指定动画脚本 animation_name.html

```
<!DOCTYPE HTML>
<html>
<head>
<meta http-equiv="Content-Type" content="text/html; charset=utf-8">
<title>指定动画脚本</title>
<style type="text/css">
@keyframes mymovie {
          0% {
             left: 0px;
             top: 0px;
             }
```

BG08.gif

```
        20% {
            left: 200px;
            top: 0px;
            }
        70% {
            left: 200px;
            top: 200 ;
            }
        100%  {
            left: 400px;
            top: 200px;
            }
}
@-moz-keyframes mymovie {
        0% {
            left: 0px;
            top: 0px;
            }
        20% {
            left: 200px;
            top: 0px;
            }
        70% {
            left: 200px;
            top: 200 ;
            }
        100%  {
            left: 400px;
            top: 200px;
            }
}
@-webkit-keyframes mymovie {
        0% {
            left: 0px;
            top: 0px;
            }
        20% {
            left: 200px;
            top: 0px;
            }
        70% {
            left: 200px;
            top: 200 ;
            }
        100%  {
            left: 400px;
            top: 200px;
            }
}
body {
            margin: 0;
}
div {
            position: absolute;
            padding: 10px;
            height: 100px;
            width: 100px;
            border: 1px solid #F00;
            background-image: url(img/
BG08.gif);
            animation-name: mymovie;
            animation-duration: 5s;
            -moz-animation-name: mymovie;
            -moz-animation-duration: 5s;
            -webkit-animation-name:
mymovie;
            -webkit-animation-duration: 5s;
}
</style>
</head>
<body>
<div>漂移的DIV块</div>
</body>
</html>
```

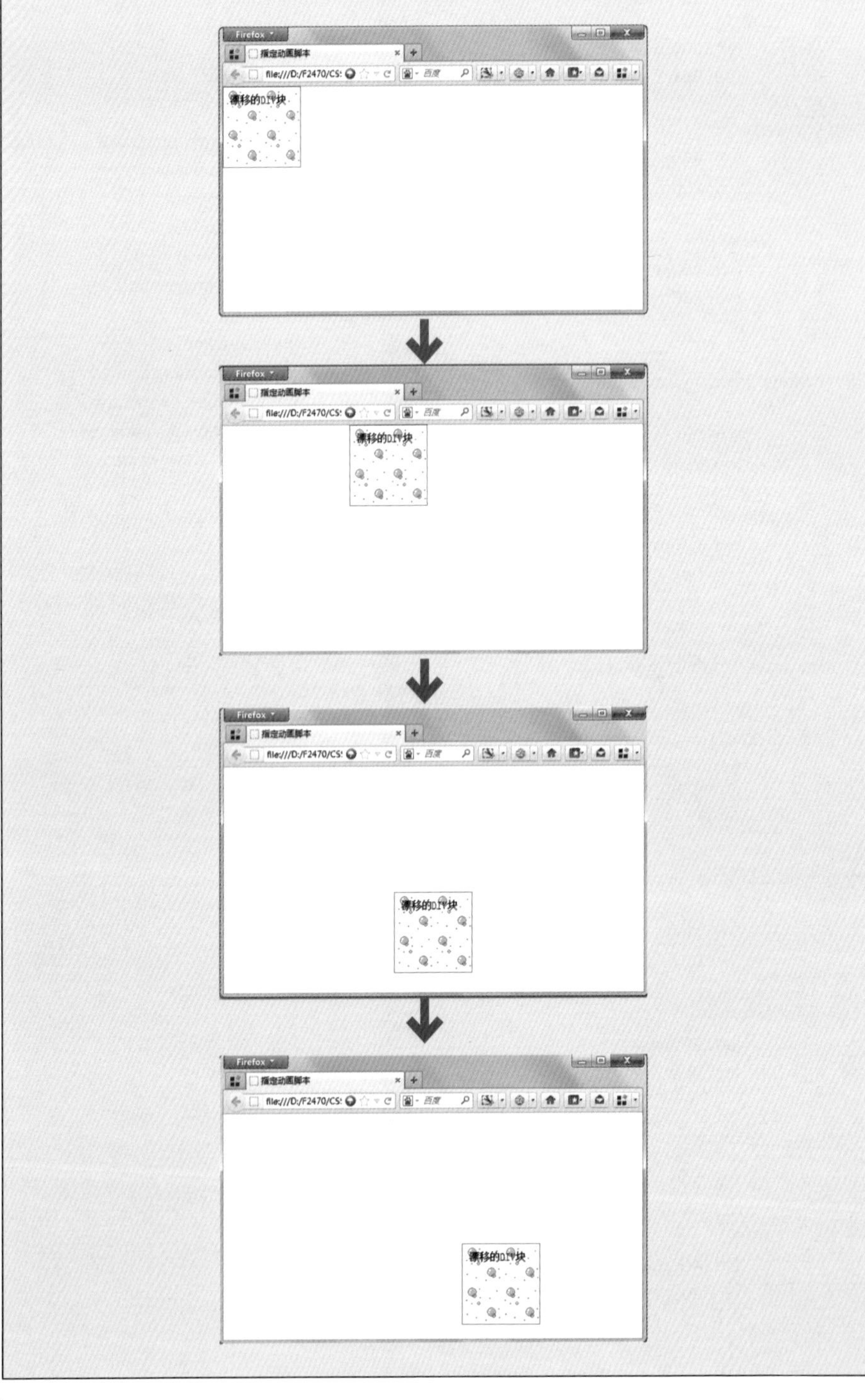
Firefox
指定动画脚本
file:///D:/F2470/CS
百度
漂移的DIV块

属性 animation-duration

指定动画播出的时间

语法

选择器 { animation-duration : 属性值 ;}

属性值

初 初始预设值

可能的属性值 → 1 时间 初 0

可能值	说明
1 时间	动画播出的持续时间，数值加上时间单位s（秒）或ms（毫秒），如果时间为负数，视同0秒，也就是不播出动画

说明

- animation-duration 属性用于指定动画（animation）的持续时间。
- animation-duration 属性可同时控制多个动画播出的持续时间，设定属性值时需以逗号“,”隔开。
- 目前尚无任何浏览器完全支持animation-duration属性，仅有Firefox5、Chrome、Safari等浏览器部分支持，使用时须加上各浏览器的前缀字符。

浏览器与属性名称的对应

浏览器	属性名称
IE9	-
IE8	-
FireFox5 ⇧	-moz-animation-duration
FireFox4	-
Chrome11 ⇧	-webkit-animation-duration
Safari5 ⇧	-webkit-animation-duration
Opera11 ⇧	-

范例学习 逐渐放大的DIV块 animation_duration.html

```
<!DOCTYPE HTML>
<html>
<head>
<meta http-equiv="Content-Type" content="text/html; charset=utf-8">
<title>逐渐放大的DIV块</title>
<style type="text/css">
@keyframes mymovie {
        0% {
          height: 100px;
          width: 100px;
          }
```

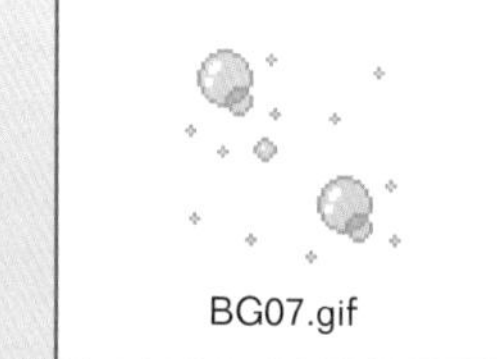

BG07.gif

```
            20% {
                height: 150px;
                width: 150px;
                }
            40% {
                height: 200px;
                width: 200px;
                }
            60% {
                height: 300px;
                width: 300px;
                }
            80% {
                height: 350px;
                width: 350px;
                }
            100%  {
                 height: 400px;
                 width: 400px;
                }
}
@-moz-keyframes mymovie {
            0% {
                height: 100px;
                width: 100px;
                }
            20% {
                height: 150px;
                width: 150px;
                }
            40% {
                height: 200px;
                width: 200px;
                }

            60% {
                height: 300px;
                width: 300px;
                }
            80% {
                height: 350px;
                width: 350px;
                }
            100%  {
                 height: 400px;
                 width: 400px;
                }
}
```

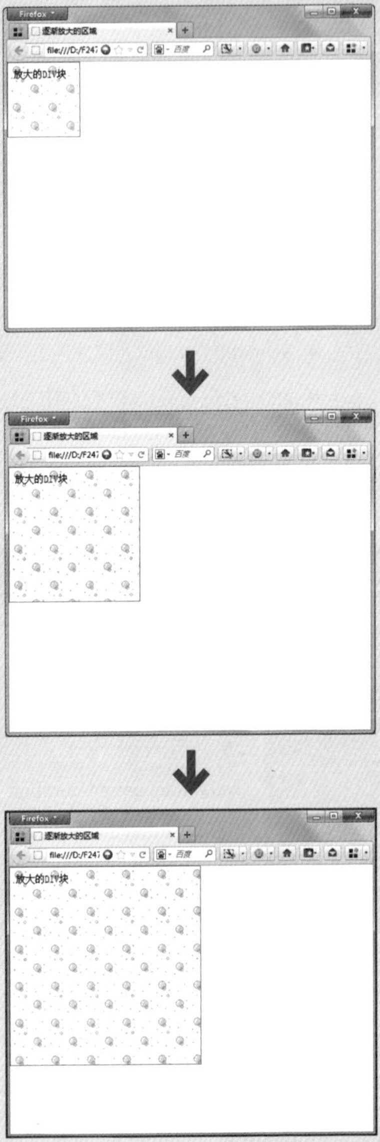

```
@-webkit-keyframes mymovie {
            0% {
               height: 100px;
               width: 100px;
               }
            20% {
               height: 150px;
               width: 150px;
               }
            40% {
               height: 200px;
               width: 200px;
               }
            60% {
               height: 300px;
               width: 300px;
               }
            80% {
               height: 350px;
               width: 350px;
               }
            100% {
                height: 400px;
                width: 400px;
               }
}
body {
            margin: 0;
}
div {
            position: absolute;
            padding: 10px;
            height: 100px;
            width: 100px;
            border: 1px solid #00F;
            background-image: url(img/BG07.gif);
            animation-name: mymovie;
            animation-duration: 3s;
            -moz-animation-name: mymovie;
            -moz-animation-duration: 3s;
            -webkit-animation-name: mymovie;
            -webkit-animation-duration: 3s;
}
</style>
</head>
<body>
<div>放大的DIV块</div>
</body>
</html>
```

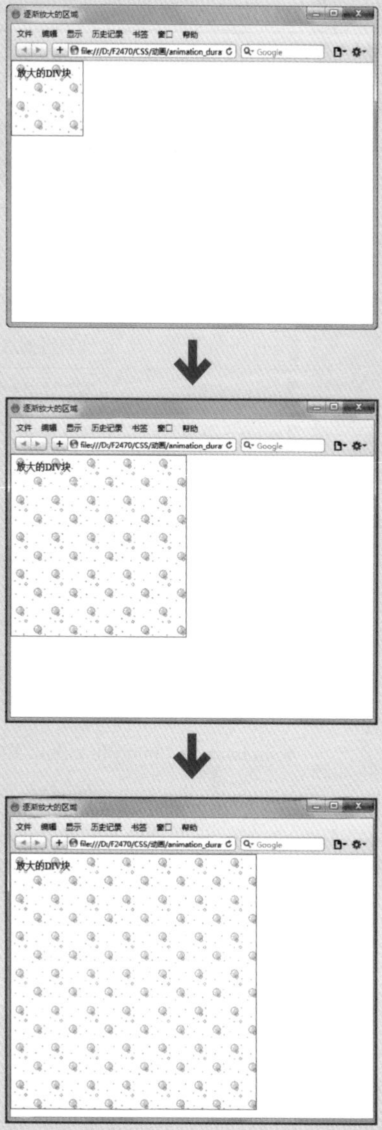

动画

属性 animation-timing-function

指定动画播放的速度

语法 选择器 { animation-timing-function : 属性值 ;}

属性值

初 初始预设值

可能的属性值 → 1 ease 初 ,以及下列可能值

可能值	说明
1 ease	平滑播放（逐渐变慢），等同贝塞尔曲线(0.25,0.1,0.25,1.0)
2 linea	线性播放（等速），等同贝塞尔曲线(0.0,0.0,1.0,1.0)
3 ease-in	由慢到快播放（加速），等同贝塞尔曲线(0.42,0,1.0,1.0)
4 ease-out	由快到慢播放（减速），等同贝塞尔曲线(0,0,0.58,1.0)
5 ease-in-out	由慢到快再到慢（加速后再减速），等同贝塞尔曲线(0.42,0,0.58,1.0)
6 cubic-bezier()	自定义速度，也就是定义一个特别的贝塞尔曲线

说明

- animation-timing-function 属性用于指定动画（animation）的播放速度。
- animation-timing-function 属性的值其实就是一条贝塞尔曲线，属性值linear、ease、ease-in、ease-out、ease-in-out其实都是CSS3预先定义的贝塞尔曲线，而cubic-bezier() 则是让我们可以自定义贝塞尔曲线。
- animation-timing-function 属性的值为cubic-bezier() 时，必须给定4个参数，参数间以逗号“,”隔开，且4个参数的值必须介于0~1之间。
- animation-timing-function 属性也可以在 @keyframes 中使用：

```
@keyframes 动画名称 {
    from {
left: 10px;
animation-timing-function: ease-in;
}
    10%  {
left: 20px;
        }
    ….
    end {
left: 100px;
        }
}
```

- 目前尚无任何浏览器完全支持animation-timing-function属性，仅有Firefox5、Chrome、Safari等浏览器部分支持，使用时须加上各浏览器的前缀字符。

➡ 浏览器与属性名称的对应

浏览器	属性名称
IE9	-
IE8	-
FireFox5 ⇧	-moz-animation-timing-function
FireFox4	-
Chrome11 ⇧	-webkit-animation-timing-function
Safari5 ⇧	-webkit-animation-timing-function
Opera11 ⇧	-

范例学习 动画的播放速度设定 animation_timing.html

```
<!DOCTYPE HTML>
<html>
<head>
<meta http-equiv="Content-Type" content="text/html; charset=utf-8">
<title>动画的播放速度设定</title>
<style type="text/css">
@keyframes mymovie {
            0% {
                width: 100px;
                }
            20% {
                width: 150px;
                }
            40% {
                width: 200px;
                }
            60% {
                width: 300px;
                }
            80% {
                width: 350px;
                }
            100%  {
                width: 400px;
                }
}
@-moz-keyframes mymovie {
            0% {
                width: 100px;
                }
            20% {
                width: 150px;
                }
```

BG06.gif

BG07.gif

BG08.gif

BG09.gif

```
        40% {
            width: 200px;
            }
        60% {
            width: 300px;
            }
        80% {
            width: 350px;
            }
        100%  {
            width: 400px;
            }
}
@-webkit-keyframes mymovie {
        0% {
            width: 100px;
            }
        20% {
            width: 150px;
            }
        40% {
            width: 200px;
            }
        60% {
            width: 300px;
            }
        80% {
            width: 350px;
            }
        100%  {
            width: 400px;
            }

}
div {
        padding: 10px;
        height: 50px;
        margin:10px;
        width: 100px;
        border: 1px solid #000;
        animation-name: mymovie;
        animation-duration: 10s;
        -moz-animation-name: mymovie;
        -moz-animation-duration: 10s;
        -webkit-animation-name: mymovie;
        -webkit-animation-duration: 10s;
}
```

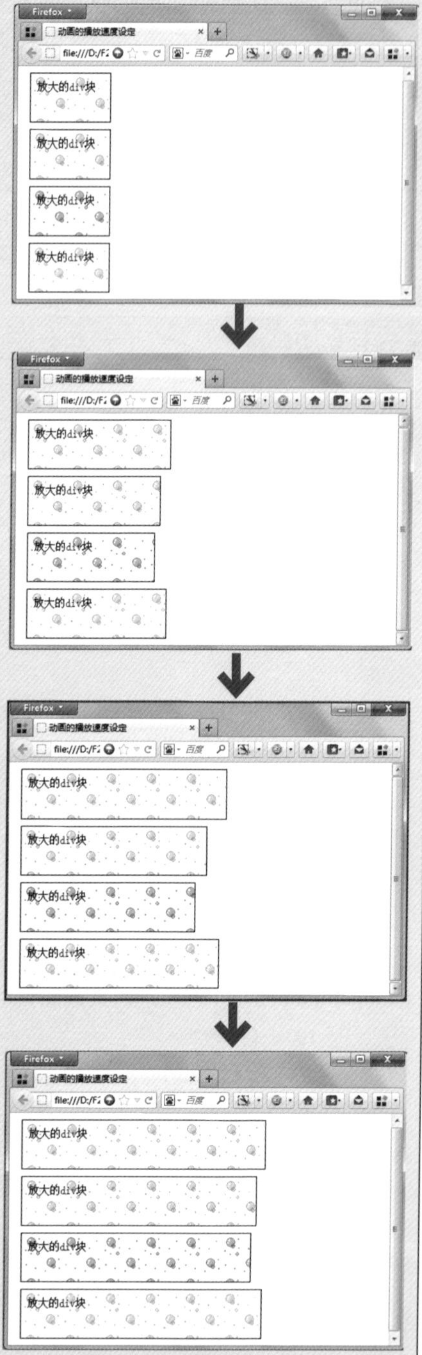

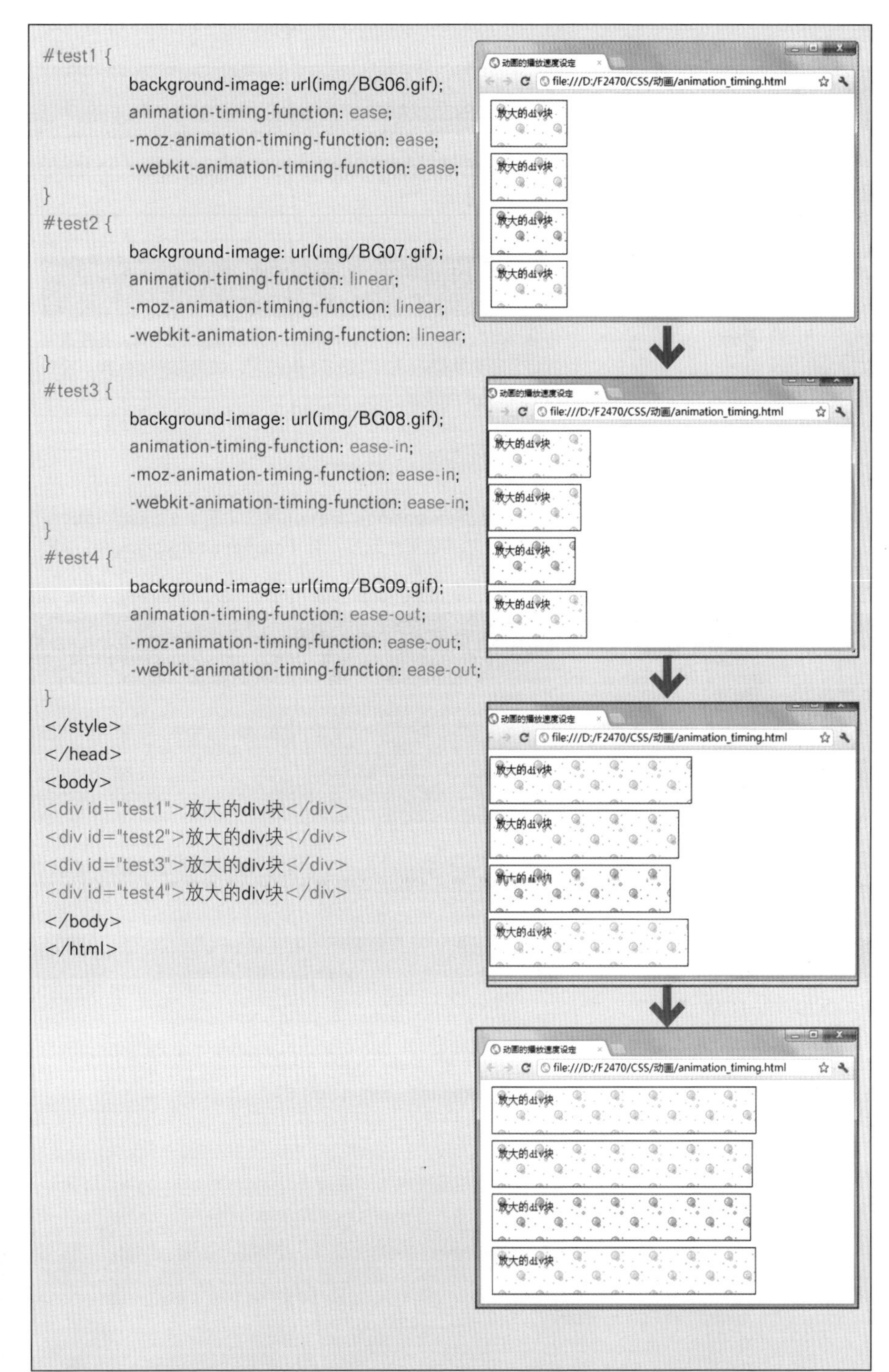

```
#test1 {
        background-image: url(img/BG06.gif);
        animation-timing-function: ease;
        -moz-animation-timing-function: ease;
        -webkit-animation-timing-function: ease;
}
#test2 {
        background-image: url(img/BG07.gif);
        animation-timing-function: linear;
        -moz-animation-timing-function: linear;
        -webkit-animation-timing-function: linear;
}
#test3 {
        background-image: url(img/BG08.gif);
        animation-timing-function: ease-in;
        -moz-animation-timing-function: ease-in;
        -webkit-animation-timing-function: ease-in;
}
#test4 {
        background-image: url(img/BG09.gif);
        animation-timing-function: ease-out;
        -moz-animation-timing-function: ease-out;
        -webkit-animation-timing-function: ease-out;
}
</style>
</head>
<body>
<div id="test1">放大的div块</div>
<div id="test2">放大的div块</div>
<div id="test3">放大的div块</div>
<div id="test4">放大的div块</div>
</body>
</html>
```

动画

属性 animation-delay

设定动画播放的延迟时间

语法 选择器 { animation-delay : 属性值 ;}

属性值

初 初始预设值

可能的属性值 → 1 时间 初 0

可能值	说明
1 时间	数值 + 单位，表示动画（animation）延迟播放的时间，属性值为数值加上时间单位s（秒）或ms（毫秒），如果时间为负数，视同0秒，也就是立即播放

说明

- animation-delay 属性用于延迟播放的时间设定。
- 当animation-delay属性作用于animation-duration属性之前，会在animation-delay属性指定的时间过后，才开始播放动画，并于animation-duration属性指定的时间内播放完毕。

浏览器与属性名称的对应

浏览器	属性名称
IE9	-
IE8	-
FireFox5 ⇧	-moz-animation-delay
FireFox4	-
Chrome11 ⇧	-webkit-animation-delay
Safari5 ⇧	-webkit-animation-delay
Opera11 ⇧	-

范例学习 设定动画播放的延迟时间 animation_delay.html

```
<!DOCTYPE HTML>
<html>
<head>
<meta http-equiv="Content-Type" content="text/html; charset=utf-8">
<title>设定动画播放的延迟时间</title>
<style type="text/css">
@keyframes mymovie {
        0% {
          background-color: #00F;
          }
        40% {
          background-color: #F00;
          }
```

```
        70% {
            background-color: #F0F;
            }
        100% {
            background-color: #0FF;
            }
}
@-moz-keyframes mymovie {
        0% {
            background-color: #00F;
            }
        40% {
            background-color: #F00;
            }
        70% {
            background-color: #F0F;
            }
        100% {
            background-color: #0FF;
            }
}
@-webkit-keyframes mymovie {
        0% {
            background-color: #00F;
            }
        40% {
            background-color: #F00;
            }
        70% {
            background-color: #F0F;
            }
        100% {
            background-color: #0FF;
            }
}
div {
        padding: 10px;
        height: 80px;
        margin:10px;
        width: 650px;
        border: 1px solid #000;

        animation-name: mymovie;
        animation-duration: 5s;
        animation-delay: 2s;
```

```
            -moz-animation-name: mymovie;
            -moz-animation-duration: 5s;
            -moz-animation-delay: 2s;
            -webkit-animation-name: mymovie;
            -webkit-animation-duration: 5s;
            -webkit-animation-delay: 2s;
}
</style>
</head>
<body>
<div>背景变换</div>
</body>
</html>
```

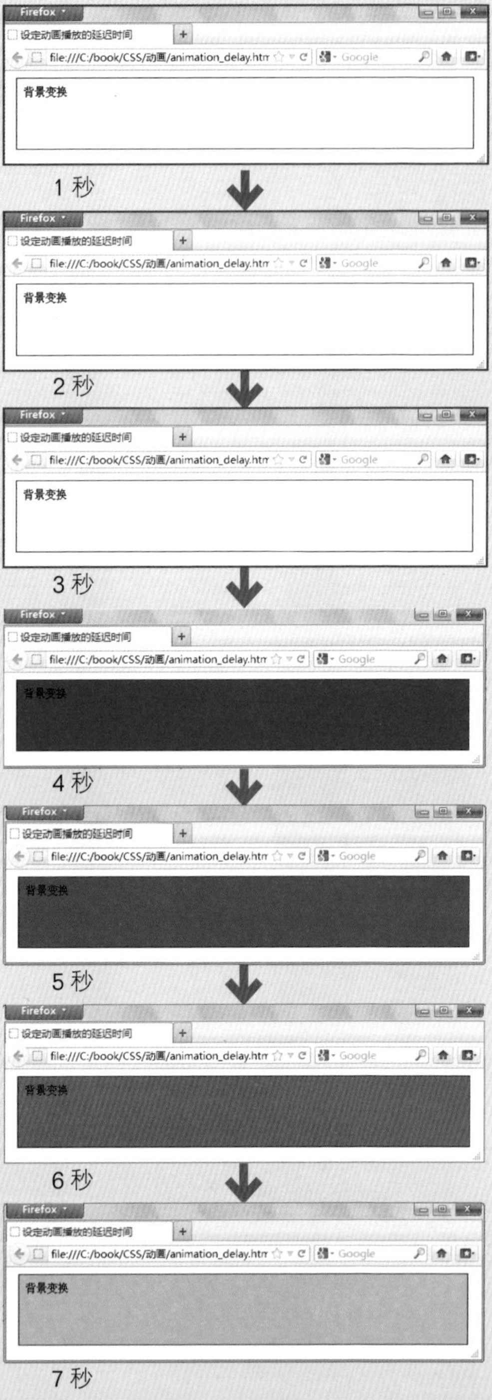

动画

属性 animation-iteration-count 指定动画播放次数

语法

选择器 { animation-iteration-count : 属性值 ;}

属性值

初 初始预设值

可能的属性值 → 1 次数 初 1； 2 infinite

可能值	说明
1 次数	数值，动画的播放次数，如果指定的次数为负数，视同只播放1次
2 infinite	无限次循环播放

说明

- animation-iteration-count 属性用来指定动画播放次数。
- animation-iteration-count 属性值也可同时设定复数属性值（同时设定多个动画的播放次数），各属性值间要以逗号“,”隔开。

浏览器与属性名称的对应

浏览器	属性名称
IE9	-
IE8	-
FireFox5 ⇧	-moz-animation-iteration-count
FireFox4	-
Chrome11 ⇧	-webkit-animation-iteration-count
Safari5 ⇧	-webkit-animation-iteration-count
Opera11 ⇧	-

范例学习 设定动画的播放次数 animation_count.html

```
<!DOCTYPE HTML>
<html>
<head>
<meta http-equiv="Content-Type" content="text/html; charset=utf-8">
<title>设定动画的播放次数</title>
<style type="text/css">
@keyframes mymovie {
            0% {
               width: 100px;
               height: 100px;
               }
            50% {
               width: 200px;
               height: 268px;
               }
```

DSC_0074.jpg

```
        100% {
          width: 400px;
          height: 268px;
          }
}
@-moz-keyframes mymovie {
        0% {
          width: 100px;
          height: 100px;
          }
        50% {
          width: 200px;
          height: 268px;
          }
        100% {
          width: 400px;
          height: 268px;
          }
}
@-webkit-keyframes mymovie {
        0% {
          width: 100px;
          height: 100px;
          }
        50% {
          width: 200px;
          height: 268px;
          }
        100% {
          width: 400px;
          height: 268px;
          }
}
img {
        padding: 10px;
        height: 50px;
        margin:10px;
        width: 50px;
        border: 1px solid #000;

        animation-name: mymovie;
        animation-duration: 3s;
        animation-iteration-count: infinite;
        -moz-animation-name: mymovie;
        -moz-animation-duration: 3s;
        -moz-animation-iteration-count: infinite;
```

```
            -webkit-animation-name: mymovie;
            -webkit-animation-duration: 3s;
            -webkit-animation-iteration-count: infinite;
}
</style>
</head>
<body>
<img src="img/DSC_0074.jpg" alt="花博一日游" />
</body>
</html>
```

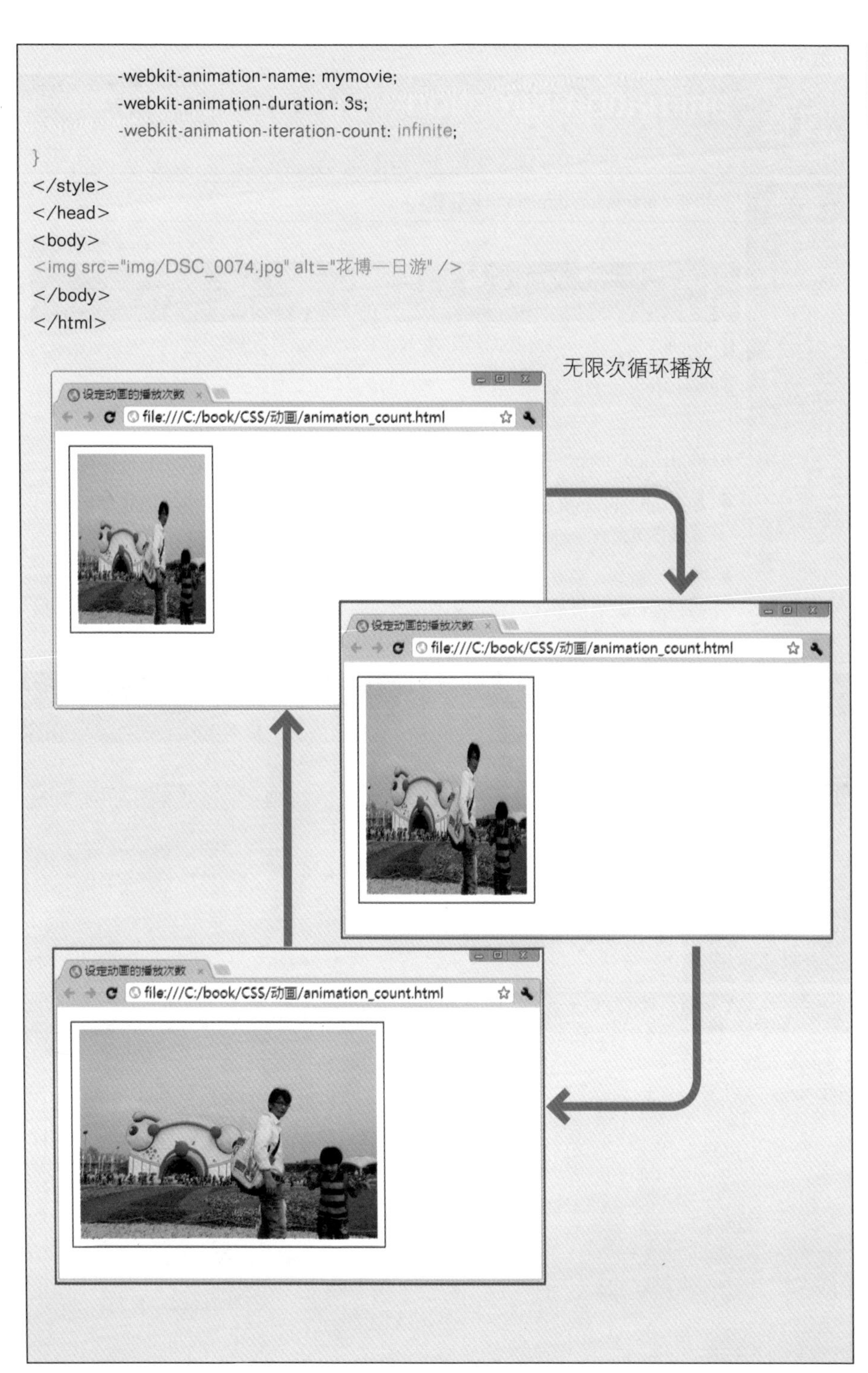

动画

属性 animation-direction 指定动画帧播放顺序

语法 选择器 { animation-direction : 属性值 ;}

属性值

初 初始预设值

可能的属性值 → 1 normal 初 ； 2 alternate

可能值	说明
1 normal	顺向播放动画，依帧正常顺序由前向后播放
2 alternate	逆向播放动画，依帧顺序反向由后向前播放

说明

- animation-direction 属性用来指定动画帧的播放顺序。
- 如果 animation-iteration-count 属性的属性值不是infinite（无限次循环播放），或属性值为1（只播放一次），则animation-direction属性设定无效。
- 当影片播放次数为1次以上，且animation-direction属性值设定为alternate时，动画的奇数次播放是依帧正常顺序由前向后播放，而偶数次播放是依帧顺序反向由后向前播放。

浏览器与属性名称的对应

浏览器	属性名称
IE9	-
IE8	-
FireFox5 ⇧	-moz-animation-direction
FireFox4	-
Chrome11 ⇧	-webkit-animation-direction
Safari5 ⇧	-webkit-animation-direction
Opera11 ⇧	-

范例学习 设定动画的播放顺序 animation_direction.html

```
<style type="text/css">
@keyframes mymovie {
        0% {
          width: 100px;
          height: 100px;
          }
        50% {
          width: 200px;
          height: 268px;
          }
```

DSC_0439.jpg

```
        100% {
          width: 400px;
          height: 268px;
           }
}
@-moz-keyframes mymovie {
        0% {
          width: 100px;
          height: 100px;
           }
        50% {
          width: 200px;
          height: 268px;
           }
        100% {
          width: 400px;
          height: 268px;
           }
}
@-webkit-keyframes mymovie {
        0% {
          width: 100px;
          height: 100px;
           }
        50% {
          width: 200px;
          height: 268px;
           }
        100% {
          width: 400px;
          height: 268px;
           }
}
img {
        padding: 10px;
        height: 50px;
        margin:10px;
        width: 50px;
        border: 1px solid #000;
        animation-name: mymovie;
        animation-duration: 3s;
        animation-iteration-count: infinite;
        animation-direction: alternate;
        -moz-animation-name: mymovie;
        -moz-animation-duration: 3s;
        -moz-animation-iteration-count: infinite;
        -moz-animation-direction: alternate;
```

```
            -webkit-animation-name: mymovie;
            -webkit-animation-duration: 3s;
            -webkit-animation-iteration-count: infinite;
            -webkit-animation-direction: alternate;
}
</style>
</head>
<body>
<img src="img/DSC_0439.jpg" alt="绿博一日游" />
</body>
</html>
```

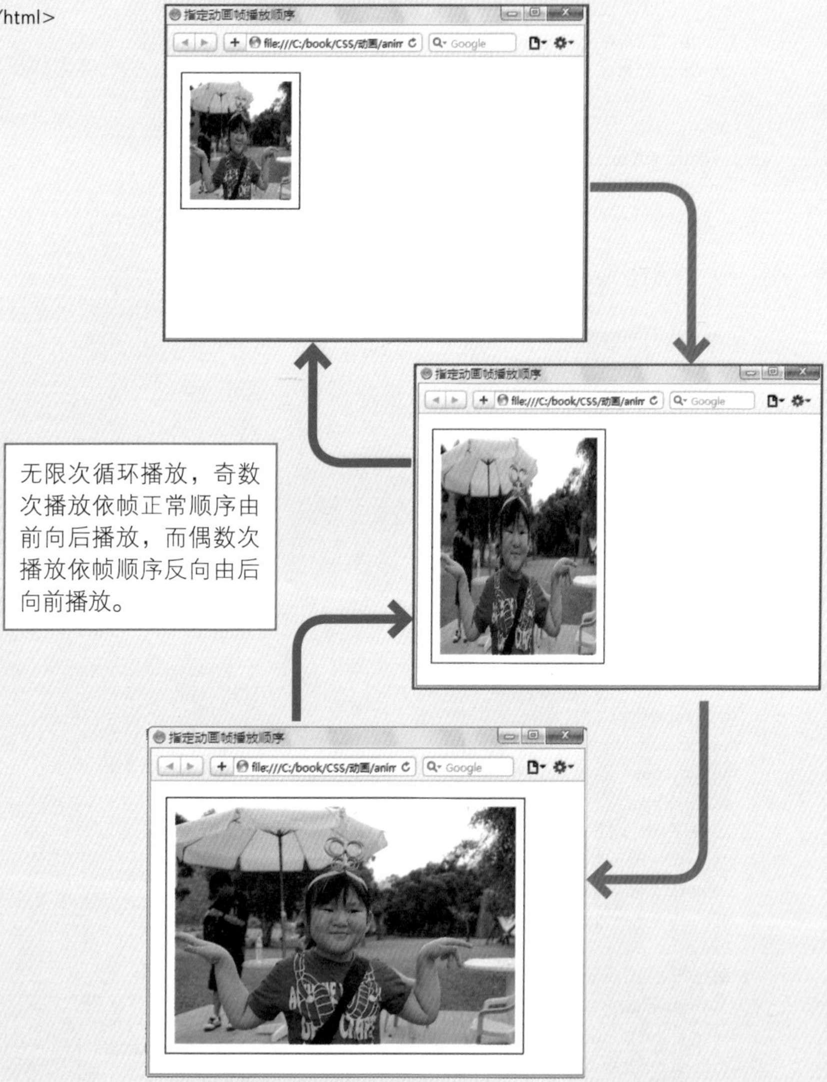

指定动画帧播放顺序

file:///C:/book/CSS/动画/anim

无限次循环播放，奇数次播放依帧正常顺序由前向后播放，而偶数次播放依帧顺序反向由后向前播放。

动画

属性 animation

复合指定动画的相关属性

语法 选择器 { animation : 属性值 ;}

属性值

初 初始预设值

可能的属性值 →	下列与动画相关属性的属性值/初 各变换属性的预设值	
变换相关属性	说明	
1 animation-name	指定动画名称	P390
2 animation-duration	指定动画播出的时间	P393
3 animation-timing-function	指定动画播放的速度	P396
4 animation-delay	设定动画播放的延迟时间	P400
5 animation-iteration-count	指定动画播放次数	P403
6 animation-direction	指定动画帧播放顺序	P406

说明

- animation 属性可同时指定动画的名称、播出时间、播放速度、延迟时间、播放次数与动画帧的播放顺序。
- animation 属性可指定复数属性值，各属性值间以空格隔开。
- animation 属性值也可同时设定复数属性值群组（有多个动画要播放），各属性值群组间要以逗号“,”隔开。

浏览器与属性名称的对应

浏览器	属性名称
IE9	-
IE8	-
FireFox5 ⇧	-moz-animation
FireFox4	-
Chrome11 ⇧	-webkit-animation
Safari5 ⇧	-webkit-animation
Opera11 ⇧	-

范例学习 动画的播放设定 animation_all.html

```
<title>动画的播放设定</title>
 <style type="text/css">
@-moz-keyframes mymovie {
    from {
      margin-left:85%;
      width:100px;
```

```
            height: 115px;
    }
    50% {
      margin-left:40%;
      width:200px;
            height: 230px;
    }
    to {
      margin-left:0%;
      width:100px;
            height: 115px;
    }
}
@-webkit-keyframes mymovie {
    from {
      margin-left:85%;
      width:100px;
            height: 115px;
    }
    50% {
      margin-left:40%;
      width:200px;
            height: 230px;
    }
    to {
      margin-left:0%;
      width:100px;
            height: 115px;
    }
}
@keyframes mymovie {
    from {
      margin-left:85%;
      width:100px;
            height: 115px;
    }
    50% {
      margin-left:40%;
      width:200px;
            height: 230px;
    }
    to {
      margin-left:0%;
      width:100px;
            height: 115px;
    }
}
 img {
    -moz-animation: mymovie 3s infinite alternate;
```

p2.gif

```
    -webkit-animation: mymovie 3s infinite alternate;
    animation: mymovie 3s infinite alternate;
  }
</style>
</head>
<body>
<div><img src="img/p2.gif" alt="公仔画"></div>
</body>
</html>
```

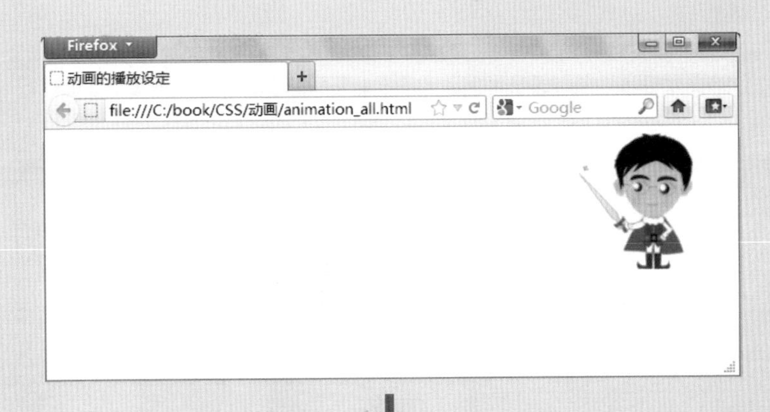

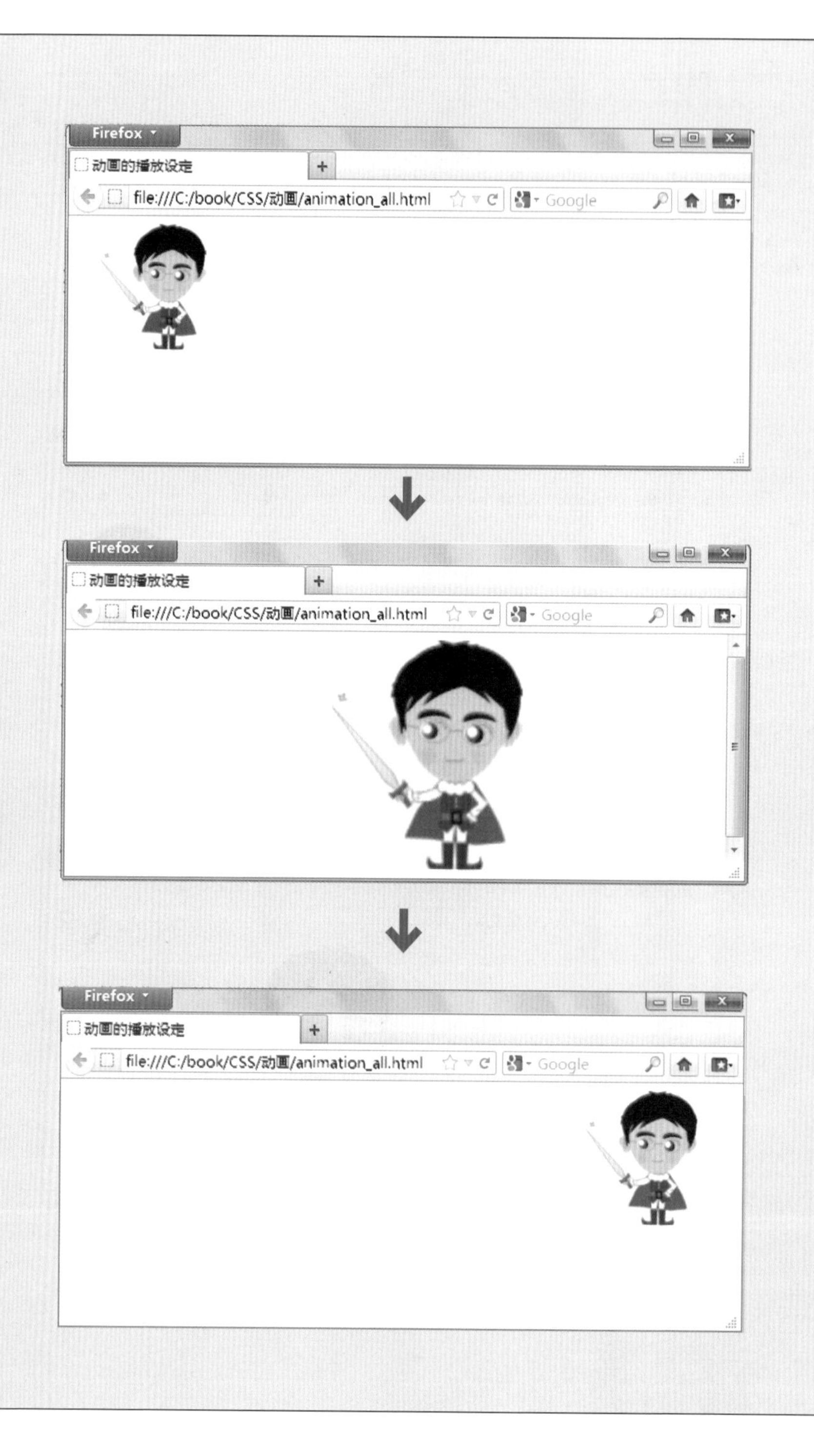
Firefox
动画的播放设定
file:///C:/book/CSS/动画/animation_all.html
Google
Firefox
动画的播放设定
file:///C:/book/CSS/动画/animation_all.html
Google
Firefox
动画的播放设定
file:///C:/book/CSS/动画/animation_all.html
Google

附录A　网页安全色

附录B　颜色名称

附录A 网页安全色

000000	000033	000066	000099	0000CC	0000FF
003300	003333	003366	003399	0033CC	0033FF
006600	006633	006666	006699	0066CC	0066FF
009900	009933	009966	009999	0099CC	0099FF
00CC00	00CC33	00CC66	00CC99	00CCCC	00CCFF
00FF00	00FF33	00FF66	00FF99	00FFCC	00FFFF
330000	330033	330066	330099	3300CC	3300FF
333300	333333	333366	333399	3333CC	3333FF
336600	336633	336666	336699	3366CC	3366FF
339900	339933	339966	339999	3399CC	3399FF
33CC00	33CC33	33CC66	33CC99	33CCCC	33CCFF
33FF00	33FF33	33FF66	33FF99	33FFCC	33FFFF
660000	660033	660066	660099	6600CC	6600FF
663300	663333	663366	663399	6633CC	6633FF
666600	666633	666666	666699	6666CC	6666FF
669900	669933	669966	669999	6699CC	6699FF
66CC00	66CC33	66CC66	66CC99	66CCCC	66CCFF
66FF00	66FF33	66FF66	66FF99	66FFCC	66FFFF
990000	990033	990066	990099	9900CC	9900FF
993300	993333	993366	993399	9933CC	9933FF
996600	996633	996666	996699	9966CC	9966FF
999900	999933	999966	999999	9999CC	9999FF
99CC00	99CC33	99CC66	99CC99	99CCCC	99CCFF
99FF00	99FF33	99FF66	99FF99	99FFCC	99FFFF
CC0000	CC0033	CC0066	CC0099	CC00CC	CC00FF
CC3300	CC3333	CC3366	CC3399	CC33CC	CC33FF
CC6600	CC6633	CC6666	CC6699	CC66CC	CC66FF
CC9900	CC9933	CC9966	CC9999	CC99CC	CC99FF
CCCC00	CCCC33	CCCC66	CCCC99	CCCCCC	CCCCFF
CCFF00	CCFF33	CCFF66	CCFF99	CCFFCC	CCFFFF
FF0000	FF0033	FF0066	FF0099	FF00CC	FF00FF
FF3300	FF3333	FF3366	FF3399	FF33CC	FF33FF
FF6600	FF6633	FF6666	FF6699	FF66CC	FF66FF
FF9900	FF9933	FF9966	FF9999	FF99CC	FF99FF
FFCC00	FFCC33	FFCC66	FFCC99	FFCCCC	FFCCFF
FFFF00	FFFF33	FFFF66	FFFF99	FFFFCC	FFFFFF

附录B 颜色名称

颜色名称	16进制值	颜色
AliceBlue	#F0F8FF	
AntiqueWhite	#FAEBD7	
Aqua	#00FFFF	
Aquamarine	#7FFFD4	
Azure	#F0FFFF	
Beige	#F5F5DC	
Bisque	#FFE4C4	
Black	#000000	
BlanchedAlmond	#FFEBCD	
Blue	#0000FF	
BlueViolet	#8A2BE2	
Brown	#A52A2A	
BurlyWood	#DEB887	
CadetBlue	#5F9EA0	
Chartreuse	#7FFF00	
Chocolate	#D2691E	
Coral	#FF7F50	
CornflowerBlue	#6495ED	
Cornsilk	#FFF8DC	
Crimson	#DC143C	
Cyan	#00FFFF	
DarkBlue	#00008B	
DarkCyan	#008B8B	
DarkGoldenRod	#B8860B	
DarkGray	#A9A9A9	
DarkGrey	#A9A9A9	
DarkGreen	#006400	
DarkKhaki	#BDB76B	
DarkMagenta	#8B008B	
DarkOliveGreen	#556B2F	
Darkorange	#FF8C00	
DarkOrchid	#9932CC	
DarkRed	#8B0000	
DarkSalmon	#E9967A	
DarkSeaGreen	#8FBC8F	
DarkSlateBlue	#483D8B	

颜色名称	16进制值	颜色
DarkSlateGray	#2F4F4F	
DarkSlateGrey	#2F4F4F	
DarkTurquoise	#00CED1	
DarkViolet	#9400D3	
DeepPink	#FF1493	
DeepSkyBlue	#00BFFF	
DimGray	#696969	
DimGrey	#696969	
DodgerBlue	#1E90FF	
FireBrick	#B22222	
FloralWhite	#FFFAF0	
ForestGreen	#228B22	
Fuchsia	#FF00FF	
Gainsboro	#DCDCDC	
GhostWhite	#F8F8FF	
Gold	#FFD700	
GoldenRod	#DAA520	
Gray	#808080	
Grey	#808080	
Green	#008000	
GreenYellow	#ADFF2F	
HoneyDew	#F0FFF0	
HotPink	#FF69B4	
IndianRed	#CD5C5C	
Indigo	#4B0082	
Ivory	#FFFFF0	
Khaki	#F0E68C	
Lavender	#E6E6FA	
LavenderBlush	#FFF0F5	
LawnGreen	#7CFC00	
LemonChiffon	#FFFACD	
LightBlue	#ADD8E6	
LightCoral	#F08080	
LightCyan	#E0FFFF	
LightGoldenRodYellow	#FAFAD2	
LightGray	#D3D3D3	

颜色名称	16进制值	颜色
LightGrey	#D3D3D3	
LightGreen	#90EE90	
LightPink	#FFB6C1	
LightSalmon	#FFA07A	
LightSeaGreen	#20B2AA	
LightSkyBlue	#87CEFA	
LightSlateGray	#778899	
LightSlateGrey	#778899	
LightSteelBlue	#B0C4DE	
LightYellow	#FFFFE0	
Lime	#00FF00	
LimeGreen	#32CD32	
Linen	#FAF0E6	
Magenta	#FF00FF	
Maroon	#800000	
MediumAquaMarine	#66CDAA	
MediumBlue	#0000CD	
MediumOrchid	#BA55D3	
MediumPurple	#9370D8	
MediumSeaGreen	#3CB371	
MediumSlateBlue	#7B68EE	
MediumSpringGreen	#00FA9A	
MediumTurquoise	#48D1CC	
MediumVioletRed	#C71585	
MidnightBlue	#191970	
MintCream	#F5FFFA	
MistyRose	#FFE4E1	
Moccasin	#FFE4B5	
NavajoWhite	#FFDEAD	
Navy	#000080	
OldLace	#FDF5E6	
Olive	#808000	
OliveDrab	#6B8E23	
Orange	#FFA500	
OrangeRed	#FF4500	
Orchid	#DA70D6	
PaleGoldenRod	#EEE8AA	
PaleGreen	#98FB98	
PaleTurquoise	#AFEEEE	

颜色名称	16进制值	颜色
PaleVioletRed	#D87093	
PapayaWhip	#FFEFD5	
PeachPuff	#FFDAB9	
Peru	#CD853F	
Pink	#FFC0CB	
Plum	#DDA0DD	
PowderBlue	#B0E0E6	
Purple	#800080	
Red	#FF0000	
RosyBrown	#BC8F8F	
RoyalBlue	#4169E1	
SaddleBrown	#8B4513	
Salmon	#FA8072	
SandyBrown	#F4A460	
SeaGreen	#2E8B57	
SeaShell	#FFF5EE	
Sienna	#A0522D	
Silver	#C0C0C0	
SkyBlue	#87CEEB	
SlateBlue	#6A5ACD	
SlateGray	#708090	
SlateGrey	#708090	
Snow	#FFFAFA	
SpringGreen	#00FF7F	
SteelBlue	#4682B4	
Tan	#D2B48C	
Teal	#008080	
Thistle	#D8BFD8	
Tomato	#FF6347	
Turquoise	#40E0D0	
Violet	#EE82EE	
Wheat	#F5DEB3	
White	#FFFFFF	
WhiteSmoke	#F5F5F5	
Yellow	#FFFF00	
YellowGreen	#9ACD32	

INDEX

字母索引

[HTML]

A		
a	[链接元素]	P084
abbr	[文字元素]	P042
accesskey	[HTML5 通用属性]	P215
address	[整体构造]	P032
area	[嵌入元素]	P098
article	[整体构造]	P025
aside / nav	[整体构造]	P026
audio	[嵌入元素]	P113

B		
b	[文字元素]	P062
base	[链接元素]	P092
bdo	[文字元素]	P067
blockquote	[文字元素]	P051
body	[整体构造]	P022
br	[文字元素]	P057
button	[表单元素 / input 元素 / / type 属性设定]	P153
button	[表单元素]	P182

C		
canvas	[嵌入元素]	P118
caption	[表格元素]	P138
checkbox	[表单元素]	P178
cite	[文字元素]	P050
class	[HTML5 通用属性]	P214
code	[文字元素]	P048
col	[表格元素]	P142
colgroup	[表格元素]	P140
color	[表单元素]	P176
command	[其他元素]	P210
contenteditable	[HTML5 通用属性]	P216
contextmenu	[HTML5 通用属性]	P217

D		
datalist	[表单元素]	P198
data-yourvalue	[HTML5 通用属性]	P217
date	[表单元素]	P165
datetime / datetime-local	[表单元素]	P163
dd	[项目元素]	P082
del	[文字元素]	P059
details	[其他元素]	P207
dfn	[文字元素]	P045
dir	[HTML5 通用属性]	P215
div	[整体构造]	P033
dl	[项目元素]	P080
draggable	[HTML5 通用属性]	P216
dt	[项目元素]	P081

E		
em	[文字元素]	P043
email	[表单元素]	P160
embed	[嵌入元素]	P103

F		
fieldset	[表单元素]	P195
figure / figcaption	[整体构造]	P030
file	[表单元素]	P180
form	[表单元素]	P144
form events	[HTML5 标准事件]	P219

H		
h1-h6	[整体构造]	P031
header / footer	[整体构造]	P027
head	[整体构造]	P019
hgroup	[整体构造]	P028
hidden	[表单元素]	P155
hidden	[HTML5 通用属性]	P216
hr	[文字元素]	P065
html	[整体构造]	P018

I

i	[文字元素]	P063
id	[HTML5 通用属性]	P214
iframe	[嵌入元素]	P107
image	[表单元素]	P154
img	[嵌入元素]	P094
input	[表单元素]	P147
ins	[文字元素]	P058
item	[HTML5 通用属性]	P218
itemprop	[HTML5 通用属性]	P218

K

kbd	[文字元素]	P046
keyboard events	[HTML5 标准事件]	P219
keygen	[表单元素]	P200

L

label	[表单元素]	P193
lang	[HTML5 通用属性]	P215
legend	[表单元素]	P196
li	[项目元素]	P078
link	[链接元素]	P090

M

mark	[文字元素]	P061
map	[嵌入元素]	P097
media events	[HTML5 标准事件]	P222
menu	[其他元素]	P212
meta	[整体构造]	P021
meter	[表单元素]	P205
month	[表单元素]	P167
mouse events	[HTML5 标准事件]	P220

N

noscript	[整体构造]	P038
number	[表单元素]	P173

O

object	[嵌入元素]	P100
ol	[项目元素]	P076
optgroup	[表单元素]	P191
option	[表单元素]	P188
output	[表单元素]	P202

P

p	[文字元素]	P056
param	[嵌入元素]	P105
password	[表单元素]	P161
pre	[文字元素]	P060
progress	[表单元素]	P203

Q

q	[文字元素]	P052

R

radio	[表单元素]	P179
range	[表单元素]	P175
reset	[表单元素]	P152
rp	[文字元素]	P072
rt	[文字元素]	P071
ruby	[文字元素]	P069

S

samp	[文字元素]	P047
script	[整体构造]	P035
search	[表单元素]	P157
select	[表单元素]	P187
section	[整体构造]	P024
small	[文字元素]	P064
source	[嵌入元素]	P116
span	[整体构造]	P034
spellcheck	[HTML5 通用属性]	P217
strong	[文字元素]	P044
style	[整体构造]	P039
style	[HTML5 通用属性]	P215

sub	[文字元素]	P055
subject	[HTML5 通用属性]	P218
submit	[表单元素]	P151
summary	[其他元素]	P208
sup	[文字元素]	P054
T		
tabindex	[HTML5 通用属性]	P216
table	[表格元素]	P123
tbody	[表格元素]	P128
td	[表格元素]	P132
tel	[表单元素]	P158
text	[表单元素]	P156
textarea	[表单元素]	P185
tfoot	[表格元素]	P127
th	[表格元素]	P135
thead	[表格元素]	P126
time	[文字元素]	P053
time	[表单元素]	P171
title	[整体构造]	P020
title	[HTML5 通用属性]	P214
tr	[表格元素]	P130
U		
ul	[项目元素]	P074
url	[表单元素]	P159
V		
var	[文字元素]	P049
video	[嵌入元素]	P110
W		
week	[表单元素]	P169
window events	[HTML5 标准事件]	P221

[CSS]

A		
animation	[动画]	P409
animation-delay	[动画]	P400
animation -duration	[动画]	P393
animation -direction	[动画]	P406
animation -iteration-count	[动画]	P403
animation -name	[动画]	P390
animation -timing-function	[动画]	P396
B		
background	[框线与背景]	P270
background -attachment	[框线与背景]	P260
background-clip	[框线与背景]	P263
background -image	[框线与背景]	P260
background -origin	[框线与背景]	P265
background -position	[框线与背景]	P260
background -repeat	[框线与背景]	P260
background-size	[框线与背景]	P267
border-bottom -left-radius	[框线与背景]	P248
border-bottom -right-radius	[框线与背景]	P248
border- image	[框线与背景]	P255
border- radius	[框线与背景]	P251
border-top-left -radius	[框线与背景]	P248
border-top- right-radius	[框线与背景]	P248

box-align	[灵活的元素排版]	P352
box-direction	[灵活的元素排版]	P346
box-flex	[灵活的元素排版]	P358
box-ordinal-group	[灵活的元素排版]	P349
box-orient	[灵活的元素排版]	P343
box-pack	[灵活的元素排版]	P355
box-shadow	[元素模型]	P272
box-sizing	[元素模型]	P282
C		
columns	[多栏排版]	P322
column-count	[多栏排版]	P316
column-gap	[多栏排版]	P325
column-rule	[多栏排版]	P337
column-rule-color	[多栏排版]	P334
column-rule-style	[多栏排版]	P328
column-rule-width	[多栏排版]	P331
column-width	[多栏排版]	P319
D		
display	[灵活的元素排版]	P340
F		
@font-face	[文字与字体]	P313
font-size-adjust	[文字与字体]	P310
L		
linear-gradient()	[颜色与渐变]	P294
K		
@keyframes	[动画]	P387
O		
opacity	[颜色与渐变]	P290
outline-offset	[元素模型]	P285
overflow	[元素模型]	P281
overflow-x	[元素模型]	P275
overflow-y	[元素模型]	P278
R		
radial-gradient()	[颜色与渐变]	P298
resize	[元素模型]	P287
T		
transform	[变形]	P380
transform-origin	[变形]	P384
transition	[属性值的变换]	P376
transition-delay	[属性值的变换]	P372
transition-duration	[属性值的变换]	P366
transition-property	[属性值的变换]	P361
transition-timing-function	[属性值的变换]	P369
text-overflow	[文字与字体]	P307
text-shadow	[文字与字体]	P302
W		
word-wrap	[文字与字体]	P304

MEMO